长江治理与保护科技创新丛书

SERIES OF SCIENCE & TECHNOLOGY INNOVATION
FOR CHANGJIANG RIVER REHABILITATION AND PROTECTION

三峡水库下游河床冲刷与再造过程研究

卢金友 等 著

中国水利水电出版社
www.waterpub.com.cn

·北京·

内 容 提 要

　　本书介绍了三峡水库下游冲刷条件下泥沙输移规律、河床再造机理与驱动机制以及理论预测模型,并结合河流动力学与土力学的学科交叉,扩展改进了水沙数学模型,综合比较各类模型的预测结果,提出了河床再造的综合预测方法,并应用于三峡水库下游河道的河床再造过程预测,可为不平衡输沙过程研究提供理论参考,为三峡水库下游河道治理与保护提供科技支撑。

　　本书可供河流泥沙工程技术人员、河流研究者和大专院校相关专业师生参考。

图书在版编目(CIP)数据

三峡水库下游河床冲刷与再造过程研究 / 卢金友等著. -- 北京 : 中国水利水电出版社,2021.10
(长江治理与保护科技创新丛书)
ISBN 978-7-5170-9954-3

Ⅰ.①三… Ⅱ.①卢… Ⅲ.①三峡水利工程-下游-泥沙输移-研究 Ⅳ.①TV152

中国版本图书馆CIP数据核字(2021)第201612号

书　　名	长江治理与保护科技创新丛书 **三峡水库下游河床冲刷与再造过程研究** SAN XIA SHUIKU XIAYOU HECHUANG CHONGSHUA YU ZAIZAO GUOCHENG YANJIU
作　　者	卢金友 等著
出版发行	中国水利水电出版社 (北京市海淀区玉渊潭南路1号D座　100038) 网址:www.waterpub.com.cn E-mail:sales@waterpub.com.cn 电话:(010)68367658(营销中心)
经　　售	北京科水图书销售中心(零售) 电话:(010)88383994、63202643、68545874 全国各地新华书店和相关出版物销售网点
排　　版	中国水利水电出版社微机排版中心
印　　刷	天津嘉恒印务有限公司
规　　格	184mm×260mm　16开本　25.25印张　614千字
版　　次	2021年10月第1版　2021年10月第1次印刷
定　　价	**175.00元**

丛书序

　　长江是中华民族的母亲河，是世界第三、中国第一大河，是我国水资源配置的战略水源地、重要的清洁能源战略基地、横贯东西的"黄金水道"和珍稀水生生物的天然宝库。中华人民共和国成立以来，经过70多年的艰苦努力，长江流域防洪减灾体系基本建立，水资源综合利用体系初步形成，水资源与水生态环境保护体系逐步构建，流域综合管理体系不断完善，保障了长江岁岁安澜，造福了流域亿万人民，长江治理与保护取得了历史性成就。但是我们也要清醒地认识到，由于流域水科学问题的复杂性，以及全球气候变化和人类活动加剧等影响，长江治理与保护依然存在诸多新老水问题亟待解决。

　　进入新时代，党和国家高度重视长江治理与保护。习近平总书记明确提出了"节水优先、空间均衡、系统治理、两手发力"的治水思路，为强化水治理、保障水安全指明了方向。习近平总书记的目光始终关注着壮美的长江，多次视察长江并发表重要讲话，考察长江三峡和南水北调工程并作出重要指示，擘画了长江大保护与长江经济带高质量发展的宏伟蓝图，强调要把全社会的思想统一到"生态优先、绿色发展"和"共抓大保护、不搞大开发"上来，在坚持生态环境保护的前提下，推动长江经济带科学、有序、高质量发展。面向未来，长江治理与保护的新情况、新问题、新任务、新要求和新挑战，需要长江治理与保护的理论与技术创新和支撑，着力解决长江治理与保护面临的新老水问题，推进治江事业高质量发展，为推动长江经济带高质量发展提供坚实的水利支撑与保障。

　　科学技术是第一生产力，创新是引领发展的第一动力。科技立委是长江水利委员会的优良传统和新时期发展战略的重要组成部分。作为长江水利委员会科研单位，长江科学院始终坚持科技创新，努力为国家水利事业以及长江保护、治理、开发与管理提供科技支撑，同时面向国民经济建设相关行业提供科技服务，70年来为治水治江事业和经济社会发展作出了重要贡献。近年来，长江科学院认真贯彻习近平总书记关于科技创新的重要论述精神，积极服务长江经济带发展等国家重大战略，围绕长江流域水旱灾害防御、水资源节约利用与优化配置、水生态环境保护、河湖治理与保护、流域综合管理、水工程建设与运行管理等领域的重大科学问题和技术难题，攻坚克难，不断进取，在治理开发和保护长江等方面取得了丰硕的科技创新成果。《长江治理与保护科技创新丛书》正是对这些成果的系统总结，其编撰出版正逢其时、意义重大。本套丛书系统总结、提炼了多年来长江治理与保护的关键技术和科研成果，具有较高学术价值和文献价值，可为我国水利水电行业的技术发展和进步提供成熟的理论与技术借鉴。

　　本人很高兴看到这套丛书的编撰出版，也非常愿意向广大读者推荐。希望丛书的出版能够为进一步攻克长江治理与保护难题，更好地指导未来我国长江大保护实践提供技术支撑和保障。

长江水利委员会党组书记、主任

2021 年 8 月

长江流域是我国经济重心所在、发展活力所在，是我国重要的战略中心区域。围绕长江流域，我国规划有长江经济带发展、长江三角洲区域一体化发展及成渝地区双城经济圈等国家战略。保护与治理好长江，既关系到流域人民的福祉，也关乎国家的长治久安，更事关中华民族的伟大复兴。经过长期努力，长江治理与保护取得举世瞩目的成效。但我们也清醒地看到，受人类活动和全球气候变化影响，长江的自然属性和服务功能都已发生深刻变化，流域内新老水问题相互交织，长江治理与保护面临着一系列重大问题和挑战。

长江水利委员会长江科学院（以下简称长科院）始建于1951年，是中华人民共和国成立后首个治理长江的科研机构。70年来，长科院作为长江水利委员会的主体科研单位和治水治江事业不可或缺的科技支撑力量，始终致力于为国家水利事业以及长江治理、保护、开发与管理提供科技支撑。先后承担了三峡、南水北调、葛洲坝、丹江口、乌东德、白鹤滩、溪洛渡、向家坝，以及巴基斯坦卡洛特、安哥拉卡卡等国内外数百项大中型水利水电工程建设中的科研和咨询服务工作，承担了长江流域综合规划及专项规划，防洪减灾、干支流河道治理、水资源综合利用、水环境治理、水生态修复等方面的科研工作，主持完成了数百项国家科技计划和省部级重大科研项目，攻克了一系列重大技术问题和关键技术难题，发挥了科技主力军的重要作用，铭刻了长江科研的卓越功勋，积累了一大批重要研究成果。

鉴于此，长科院以建院70周年为契机，围绕新时代长江大保护主题，精心组织策划《长江治理与保护科技创新丛书》（以下简称《丛书》），聚焦长江生态大保护，紧扣长江治理与保护工作实际，以全新角度总结了数十年来治江治水科技创新的最新研究和实践成果，主要涉及长江流域水旱灾害防御、水资源节约利用与优化配置、水生态环境保护、河湖治理与保护、流域综合管理、水工程建设与运行管理等相关领域。《丛书》是个开放性平台，随着长江治理与保护的不断深入，一些成熟的关键技术及研究成果将不断形成专著，陆续纳入《丛书》的出版范围。

《丛书》策划和组稿工作主要由编撰委员会集体完成，中国水利水电出版社给予了很大的帮助。在《丛书》编写过程中，得到了水利水电行业规划、设计、施工、管理、科研及教学等相关单位的大力支持和帮助；各分册编写人员反复讨论书稿内容，仔细核对相关数据，字斟句酌，殚精竭虑，付出了极大的心血，克服了诸多困难。在此，谨向所有关心、支持和参与编撰工作的领导、专家、科研人员和编辑出版人员表示诚挚的感谢，并诚恳欢迎广大读者给予批评指正。

《长江治理与保护科技创新丛书》编撰委员会

2021 年 8 月

前言

长江流域是我国水资源配置的战略水源地、水电开发的主要基地、连接东中西部的"黄金水道"和珍稀水生生物的天然宝库,在我国经济社会发展中具有重要的战略地位。其中,长江中下游是长江经济带长江三角洲城市群、长江中游城市群的自然依托,也是"黄金水道"最为繁忙的江段。

三峡水库的运用及上游梯级水库的不断建成,改变了水沙过程,对长江中下游地区影响深远,且持续时间长、空间尺度大,影响河流功能的正常发挥、影响河湖保护与治理有关决策。

在国家自然科学基金重点项目"三峡水库下游河床冲刷与再造过程研究"(51339001)的资助下,针对三峡水库下游河床冲刷与再造过程中的关键科学问题开展了研究,具体包括:冲刷条件下非均匀沙分组挟沙分异性规律及形成机制、河床再造过程中的复杂响应及其驱动机制,以及水库下游水沙输移与河道形态的自适应机制。围绕上述关键科学问题采取实测资料分析、水槽与模型试验及数值模拟相结合的方法,引入分形与开放系统理论,并深化河流动力学与土力学的学科交叉,研究了冲刷过程中悬移质恢复饱和机理、床沙粗化及床面形态调整特性、河床再造基本规律与驱动机制。利用上述基础研究成果改进了水沙数学模型,并综合比较数学模型、实体模型以及河床再造驱动模型的预测结果,分析各方法的适用条件,提出了河床再造综合预测方法,并应用于三峡水库运用后长江中下游河道河床再造过程预测。基于本项目成果,结合以往相关研究,形成本书稿。

本书共8章,由长江水利委员会长江科学院、武汉大学有关专业人员撰写。第1章介绍了水库下游河道泥沙输移与河床演变基本规律及模型模拟研究现状,由卢金友撰写;第2章分析了三峡水库下游悬移质泥沙恢复过程及输沙能力变化规律,由郭小虎、陈栋、姚仕明撰写;第3章阐明了三峡水库下游河床冲刷及床面形态变化特性,由卢金友、周银军、金中武撰写;第4章进行了不同类型河道的河床再造机理研究,由卢金友、余明辉、渠庚、丁兵、刘亚、胡呈维、朱勇辉撰写;第5章探索了水沙输移与河道变形的耦合关系,由卢金友、孙昭华撰写;第6章构建了水库下游河床再造驱动模型,由李凌云、夏军强撰写；第 7 章进行了水库下游水沙数学模型关键技术研究，由葛华、孙昭华、胡德超、王敏撰写；第 8 章开展了基于不同类型模型的再造床过程预测研究，由卢金友、王敏、李凌云、胡德超、崔占峰、唐峰、张杰撰写。全书由卢金友、周银军统稿。

在本书成果形成过程中，得到张细兵、徐海涛、李志晶、刘同宦、柴朝晖、栾华龙、赵瑾琼、刘心愿、王茜、章运超、刘玉娇、李元、王洪杨、贺方舟、余蕾、宋雯、王锐、邹骥、冯克栋、邓姗姗、韩剑桥、宗全利、张翼、周美蓉、林芬芬、张诗媛、曹绮欣、黄颖、吴松柏、魏红艳等同志许多方面的帮助和支持，在此一并表示衷心的感谢！

限于作者的水平，书中难免有疏漏和不妥之处，敬请读者批评指正。

作者

2021 年 7 月

目录

第 1 章

绪 论

1.1 背景与意义

水库是江河防洪工程体系的重要组成部分,也是开发、利用和配置水资源,发展国民经济的重要手段。大型水库在发挥防洪兴利等综合效益的同时,也改变着下游河道的来水来沙条件。由于水库的拦蓄与调节作用,进入水库的泥沙大量淤积于库内,下泄到水库下游的水流含沙量会明显减小,水流挟沙力处于严重次饱和状态,沿程的泥沙交换、补充和含沙量恢复等过程将导致不平衡输沙与河床再造,这对下游河段的防洪、航运、生态与环境及岸线开发利用等均会产生一定的不利影响。例如,由于尼罗河阿斯旺大坝下游河道冲刷及枯水位大幅下降,埃及不得不在其下游 167km 处再修建伊斯纳拦河坝以保证阿斯旺船闸的正常运行;美国密西西比河河口三角洲萎缩的原因之一就是其上游修建的大坝工程阻拦了入海泥沙。

研究水库下游冲刷与河床再造过程,正确预测其演变发展趋势,因势利导并加以控制,是保证河道健康发展及水资源可持续开发利用的前提条件和必要条件。在已建大型水库下游河段河床再造中,三峡水库下游河道的冲刷再造堪称一个典型:在空间尺度上涉及自宜昌以下至长江口近 2000km 的干流河道及我国最大的两个淡水湖鄱阳湖和洞庭湖,时间尺度上预计将持续 100 年以上[1]。整个造床过程尺度极大,且剧烈程度前所未有。而三峡水库下游地区是我国的战略腹地,面积约占全国的 8.3%,GDP 占 25%,分布着长江中游城市群与长江三角洲经济区,其江湖系统具有泄流、航运、水资源及岸线利用、生态载体等诸多功能,是区域经济可持续发展、社会稳定的重要依托。因此,深入研究预测三峡水库下游时空大尺度的河床再造过程具有极其重要的意义。

以往关于水库下游泥沙输移与河床演变的研究成果在指导工程实践的同时,因工程泥沙自身的复杂性与经验性,以及受制于研究手段,其预测成果与实际情况存在差异。三峡水库下游以往预测成果与蓄水后初期实际情况相比,存在一定的偏差:

(1)水位变化。中枯水位变化预测与实际存在一定差异,如三峡水库蓄水运用后 2003—2011 年,近坝段枝城站的枯水水位流量关系变化尚不大,6000m³/s 仅下降约 0.3m,而预测认为该时段该流量级水位下降可达 1m 以上[2];洪水位变化预测与实际差异更大。

(2)河床冲淤变化。宜昌至汉口段预测与实际情况有差异[3];沿程分布亦有差别,预测研究认为三峡水库蓄水运用后石首河段将会处于大幅度的冲刷状态[2],但根据最新实测资料分析，石首河段与其上游沙市河段冲刷幅度相差无几；而汉口至大通则出现定性差异，预测认为蓄水后前 10 年，该段以略有淤积为主，而实际则以冲刷为主。

（3）河型河势变化。不少专家学者预测认为三峡工程建成后长江中下游分汊河道支汊将发生淤塞，主槽趋向窄深，中低水位下将转变为单一河道[4-5]。而实际情况是冲刷调整并不会造成所有分汊河段的主槽发展、支汊萎缩，不同亚类的分汊河型主支汊冲刷调整有着不同的表现规律[6]；至于蓄水后多发的弯道突变及崩岸现象，之前的预测工作深度则很难做出定时定量的预测。

这些偏差说明，水库下游河床再造过程非常复杂，预测研究结果尚不够准确的重要原因之一是其中还有许多基础问题尚未得到根本解决。探索和认识河床再造过程，涉及河道水沙运动基本规律及河床演变基本原理，既是河流动力学的传统问题，也是目前长江、黄河等大江大河开发与治理中所面临的现实问题。水利枢纽工程的修建与调度运行导致的下游不平衡输沙与河床再造过程属于当前急需解决的关键科学难题，也是水利、地学、生态环境等多学科交叉研究的切入点。水库下游不平衡输沙与河床再造，具有水-沙相互作用、泥沙与河床边界掺混、河床与水流相互适应，以及泥沙交换-补充-粗化等多过程的特点；同时，其河床变形涉及空间上的微观到宏观、时间上的短期到长期等多个尺度，比如小至床面泥沙运动粗化、中至局部河段河势调整、大至长河段纵剖面调整等。在预测参数方面，则有一系列反映河床变形与水沙运动的参数，如河相关系、造床流量、河床阻力、挟沙力等。目前对于河床冲刷与再造过程中的多尺度、多过程及自适应问题研究尚不深入，所发展的不平衡输沙理论尚不完善，河床再造处于定性描述阶段，预测手段尤其在时空大尺度预测方面技术单一，其模型多个参数的选取主要依赖经验，因此需要从理论上、技术上、方法上研究水库下游河床冲刷与再造过程，进一步丰富发展河流动力学、河床演变学等学科。

从应用层面来说，水库下游河床再造对下游河道防洪、航运、水资源及岸线利用等方面均具有较大的影响，与沿岸社会、经济、民生等息息相关。因此针对水库下游河道冲刷和河床再造过程开展深入研究，揭示其内在机理和河床调整变化规律，不仅能够促进相关学科的发展，同时也具有重要而广泛的应用前景。

1.2　国内外研究现状

从微观的水沙运动而言，水库下游河床冲刷与再造具有床沙冲刷-粗化-交换-悬移质恢复等多过程耦合；从宏观的形态变化而言，该过程表现出泥沙冲淤-床面形态变化-河型河势调整-纵比降改变等多尺度复杂响应的特点。由于水库下游河床再造涉及范围大、历时长，数学模型是模拟研究的主要手段。一直以来，国内外相关研究主要从微观机理、宏观规律以及模拟方法三个环节不断推动着水库下游河道再造床研究的发展。由此可见，水库下游不平衡输沙机理、水库下游河床再造过程规律和不平衡输沙数值模型，是认识水库下游河道冲刷与再造床过程的三个关键问题。

1.2.1　水库下游不平衡输沙机理研究

水库下游不平衡输沙过程中最大的特点是悬移质泥沙的沿程恢复。伴随着非均匀床沙的冲刷粗化过程[7]，由于在一般平衡输沙研究中较少涉及此类问题，这也是历来不平衡输沙过程研究的热点与难点。

1. 水流含沙量沿程恢复机理

目前对于水库下游水流含沙量恢复特性的认识多源于对已建水库下游冲刷发展的观测与分析，其中不乏规律和机理性认识。如钱宁等[8]、谢鉴衡[9]认为水库下游长距离冲刷是由于水流挟沙力沿程增加，其根本原因是床沙粒径沿程变细；韩其为等[10]认为含沙量恢复距离与河床组成沿程变化以及前期冲刷和其他因素导致的水力因子变化有关，并指出水库下游冲刷首先取决于水库下泄水流的水沙条件，其次还与下游河道边界条件密切相关。

众多研究人员根据对水库下游实测资料的分析，得出了一些含沙量变化规律的重要结论。就含沙量恢复水平而言，李义天等[11]指出建库后坝下游河道各粒径组泥沙输沙量均不会超过建库前水平；韩其为[12]认为水库下游存在含沙量向挟沙力靠拢的过程。在含沙量恢复距离方面，尤联元等[13]认为冲刷距离的长短与沿程床沙组成及流量大小有关；陈飞等[14]则认为各粒径组泥沙的恢复距离随流量变化的幅度不大；沈磊等[15]认为，水库下游低、高流量级含沙量恢复速度快，而中流量级含沙量恢复速度较慢；陈建国等[16]认为含沙量恢复距离随水库下泄流量的增加而增加；郭小虎等[17]则认为，不同粒径组泥沙的恢复程度与沿程床沙组成有关。

除了采用实测资料分析的方法，也有部分研究者采用水槽试验的方法进行冲刷恢复的复演和机理探索。王兆印等[18]通过10m长水槽试验证明河床冲刷率正比于水流提供的冲刷功率并依赖于泥沙粒径和容重。王协康等[19]通过16m长水槽试验认为上游区段冲刷输移量及其沿程沉积量对下游区域冲刷有一定影响。乐培九等[20]通过38m长水槽试验研究沙质河床清水冲刷河床形态变化。

综上，在水库下游悬移质含沙量恢复过程研究方面，由于所用资料不同，各家的认识并不统一。随着研究工作的深入，引入分组挟沙力，系统研究沿程床沙组成、流量大小对分组泥沙恢复的影响已代表着当前的先进水平。就研究手段而言，多采用实测资料分析的方法，水槽试验较少。且其长度不足，尚不能完成各粒径组充分恢复过程的全面复演。

因此，需要利用原型观测资料与长度足够的水槽，针对水库下游含沙量恢复过程与分组挟沙力理论等方面开展进一步研究，以解决悬移质含沙量恢复机理和输沙能力变化等关键问题。

2. 床沙冲刷粗化及床面形态变化特性

水库下游河床粗化过程一般有三种类型，即沙质河床下伏卵石层因冲刷而出露所导致的粗化、细沙河床的粗化和卵石夹沙河床的粗化。其中前两个粗化类型的粗化过程研究均可概化为分组（分层）均匀沙进行近似处理，或引入非均匀系数对相关均匀沙研究成果进行修正。但对于后者卵石夹沙粗化过程的研究，因其级配较宽，一般称其为宽级配床沙，不能照搬均匀沙的研究，甚至一般的非均匀沙研究也不能适用。

冲刷粗化稳定后有几个关键问题，包括粗化层形成后的冲刷深度、粗化层级配及床沙级配的变化、阻力调整等。

秦荣昱等[21]研究了卵石夹沙和粗细沙河床的粗化机理、粗化过程的不恒定性和粗化层泥沙的水力特性，分别提出了卵石夹沙粗化模式和沙波运动的动态平衡模式。胡海明等[22]对秦荣昱公式进行了修正,得到了一个反映粗颗粒对细颗粒隐蔽作用的综合系数,并将结果应用于床沙级配调整计算中。陆永军等[23]曾对清水冲刷宽级配河床粗化机理进行了试验研究,探讨了宽级配河床粗化稳定后的阻力规律、非均匀沙起动概率及粗化层级配计算方法。刘兴年等[24]根据试验与实测资料分析了宽级配非均匀推移质输沙率的脉动特性,认为用负幂律分布可以很好地描述推移质输沙率的随机脉动特性,并研究了粗化程度对粗颗粒泥沙推移质输沙率影响的计算方法。Xu 等[25]先后通过实测资料分析和水槽试验研究了不连续宽级配床沙的起动及输移规律,在不连续宽级配床沙大小颗粒间的隐蔽与暴露作用及其对床沙起动及输移的影响等方面,做了一些探索性的工作。

目前对于水库下游不平衡输沙过程中泥沙运动特性的研究,以悬移质恢复过程及床沙粗化为主,对于冲刷过程中床面形态的变化、沙质河床的长期冲刷研究较少。相关研究以实测资料分析为主,规律认识并不统一,机理探索中常以均匀沙理论直接推广至非均匀沙的研究,存在假设经验较多、机理模式不清的问题[26]。因此,有必要通过系统的水槽试验来研究不平衡输沙过程中泥沙恢复与粗化过程的基本图式,着重从机理上进行阐释,结合随机理论给出定量性的成果,使之不但具有理论意义,而且可用于指导工程实践。

1.2.2 水库下游河床再造过程与规律研究

水库下游的河床再造过程具有多尺度的特点、宏观上人们关注河道整体比降及造床流量等要素变化;中观上则体现为河型、河势的调整;微观上以床沙组成及床面形态变化为主要现象。其中微观上床沙及床面变化研究在上节已有阐述,以下则是大、中尺度河床再造过程的研究进展。

1. 河床再造宏观变化及其驱动机制

河流可视为与外界环境不断进行物质和能量交换的开放系统。河床形态、河道比降等是系统内部变量,而上游来水来沙及河道边界条件等是系统的外部变量。当系统的外部变量发生变化时(如上游水库兴建导致清水下泄等),系统内部变量会作出响应(如河相关系变化、河道比降调整等)。水库下游再造床过程实际上是上游水库运行后河流系统的外部变量发生长期而显著的变化,河流系统内部变量(河道形态)对外部变量(水沙条件)变化而作出的响应。由于河床再造过程十分复杂,涉及驱动因素众多,河床再造的驱动机制和河床再造的模式一直是河床演变学研究的重点和难点之一。以往的研究可分为两方面:一是选定河流系统的代表性外部变量和代表性内部变量,在二者之间建立关系;二是研究河流系统代表性内部变量的响应调整过程,探索其调整模式。

(1)在外部变量与内部变量之间关系研究方面,VAN DEN BERG J[27]认为河道年平均洪水直接决定了再造河床平滩流量的大小。陈建国等[28]以实测资料为基础,得到黄河下游河道在三门峡水库、小浪底水库影响下平滩流量与水沙条件之间的函数关系。钱意颖等[29]研究发现水库下游河道平滩流量大小受连续几年内汛期平均流量的影响。吴保生等[30]以平滩流量为代表,研究前期水沙条件与平滩流量调整变化的关系,发现前期4~5年内的汛期平均水沙条件对黄河下游平滩流量调整的影响最为明显。夏军强等[31]则利用数学模型方法针对这一问题开展了研究。

(2)在河流系统内部变量响应调整过程研究方面,Leopold 等[32]以冲积河流为对象,从开放系统角度分析认为，河流系统外部变量变化后，其内部变量会进行自动调整以适应外部变量的变化。Hooke[33]通过对英格兰 Bollin 河人工裁弯后河床再造的研究发现，河道滩岸在裁弯后的 2～4 年完成再造过程。Rinaldi 等[34]和 Surian 等[35]根据大量的实测资料分析提出，从时间尺度来讲，大部分河床再造过程可以总结为非线性的指数衰减函数的调整模式，也就是说，河流在受到扰动因素驱动后的最初一段时间河床再造的速度很快，河床迅速向新的动态平衡状态靠近，随着时间的推移，其靠近的速度越来越慢。基于这一调整模式，Wu 等[36-37]以黄河等多沙河流为对象，提出了冲积河流河床形态的滞后响应模式，建立了平滩流量滞后响应模型。李凌云[38]对 Wu 所建立的河床再造模式进行改进研究，并在黄河流域取得了较好的应用效果。

从上述可以看出，目前关于水库下游河床再造规律的研究已有较多成果，但总体来看尚没有形成统一认识，如关于河床再造模式，Rinaldi 等[34]和 Surian 等[35]从宏观角度提出了具有普遍意义的调整模式，Wu 等[36-37]和李凌云[38]通过研究建立了适用于我国黄河等多沙河流的河床再造模式。因此需要充分分析和辨识不同河流特性的差异，对长江中下游的河床再造模式开展深入研究。

2. 水库下游不同类型河段冲淤调整规律

通常将水库下游河道以不同河型或不同河床组成、不同边界约束进行分类研究，其中，以不同河型的再造床规律的研究最多。

（1）针对顺直微弯或弯曲河型，由于其本身比分汊、游荡河型稳定，因此其再造床过程中，也往往表现为自然演变规律的加剧。顺直河段当河道两岸约束较强时，其平面变化往往不大，深泓有明显的下切[39]；当河道河岸约束不强时[40]，其顺直过渡段横向及平面形态变化则较为剧烈。弯曲河型的自然演变可分为一般演变和突变。一般演变的加剧，即凹岸冲刷加大，而凸岸较难还滩[41]，但人们关注较多的还是突变的发生。覃莲超等[42]曾根据汉江中下游实测资料，指出水库下游弯道演变中突变有多发的趋势。三峡工程蓄水运用后，下荆江多个弯道也先后呈现切滩撇弯或显露出切滩撇弯的趋势[43]。可见弯道的突变在冲刷调整过程中与自然情况下相比往往具有多发性，非常值得重视。

（2）分汊型河段在我国尤其是长江中下游占有突出的地位[1]，因此开展了较为广泛的研究。不少专家学者曾对丹江口水库下游及三峡水库下游分汊河段的演变规律进行了分析，或预测了其演变趋势。韩其为等[10]通过对比研究丹江口水库下游河道演变情况，认为三峡工程建成后，长江中下游分汊河道由于主支汊分流比的差别，支汊将发生淤塞，主槽趋向窄深，中低水位下将转变为单一河道。与此观点类似的潘庆燊[4]、许炯心[44-45]认为支汊萎缩。还有学者提出，冲刷调整并不会造成所有分汊河段的主槽发展、支汊萎缩，而应就分汊河型的不同亚类加以分析[46]。

（3）游荡河型河道演变较为复杂，河道极不稳定，故冲刷过程中其河床形态调整比较剧烈，甚至难以掌握[47]。在纵向冲刷调整的同时，游荡型河道横断面冲刷调整的复杂性最强，因为其多通过调整横断面来适应新的来水来沙情况，且其岸坡约束一般较弱，河宽调整较为容易，其平面形态的变化较为一致的规律是主流曲率的增加。

综上，关于冲刷状态下河流河床形态的调整规律，目前针对特定河段或水库下游河段总体冲刷调整的研究较多，针对不同河型冲刷调整的研究还较少；考虑地质地貌因素的较多，考虑来流条件的较少。同时，鉴于弯曲和分汊河型在我国广泛存在，尤其是在长江中下游占据重要的地位，并可分为多个亚类，而不同的亚类又具有不同的形态特征及演变规律，其冲刷调整亦具有各自的特点，因此，对此二类河型的冲刷调整规律需采取实测资料分析并结合概化模型试验的综合手段进一步深入研究。

1.2.3　不平衡输沙数学模型研究

关于水库下游河道再造过程，已开展了许多数值模拟研究工作，并取得了丰富的成果。但是，由于受到以往泥沙数学模型关键技术、数值模拟方法及计算机软硬件发展水平等的限制，模拟结果的经验性较强，争论还广泛存在。

1. 非均匀沙不平衡输移的数学模型关键技术

（1）非均匀沙水流挟沙力。非均匀沙水流挟沙力计算的关键是确定非均匀沙分组挟沙力级配。目前主要有以下几种方法：仅考虑床沙级配的 Hec-6 模型方法[48]。考虑悬移质来沙级配的韩其为方法[49]。考虑水流条件和床沙级配的李义天方法[50]。基于挟带分组泥沙的水量百分数概念韩其为方法[51]。基于 Boltzmann 方程理论推导分析的 Zhong 方法[52]等。由上述研究可知，影响非均匀沙水流挟沙力的主要因素为水流条件、床沙条件和来沙条件。前两者的作用规律目前已经比较明确，而来沙条件的作用机理尚不清楚。尤其是在修建水库后的减沙条件下，下游河道中非均匀沙水流挟沙力将如何变化，这些变化如何转化为数学语言体现在数学模型中是有待研究的问题。

（2）泥沙恢复饱和系数。水库下游河道再造过程为冲刷条件下不平衡泥沙运动的造床过程，在数学模型中用于描述不平衡输沙的关键参数为泥沙恢复饱和系数 α，它代表着含沙量恢复至挟沙力大小的快慢程度。前人已经开展了许多相关研究，窦国仁[53]将 α 解释为泥沙的沉降概率，韩其为[49]认为 α 为近底含沙量与垂线平均含沙量的比值，张启舜[54]基于立面二维泥沙扩散方程推导了 α 表达式，周建军等[55]考虑横向流速分布的影响修正 α 表达式。在上述研究中，关于 α 取值是大于 1 还是小于 1 还存在不少争论。目前，韩其为通过长江的大量计算经验，获得河流和湖泊水库在淤积时 α 分别取 0.25 和 0.5，在冲刷时取 α 大于 1 的结论，并得到广泛使用。一些学者研究了分组泥沙的恢复饱和系数，如韦直林等[56]、韩其为[57]、王新宏等[58]提出了经验公式。相关学者对非均匀悬移质恢复饱和系数的研究也取得了一定成果。葛华等[59]研究了三峡水库蓄水后荆江河段的实测水沙资料，认为水库下游非均匀沙恢复饱和系数的数量级可达 $10^{-3}\sim10^{-1}$，且一般随着泥沙粒径增大而减小，随河床冲刷历时的增加和床沙粗化程度的提高而呈递减趋势。黄仁勇等[60]在对三峡库区初期运用的研究中对不同粒径组的恢复饱和系数进行了研究。

（3）混合层泥沙交换计算模式。混合层泥沙交换计算模式对水库下游非均匀沙输移模拟非常关键，决定着河道冲淤量、冲刷速度及趋势，对准确模拟水库下游河床冲淤具有重要意义。起初，何明民等[61]提出了挟沙力级配及有效床沙级配的概念，并建立了挟沙力级配及有效床沙级配的确定方法。他们的有效床沙级配的概念至今仍得到较多的使用，如陆永军等[62]。后来，李义天等[63]、乐培九[64]、韦直林等[56]、赵连军等[65]均基于不同的模式提出了混合活动层厚度及床沙级配确定方法。其中，韦直林等[56]提出的三层计算模式，由于物理概念清晰、简单易懂，近年来获得了广泛的应用。此外，许多学者在研究混合层泥沙交换计算模式时，考虑了沙波运动的影响，如 Karim[66]、刘金梅等[67]。上述混合层泥沙交换计算模式均使用了经验概念或假定的物理图形，这些模式中许多参数（如床沙各层厚度等）取值还存在很强的经验性。对于水库下游非均匀沙输移的混合层泥沙交换，目前还缺乏机理上的认识，有待深入研究。

　　2. 水库下游河床再造过程的数值模拟

针对水库下游河床再造过程的数值模拟，国内外均开展了大量的研究，取得了丰富的研究成果。例如，在三峡工程修建前后，长江科学院、中国水利水电科学研究院等多家单位均进行了水库下游河床再造过程的一维恒定流数值模拟预测，并取得了丰富的成果[68]。同时，一维恒定流模拟研究存在如下问题：①模型的水流挟沙力、恢复饱和系数、河床阻力等关键参数取值经验性强、差异大。②误差大，如水文站点验证的水位误差多数在0.5m 以内，最大误差为 −1.412～1.932m，这种精度可能导致预测计算失败。③采用恒定流解法，不能反映沙峰的实际传播过程，导致冲淤计算结果总量与实测符合较好，但冲淤沿程分布差异较大。④一维数学模型基于断面地形和断面间距的计算模式不能反映天然河道的平面形态，仅能得到水流因子的断面平均值等有限信息，在断面冲淤后形态修改等方面需要采用额外假定，影响计算结果的准确性。

针对一维恒定流模拟研究的上述问题，较理想的条件是使用二维、三维数学模型替代开展研究。平面二维水沙数学模型中，水流模型框架目前已发展较成熟，泥沙输移的计算模式主要由一维模型扩展而来。平面二维水沙数学模型可反映天然河道的平面形态，获得水沙因子及河床冲淤的平面分布。对于水库下游大尺度、复杂水体的水沙输移而言，研究大规模区域平面二维数值模拟方法，具有重要的意义，也是当前平面二维水沙数学模型的研究前沿之一。与此同时，随着近年来计算机硬件水平及并行计算技术的高速发展，三维水沙数学模型越来越多地被用于河流工程的研究[69]，如周华君[70]、Fang 等[71]、夏云峰[72]、陆永军等[73]、胡德超[74]、假冬冬[75]的工作。三维模型的好处，是能直接模拟出水沙因子在三维空间中的运动细节，更易得到合理的计算结果。对于三维水沙数学模型而言，近底泥沙平衡浓度估算、床面泥沙交换模式、不平衡输沙等关键技术问题一直以来都尚未很好解决。至于用于水库下游冲刷条件下非均匀沙输移的水沙数学模型，其中的数学模型关键技术尚需深入研究。

1.3　本书的主要内容

本书是国家自然科学基金重点项目"三峡水库下游河道冲刷与河床再造过程研究"（51339001）的主要研究成果。该项目针对三峡水库下游河床冲刷与再造过程中的关键科学问题开展研究，具体包括：冲刷条件下非均匀沙分组挟沙分异性规律及形成机制、河床再造过程中的复杂响应及其驱动机制。以及水库下游水沙输移与河道形态的自适应机制。围绕上述关键科学问题采取实测资料分析、水槽与模型试验及数值模拟相结合的方法，引入分形与开放系统理论，并深化河流动力学与土力学的学科交叉，研究冲刷过程中悬移质恢复饱和机理、床沙粗化及床面形态调整特性、河床再造基本规律与驱动机制。利用上述基础研究成果改进水沙数学模型，并综合比较数学模型、实体模型以及河床再造驱动模型的预测结果，分析各方法的适用条件，研究提出河床再造的综合预测方法，并应用于三峡水库运用后长江中下游河道河床再造过程预测。历经 5 年的研究，在水库下游泥沙输移规律与河床再造机理，包括三峡水库下游悬移质泥沙冲刷恢复过程及输沙能力变化规律、不同类型河道的河床再造机理以及水库下游水沙输移与河道变形的自适应关系，以及水库下游河床再造过程预测方法及三峡水库下游河床冲淤演变预测，包括河床再造驱动模型研究、水沙数学模型关键技术研究和优化扩展、不同类型模型的再造床过程预测以及水库下游河床再造综合预测方法与实际预测等方面取得了突出进展。

1. 水库下游泥沙输移规律与河床再造规律与机理

(1) 阐明了三峡水库下游不同粒径组泥沙输移变化特性与清水冲刷下不同粒径组悬移质含沙量恢复规律。悬移质泥沙恢复距离与床沙粒径成反比；随着冲刷时间的推移，在上游来水含沙量不变的情况下，近坝段水体含沙量将减小；悬移质中相对较粗的泥沙在河床上存量较多，恢复后其浓度基本达到但不会明显超过输沙平衡时的水平；不同粒径组泥沙恢复距离、程度与影响因素有所不同：在蓄水初期粒径 $d \leqslant 0.031\text{mm}$ 沙量恢复主要受河床补给与江湖入汇的影响，随着时间推移，冲刷发展，河床补给量减小，各站该粒径组年均输沙量均远小于蓄水前的水平，沙量恢复主要受沿程补给的影响；$0.031\text{mm} < d \leqslant 0.125\text{mm}$ 沙量恢复主要受河床补给的影响，随着时间的推移，河床补给量减小，各站该粒径组年均输沙量均小于蓄水前的水平；$d > 0.125\text{mm}$ 沙量恢复主要受河床补给的影响，蓄水初期该粒径组沙量在宜昌至监利河段沿程恢复速率较快，且在监利站达到蓄水前的水平，随着时间的推移，其数值将逐渐小于蓄水前的水平。试验表明：当床沙粒径与河床比降不变时，流量越大，水流垂线平均含沙量恢复饱和的数值与距离越大，当流量、河床比降不变时，床沙粒径颗粒越细，含沙量恢复饱和时的数值越大，恢复距离也越长，反之亦然。但随着冲刷距离的发展，α_1（近底处含沙量与垂线平均含沙量比值）递减而 α_2（近底处挟沙力/垂线平均挟沙力比值）略有增加，且在清水冲刷发展过程中 α_1 是一个逐渐靠近 α_2 的动态变化过程。

(2) 阐明了平衡输沙条件下悬移质泥沙的紊动扩散机制，揭示了三峡水库下游沙质河床的分组挟沙规律。根据水槽试验结果发现，在冲刷与淤积平衡趋向过程中，小数量、长周期、高振幅的喷射、扫射事件是泥沙悬浮的主要动力。垂向紊动强度的增大使细、粗颗粒悬沙级配分别有所增大、减小，并最终使各粒径组悬沙级配维持在相对稳定的范围；平衡趋向过程中纵比降的变化与河床粗化程度成较好的正相关关系；以床沙中值粒径确定特征沉速得到的水流挟沙力公式，其拟合相关系数较大。来沙与挟沙力分组百分数不一致的原因在于悬沙中细颗粒泥沙得到了一定程度的恢复。对于 $d < 0.1\text{mm}$ 粒径组泥沙，挟沙力级配与来沙级配的相关关系稍好，与床沙级配关系较差。对于 $d > 0.1\text{mm}$ 粒径组泥沙，床沙级配变化对挟沙力的影响更大。

(3) 揭示了冲刷条件下不同河床组成的河床形态变化及床沙粗化过程，提出了相应的阻力变化计算方法。沙卵石河段冲刷粗化表现为粗沙（尤其是砾石）抗冲性强、粗化程度低，小于 0.5mm 的细沙则可能由于隐蔽作用同样表现出粗化程度低，而 0.5~2mm 的床沙则是最易冲刷起动的，粗化程度最大，总体床沙中值粒径明显粗化。沙粒阻力与特征粒径的比值与质量分形维数以指数形式成正相关，据此提出了使用质量分形维数 D_m、弗劳

德数 Fr、中值粒径 d_{50} 计算沙粒阻力系数 n_b 的公式；以河床表面分形维数（BSFD）度量沙质河床的河床形态的冲淤调整，并基于试验结果建立了 BSFD 变化值和河床糙率 n 变化的定量关系。

（4）阐释了弯曲和不同类型分汊河道河床再造机理，弄清了弯曲段塌岸变形过程，明确了分汊河道冲淤对水流含沙量变化的响应特征。概化模型试验研究表明，清水冲刷条件下，弯曲河段河床再造规律为：弯道凸岸边滩冲刷，凹岸淤积，弯顶断面由建库前的偏"V"形，逐渐向双槽夹心滩的"W"形转化，宽深比增加，断面向宽浅化发展；对不同材料弯道岸坡，在非黏性沙情况下，近岸坡度先陡后缓，河床横断面相对平缓宽浅。对于黏性岸坡，河床初始冲刷发生在主流区，岸坡横向变化具有突变性；对不同河岸坡度，陡岸坡较缓岸坡河床淤积量明显偏大；对岸坡与河床组成相同，同水力条件下岸坡崩塌总量大于河床冲刷总量；在此基础上开展了弯道河岸侵蚀失稳力学模型研究，发现 SBEM 模型考虑了岸坡切应力的纵向分布，与弯道河岸崩退侵蚀较为接近。分汊河段的主支汊格局受制于进口水流条件与各汊阻力的关系对比：对于两汊长度相当、各汊阻力对比差异较小的顺直及微弯型汊道，各汊发展态势主要受分流区水流特性的影响，中枯水期汊道进口水流动力轴线摆动是影响主、支汊交替的主要动力因素；对于两汊长度存在明显差异的鹅头型汊道，主支汊格局则主要取决于汊道的弯曲发展程度，进口主流走向对各汊发展态势影响甚微，在新的水沙条件下顺直微弯汊道河床变形幅度及范围将大于鹅头型汊道。总体来说，在非饱和挟沙水流造床过程中，断面形态较饱和挟沙水流作用下更为窄深。

（5）阐释了三峡水库下游水沙输移与河道变形的自适应关系。将河道冲刷的影响因素概括为河床组成、沙量和水文过程。不同区段冲刷发展的差异实际是对不同影响因素的响应程度不同：沙卵石河段冲刷受流量过程改变及河道形态、河床组成影响；沙质河段冲刷及分布则主要与流量过程改变及河道形态有关，宽、窄不同区间在中枯水和洪水期间具有不同的输沙能力，洪水出现概率减小、中枯水历时延长有利于宽浅河段冲刷。荆江河段的冲刷特征体现了河床对新水沙过程的适应过程。枯水河槽以冲刷为主，符合断面窄深化、断面过水面积扩大的要求，更有利于低含沙水流输移；宽浅河段冲刷幅度大于窄深河段，使得沿程深泓起伏降低，中枯水河槽形态沿程更趋均匀，与蓄水后洪水流量较小、流量过程趋于均一化的特点更为适应。

（6）建立了不同河岸组成的崩岸力学机制和断面尺度的崩岸过程概化模型，开展了上、下荆江河段的崩岸过程模拟。试验研究了非黏性、黏性均质岸坡及二元结构岸坡冲刷崩塌过程、机理及模式，阐明了其崩塌过程及其与水力条件和土力学指标的关系，建立了黏性土体的起动流速与土体液限/自然含水率、起动切应力与干密度及液性指数之间的定量表达式。首次开展了荆江段原型崩塌试验，提出了二元结构岸坡土体崩塌的力学模式，得到了黏性土体抗拉强度的计算公式，分别提出了上荆江河岸不同水位时期下的稳定性计算方法和下荆江二元结构河岸发生绕轴崩塌时的稳定性计算方法，实现了崩岸过程数值模拟。

2. 水库下游河床再造过程预测模型及趋势预测

（1）构建了基于滞后响应理论的三峡水库下游河床再造驱动模型。引入开放系统理论，分析并选定枯水河槽断面面积、河段平均平滩面积、平滩水深等系统内部变量作为水库下游河道再造驱动对象；分析表明驱动对象对水沙条件的变化存在滞后响应现象，长江中下游河段滞后响应时间尺度约为 5 年；分析并辨识出汛期平均流量和汛期平均含沙量为水库下游河道再造的主要驱动因子；研究表明河道水沙条件变化存在多尺度规律，基于水沙序列小波系数主要周期建立了变步长滞后响应模型。

（2）解决了水沙数学模型的若干关键技术问题，优化了三峡水库下游一维、二维和三维水沙数学模型。依据原型观测资料分析成果、水槽试验及概化试验成果，研究改进了非均匀沙分组挟沙力、宽级配沙卵石段模拟、泥沙床面边界条件及混合层等数值模拟方法，优化了坝下游宜昌至大通河段一维水沙数学模型、枝城至螺山分段平面二维水沙数学模型，建立了盐船套至螺山三维水沙数学模型，提高了数值模拟的精度。

（3）提出了水库下游河床再造的综合预测方法。基于数学模型、驱动模型和实体模型的综合预测方法，能够得到多维度、多尺度、不同范围的水库下游河床再造过程的预测成果，结合各自的适用性范围，河床再造过程的预测可采取综合预测方法，步骤如下：①利用实测的长系列来水来沙资料和横断面形态资料，采用变步长滞后响应模型从宏观上估算总体的冲淤趋势。②采用坝下游长河段的一维水沙数学模型，进行长河段长时期的河道冲淤计算，把握各分河段的冲淤特性，同时为局部的平面二维或三维数学模型、实体模型提供边界条件。③针对重点的河段，建立平面二维水沙数学模型、实体模型，开展大尺度复杂水域的模拟研究。④针对水沙运动三维性较强的局部河段，例如弯道、汊道、窄深河段和局部拓宽或缩窄的河段，建立三维水沙数学模型，进行三维流场结构、河道冲淤量及冲淤分布等模拟。⑤将不同的预测成果互相对比、互相印证，综合分析水库下游河道的再造过程和趋势。

（4）基于水库下游河床再造过程综合预测方法，预测了荆江河段冲刷再造的趋势。采用河床再造过程的综合预测方法，以荆江河段为应用对象，预测了其河床再造趋势。预测结果表明，荆江河段将发生长时间的冲刷，总体表现为河槽冲刷下切、洲滩冲刷萎缩的演变趋势，且随着时间的延长，冲刷强度有所减小。上游水库联合运用的 10 年末、20 年末，荆江河段累积总冲刷量分别约为 6 亿 m^3、10 亿 m^3。荆江河段的河势总体变化不大，但局部滩、槽冲淤变化较为明显，河槽有冲刷扩展趋势；一般深槽在弯道凹岸向近岸偏移，过渡段左右摆动；局部岸段和边滩（滩缘或低滩部位）冲刷后退。虽然部分河段局部岸段和滩地建设了守护工程，对该河段的河势稳定起到了一定的改善作用，但随着河槽冲深扩大、深泓向近岸（滩）偏移的基本趋势仍然存在，仍易造成岸、滩的冲刷崩退，滩槽格局仍不稳定，需进一步加强对该河段的观测和研究工作。

参 考 文 献

[1]　韩其为，何明民．三峡水库建成后长江中下游河道演变的趋势 [J]．长江科学院院报，1997，14（1）：62-66．

[2]　国务院三峡工程建设委员会办公室泥沙课题专家组，中国长江三峡工程开发总公司三峡工程泥沙专家组．长江三峡工程泥沙问题研究，第六卷（1996—2000），长江三峡工程坝下游泥沙问题（一）[M]．北京：知识产权出版社，2002．

[3]　卢金友，黄悦，王军．三峡工程蓄水应用后水库泥沙淤积及坝下游河道冲刷分析 [J]．中国工程

科学，2011，13（7）：129-136.

[4]　潘庆燊．长江中下游河道演变趋势及对策［J］．人民长江，1997，28（5）：22-24.

[5]　陈立，周银军，闫霞，等．三峡下游不同类型分汊河段冲刷调整特点分析［J］．水力发电学报，2011，30（3）：109-116.

[6]　水利部长江水利委员会．三峡工程试验性蓄水（2008—2012年）阶段性总结报告［R］．武汉，2013.

[7]　钱宁，张仁，周志德．河床演变学［M］．北京：科学出版社，1987.

[8]　钱宁，万兆惠．泥沙运动力学［M］．北京：科学出版社，2003.

[9]　谢鉴衡．河床演变及整治［M］．北京：中国水利水电出版社，2001.

[10]　韩其为，何明民．三峡水库修建后下游长江冲刷及其对防洪的影响［J］．水力发电学报，1995，（3）：34-46.

[11]　李义天，孙昭华，邓金运．论三峡水库下游的河床冲淤变化［J］．应用基础与工程科学学报，2003，11（3）：283-295.

[12]　韩其为．三峡水库运行后城汉河段会只淤不冲吗？——对"关于三峡工程对城陵矶防洪能力影响有关研究的讨论"的讨论［J］．水力发电学报，2006，25（6）：79-90.

[13]　尤联元，金德生．水库下游再造床过程的若干问题［J］．地理研究，1990，9（4）：38-48.

[14]　陈飞，李义天，唐金武，等．水库下游分组沙冲淤特性分析［J］．水力发电学报，2010，9（1）：164-170.

[15]　沈磊，姚仕明，卢金友．三峡水库下游河道水沙输移特性研究［J］．长江科学院院报，2011，28（5）：75-82.

[16]　陈建国，周文浩，袁玉萍．三门峡水库典型运用时段黄河下游粗细泥沙的输移和调整规律［J］．泥沙研究，2002，（2）：15-22.

[17]　郭小虎，李义天，邓金运，等．枝城～城陵矶河段冲刷量分析［J］．水力发电学报，2011，30（5）：101-105.

[18]　王兆印，黄金池，苏德惠．河道冲刷和清水水流河床冲刷率［J］．泥沙研究，1998，（1）：1-11.

[19]　王协康，郭志学，方铎，等．受泥石流入汇影响主河床冲刷粗化稳定试验研究［J］．泥沙研究，2000，（4）：18-21.

[20]　乐培九，朱玉德，程小兵，等．清水冲刷河床调整过程试验研究［J］．水道港口，2007，28（1）：23-29.

[21]　秦荣昱，王崇浩．河流推移质运动理论及应用［M］．北京：中国铁道出版社，1996.

[22]　胡海明，李义天．河床冲刷粗化计算［J］．泥沙研究，1996（4）：69-76.

[23]　陆永军，张华庆．清水冲刷宽级配河床粗化机理试验研究［J］．泥沙研究，1993，（1）：68-76.

[24]　刘兴年，黄尔，曹叔尤，等．宽级配推移质输移特性研究［J］．泥沙研究，2000，（4）：14-17.

[25]　XU H T，LU J Y，LIU X B. Non-uniform sediment incipient velocity ［J］. International Journal of Sediment Research，2008，23（1）：69-75.

[26]　丁赟，戴文鸿，钟德钰，等．悬移质不平衡输沙模型的特征［J］．河海大学学报（自然科学版），2011，39（5）：499-505.

[27]　VAN DEN BERG J. Prediction of alluvial channel pattern of perennial rivers ［J］. Geomorphology，1995，12（4）：259-279.

[28]　陈建国，胡春宏，董占地．黄河下游河道平滩流量与造床流量的变化过程研究［J］．泥沙研究，2006，（5）：10-16.

[29]　钱意颖，程秀文，付崇进．多沙河流上修建水库水沙调节指标的研究［M］．郑州：黄河水利出版社，1989.

[30]　吴保生，夏军强，张原锋．黄河下游平滩流量对来水来沙变化的响应［J］．水利学报，2007，

38（7）：886 – 892.

[31] 夏军强，吴保生，王艳平，等. 黄河下游河段平滩流量计算及变化过程分析 [J]. 泥沙研究，2010，（2）：6 – 14.

[32] LEOPOLD L B，LANGBEIN W B. The concept of entropy in landscape evolution [M]. US Government Printing Office Washington DC，1962.

[33] HOOKE J M. River channel adjustment to meander cutoffs on the River Bollin and River Dane，northwest England [J]. Geomorphology，1995，14（3）：235 – 253.

[34] RINALDI M，SIMON A. Bed – level adjustments in the Arno River，central Italy [J]. Geomorphology，1998，22（1）：57 – 71.

[35] SURIAN N，RINALDI M. Morphological response to river engineering and management in alluvial channels in Italy [J]. Geomorphology，2003，50（4）：307 – 326.

[36] WU B，WANG G，XIA J. Case study：Delayed sedimentation response to inflow and operationsat Sanmenxia Dam [J]. Journal of Hydraulic Engineering，2007，133：482.

[37] WU B S，LI L Y. Delayed response model for bankfull discharge predictions in the Yellow River [J]. International Journal of Sediment Research，2011，26（4）：445 – 459.

[38] 李凌云. 黄河平滩流量计算方法及应用研究 [D]. 北京：清华大学，2010.

[39] 刘金，陈立，周银军，等. 三峡蓄水后宜昌河段河床演变分析 [J]. 水运工程，2009，（11）：116 – 120.

[40] 吴娱，陈立，桂波，等. 汉江兴隆至新泗港河段河道演变及浅滩碍航机理分析 [J]. 水运工程，2008，（4）：76 – 79.

[41] 韩其为，杨克诚. 三峡水库建成后下荆江河型变化趋势的研究 [J]. 泥沙研究，2000，（3）：1 – 11.

[42] 覃莲超，余明辉，谈广鸣，等. 河湾水流动力轴线变化与切滩撇弯关系研究 [J]. 水动力学研究与进展 A 辑，2009，24（1）：29 – 35.

[43] 卢金友，姚仕明，邵学军，等. 三峡工程运用后初期坝下游江湖关系响应过程 [M]. 北京：科学出版社，2012.

[44] 许炯心. 汉江丹江口水库下游游荡段河岸侵蚀及其在河床调整中的意义 [J]. 科学通报，1998，（18）：1689 – 1692.

[45] 许炯心. 汉江丹江口水库下游河床调整过程中的复杂响应 [J]. 科学通报，1989，（6）：450 – 452.

[46] 冯源. 年内交替型分汊河道冲刷调整规律与机理的初步研究 [D]. 武汉：武汉大学，2009.

[47] 王光谦，张红武，夏军强. 游荡型河流演变及模拟 [M]. 北京：科学出版社，2005.

[48] FELDMAN A D. Hec models for water resources system simulation：Theory and experience [C]. ADV Hydrosci，1981，12：297 – 423.

[49] 韩其为. 非均匀悬移质不平衡输沙的研究 [J]. 科学通报，1979，（17）：804 – 808.

[50] 李义天. 冲淤平衡状态下床沙质级配初探 [J]. 泥沙研究，1987，（1）：82 – 87.

[51] 韩其为. 水量百分数的概念及在非均匀悬移质输沙中的应用 [J]. 水科学进展，2007，18（5）：633 – 640.

[52] ZHONG D Y，WANG G Q，DING Y. Bed sediment entrainment function based on kinetic theory [J]. Journal of Hydraulic Engineering，2011，137（2）：222 – 233.

[53] 窦国仁. 潮汐水流中的悬沙运动和冲淤计算 [J]. 水利学报，1963，（4）：13 – 23.

[54] 张启舜. 明渠水流泥沙扩散过程的研究及其应用 [J]. 泥沙研究，1980，（1）：37 – 52.

[55] 周建军，林秉南. 二维悬沙数学模型——模型理论与验证 [J]. 应用基础与工程科学学报，1995，（1）：78 – 98.

[56] 韦直林，赵良奎. 黄河泥沙数学模型研究 [J]. 武汉水利电力大学学报，1997，（5）：21 – 25.

［57］ 韩其为．扩散方程边界条件及恢复饱和系数［J］．长沙理工大学学报（自然科学版），2006，3（3）：7－19．

［58］ 王新宏，曹如轩，沈晋．非均匀悬移质恢复饱和系数的探讨［J］．水利学报，2003，（3）：120－124．

［59］ 葛华，朱玲玲，张细兵．水库下游非均匀沙恢复饱和系数特性［J］．武汉大学学报（工学版），2011，44（6）：711－714．

［60］ 黄仁勇，李飞，张细兵．三峡水库运用初期库区水沙输移数值模拟［J］．长江科学院院报，2012，29（1）：7－12．

［61］ 何明民，韩其为．挟沙能力级配及有效床沙级配的概念［J］．水利学报，1989，（3）：17－26．

［62］ 陆永军，徐成伟，左利钦，等．长江中游卵石夹沙河段二维水沙数学模型［J］．水力发电学报，2008，27（4）：36－47．

［63］ 李义天，胡海明．床沙混合层活动层的计算方法探讨［J］．泥沙研究，1994，（1）：64－71．

［64］ 乐培九．冲淤过程中床沙级配调整的一种计算模式［J］．水道港口，1997，（2）：30－33．

［65］ 赵连军，张红武，江恩惠．冲积河流悬移质泥沙与床沙交换机理及计算方法研究［J］．泥沙研究，1999，（4）：49－54．

［66］ KARIM F. Bed material discharge prediction for nonuniform bed sediments［J］．Journal of Hydraulic Engineering，1998，124（6）：595－604．

［67］ 刘金梅，王士强，王光谦．冲积河流长距离冲刷不平衡输沙过程初步研究［J］．水利学报，2002，33（2）：47－53．

［68］ 国务院三峡工程建设委员会办公室泥沙课题专家组，中国长江三峡工程开发总公司三峡泥沙专家组．长江三峡工程泥沙问题研究，第七卷（1996—2000），长江三峡工程坝下游泥沙问题（二）［M］．北京：知识产权出版社，2002．

［69］ CASULLI V，WALTERS R A. An unstructured grid，three－dimensional model based on the shallow water equations［J］．International Journal for Numerical Methods in Fluids，2000，32（3）：331－348．

［70］ 周华君．长江口最大浑浊带特性研究和三维水流泥沙数值模拟［D］．南京：河海大学，1992．

［71］ FANG H W，WANG G Q. Three－dimensional mathematical model of suspended sediment transport［J］．Journal of Hydraulic Engineering，ASCE，2000，126（8）：578－592．

［72］ 夏云峰．感潮河道三维水流泥沙数值模型研究与应用［D］．南京：河海大学，2002．

［73］ 陆永军，窦国仁，韩龙喜，等．三维紊流悬沙数学模型及应用［J］．中国科学E辑技术科学，2003，34（3）：311－328．

［74］ 胡德超．三维水沙运动及河床变形数学模型研究［D］．北京：清华大学，2009．

［75］ 假冬冬．非均质河岸河道摆动的三维数值模拟［D］．北京：清华大学，2010．

第2章

悬移质泥沙恢复过程及输沙能力变化规律

2.1 不同粒径组泥沙输移变化规律

2.1.1 年径流量与输沙量变化特点

三峡水库蓄水运用后，长江上游来沙持续减少，且长江上游大部分来沙被拦截在三峡水库内，水库下游输沙量大幅减少。2002年以前，坝下游干流主要控制站宜昌、螺山、汉口、大通多年平均年径流量分别为4369亿 m³、6460亿 m³、7111亿 m³、9052亿 m³，输沙量分别为4.92亿 t、4.09亿 t、3.98亿 t、4.27亿 t；三峡水库运用后2003—2017年坝下游各主要控制站除监利站径流量偏多3%外，其他站表现为不同程度的偏少，偏少幅度为4%～7%；输沙量减少幅度更大，为68%～93%，且减少幅度表现为沿程递减，其中宜昌站由蓄水前的4.92亿 t减少为0.358亿 t，减幅达93%；受坝下游河道冲刷与江湖入汇的补给，水体中泥沙输沙量沿程增加，至大通站输沙量增至1.37亿 t，较蓄水前减少68%（表2.1.1）。

表 2.1.1　　　　　　　　长江中下游主要水文站径流量和输沙量对比

项　目		水　文　站						
		宜昌站	枝城站	沙市站	监利站	螺山站	汉口站	大通站
径流量 /亿 m³	多年平均（2002年前）	4369	4450	3942	3576	6460	7111	9052
	2003—2017年平均	4049	4146	3798	3677	6062	6807	8635
	距平百分率/%	−7	−7	−4	3	−6	−4	−5
输沙量 /亿 t	多年平均（2002年前）	4.92	5.00	4.34	3.58	4.09	3.98	4.27
	2003—2017年平均	0.358	0.434	0.541	0.693	0.866	1.01	1.37
	距平百分率/%	−93	−91	−88	−81	−79	−75	−68

2.1.2 河床中值粒径变化

三峡水库运用后，在"清水"冲刷下，河床将会由上而下逐渐发生粗化。根据长江水利委员会水文局测量的坝下游河道主要水文站汛后床沙级配资料，分析了三峡工程蓄水前后长江中下游河道主要水文站河床床沙颗粒级配的变化规律。

由于宜昌站离大坝较近，三峡水库蓄水后，该河段首当其冲，河床粗化明显，逐步演变为卵石夹沙河床，床沙中值粒径由 2002 年汛后的 0.175mm 变为 2017 年汛后的 43.1mm ［图 2.1.1（a）］。由于枝城、沙市、监利等站距坝里程依次增加，在同一时间上述站点的床沙中值粒径呈减小趋势；其中蓄水后枝城站与沙市站床沙中值粒径均明显增大，至 2017 年 10 月枝城站、沙市站床沙 0.125mm 以下的粒径组比重仅分别为 0.1% 和 0.3%；随着河床冲刷的影响，监利站床沙组成呈粗化趋势，其中 0.125mm 以下粒径组比重不断减小，由 2003 年 10 月的 29.8% 减小至 2017 年 10 月的 4.7% ［图 2.1.1 （b）～（d）］。三峡水库运用后螺山站床沙中值粒径略有增大，河床 0.125mm 以下粒径组比重呈减小趋势，至 2017 年 10 月该站 0.125mm 以下的粒径组比重仅为 1.7%，大通站河床 0.125mm、0.031mm 以下的沙量比重均无明显变化趋势 ［图 2.1.1（e）、（f）］。

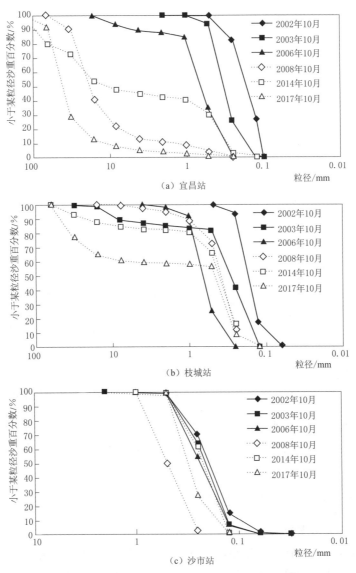

图 2.1.1（一）　长江中下游干流河段主要水文站汛后床沙颗粒级配曲线

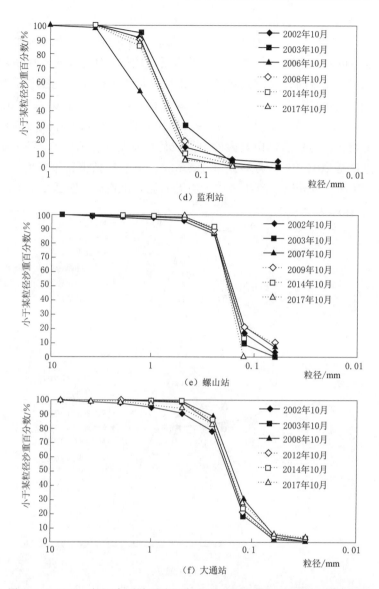

图 2.1.1（二）　长江中下游干流河段主要水文站汛后床沙颗粒级配曲线

由图 2.1.1 可知，三峡水库运用后，随着时间推移，枝城与沙市站汛后床沙中值粒径呈明显增大趋势，而监利站则略有增大，螺山站、汉口站及大通站汛后床沙中值粒径未出现明显趋势性变化。

2.1.3　支流入汇对泥沙输移的影响

长江中下游有众多支流入汇。三峡水库运用前长江上游泥沙来量较大，因而支流入汇的泥沙对干流河道泥沙输移影响较小，但三峡水库运用后上游来沙大幅度减少，因而支流入汇泥沙对干流河道泥沙输移的影响越来越明显。以下分析三峡水库蓄水后长江中下游主要支流入汇泥沙的影响。以城陵矶（七里山）水文站代表洞庭湖水系入汇控制站，洞庭湖入汇口下游 30km 的螺山水文站代表长江干流，分析洞庭湖入汇泥沙的影响。三峡水库蓄水后不同阶段洞庭湖入汇沙量及不同粒径组沙量占长江干流输沙量的比重见图2.1.2，其中三峡水库运用后分为 2003—2007 年（三峡水库围堰发电及初期蓄水期）、2008—2012年（175m 水位试验性蓄水期）及 2013—2017 年（175m 水位试验性蓄水期及向家坝、溪洛渡水电站运用后）三个时段。

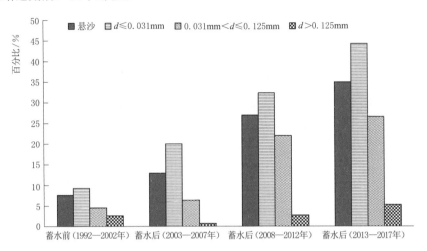

图 2.1.2　三峡水库运用后洞庭湖入汇沙量占长江干流螺山站输沙量比重

由图 2.1.2 可知，洞庭湖入汇长江的泥沙量以细沙为主，$d \leq 0.031mm$ 的沙量约占总量的 90%。三峡水库蓄水前，洞庭湖入汇长江各粒径组沙量占螺山站相应粒径组沙量的比值均在 10% 以内；三峡水库蓄水后，洞庭湖入汇沙量占长江干流输沙量的比值明显增大，且随着时间的推移而逐渐增大，在 2013—2017 年期间比值约为 35%，各粒径组沙量占相应干流沙量的比值同样均呈逐渐递增趋势，其主要原因是向家坝和溪洛渡等水电站投入运用及上游来沙减少，三峡水库入出库沙量进一步大幅减少。

汉江仙桃站年均输沙量及不同粒径组沙量占长江汉口站的比重变化见图2.1.3。

由图 2.1.3 分析可知，三峡水库蓄水前，汉江入汇长江各粒径组沙量占汉口站相应粒径组沙量的比值均在 8% 以内；三峡水库蓄水后，在 2003—2007 年期间，汉江入汇长江沙量占汉口沙量的比值明显增大，其数值为 14.9%，随着时间的推移，汉江入汇沙量占长江干流输沙量的比值逐渐递减，在 2013—2017 年期间其比值约为 6%，其主要原因是汉江入长江的沙量大幅度减少，在 2003—2007 年期间汉江入长江干流年均输沙量约 1900万 t，而在 2013—2017 年期间约 420 万 t。从汉江入汇长江干流各粒径组沙量来看，3 个粒径组沙量占相应干流沙量的比值均呈逐渐递减趋势，其主要原因均为汉江入长江的沙量大幅度减少。

鄱阳湖入汇的泥沙年均输沙量及不同粒径组沙量是根据湖口水文站数据统计的，而长江干流的数据则采用下游大通水文站统计分析，统计结果见图 2.1.4。

图 2.1.4 显示，三峡水库蓄水前，鄱阳湖入汇长江各粒径组沙量占大通站相应粒径组沙量的比值均在 3% 以内。三峡水库蓄水后鄱阳湖入汇沙量占长江干流输沙量比值明显增大，但随着时间的推移其比值无明显变化。从鄱阳湖入汇长江干流各组粒径组沙量来看，

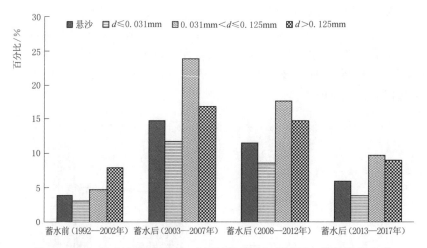

图 2.1.3 三峡水库运用后汉江入汇沙量占长江干流汉口站输沙量比重

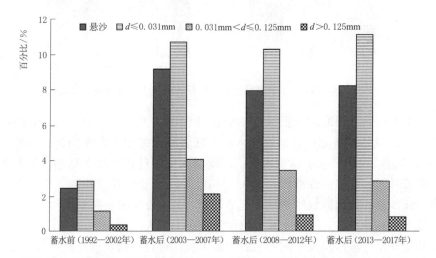

图 2.1.4 三峡水库运用后鄱阳湖入汇沙量占长江干流河段大通站输沙量比重

除 $d \leqslant 0.031$mm 的沙量所占比例略有增加之外，其他 2 个粒径组沙量占干流相对应沙量呈递减趋势。

综合上述，长江中下游江湖入汇对长江干流河段泥沙输移产生明显影响，越往下游江湖入汇泥沙的影响比值越小；洞庭湖与鄱阳湖入汇长江的沙量主要为 $d \leqslant 0.031$mm 的沙量，其中洞庭湖入汇该粒径组沙量占长江干流相应沙量的比值呈递增趋势，其主要原因与长江干流输沙量减少有关；汉江入汇长江各粒径组沙量所占长江干流相应沙量的比值呈递减趋势，其主要原因为汉江入汇沙量大幅度减少。

2.1.4 泥沙输移变化特性分析

三峡水库蓄水运用后，下泄泥沙大幅度减少，引起坝下游河道输沙量发生较大变化（见图 2.1.5 与表 2.1.2）。

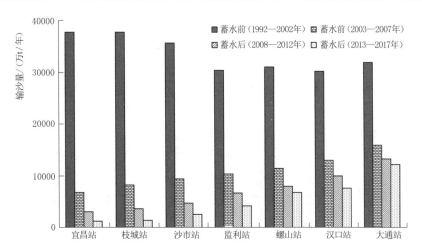

图 2.1.5　三峡水库运用前后坝下游主要水文站年均输沙量变化对比图

表 2.1.2　　　　　　　三峡水库运用前后坝下游河床冲淤与江湖入汇量统计

河段与江湖	输沙量/万 t			
	1992—2002 年	2003—2007 年	2008—2012 年	2013—2017 年
宜昌—监利	−704	5007	4308	3337
监利—螺山	−1956	−294	−751	413
螺山—汉口	−1993	−382	829	374
汉口—大通	1012	1440	2266	3682
洞庭湖	2384	1482	2158	2187
汉江	1184	1928	1135	423
鄱阳湖	788	1464	1030	1018
河床补给	−3641	5771	6652	7806
江湖入汇	4356	4874	4323	3628
河床补给/江湖入汇比值	—	1：0.84	1：0.65	1：0.46

注　"—"表示淤积。

图 2.1.5 与表 2.1.2 表明，三峡水库蓄水前，以监利站为界，受荆江三口分沙的影响，其上游悬移质输沙量沿程递减，其下游沿程略有递增，但变幅不大；总体而言，宜昌至大通段以微淤为主，该数值略小于江湖入汇的沙量。三峡水库蓄水后，三峡水库下泄沙量明显减少，坝下游沿程各站输沙量均较蓄水前大幅减少，但沿程递增，同一站输沙量沿时程则呈递减趋势；其中 2003—2007 年间坝下游各主要站点沙量沿程呈递增趋势，至大通站年均输沙量未达到蓄水前的水平，从整体来看，河床补给与江湖入汇的比值为 1：0.84，沙量恢复主要受河床补给与江湖入汇共同的影响；从不同河段来看，监利至汉口河段沙量恢复主要受洞庭湖与汉江入汇的影响，宜昌至监利河段沙量恢复主要受河床补给的影响，而汉口至大通河段沙量恢复主要受河床补给与鄱阳湖入汇共同的影响。在 2008—2012 年期间与 2013—2017 年期间，三峡水库下泄沙量大幅递减，沙量沿程仍呈递增趋势，但均未达到蓄水前的水平；河床补给与江湖入汇的比值分别为 1：0.65 与 1：0.46，沙量恢复主要受河床补给的影响，但江湖入汇影响也较大；从不同河段来看，除汉口至大通河段鄱阳湖入汇沙量

的影响在逐渐减小之外,其他河段沙量恢复的主要原因未发生较大改变。

由于受江湖入汇泥沙、床沙组成等因素的影响,不同粒径组泥沙恢复速率与程度也不尽相同。下面根据各主要水文站实测资料,分别统计三峡水库蓄水前后各站不同粒径($d \leqslant 0.031\text{mm}$、$0.031\text{mm} < d \leqslant 0.125\text{mm}$ 与 $d > 0.125\text{mm}$)情况下沙量沿程变化情况(见图 2.1.6~图 2.1.8 与表 2.1.3~表 2.1.5)。

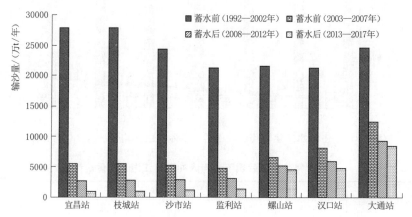

图 2.1.6　三峡水库运用前后坝下游主要水文站年均输沙量变化对比图($d \leqslant 0.031\text{mm}$)

表 2.1.3　三峡水库运用前后坝下游河床冲淤与江湖入汇量统计($d \leqslant 0.031\text{mm}$)

河段与江湖	输沙量/万 t			
	1992—2002 年	2003—2007 年	2008—2012 年	2013—2017 年
宜昌—监利	−1490	243	999	665
监利—螺山	−1757	457	300	1317
螺山—汉口	−1050	500	180	34
汉口—大通	2715	3057	2339	2755
洞庭湖	2026	1341	1753	1872
汉江	663	956	525	177
鄱阳湖	723	1343	960	933
河床补给	−1581	4257	3818	4772
江湖入汇	3412	3640	3237	2982
河床补给/江湖入汇比值	—	1：0.86	1：0.85	1：0.62

注　"−"表示淤积。

图 2.1.6 与表 2.1.3 显示,$d \leqslant 0.031\text{mm}$ 的沙量的变化规律与全沙输沙量变化规律基本相同。三峡水库蓄水前,$d \leqslant 0.031\text{mm}$ 的沙量在宜昌至大通段以微淤为主,该数值小于江湖入汇的沙量。三峡水库蓄水运用后这部分沙量明显减少,沿程总体呈递增趋势,随着时间的推移,该粒径组沙量呈递减趋势,但沿程恢复程度与总输沙量有所差别。2003—2007 年期间坝下游各主要站点 $d \leqslant 0.031\text{mm}$ 年均输沙量沿程呈递增趋势,至大通站该粒径组沙量未达到蓄水前的水平;从整体来看,河床补给与江湖入汇比值为 1：0.86,沙量恢复主要受河床补给与江湖入汇共同的影响;从不同河段来看,宜昌至汉口河段沙量恢复

主要受洞庭湖与汉江入汇的影响,汉口至大通河段主要受河床补给的影响。在2008—2012年期间与2013—2017年期间,水库下泄该粒径组沙量大幅递减,沙量沿程递增,但均未达到蓄水前的水平,河床补给与江湖入汇的比值分别为1:0.85与1:0.62,说明该粒径组沙量恢复主要受河床补给与江湖入汇共同的影响。

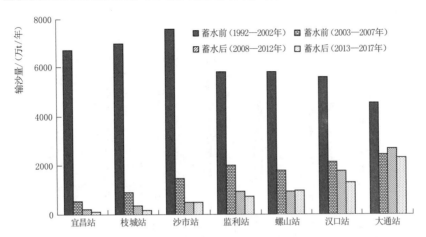

图 2.1.7　三峡水库运用前后坝下游主要水文站年均输沙量变化对比图

(0.031mm<d≤0.125mm)

表 2.1.4　　**三峡水库运用前后坝下游河床冲淤与江湖入汇量统计 (0.031mm<d≤0.125mm)**

河段与江湖	输沙量/万 t			
	1992—2002 年	2003—2007 年	2008—2012 年	2013—2017 年
宜昌—监利	243	1771	918	709
监利—螺山	−247	−310	−212	−8
螺山—汉口	−456	−185	527	211
汉口—大通	−1179	200	826	932
洞庭湖	267	117	213	260
汉江	272	514	306	125
鄱阳湖	54	101	88	72
河床补给	−1639	1476	2058	1844
江湖入汇	594	732	607	457
河床补给/江湖入汇比值	—	1:0.50	1:0.30	1:0.25

注　"—"表示淤积。

　　由图 2.1.7 与表 2.1.4 可知,三峡水库蓄水前,0.031mm<d≤0.125mm 的沙量宜昌至沙市站沿程增加,沙市至监利站减少较多,监利至汉口站变化不大,汉口至大通站减少。三峡水库运用后,各站这部分沙量均大幅减少,与蓄水前相比,沿程变化规律不同,而且各个时段也有差别。总体上这部分沙量沿程呈递增趋势,随着时间的推移,各站该粒径组沙量呈递减趋势。与蓄水前相比,2003—2007 年期间坝下游各主要站点 0.031mm<d≤0.125mm 的年均输沙量沿程递增,至大通站该粒径组沙量未达到蓄水前的水平;从整体来看,河床补给与江湖入汇的比值为 1:0.50,沙量恢复主要受河床补给的影响,但江湖入汇影响也较大;

从不同河段来看，除监利至汉口河段沙量恢复主要受汉江入汇影响外，其他河段沙量恢复主要受河床补给的影响。在 2008—2012 年期间与 2013—2017 年期间，水库下泄该粒径组沙量大幅递减，河床补给未明显变化，沙量沿程递增，但均未达到蓄水前的水平，由于江湖入汇补给明显减少，河床补给与江湖入汇的比值分别为 1∶0.30 与 1∶0.25，说明沙量恢复主要受河床补给的影响，但江湖入汇的影响逐渐减小。

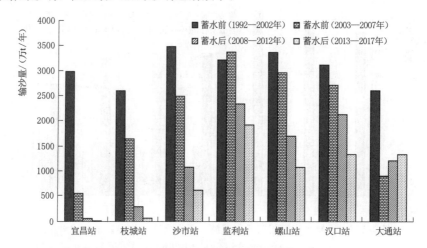

图 2.1.8　三峡水库运用前后坝下游主要水文站年均输沙量变化对比图（$d>0.125$mm）

表 2.1.5　三峡水库运用前后坝下游河床冲淤与江湖入汇量统计（$d>0.125$mm）

河段与江湖	输沙量/万 t			
	1992—2002 年	2003—2007 年	2008—2012 年	2013—2017 年
宜昌—监利	543	2994	2392	1962
监利—螺山	47	−441	−691	−895
螺山—汉口	−487	−697	130	129
汉口—大通	−524	−1817	−926	−5
洞庭湖	91	24	44	56
汉江	249	458	296	120
鄱阳湖	10	20	11	13
河床补给	−421	2994 *	2392 *	1962 *
江湖入汇	350	502	351	189
河床补给/江湖入汇比值	—	1∶0.17	1∶0.15	1∶0.10

注　"−"表示淤积。

* 因 $d>0.125$mm 沙量在宜昌至监利河段冲刷，而监利以下河段一般淤积，河床补给则用宜昌至监利河段冲刷量代替。

图 2.1.8 与表 2.1.5 显示，三峡水库蓄水前，$d>0.125$mm 的沙量宜昌至枝城站减少，至沙市站又增加，且超过宜昌站，沙市至大通站沿程减少。三峡水库运用后，出库这部分沙量显著减少，沿程各站则有不同程度的恢复，其中宜昌至汉口各站这部分沙量沿时程均减少，大通站则逐渐增加。2003—2007 年期间 $d>0.125$mm 的沙量在宜昌至监利河

段沿程恢复速率较快，沙量恢复主要受河床补给的影响，且在监利站达到蓄水前的水平，而监利以下河段沙量以淤积为主；在 2008—2012 年期间与 2013—2017 年期间，水库下泄该粒径组沙量递减，在宜昌至监利河段沙量沿程恢复且速率仍较快，沙量恢复仍主要受宜昌至监利河段河床补给的影响，在监利站达到最大值，而在监利以下河段以淤积为主；但随着宜昌至监利河段河床下切，流速减缓，河道输沙能力减小，该粒径沙量恢复逐渐小于蓄水前的水平。

2.1.5　三峡水库蓄水运用后坝下游河段泥沙输移规律

三峡工程运用后，水库拦截大量泥沙，"清水"下泄，坝下游河段水流将会长期处于非饱和状态，尤其随着上游向家坝、溪洛渡等梯级水库陆续建成并运用后，水库下泄的沙量更少，基本接近"清水"。在这种冲刷背景下，坝下游河道将会长期处于冲刷状态，由于坝下游河道河床组成的差异性，越往下游河床组成越细，受河床组成的不同与江湖入汇的影响，坝下游河段不同粒径组沙量恢复距离与程度呈现以下规律：2003—2007 年期间 $d \leqslant 0.031$mm 的沙量沿程恢复主要受河床补给与江湖入汇的影响，随着时间的推移，水库下泄该粒径组沙量递减，沙量沿程递增，但均小于蓄水前的水平，沙量恢复仍主要受河床补给与江湖入汇的影响；蓄水初期 0.031mm$<d \leqslant 0.125$mm 的沙量恢复主要受河床补给的影响，江湖入汇的影响也较大，随着时间的推移，水库下泄该粒径组沙量递减，河床补给减少，该粒径组沙量小于蓄水前的水平，沙量恢复主要受河床补给的影响，江湖入汇的影响逐渐减小；$d > 0.125$mm 的沙量恢复主要受宜昌至监利河段河床补给的影响，蓄水初期该粒径组沙量在宜昌至监利河段沿程恢复速率较快，且在监利站达到蓄水前的水平，随着时间推移，水库下泄该粒径组沙量递减，在宜昌至监利河段沿程恢复且速率仍较快，在监利站达到最大值，但其数值逐渐小于蓄水前的水平。

不同粒径组沙量恢复距离与程度不同，也导致河床冲刷距离不同，坝下游河道河床 $d \leqslant 0.125$mm 的沙量相对较少，$d \leqslant 0.031$mm 与 0.031mm$<d \leqslant 0.125$mm 的沙量在宜昌至大通河段受到河床沿程补给，这是造成坝下游河道发生长距离冲刷的主要原因；坝下游河道河床 $d > 0.125$mm 的沙量大量存在，该粒径组沙量沿程恢复主要受宜昌至监利河段河床补给的影响，这是造成坝下游冲刷重点集中在宜昌至监利河段的主要原因。

2.2　不同粒径组悬移质含沙量恢复试验研究

2.2.1　试验概况

2.2.1.1　水循环试验系统

1. 水槽系统

该试验在水利部江湖治理与防洪重点试验室的水槽大厅进行。试验选择规格为 60m（长）×0.8m（宽）×0.8m（高）的可变坡玻璃水槽开展，该水槽采用变频控制技术与电脑控制技术相结合，能够实现流量、水位的全过程试验控制，减少了试验强度并改善了控制精度。水槽首段设置有供水系统，最大流量为 0.4m³/s，水槽最大水深为 0.65m。进口流量采用精度为 0.3％的电磁流量计控制，尾门为翻板式，采用电脑控制的方式调节下游水位，水槽尾端设置有沉沙池，容积为 428m³。因试验设计流量较大，水槽进口处加设隔栅以平稳水流。地下水库和相关水循环系统平面布置见图 2.2.1。试验水槽见图 2.2.2。

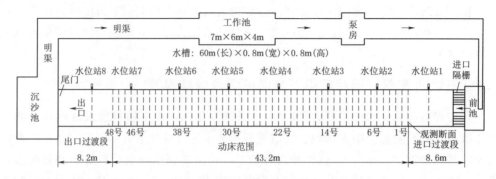

图 2.2.1 试验水槽和供水系统平面布置示意图

图 2.2.2 试验水槽

2. 供水系统

该试验水槽供水系统为循环式供水系统。系统由沉沙池、回水渠、工作池、泵房、变频泵抽水系统、电磁流量计、管道、前池和控制台等部分组成。水槽所需流量由变频器控制。在试验初先建立流量与变频器之前的数学对应关系，再根据试验所需流量调节变频器输出频率，从而得到目标流量；水流通过试验水槽后经尾门流入沉沙池，上层清水经回水渠流入工作池，再经水泵的抽取实现供水循环。供水系统主要控制设备见图 2.2.3。

2.2.1.2 测量系统

1. 流速测量系统

试验中流速测量采用美国 SONTEK 公司生产的三维声学多普勒流速仪（micro acoustic doppler velocimeter，ADV）进行测量。该流速仪测速技术以多普勒效应为基础，对距离探头一定距离的采样点进行测量。探头向水体发射声波，并接收水体中的固体粒子或气泡散射声波产生的频率差，经过电子仪器度量频率的变化从而计算出控制体的三维流速数据，实现实时三维流速测量。仪器测量方式为非接触式测量，从而对采样点没有干扰或干扰较小。

ADV 主要由量测探头、信号调节和信号处理三部分组成。量测探头由三个 10MHz 的接收探头和一个发射探头组成，三个接收探头分布在发射探头轴线的周围，它们之间的夹角为 120°，接收探头与采样体的连线与发射探头轴线之间的夹角为 30°，采样体位于探头下方 5cm 处，这样可以基本上消除探头对流场的干扰（见图 2.2.4）。

该试验采用的 ADV 具有对水流扰动小、测量精度高、无须率定且操作简便等特点。

|(a) 电磁流量计|(b) 变频控制柜|
|(c) 泵房|(d) 控制台|

图 2.2.3　供水系统主要控制设备

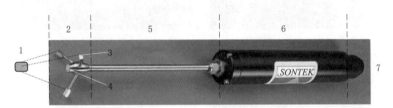

图 2.2.4　三维 ADV 主要组成部分示意图

1—采样体；2—声学探头模块；3—信号接收器；4—信号发射器；

5—仪器杆径；6—信号调节模块；7—水下连接器

仪器配有数据后处理软件 WinADV，可以方便实现与 Excel、UtralEdit 等数据处理软件进行对接。仪器采样频率为 25Hz，每个测点测量 60s，可以得到 1500 个数据。

2. 水位测量系统

试验水位测量系统采用武汉大学电子信息学院研发的 WEL-Ⅱ型智能水位仪来自动测量水槽水位（见图 2.2.5）。水位仪主要由电机、线轮、合金丝绳、重锤、针型电极、圆盘光栅组成。合金丝绳一端固定在线轮上，下端连接重锤，重锤下部固定有针型电极。

图 2.2.5　WEL-Ⅱ型智能水位仪

电机带动合金丝绳、重锤及电极上下运动，通过针型电极测量水电阻，根据所测电阻大小判别重锤是否接触水面。系统由步进脉冲数或圆盘光栅测量合金丝绳移动长度即得到水位高程。为了消除水面张力影响，智能水位仪采用点测方式测量，当仪器判别出水面并测出水面高程后，自动将针型电极提出水面后再进行下一次测量。该试验共采用了 8 台 WEL-Ⅱ型智能水位仪，水位站布设位置见图 2.2.1。

3. 泥沙浓度测量

泥沙浓度测量主要采用虹吸管取样法（图 2.2.6），采用虹吸管取样后过滤、烘干、称重后计算泥沙浓度。采用虹吸管的方法，使用直径为 1cm 的铜管获取待测水体。考虑铜管放入会加大水体扰动，为减少扰动对水流的影响，将虹吸管制作成 L 形，水平部分长 20cm，竖直部分固定在支架上，支架加设在水槽顶端，并刻有刻度，可横向、纵向及垂向移动。通

（a）虹吸取样

（b）过滤

（c）烘干

（d）称重

图 2.2.6　虹吸管取样法

过调节刻度来确定管口的深度及横向位置，沿水槽方向移动以调整到下个取样断面。

虹吸管另一头接直径 1cm 的橡皮管。取样前将橡皮管充水，利用虹吸原理吸取水样。橡皮管末端配备止水夹以控制管口出流。取样时先将夹子松开，先将管中预充的水体排尽后再将所取水样灌入体积为 2.4L 的塑料罐中。将塑料罐中的水样静置 24h，倒去表层清水，罐中剩下的水样用滤纸进行过滤。滤纸过滤后烘干并用电子天平称重，从而得到所取水样的泥沙浓度。

4. 试验所用天然沙的选取及容重测量

该试验采用的天然沙，主要来自长江河床上的青沙，为保证试验质量，试验前采用排水体积法对天然青沙样进行了精细的容重测量（图 2.2.7）。

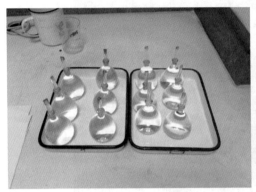

图 2.2.7　排水体积法容重测量

用排水体积法测量的青沙容重结果见表 2.2.1。

在现场进行 10 个取样，并利用排水体积法测得已筛的青沙密度为 $2.620 \times 10^3 \sim 2.681 \times 10^3 \, \text{kg/m}^3$，该青沙基本满足该试验泥沙密度的要求，在该试验中泥沙容重计算采用 $2.65 \times 10^3 \, \text{kg/m}^3$。

5. 试验天然沙的级配

泥沙级配测量采用 HORIBA 激光粒度仪测量颗粒粒度。当激光束穿过分散的颗粒样品时，通过测量散射光强度来实现粒度测量。该仪器可以测量粒度范围为 $2 \sim 2000 \mu m$ 的样品。测量时放入分散介质和被测样品，启动超声发生器并开启循

表 2.2.1　用排水体积法测量的青沙容重结果表

样品组次	平均密度/(10^3kg/m^3)
S1	2.667
S2	2.646
S3	2.681
S4	2.620
S5	2.623
S6	2.643
S7	2.644
S8	2.632
S9	2.626
S10	2.625

环泵，仪器能够自动测量出放入样品的粒度并显示测量结果。测量结果包含样品的中径、平均径、几何平均径等，并能够绘出样品颗粒的频率累积曲线。

2.2.1.3　水槽试验条件及方案

1. 水槽试验进出口处理

该试验设计来流条件为清水恒定流。水槽内铺设床沙时在进口段和下游过渡段铺设瓜

米石（见图 2.2.8）。为防止水流将瓜米石冲入下游水槽中，在瓜米石上部再铺设装有瓜米石的条状沙袋，瓜米石累积铺设厚度为 15cm（图 2.2.9）。

图 2.2.8　水槽进口段瓜米石

图 2.2.9　水槽试验段床沙

根据前期"十二五"科技支撑专题中"均匀沙含沙量恢复过程水槽试验研究"的成果，发现河床比降（0.5‰、1.0‰与 2.0‰）对水流含沙量恢复过程影响不大，因此该试验比降均考虑为 1.0‰，床沙铺设厚度为 15cm，开展不同流量、尾门水深、床沙粒径组条件下悬移质含沙量恢复过程的试验。

2. 水槽试验条件选择的原则

由于该试验主要研究悬移质泥沙含沙量恢复，因而选取泥沙应在相应水流条件（流量、水深以及泥沙粒径组合）下起动并进入悬浮状态。从悬浮指标计算公式"$Z = \omega/\kappa u_*$"及泥沙浓度垂线分布理论计算可知，悬浮指标范围应为 0.01～5。若悬浮指标过大，则测量含沙量浓度太稀，容易出现较大测量系统误差；若悬浮指标过小，则水槽泥沙在清水作用下很容易冲刷见底，不能满足水槽试验测量时间要求（图 2.2.10）。

在试验前对拟采用的试验工况能否满足泥沙起动悬浮要求进行了计算。

悬浮指标：

$$Z = \omega/\kappa u_*$$

其中

$$u_* = \sqrt{RgJ} , R = \frac{Bh}{B+2h}$$

泥沙沉速计算采用张瑞瑾沉速公式：

$$\omega = \sqrt{\left(13.95\frac{\upsilon}{d}\right)^2 + 1.09\frac{\gamma_s - \gamma}{\gamma}gd} - 13.95\frac{\upsilon}{d}$$

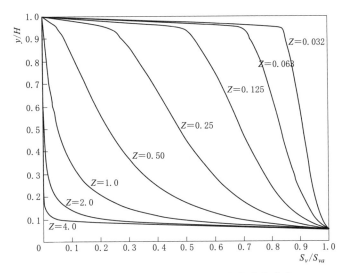

图 2.2.10 不同悬浮指标下泥沙浓度分布曲线

试验泥沙粒径范围为 0.1~0.3mm，泥沙起动流速可采用张瑞瑾起动流速公式计算：

$$U_c = \left(\frac{h}{d}\right)^{0.14} \left(17.6\frac{\gamma_s - \gamma}{\gamma}d + 0.000000605\frac{10+h}{d^{0.72}}\right)^{1/2}$$

式中：ω 为泥沙沉速，m/s；κ 为卡门常数，取 0.4；u_* 为摩阻流速，m/s；g 为重力加速度，取 9.8m/s^2；R 为水力半径，m；B 为水槽宽度，m，取 0.5；h 为初始水深，m，取 0.2；υ 为运动黏滞系数，m^2/s，水温为 20℃时，约为 1.01×10^{-6}；γ_s 为天然沙容重，kg/m^3，取 2.65×10^3；γ 为水容重，kg/m^3，取 1.0×10^3；d 为泥沙粒径，mm。

故该试验研究在参考理论推导成果的同时，结合相关经验，确定不同泥沙颗粒试验流量大小、尾门水深，使水流条件能够满足试验要求。

3. 水槽试验方案

(1) 清水冲刷下均匀沙含沙量恢复试验。该试验采用天然沙，为保证试验质量，试验前对所需沙样进行了精心筛选。首先将天然沙筛分，所采用筛子的直径分别为 0.15mm、0.2mm、0.25mm 和 0.3mm，通过筛选得到粒径为 0.15~0.2mm 与粒径为 0.25~0.3mm 的两组近似均匀的天然沙沙样。通过以上仪器测量得到的床沙粒径级配曲线见图 2.2.11。

由图 2.2.11 可知两种筛选出来的泥沙颗粒级配曲线均较陡峭，说明试验采用的泥沙颗粒粒径均匀。由级配曲线数值可得到两种床沙的中值粒径分别为 0.18mm 与 0.28mm。

为了阐明单因素（流量、床沙粒径及水深）对均匀沙质河床含沙量恢复的影响，开展了清水冲刷下均匀沙含沙量恢复试验，共设计了 3 组流量、3 组水深、2 组床沙粒径总计 18 组试验条件组合，试验方案见表 2.2.2。

由表 2.2.2 可见，上述指标满足试验要求。

(2) 非均匀泥沙输沙平衡试验与不同粒径组悬移质含沙量恢复试验。为了研究不同粒径组悬移质含沙量恢复规律，开展此次试验研究，为提供更接近于天然状况的河床边界条

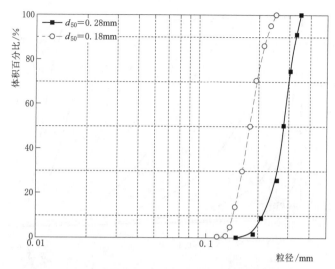

图 2.2.11　试验使用的两种床沙粒径级配曲线图

表 2.2.2　　　　　　　　　　　清水冲刷下均匀沙含沙量恢复试验方案

试验组次	流量 /(L/s)	床沙粒径 /mm	尾门水深 /cm	悬浮 指标	起动流速 /(m/s)	断面平均 流速/(m/s)
S1	120	0.28	30	2.76	0.25	1.00
S2	120	0.18	30	1.39	0.23	1.00
S3	100	0.28	30	2.76	0.25	0.83
S4	100	0.18	30	1.39	0.23	0.83
S5	80	0.28	30	2.76	0.25	0.67
S6	80	0.18	30	1.39	0.23	0.67
S7	120	0.28	35	2.50	0.26	0.75
S8	120	0.18	35	1.26	0.24	0.75
S9	100	0.28	35	2.50	0.26	0.63
S10	100	0.18	35	1.26	0.24	0.63
S11	80	0.28	35	2.50	0.26	0.50
S12	80	0.18	35	1.26	0.24	0.50
S13	120	0.28	45	2.20	0.27	0.50
S14	120	0.18	45	1.11	0.26	0.50
S15	100	0.28	45	2.20	0.27	0.42
S16	100	0.18	45	1.11	0.26	0.42
S17	80	0.28	45	2.20	0.27	0.33
S18	80	0.18	45	1.11	0.26	0.33

件与对比分析的基础，首先开展了非均匀泥沙输沙平衡试验。非均匀泥沙输沙平衡试验与不同粒径组悬移质含沙量恢复试验分别进行了 3 组试验条件组合，水槽试验方案见表 2.2.3。

表 2.2.3　　　　　　　　　　　　　水 槽 试 验 方 案 表

组次	试验组次	不同试验	水流条件	来沙条件	尾门水深/cm
S1	A	输沙平衡试验	80L	$d_{50}=0.28mm$	30
S2		冲刷试验	80L		30
S3	B	输沙平衡试验	100L	$d_{50}=0.28mm$	35
S4		冲刷试验	100L		35
S5	C	输沙平衡试验	120L	$d_{50}=0.28mm$	45
S6		冲刷试验	120L		45

在非均匀沙输沙平衡试验过程中需对水槽进行加天然沙。该试验拟采用移动加沙设备，主要由 3 台移动加沙池组成（见图 2.2.12），中间那台与水槽相连接，其向水槽加沙；左右 2 台则分别与其相连接，为其储备加沙池。在试验开始前，按照要求对 3 台移动加沙池进行相同浓度配沙，当试验开始后中间加沙池向水槽输送高泥沙浓度的水流而池内水位逐渐下降，当下降到某一水位时，则选择左右两边中的一个加沙池向其输送相同浓度的水流，直至中间水池内水位恢复到某一设定的最高水位；而此时可对水位下降的水池进行重新配相同浓度的沙，直至该水池浓度与水位恢复至初始状态。该加沙设备可时刻保证输送水槽的浓度始终为一恒定数值，提高了加沙浓度的精度，避免了采用 1 台加沙而引起的泥沙浓度不一致的缺陷。

移动加沙设备通过管道输送高含沙量水流进入水槽首部，然后与进口处的清水充分掺混后流向水槽下部，水槽进口处加沙管见图 2.2.13。

图 2.2.12　水槽移动加沙设备图

图 2.2.13　水槽进口处加沙管

在开展水槽试验之前，经过率定试验可知，加沙泵出流与频率之间相关性较好（图 2.2.14）。

由图 2.2.14 可知，加沙泵出流与频率之间呈线性相关，其关系式如下：

$$Q_{出}=0.0263f-0.0408 \tag{2.2.1}$$

式中：$Q_{出}$ 为加沙泵出流流量，L/s；f 为频率，Hz。

在备用加沙池每次加沙 50kg，而加沙池有效水深为 1.1m，直径为 1.2m，有效体积

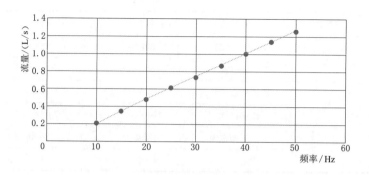

图 2.2.14　加沙泵出流与频率相关关系

为 1.24m³，则整个加沙池的平均含沙量为 40.3g/L。经过大量率定试验发现，天然沙比重较大，在加沙池里面搅拌很难做到整个水池内浓度恒定，这也是水槽试验面临的难点问题之一。在实际过程中螺杆泵运行时的频率与出口处的泥沙浓度有密切联系，频率越高，出口处的水流泥沙浓度越大，下面给出了该试验螺杆泵运行频率与出流处泥沙浓度关系曲线（图 2.2.15）。

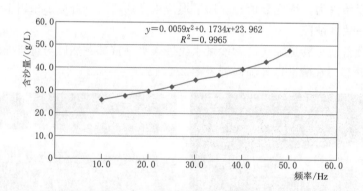

图 2.2.15　加沙池输出含沙量与频率相关关系

由图 2.2.15 可知，加沙泵出流的泥沙浓度与频率之间呈二次函数相关，其关系式如下：

$$S_{出} = 0.0059 f^2 + 0.1734 f + 23.962 \qquad (2.2.2)$$

式中：$S_{出}$ 为加沙泵出流的泥沙浓度，g/L。

由式（2.2.1）和式（2.2.2）可知，当加沙泵螺杆泵的频率为 45Hz 时，移动加沙池输沙率为 44g/L。

4. 水槽试验测量断面布置及过程

该试验自水槽进口段至出口端布设 1～8 号、10 号、12 号、14 号、16 号、18 号、20 号、22 号、24 号、27 号、30 号、33 号、36 号、39 号、42 号、45 号、48 号共计 24 个取样断面，示意位置见图 2.2.1，取样时先用钢尺测量断面水深，然后用虹吸管抽取该断面

0.2 倍、0.6 倍、0.8 倍水深处的水体，采样瓶上有精确体积刻度数，该采样瓶体积约为
2L，再经上述方式获取泥沙浓度数据。后期通过整理、分析不同水沙条件下的悬移质含
沙量数据及对应的取样断面，并结合河床地形、典型断面水流流速变化，进一步研究清水
冲刷下悬移质泥沙沿程输移变化规律。

在取得上述各个断面水样后立即测量该断面水流运动情况。该试验布设 4 号、8
号、10 号、20 号、30 号、48 号共计 6 个流速测量断面。为了动态观察水流运动情况，
结合现有的仪器设备，采用三维 ADV 来进行测量，该仪器可获得测量点处的实时水流
流速及紊动强度变化情况（见图 2.2.16）。各垂线量测点数视实际断面水深而定，布设
适宜的测量点个数，但必须包含 0.2 倍、0.6 倍、0.8 倍相对水深点。在获得悬移质浓
度及水深数据后立即进行流速及紊动强度测量，可视三者数据近似于同步。在用 ADV
获得相关数据后，再用仪器配套的后处理软件 WinADV 导出水流流速、紊动强度等相
关数据，结合对应的测量断面，可对清水冲刷下水流运动沿程变化特性进行研究，获
得相关成果。

（a）虹吸管取样　　　　　　　　　　　（b）ADV 流速测量

图 2.2.16　虹吸管取样及 ADV 流速测量

2.2.2　清水冲刷下均匀沙输移及紊动特性变化

试验初期，由于释放清水水流，在进口处大量床沙被水体挟带输向下游。此时进口处
各断面冲刷速率很大，河床迅速冲深而水深持续增加。进口断面床沙被水流带走后在水槽
中后段淤积，总体而言中段淤积相对比后段更多，中段河床高程有明显增加而后段床面高
程变化不大（见图 2.2.17）。随着试验时间的继续，进口段床面不断下切，河床开始出现
倒比降（逆坡）并不断向下游断面推进。中下游断面河床不断调整，从波长为 2～3cm 沙
波逐渐调整为波长为 20～50cm 的沙垄。在试验末期，进口断面河床下切现象仍持续向下
游断面演进，而中下游断面河床调整近于结束，床面由波长为 20～50cm 的沙垄组成，水
体输沙量趋于平衡（见图 2.2.17～图 2.2.22）。

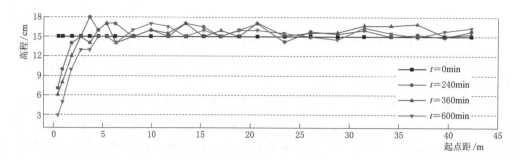

图 2.2.17　床面高程变化图

（流量为 120L/s，尾门水深为 45cm，粒径为 0.28mm，铺沙厚度为 15cm）

图 2.2.18　放水初期进口段泥沙起动

图 2.2.19　放水中期水槽中段泥沙微淤

图 2.2.20　放水后期冲淤平衡形成沙垄

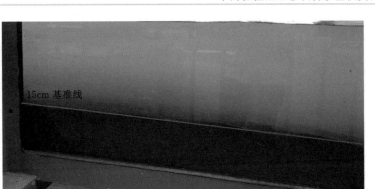

图 2.2.21　床面未出现沙波时泥沙起动情况

图 2.2.22　床面出现沙垄时泥沙起动情况

试验过程中，放水初期整个水槽床面还未出现明显沙波及沙垄时，多数泥沙已悬浮在水中并集中在床面向上 $0.4h$（h 为水深）范围内迅速向下游输移，对比试验工况可发现尾门水深低的工况该现象更加明显。床面在经过一段时间调整后开始出现沙纹，波长集中在 10cm 以内。沙纹随着水流向前移动但速度不一，当上游运动较快的沙纹追上下游运动较慢的沙纹时，两道沙纹合并为一道尺度更大的沙纹并逐渐向大尺度沙波发展，波长和波高均有所增加。随着放水历时增加，沙波逐渐发展成为沙垄，水体对沙垄的冲刷更加剧烈。

当床面出现沙垄后，泥沙运动较之前有较显著的变化。沙垄形成后使床面不规则，水流极不稳定。沙垄迎水面受到水流冲刷，背水面则受到沙垄形态影响，产生局部环流。沙垄迎水面泥沙在水流作用下纷纷起动，并在接近沙垄背面时在局部环流和纵向水流作用下被卷入离床面较高的水体，断面泥沙浓度分布开始趋于均匀。

对比 18 组试验工况可发现，当释放流量不大（如 80L/s）时，一般在水槽中上部就基本能够恢复饱和，中后部形成的沙垄造成地形起伏，但基本冲淤变化幅度不大；随着流量增大（如 120L/s），冲刷范围有下移趋势，恢复饱和距离也逐渐增长。

为研究随放水历时增加各断面紊动强度分布规律变化情况，选取典型工况下各测点断面相对水深点的紊动强度进行分析。

图 2.2.23～图 2.2.28 为流量 100L/s、尾门水深 35cm、粒径 0.28mm 工况下，各断面紊动强度随放水历时变化情况。

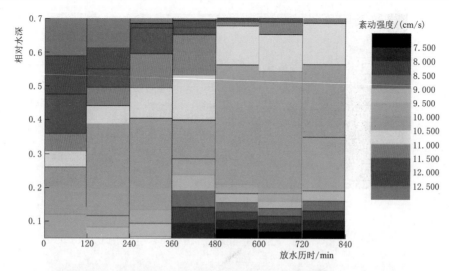

图 2.2.23　距离起点 2.7m 断面中垂线处紊动强度随历时变化情况

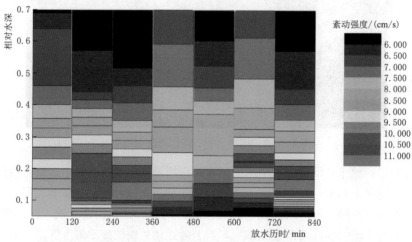

图 2.2.24　距离起点 6.3m 断面中垂线处紊动强度随历时变化情况

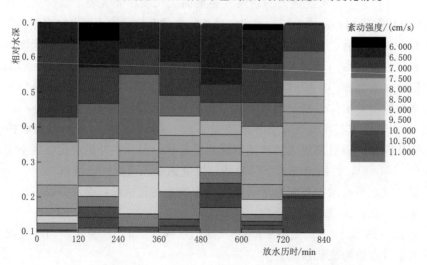

图 2.2.25　距离起点 8.1m 断面中垂线处紊动强度随历时变化情况

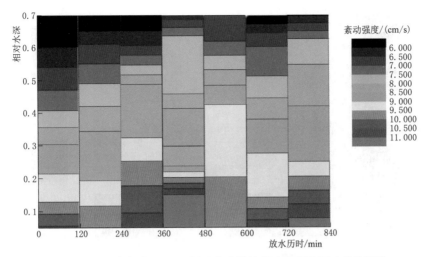

图 2.2.26　距离起点 17.1m 断面中垂线处紊动强度随历时变化情况

在距离起点 2.7m 处，垂线紊动强度在水面达到最大值，然后向床面逐渐减小。从放水历时看，随着放水时间的增加，断面各个测点紊动强度也逐渐减小。放水初期，该断面紊动强度总体较大，相对水深 0.26 以上的范围紊动强度均大于 11.000cm/s。此后，紊动强度值随着放水时间增加有所减小，在 480min 后趋于稳定。

在起点距为 6.3m 处，垂线紊动强度从水面向床面呈现先增加后减小的特点，在近床面附近达到最大值。这与前人得到的近似不淤条件下含沙水流紊动强度沿垂线分布的研究成果一致。最大值在整个放水试验过程中变化范围约在相对水深 0.15～0.30 之间。此外，紊动强度最大值出现的相对水深位置随放水历时增加呈现先降低再升高而后降低的趋势。

在起点距为 8.1m 处，垂线紊动强度从水面向床面逐渐增大并在床面达到最大值。在放水历时为 0～600min 时段内，紊动强度大于 9.000cm/s 的范围逐渐扩大，从相对水深为 0.19 处逐步扩大到 0.3。600min 后，紊动强度大于 9.000cm/s 的范围有所缩小，这可能与床面沙波变化幅度有一定关系。该工况下，在整个放水历时过程中，此断面床面先微淤后逐渐冲刷，同时随着上游断面来沙的逐渐减小，沙波变化的剧烈程度在中后期有所减小，水深逐渐增加，从而大于 9.000cm/s 的部分逐渐降低。

在起点距为 17.1m 及 26.1m 处垂线紊动强度随放水历时变化情况比较接近。其所处的断面位置为水槽中部前后，床面高程变化幅度不大但沙波运动较为剧烈。从图 2.2.27 可以看出，紊动强度从水面向床面变化仍呈逐渐增加趋势。而紊动强度最大值则随放水历时增加而波动，且 26.1m 处紊动强度最大值的波动频率要大于 17.1m 处，在 840min 的放水过程中出现了 3 个波峰。

最后，在起点距为 42.3m 处，紊动强度随放水历时的变化幅度很小。此断面属于水槽末段，床面变化很小，而来沙水流已达到饱和，沙波运动较缓。可以看出，紊动强度大于 13.000cm/s 的范围基本集中在相对水深 0.13～0.06，范围不大。而紊动强度小于 10.000cm/s 的范围最小时（720～840min 时段）也占据了相对水深 0.23 以上部分，占整个量测范围的 72.3%。

可以看出，清水冲刷下沙质型河床含沙量恢复过程中，不同测点断面水体紊动强度在

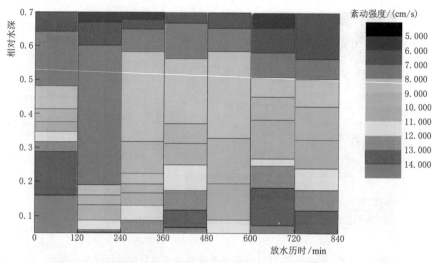

图 2.2.27　距离起点 26.1m 断面中垂线处紊动强度随历时变化情况

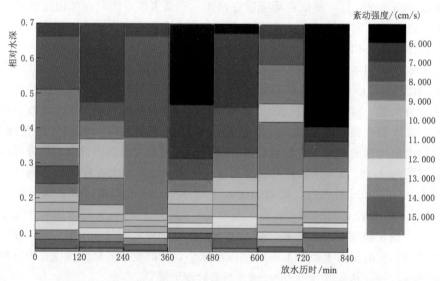

图 2.2.28　距离起点 42.3m 断面中垂线处紊动强度随历时变化情况

垂向上分布有着不同特点：

对于进口段冲刷断面来说：如该试验中 4 号断面（起点距 2.7m），上游来水含沙量极少，床沙在水流作用下被迅速冲走，床面高程降低，此时紊动强度变化复杂。一方面上游断面来沙量逐渐减少，此时断面垂线含沙量呈减少趋势，故水体紊动作用将有所增强。另一方面，此断面也由于床沙被水流带走导致高程降低，流速减缓，而床面对水体的紊动作用也有所减弱。以流量 100L/s、尾门水深 35cm、粒径 0.28mm 工况为例，4 号断面因靠近水槽进口，床沙从试验初期就遭受含沙量极少的水流冲刷，床面持续下切、难以形成稳定运动的沙波，故床面阻力对近床面水体的紊动作用相对不明显，同时该断面容易受进口段消能设施的影响，导致该断面正好处于水跃区域，水面紊动强度明显偏大。另外，床面下切、水深增大导致断面流速变缓也可能是整个垂线紊动强度持续降低的原因。上述两方面的原因使得此类断面紊动强度垂线分布情况较为复杂，需要更为深入的研究。

对于由冲刷向恢复饱和过渡断面来说：该试验中 8 号（起点距 6.3m）、10 号（起点距 8.1m）断面紊动强度在垂向上变化规律较为明显。对于床沙逐步被冲刷但仍有一定来沙量的各断面（8 号）来说，垂线上紊动强度变化与没有淤积情况下的含沙水流（即基本没有床沙）紊动强度分布较为类似，出现从水面到床面紊动强度逐渐增大并在近床面达到最大值后逐渐减小的情况。这可能与断面基本处于冲刷状态，床面阻力对水体紊动强度的影响仍然比较小，影响范围不大有关；而对于过渡断面中先淤积后被冲刷的断面而言，由于上游来沙首先淤积在此处，后又受到上游来沙量降低的影响使得此类断面沙波运动比较剧烈，波峰较大。沙波的频繁运动、变化使得床面阻力变化极大，因而对近床面水体的影响也大。从而此类断面垂线紊动强度的分布为上小下大。若试验放水过程继续，由于上游来沙量减少、床面高程降低，该断面垂线紊动强度分布则可能会逐渐出现 8 号断面的情况，即紊动强度自水面到床面逐渐变大，并在近床面达到最大后有所减小。可见，沙波的存在极大地影响了水体垂线上紊动强度的分布情况，值得继续研究。

对于中部冲淤交替但床面高程变化不大的各断面（20 号、30 号）来说：这些断面水体基本达到饱和，但沙波运动仍然比较频繁。从试验数据上看则表现为近床面紊动强度值波动较大；从沿程上看，近床面紊动强度值波动逐渐减弱。

对于水槽末端各断面而言，这类断面水体水深变化不大，且仅存在较缓的沙波运动。因而紊动强度随放水历时的变化相对较小，仅在近底处因存在较小尺度的沙波运动，出现较小范围的变化，而大部分水体紊动强度随放水历时的变化不大。

为获得垂线平均紊动强度数据，对同一断面各相对水深垂线紊动强度值进行积分，得到垂线平均紊动强度。选取流量 100L/s、尾门水深 35cm、铺沙厚度 15cm、粒径 0.28mm 及 0.18mm 的工况，分别对应工况 2 与工况 8。

分析图 2.2.29 可知，随着放水历时增加，不同断面紊动强度变化情况有所区别。总体来看，随着放水历时增加，2.7～8.1m 范围内垂线平均紊动强度值逐渐增大，且前期增长较快。17.1～26.1m 范围内紊动强度变化有一定波动，可能与此时水槽中段床面地

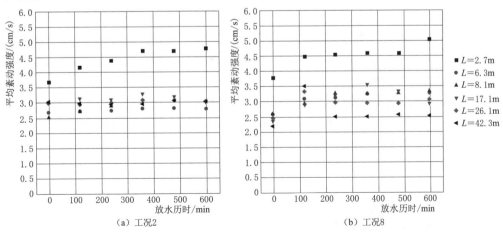

（a）工况2　　　　　　　　　　（b）工况8

图 2.2.29　各断面垂线平均紊动强度随历时变化（流量为 100L/s，尾门水深为 35cm，粒径分别为 0.28mm、0.18mm）

形冲淤变化导致水深变化有关。而水槽后段 26.1～42.3m 范围内，垂线上紊动强度值变幅不大，可能与该范围内垂线平均含沙量数据和地形数据变化不大，水体含沙量基本达到饱和状态有关。

对比图 2.2.29 中两个工况，在 2.7～8.1m 范围内，0.18mm 粒径工况下垂线紊动强度值要大于 0.28mm 粒径时工况值。而从 8.1～42.3m 水槽中后段范围，0.18mm 粒径工况下紊动强度值逐渐回落，绝对值基本小于 0.28mm 粒径时工况值。从含沙量数据分析可以看出，0.18mm 粒径下，水体含沙量恢复饱和的距离较长，而达到饱和时含沙量绝对值却大于 0.28mm 粒径时工况值。故垂线平均紊动强度变化情况之所以出现上述现象，可能是因为 0.18mm 条件下 8.1m 之前各断面含沙量还未恢复饱和，从而出现紊动强度较 0.28mm 条件下大的情况；8.1m 后由于 0.18mm 细颗粒泥沙恢复饱和后含沙量较大，0.18mm 粒径泥沙对水体"制紊作用"要强于 0.28mm 泥沙，故 0.18mm 工况下水槽后段垂线平均紊动强度小于 0.28mm 粒径工况。

2.2.3　清水冲刷下含沙量沿程变化规律

垂线平均含沙量物理意义上是单宽垂向平均输沙量的概念，即单位时间内，单位宽度上，通过某一水柱的泥沙量的垂向平均值。该试验数据按照三点法推算出垂线平均含沙量，即 $p_m = (p_{0.2}v_{0.2} + p_{0.6}v_{0.6} + p_{0.8}v_{0.8}) / (v_{0.2} + v_{0.6} + v_{0.8})$。

由于清水冲刷下影响水体含沙量浓度变化的因素众多，该水槽试验充分考虑了不同泥沙粒径 (d)、尾门水深 (h) 及流量 (Q) 等组合条件下的泥沙沿程输移变化过程。

1. 垂线平均含沙量随流量的变化

选取床沙粒径 0.28mm，尾门水深 35cm，流量分别为 80L/s、100L/s、120L/s 条件下的试验结果分析垂线平均含沙量沿程变化情况（见图 2.2.30）。

图 2.2.30 为流量 80L/s、100L/s、120L/s 时，水槽放水 120min、360min、600min 后各断面含沙量沿程变化情况，选取时段分别代表放水初期、中期及后期达到平衡时断面含沙量的变化情况。

从沿程来看，同一流量下，水流进入水槽后，开始获得床面的泥沙补给，含沙量沿程增加，经过一段距离后达到"临界"状态。在水槽的前、中段，平均含沙量有些波动，可能与此时床面冲淤变化较为剧烈有关。在水槽末端各断面，含沙量变化程度相对较小，此时水体含沙量达到饱和状态。

由于施放清水，水槽前部断面床沙被不断冲向下游，越靠近进口被冲走的床沙越多因而形成逆坡。随着放水历时的增加，床面比降逐渐调平。各断面含沙量随之下降并且水流含沙量恢复饱和的距离也不断下移，各断面含沙量值有所下降。流量为 80L/s、100L/s 及 120L/s 情况下均出现这种情况，其主要原因为进口段水流紊动较强，但随着时间推移水流紊动呈递减趋势，这样进口段床沙被冲起进入水流中的量也越来越少；再加上整个河床比降逐渐调平，相应的水深也有一定程度增加，在这两个因素综合作用下水流恢复饱和时的含沙量值则有一定程度减小。

图 2.2.31 为放水 120min 时各级流量下含沙量恢复情况。可以看出恢复饱和后的垂线平均含沙量随着流量增大而增大，可见流量越大恢复饱和后的垂线平均含沙量越大；流

量越大恢复饱和的距离越长，冲刷距离越长。

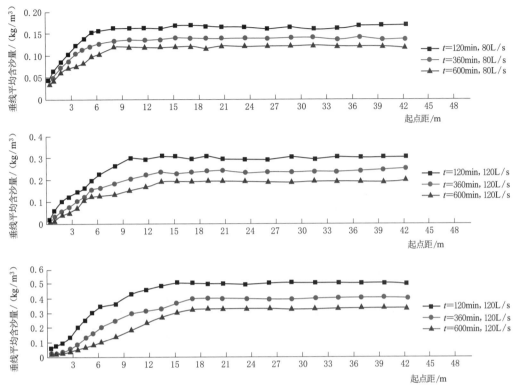

图 2.2.30 不同流量下垂线平均含沙量沿程恢复过程图

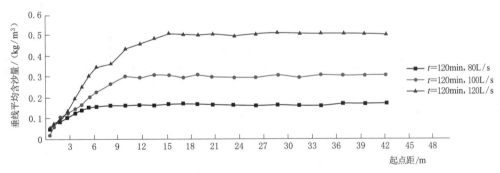

图 2.2.31 不同流量下含沙量恢复饱和时各断面垂线平均含沙量对比图

2. 垂线平均含沙量随尾门水深的变化

选取床沙粒径 0.28mm、流量 100L/s、尾门水深分别为 35cm 和 45cm 的试验结果进行分析（见图 2.2.32）。

从图 2.2.32 可以看出，尾门水深为 35cm 时，水槽前部 9m 范围冲刷剧烈，含沙量不断增加，含沙量恢复快。随着放水历时的增加，断面垂线平均含沙量逐渐降低。而尾门水深为 45cm 时，各断面含沙量变化规律与水深为 35cm 时大体相同，但达到饱和时的断面垂线平均含沙量值及含沙量恢复距离均小得多。可以看出，不同尾门水深对泥沙恢复饱和

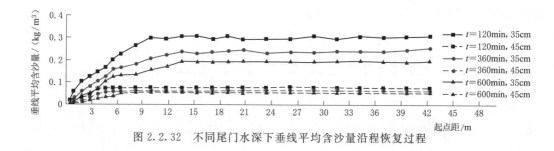

图2.2.32　不同尾门水深下垂线平均含沙量沿程恢复过程

过程存在较大影响。同一流量下，尾门水深低时，各断面泥沙恢复过程比尾门水深高时要更加剧烈，相邻断面含沙量在数值上变幅更大。

3. 垂线平均含沙量随床沙粒径的变化

床沙粒径为0.28mm和0.18mm时，不同流量及尾门水深条件下垂线平均含沙量沿程变化情况见图2.2.33和图2.2.34。

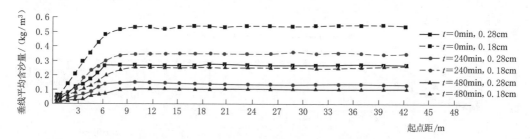

图2.2.33　不同床沙级配条件垂线平均含沙量沿程恢复情况（流量为80L/s，尾门水深为30cm）

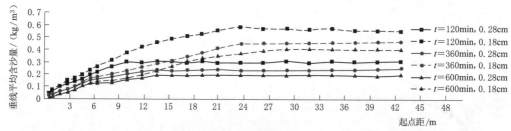

图2.2.34　不同床沙级配条件垂线平均含沙量沿程恢复情况
（流量为100L/s，尾门水深为35cm）

由图2.2.33可以看出，相同流量及尾门水深下，不同粒径泥沙颗粒恢复饱和过程存在较大区别。粒径为0.18mm的泥沙恢复饱和距离更长且断面垂线平均含沙量绝对值也均大于粒径为0.28mm的泥沙颗粒垂线平均含沙量值。这是因为细颗粒泥沙在相同水力条件下更加容易起动被水流挟带至下游，并且对水流紊动强度更加敏感。到了水槽中后段，水体含沙量逐渐达到饱和，泥沙的"制紊作用"耗散了紊动能量，故含沙量值相对稳定。

由图2.2.34可知，流量为100L/s、放水历时为120min时，0.28mm泥沙含沙量约在9.5m处便基本达到饱和状态，而0.18mm泥沙含沙量需到22.7m处才达到饱和状态。随着放水历时增加，0.18mm泥沙含沙量恢复饱和距离均要大于0.28mm泥沙。可见粒径为 0.18mm 泥沙含沙量恢复距离要远远长于 0.28mm 泥沙颗粒。同时，相同水力条件下细颗粒泥沙恢复饱和后的含沙量也要大于粗颗粒泥沙，这也和水流挟沙力理论相吻合。

4. 含沙量沿垂线变化

选取典型工况，分析各断面 $0.2h$、$0.6h$、$0.8h$ 水深处含沙量随历时变化情况（见图 2.2.35 和图 2.2.36）。

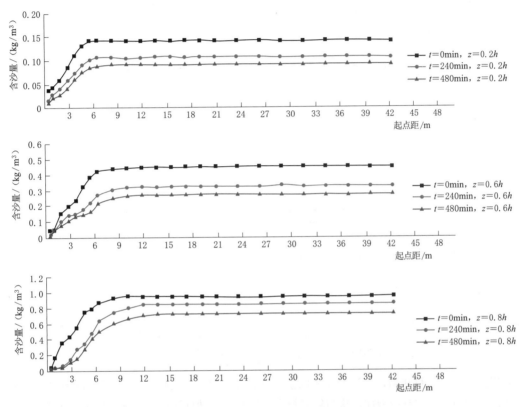

图 2.2.35　$0.2h$、$0.6h$、$0.8h$ 水深处含沙量随历时变化过程
（流量为 120L/s，尾门水深为 45cm，粒径为 0.28mm）

由图 2.2.35 和图 2.2.36 可见，不同水深处含沙量沿程变化与垂线平均含沙量变化情况基本相同：在同一工况下，不同水深处的含沙量沿程不断增大并基本在水槽中段前便达到饱和状态，并且随着放水历时增大，含沙量恢复饱和的距离增长而含沙量绝对值有所下降。此外，随着水深增加，含沙量沿程恢复的速率也有所增加，而距离亦有所减小。

分析上述数据可以发现：尾门水深、泥沙粒径相同，施放流量不同条件下，悬移质泥沙含沙量恢复过程与流量有较大相关性。随着流量增大，泥沙恢复饱和距离越长，而达到饱和状态时的含沙量绝对值也越大。并且，在同一工况下，因床面逐渐冲深、紊动强度减弱等，泥沙恢复饱和距离也随着放水历时的增加而增大，达到饱和状态时含沙量绝对值则有所降低。

流量、泥沙粒径相同，尾门水深不同条件下，悬移质泥沙含沙量恢复过程与尾门水深有较大相关性。泥沙恢复过程与上述流量不同，并且随着尾门水深增大，含沙量恢复饱和距离有一定缩短，恢复饱和后的悬移质泥沙浓度绝对值也随之减小。

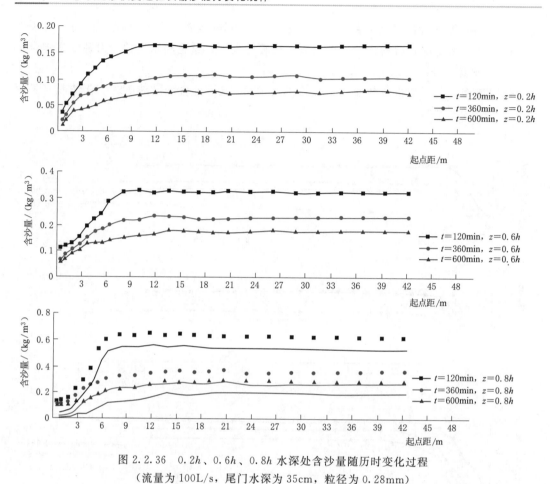

图 2.2.36　0.2h、0.6h、0.8h 水深处含沙量随历时变化过程
（流量为 100L/s，尾门水深为 35cm，粒径为 0.28mm）

尾门水深、流量相同，泥沙粒径不同条件下，随着泥沙粒径减小，悬移质泥沙恢复饱和距离和含沙量绝对值均有所增加，这与细颗粒泥沙更容易起动且受到水流紊动作用影响有关。

分析同一工况下不同水深处含沙量变化情况（0.2h、0.6h、0.8h）可知：含沙量变化规律与垂线平均含沙量随放水历时变化的规律大体一致，悬移质含沙量沿程增大并在水槽终端基本达到饱和状态，悬移质泥沙恢复饱和状态后的绝对值也随放水历时的增大而逐渐减小。

2.2.4　非均匀泥沙输沙平衡试验及冲刷试验研究

由于非均匀泥沙冲刷试验需在输沙平衡试验基础上开展相关研究，为此首先开展非均匀泥沙输沙平衡试验，待水槽输沙基本达到平衡后测量水位、地形、垂线含沙量以及典型断面流速等，然后停止加沙，开展清水冲刷下非均匀沙冲刷试验研究。以下为主要试验结果。

1. 含沙量沿程变化

分别统计了流量为 120L/s、尾门水深为 45cm，流量为 100L/s、尾门水深为 35cm 及流量为 80L/s、尾门水深为 30cm 时，0.2h、0.6h 及 0.8h 水深处水流含沙量沿程变化过程（见图 2.2.37～图 2.2.39）。

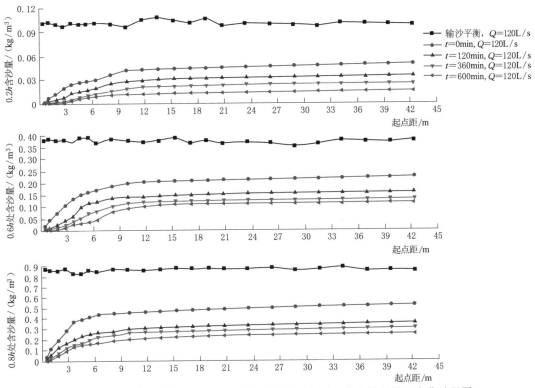

图 2.2.37　同一流量下 0.2h、0.6h 及 0.8h 水深处水流含沙量沿程变化过程图
（尾门水深为 45cm，$t=0$min 含义为试验稳定后）

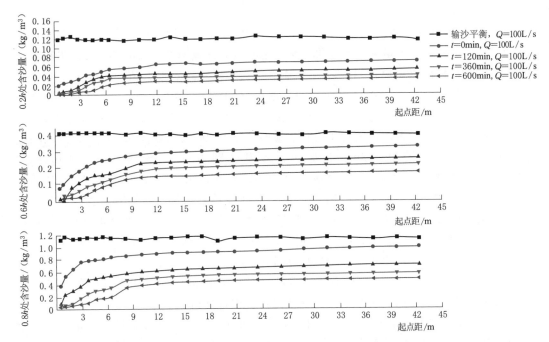

图 2.2.38　同一流量下 0.2h、0.6h 及 0.8h 水深处水流含沙量沿程变化过程图
（尾门水深为 35cm）

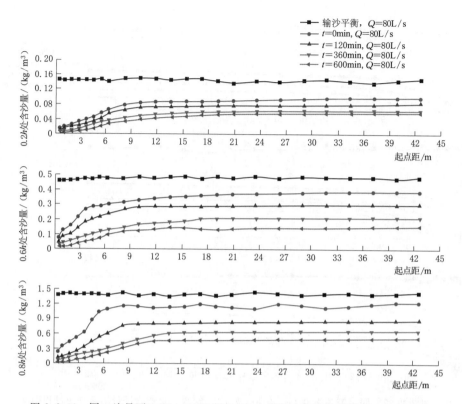

图 2.2.39　同一流量下 0.2h、0.6h 及 0.8h 水深处水流含沙量沿程变化过程图
（尾门水深为 30cm）

由图 2.2.37 可知，垂线上 0.2h、0.6h 及 0.8h 水深处含沙量沿程恢复过程和规律是相同的，都是进口段含沙量恢复速度快，至一定距离后恢复速度快速减小，此后沿程缓慢增加，至试验段尾部（距离进口 42.3m）基本达到相对稳定。但其值均小于上游有来沙条件下河床达到冲淤平衡时相应水深处的含沙量（0.2h、0.6h 及 0.8h 水深处含沙量分别约为 0.102kg/m³、0.375kg/m³ 和 0.863kg/m³），所不同的是各点相关特征值的差别，如含沙量快速恢复的距离，在试验开始时，水面以下 0.2h 水深处为 9.9m，0.6h 水深处为 8.1m、0.8h 水深处为 6.3m，相应的含沙量分别为 0.042kg/m³、0.187kg/m³ 和 0.447kg/m³，距离进口 42.3m 处含沙量分别为 0.051kg/m³、0.225kg/m³ 和 0.532kg/m³，较冲淤平衡时相应含沙量值分别约减小 50%、40% 和 38%。不同时间各测点含沙量沿程变化规律相同，但随着时间推移，快速恢复段距离有所差别，含沙量呈减小趋势，如距进口 42.3m 断面 0.2h 水深处，在时间为 120min、360min 和 600min 时，其含沙量分别约为 0.0356kg/m³、0.0256kg/m³ 和 0.0163kg/m³。

由图 2.2.38 和图 2.2.39 可以看出，这两种试验条件下含沙量恢复过程和规律与图 2.2.37 试验条件下的相同，只是水流条件不同，各种特征值大小不同。

由此可知，与冲淤平衡时的含沙量相比，在清水冲刷条件下恢复后的含沙量均明显减小，其主要原因是在冲淤平衡试验过程中，在进口处加沙，能够保证泥沙充分混入水中，使得各分层水体充分饱和携带泥沙。而在清水冲刷试验过程中，水流中的泥沙主要来自河床上，由于在近底处水流紊动作用较强，该处的泥沙浓度容易恢复；在水流垂线方向上，需要克服泥沙自重才会使得泥沙向上扩散，而在清水冲刷试验中水流垂向紊动强度并不是一个恒定向上的，且具有随机波动变化特性，因此越远离床面泥沙越难以扩散到达。河床泥沙组成一般较粗，细颗粒泥沙相对较少，泥沙从床面上进入水体的难度就相对较大，且被冲起的泥沙扩散到水体上层还需克服自重和阻力，在试验过程中水流含沙量恢复所达到的泥沙浓度一般小于冲淤平衡时含沙量值的主要原因就在于此。

在清水冲刷试验过程中，随着时间推移，在水槽末端水流含沙量值呈减小趋势，且泥沙浓度恢复较快的距离也有一定程度的下移，其主要原因在于进口处水流含沙量为 0，挟沙力大，进口段床面泥沙极易被冲刷进入水体中，致使进口段含沙量沿程增加较快，沿程水流挟沙饱和度也迅速增加，因此至一定距离后，含沙量恢复速度减小；随着时间的推移，河床大量泥沙被冲刷，河床高程下降，水深增加，水流流速及紊动强度逐渐减小，河床可供冲刷的泥沙越来越少，因此含沙量恢复较快的距离延长，且恢复后的值也逐渐减小。

垂线平均含沙量利用三点法计算，即垂线平均含沙量 $p_m = (p_{0.2}v_{0.2} + p_{0.6}v_{0.6} + p_{0.8}v_{0.8})/(v_{0.2} + v_{0.6} + v_{0.8})$，结果见图 2.2.40～图 2.2.42。可以看出，清水冲刷条件下垂线平均含沙量沿流程和沿时程变化规律及其和冲淤平衡条件下的相对关系与上述测点含沙量的规律相同。

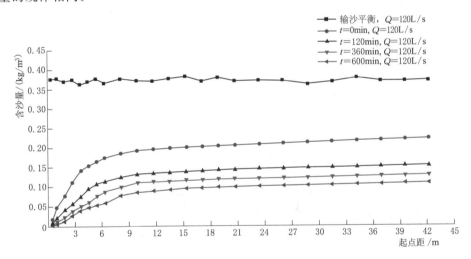

图 2.2.40　垂线平均含沙量沿程变化过程图（尾门水深为 45cm）

2. 床沙级配变化

各种试验条件下典型断面 4 号、8 号、20 号及 38 号（断面位置见图 2.2.1）的床沙级配变化见图 2.2.43～图 2.2.45。

由图可知，各个试验条件下同一断面床沙变化规律相同。以图 2.2.43 为例进行分析，在上游来沙条件下达到冲淤平衡后（即 $t=0$min），位于进口段的 4 号断面的床沙中值粒径为 0.24mm；在清水冲刷试验条件下，随着河床冲刷，床面有所粗化，在放水历时 240min、

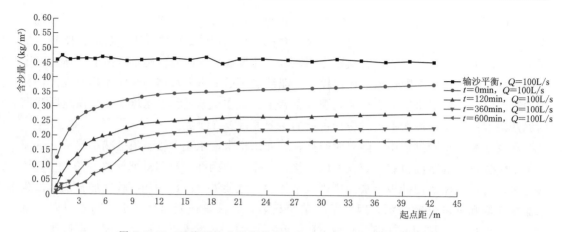

图 2.2.41 垂线平均含沙量沿程变化过程图（尾门水深为 35cm）

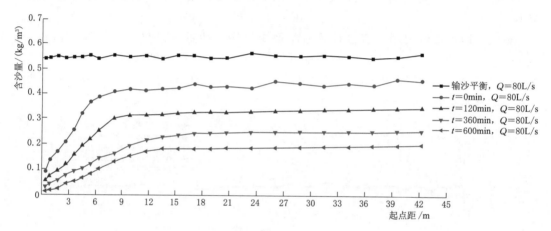

图 2.2.42 垂线平均含沙量沿程变化过程图（尾门水深为 30cm）

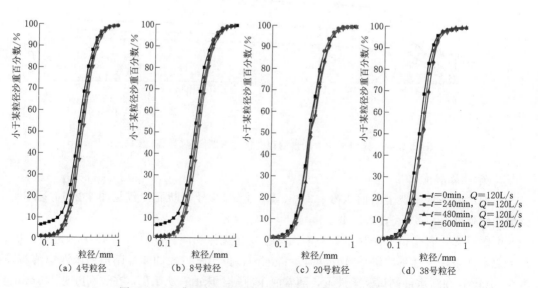

（a）4号粒径　　（b）8号粒径　　（c）20号粒径　　（d）38号粒径

图 2.2.43 典型断面床沙级配变化图（尾门水深为 45cm）

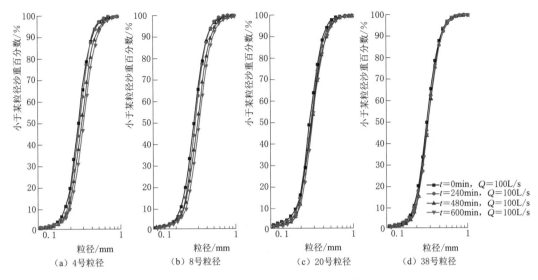

图 2.2.44 典型断面床沙级配变化图 (尾门水深为 35cm)

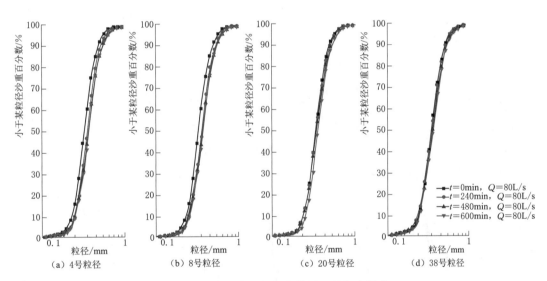

图 2.2.45 典型断面床沙级配变化图 (尾门水深为 30cm)

480min 和 600min 时该断面床沙中值粒径分别为 0.28mm、0.295mm 及 0.30mm，可以看出随着时间的增加，河床上细颗粒泥沙大量被冲刷，床面可供水流冲刷的泥沙越来越少，水深增加，河床粗化减弱，其中值粒径增加的幅度缩窄。

在上游来沙情况下河床达到冲淤平衡后（即 t=0min），位于水槽上段的 8 号断面床沙中值粒径为 0.235mm；在清水冲刷试验条件下，该断面开始时冲刷较少，此后冲刷逐步增强，河床发生粗化，至 t=240min 时该断面床沙中值粒径增大至 0.265mm，至 t=480min 时中值粒径增加至 0.285mm；此后，随着时间推移，河床上的细颗粒泥沙被冲刷减少，水深增加，至 t=600min 时该床沙中值粒径略有增加，为 0.295mm。

　　在上游来沙条件下河床达到冲淤平衡后（即 $t=0$min），位于水槽中段的 20 号断面和下段的 38 号断面的床沙中值粒径分别为 0.25mm 和 0.24mm；在清水冲刷试验过程中，由于这两个断面均不是冲刷的重点区域，因此在整个试验过程中其床沙有一定粗化，但粗化程度没有上段的大，至 $t=600$min 时，20 号和 38 号断面的床沙中值粒径分别为 0.27mm 和 0.26mm。

　　3. 悬沙级配变化

　　各种试验条件下 20 号和 45 号典型断面在 $0.2h$、$0.6h$ 及 $0.8h$ 水深处的悬沙级配变化见图 2.2.46～图 2.2.51。可以看出，各种试验条件下各个断面垂线上各个测点的悬沙级配沿流程和沿时程变化规律是相同的，所不同的是变化速率和变化值。因此，以下以流量 120L/s、尾门水深 45cm 条件为例分析各个断面悬沙级配变化规律。

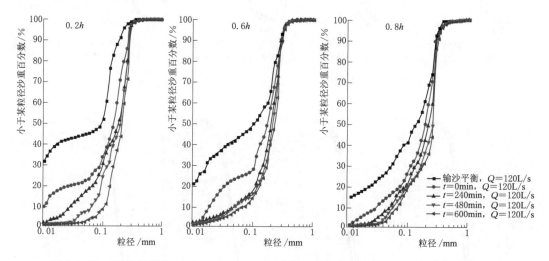

图 2.2.46　20 号断面在 $0.2h$、$0.6h$ 及 $0.8h$ 水深处悬沙级配变化图（尾门水深为 45cm）

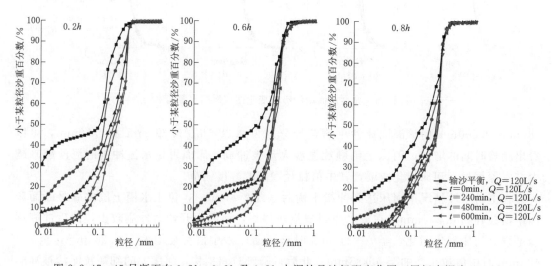

图 2.2.47　45 号断面在 $0.2h$、$0.6h$ 及 $0.8h$ 水深处悬沙级配变化图（尾门水深为 35cm）

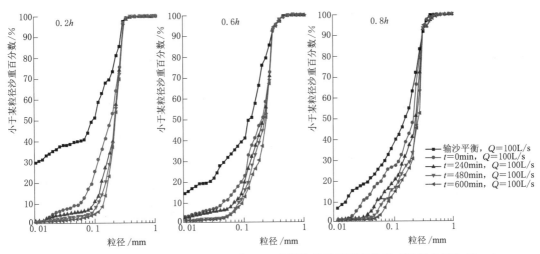

图 2.2.48　20 号断面在 0.2h、0.6h 及 0.8h 水深处悬沙级配变化图（尾门水深为 35cm）

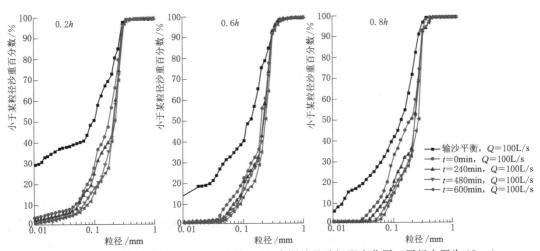

图 2.2.49　45 号断面在 0.2h、0.6h 及 0.8h 水深处悬沙级配变化图（尾门水深为 35cm）

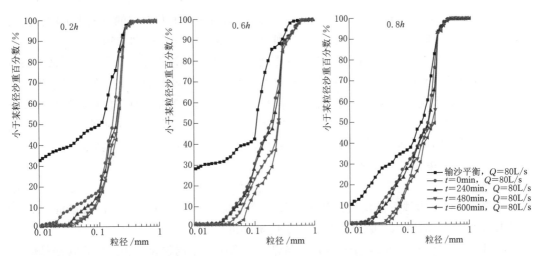

图 2.2.50　20 号断面在 0.2h、0.6h 及 0.8h 水深处悬沙级配变化图（尾门水深为 30cm）

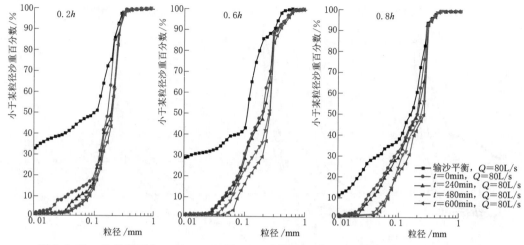

图 2.2.51 45 号断面在 0.2h、0.6h 及 0.8h 水深处悬沙级配变化图（尾门水深为 30cm）

由图 2.2.46 分析可知，在上游有来沙情况下达到输沙平衡时，20 号断面水面以下 0.2h、0.6h 及 0.8h 水深处悬沙中值粒径分别为 0.1mm、0.12mm、0.15mm，越靠近河床，悬沙级配越粗、中值粒径越大。在清水冲刷条件下，水流携带的悬沙来自其上游河床上冲起的泥沙，而河床上的泥沙较上游来沙粗，细颗粒泥沙较少，因此试验开始后该断面在 0.2h、0.6h 及 0.8h 水深处悬沙中值粒径分别为 0.16mm、0.18mm、0.20mm，均明显大于输沙平衡时相对应位置的中值粒径，也说明了细颗粒泥沙沿程恢复补给不足；随着时间的推移，上游可提供细沙量越来越少，各测点悬沙级配不断粗化并均匀化，至 t＝600min 时 0.2h、0.6h 及 0.8h 水深处悬沙中值粒径分别为 0.205mm、0.225mm、0.27mm。

图 2.2.47 显示，在上游有来沙情况下达到输沙平衡时，45 号断面在 0.2h、0.6h 及 0.8h 水深处悬沙中值粒径分别为 0.1mm、0.12mm、0.15mm，同样越靠近河床，悬沙级配越粗。在清水冲刷条件下，各测点悬沙级配变化规律与 20 号断面相同，只是 45 号断面位于下游，相应时刻、相应测点的级配较 20 号断面细一些，这可能是两断面之间悬沙与床沙发生了粗细泥沙的交换所致。试验开始稳定后 45 号断面在 0.2h、0.6h 及 0.8h 水深处悬沙中值粒径分别为 0.12mm、0.17mm、0.19mm，均大于输沙平衡时相对应的位置中值粒径的数值；至 t＝600min 时各测点悬沙中值粒径分别为 0.20mm、0.22mm、0.26mm。

根据分析可知，在各种试验条件下，越靠近河床其悬沙级配越粗；在上游相同来水来沙条件下，达到输沙平衡时沿程各断面相同相对水深处的悬沙级配接近，其中值粒径沿程基本是一致的；相同水流条件下，在同一断面相同相对水深处清水冲刷条件下的悬移质泥沙级配均较输沙平衡时的粗；清水冲刷条件下悬移质泥沙级配沿程细化；随着时间推移，比降调平，流速减缓，河床上提供可冲的沙量越来越少，悬移质泥沙级配粗化并均匀化。

4. 分组泥沙输移变化规律

各个试验条件下典型断面垂线各测点分组含沙量变化见图 2.2.55～图 2.2.57。可以看出，各种条件下含沙量变化规律基本一致，变化幅度有所不同，因此，以流量 80L/s、尾门水深为 30cm 的情况为例分析含沙量变化规律。

由图 2.2.52～图 2.2.54 分析可知，与输沙平衡时的不同粒径组相同位置含沙量值相

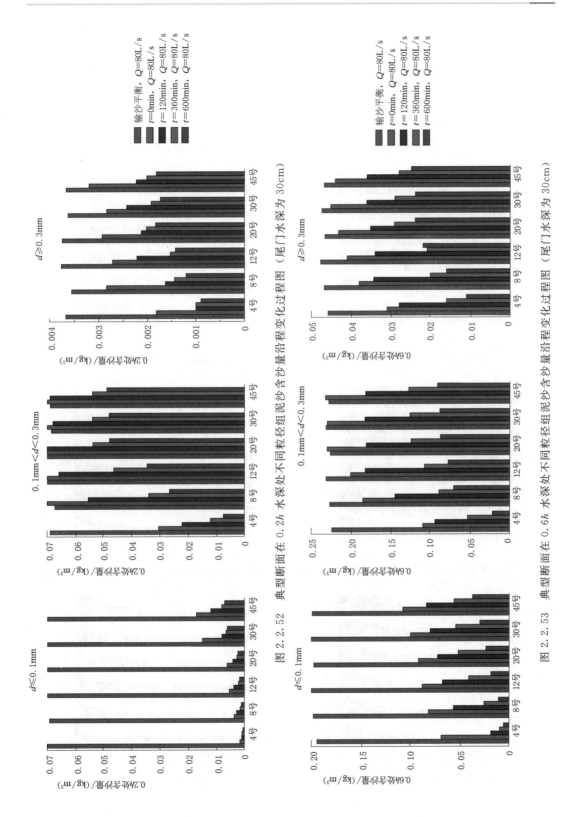

图 2.2.52　典型断面在 0.2h 水深处不同粒径组泥沙含沙量沿程变化过程图（尾门水深为 30cm）

图 2.2.53　典型断面在 0.6h 水深处不同粒径组泥沙含沙量沿程变化过程图（尾门水深为 30cm）

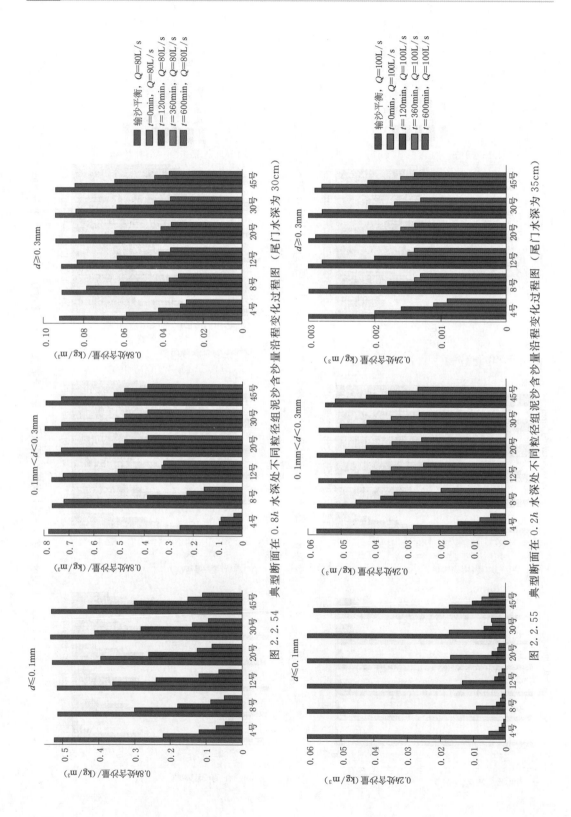

图 2.2.54　典型断面在 0.8h 水深处不同粒径组泥沙含沙量沿程变化过程图（尾门水深为 30cm）

图 2.2.55　典型断面在 0.2h 水深处不同粒径组泥沙含沙量沿程变化过程图（尾门水深为 35cm）

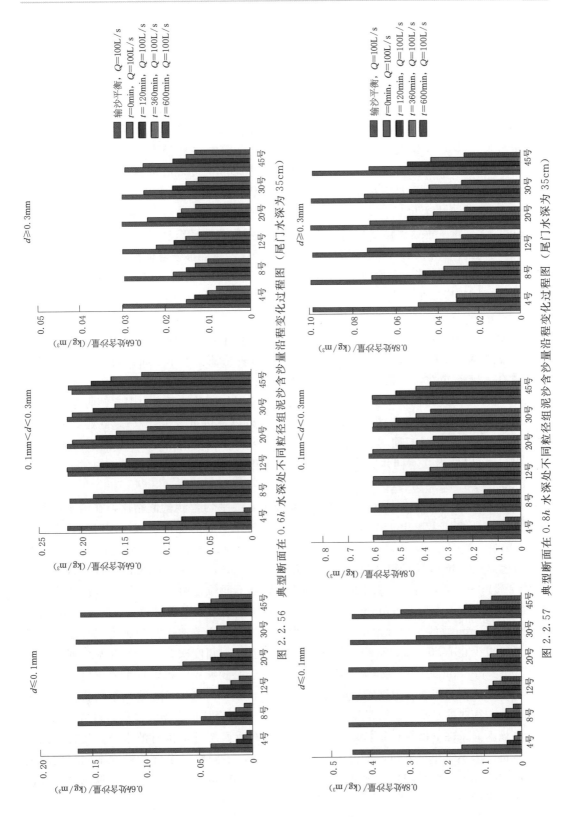

图 2.2.56　典型断面在 0.6h 水深处不同粒径组泥沙含沙量沿程变化过程图（尾门水深为 35cm）

图 2.2.57　典型断面在 0.8h 水深处不同粒径组泥沙含沙量沿程变化过程图（尾门水深为 35cm）

比，在清水冲刷条件下，开始时（$t=0\text{min}$）水槽地形基本与输沙平衡时的地形一致，该时刻典型断面 4 号、8 号、20 号及 38 号床沙组成中 $d\leqslant0.1\text{mm}$ 粒径组沙量比重一般均在 1.5% 以内，$0.1\text{mm}<d<0.3\text{mm}$ 粒径组沙量比重一般为 50%～60%，而 $d\geqslant0.3\text{mm}$ 粒径组沙量比重一般为 39%～43%，河床组成不同与水力条件导致不同粒径组含沙量恢复程度产生较大差异，$d\leqslant0.1\text{mm}$ 与 $d\geqslant0.3\text{mm}$ 在 $0.2h$、$0.6h$ 及 $0.8h$ 水深处的含沙量均小于输沙平衡时相对应的含沙量数值，其中在 $0.2h$、$0.6h$ 及 $0.8h$ 水深处 $d\leqslant0.1\text{mm}$ 含沙量的数值减少幅度最大，主要原因是河床上混合层中该粒径组沙量较少；在 $0.2h$、$0.6h$ 及 $0.8h$ 水深处 $d\geqslant0.3\text{mm}$ 含沙量的数值减小幅度次之，虽然在水槽河床上混合层中 $d\geqslant0.3\text{mm}$ 泥沙也是大量存在的，但由于泥沙颗粒较粗，在水流作用下很难被冲起，因此该粒径组泥沙浓度维持较低水平。在 $0.2h$、$0.6h$ 及 $0.8h$ 水深处 $0.1\text{mm}<d<0.3\text{mm}$ 的含沙量基本达到输沙平衡时的水平，主要是该粒径组沙量在河床混合层中占绝大多数，且粒径相对较细，在该水力条件下该粒径组沙量能够恢复但没有明显超过平衡时的水平。随着时间推移，水槽河床不断冲刷下切，水力因素也逐渐减弱，不同粒径组含沙量均呈现不同程度减少，在 $0.2h$、$0.6h$ 及 $0.8h$ 处 $d\leqslant0.1\text{mm}$ 的含沙量减少幅度最大，$0.1\text{mm}<d<0.3\text{mm}$ 含沙量减少幅度最小。

由图 2.2.56 可以看出，该试验条件下不同粒径组垂线平均含沙量过程和规律与图 2.2.55 试验条件下的相同，只是水流条件不同，各种特征值大小不同；而图 2.2.57 显示的规律有一定差异性，主要是在 $t=0\text{min}$ 时，在 $0.2h$、$0.6h$ 及 $0.8h$ 处 $0.1\text{mm}<d<0.3\text{mm}$ 含沙量未达到输沙平衡时的水平，其主要原因与该条件下水力因素偏弱有关。

对于某一粒径组垂线含沙量 $p_m^i=(p_{0.2}^i v_{0.2}+p_{0.6}^i v_{0.6}+p_{0.8}^i v_{0.8})/(v_{0.2}+v_{0.6}+v_{0.8})$，据此计算各典型断面不同粒径组垂线平均含沙量沿程变化情况（见图 2.2.61～图 2.2.63）。可以看出，不同水流条件下含沙量变化规律一致，以下以 80L/s、尾门水深 30cm 条件下为例进行分析。

图 2.2.61 显示，与输沙平衡时的不同粒径组垂线平均含沙量值相比，在清水冲刷试验过程中，开始时（$t=0\text{min}$）水槽地形基本与输沙平衡时的地形一致，该时刻典型断面 4 号、8 号、20 号及 38 号床沙组成中 $d\leqslant0.1\text{mm}$ 粒径组沙量比重一般均在 1.5% 以内，$0.1\text{mm}<d<0.3\text{mm}$ 粒径组沙量比重一般为 50%～60%，而 $d\geqslant0.3\text{mm}$ 粒径组沙量比重一般为 39%～43%，河床组成不同与水力条件导致不同粒径组含沙量恢复程度产生较大差异，$d\leqslant0.1\text{mm}$ 与 $d\geqslant0.3\text{mm}$ 垂线平均含沙量均小于输沙平衡时相对应的含沙量数值，其中 $d\leqslant0.1\text{mm}$ 垂线平均含沙量的数值减少幅度最大，主要原因是河床上混合层中该粒径组沙量较少；$d\geqslant0.3\text{mm}$ 垂线平均含沙量的数值减小幅度次之，虽然在水槽河床上混合层中 $d\geqslant0.3\text{mm}$ 的泥沙也是大量存在的，但由于泥沙颗粒较粗，在水流作用下很难被冲起，因此该粒径组泥沙浓度维持较低水平。$0.1\text{mm}<d<0.3\text{mm}$ 垂线平均含沙量基本达到输沙平衡时的水平，主要是该粒径组沙量在河床混合层中占绝大多数，且粒径相对较细，在该水力条件下该粒径组沙量能够恢复但没有明显超过平衡时的水平。随着时间推移，水槽河床不断冲刷下切，水力因素也逐渐减弱，不同粒径组含沙量均不同程度地减少，$d\leqslant0.1\text{mm}$ 垂线平均含沙量减少幅度同样最大，$0.1\text{mm}<d<0.3\text{mm}$ 垂线平均含沙量减少幅度最小。

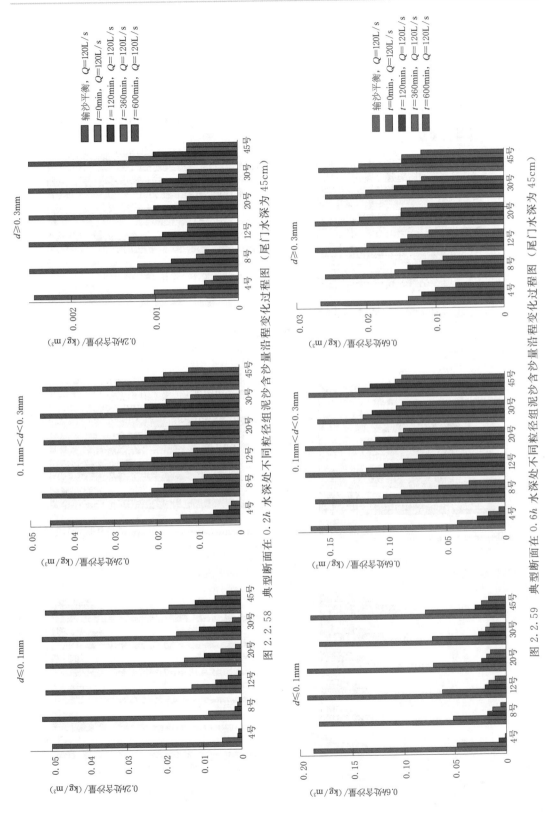

图 2.2.58　典型断面在 0.2h 水深处不同粒径组泥沙含沙量沿程变化过程图（尾门水深为 45cm）

图 2.2.59　典型断面在 0.6h 水深处不同粒径组泥沙含沙量沿程变化过程图（尾门水深为 45cm）

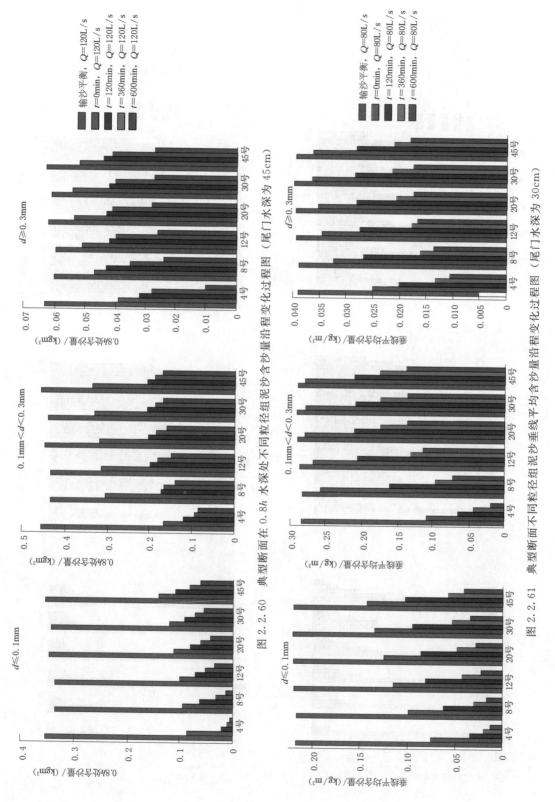

图 2.2.60　典型断面在 0.8h 水深处不同粒径组泥沙含沙量沿程变化过程图 （尾门水深为 45cm）

图 2.2.61　典型断面不同粒径组泥沙垂线平均含沙量沿程变化过程图 （尾门水深为 30cm）

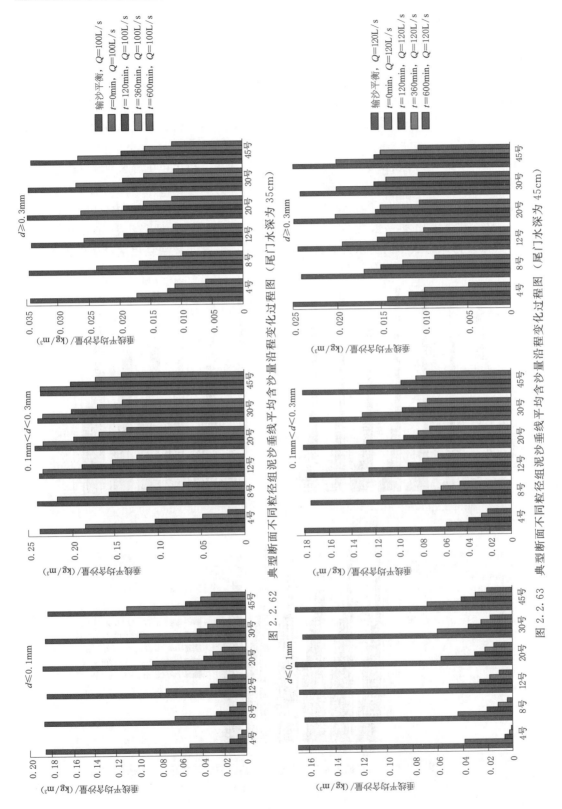

图 2.2.62　典型断面不同粒径组泥沙垂线平均含沙量沿程变化过程图（尾门水深为 35cm）

图 2.2.63　典型断面不同粒径组泥沙垂线平均含沙量沿程变化过程图（尾门水深为 45cm）

由图 2.2.62 可以看出，该试验条件下不同粒径组垂线平均含沙量过程和规律与图 2.2.61 试验条件下的相同，只是水流条件不同，各种特征值大小不同；而图 2.2.63 显示的规律有一定差异性，主要是在 $t=0$min 时 0.1mm$<d<$0.3mm 垂线平均含沙量未达到输沙平衡时的水平，其主要原因与该条件下水力因素偏弱有关。

下面根据各断面不同粒径组垂线平均含沙量计算相应输沙率（见图 2.2.64～图 2.2.66）。以流量 80L/s、尾门水深 30cm 的试验结果为例分析各粒径组输沙率沿程变化情况。

图 2.2.64 显示，与输沙平衡时的不同粒径组输沙率值相比，在清水冲刷试验过程中，开始时（$t=0$min）水槽地形基本与输沙平衡时的地形一致，该时刻典型断面 4 号、8 号、20 号及 38 号床沙组成中 $d\leqslant0.1$mm 粒径组沙量比重一般均在 1.5% 以内，0.1mm$<d<$0.3mm 粒径组沙量比重一般为 50%～60%，而 $d\geqslant0.3$mm 粒径组沙量比重一般为 39%～43%，河床组成不同与水力条件导致不同粒径组含沙量恢复程度产生较大差异，

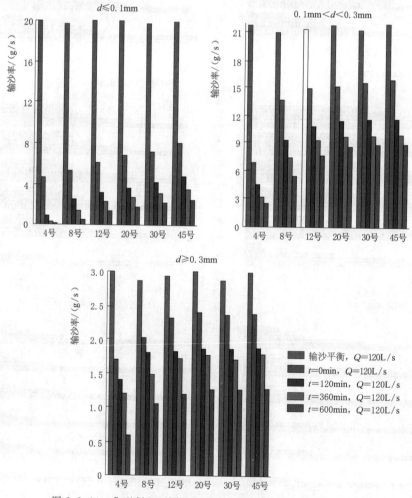

图 2.2.64　典型断面不同粒径组泥沙输沙率沿程变化过程图
（尾门水深为 45cm）

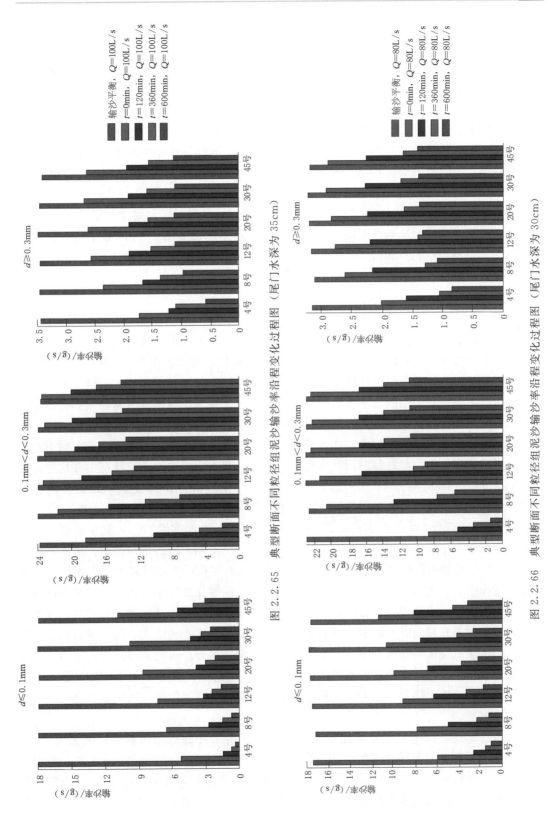

图 2.2.65 典型断面不同粒径组泥沙输沙率沿程变化过程图（尾门水深为 35cm）

图 2.2.66 典型断面不同粒径组泥沙输沙率沿程变化过程图（尾门水深为 30cm）

$d \leqslant 0.1mm$ 与 $d \geqslant 0.3mm$ 输沙率均小于输沙平衡时相对应的含沙量数值,其中 $d \leqslant 0.1mm$ 输沙率的数值减少幅度最大,主要原因是河床上混合层中该粒径组沙量较少;$d \geqslant 0.3mm$ 输沙率的数值减小幅度次之,虽然在水槽河床上混合层中 $d \geqslant 0.3mm$ 泥沙也是大量存在的,但由于泥沙颗粒较粗,在水流作用下很难被冲起,因此该粒径组泥沙浓度维持较低水平。$0.1mm < d < 0.3mm$ 输沙率基本达到输沙平衡时的水平,主要是该粒径组沙量在河床混合层中占绝大多数,且粒径相对较细,在该水力条件下该粒径组沙量能够恢复但没有明显超过平衡时的水平。随着时间的推移,水槽河床不断冲刷下切,水力因素也逐渐减弱,不同粒径组含沙量均呈现不同程度减少,$d \leqslant 0.1mm$ 输沙率减少幅度同样最大,$0.1mm < d < 0.3mm$ 输沙率减少幅度最小。

由图 2.2.65 可以看出,该试验条件下不同粒径组输沙率过程和规律与图 2.2.64 试验条件下的相同,只是水流条件不同,各种特征值大小不同;而图 2.2.66 显示的规律有一定差异性,主要是在 $t = 0min$ 时 $0.1mm < d < 0.3mm$ 输沙率未达到输沙平衡时的水平,其主要原因与该条件下水力因素偏弱有关。

2.2.5 不同粒径组悬移质泥沙输移与驱动机制分析

在清水冲刷下均匀沙输移试验过程中,施放的流量越大,泥沙恢复饱和距离越长,达到饱和状态时含沙量绝对值也越大。同时,随着放水历时增加,泥沙达到饱和的距离也有所加大,但绝对含沙量数值有所减小;水深越小,泥沙恢复饱和距离越大,恢复饱和后的悬移质泥沙浓度绝对值也随之增大;泥沙粒径减小,悬移质泥沙恢复饱和距离和含沙量绝对值均有所增加。

在三组输沙平衡试验过程中,在水槽进口段施放恒定的沙量,水槽床面自上而下开始淤积并形成河床地形,经过长时间河床塑造作用后,基本达到输沙平衡状态。在这种情况下,输送 $d \leqslant 0.1mm$ 与 $0.1 < d < 0.3mm$ 粒径组的泥沙所占比例很大,其中在流量为 120L/s、尾门水深为 45cm 条件下 $d \leqslant 0.1mm$ 输沙率占总输沙率的 45%;而在流量为 80L/s、尾门水深为 30cm 条件下 $d \leqslant 0.1mm$ 输沙率占总输沙率的 40%,其主要原因是在该状况下水槽各个典型断面平均流速一般大于其他情况下相对应的平均流速,因而在该状况下输送的沙量中 $0.1mm < d < 0.3mm$ 与 $d \geqslant 0.3mm$ 泥沙所占比重较大。在水槽输沙平衡试验过程中,在进口处所加的沙经过充分混合后,能够保证各层水体充分挟带不同粒径组泥沙,泥沙进入水体成为悬移质,悬移质为漩涡所挟带前进,其速度与水流的速度基本一样,因此并不直接消耗水流的能量;另外,由于悬移质比水密度大,如果没有漩涡提供能量,则很快就会沉落在河床表面,不可能维持恒定的运动。因此悬移质泥沙之所以能够在水流中悬浮,必须从水流的紊动动能中获取一部分能量。一般而言,泥沙颗粒越粗,所需水流的紊动动能中能量则越大,一旦漩涡不能够提供足够的能量,则粗颗粒泥沙开始沉落在河床表面。

与输沙平衡时的不同粒径组输沙率值相比,在清水冲刷试验过程中,开始时($t = 0min$)水槽地形基本与输沙平衡时的地形一致,水槽床沙组成中 $d \leqslant 0.1mm$ 粒径组沙量比重较少,$0.1mm < d < 0.3mm$ 粒径组沙量比重占绝大多数,而 $d \geqslant 0.3mm$ 粒径组沙量比重一般较大,河床组成不同与水力条件导致不同粒径组含沙量恢复程度产生较大差异,

$d \leqslant 0.1\text{mm}$ 与 $d \geqslant 0.3\text{mm}$ 输沙率均小于输沙平衡时相对应的含沙量数值，$d \leqslant 0.1\text{mm}$ 输沙率的数值减少幅度最大，主要原因是河床上混合层中该粒径组沙量较少；$d \geqslant 0.3\text{mm}$ 输沙率的数值减小幅度次之，虽然在水槽河床上混合层中 $d \geqslant 0.3\text{mm}$ 泥沙也是大量存在的，但由于泥沙颗粒较粗，在水流作用下很难被冲起，因此该粒径组泥沙浓度维持较低水平。$0.1\text{mm} < d < 0.3\text{mm}$ 输沙率基本达到输沙平衡时的水平，主要是该粒径组沙量在河床混合层中占绝大多数，且粒径相对较小，在该水力条件下该粒径组沙量能够恢复但没有明显超过平衡时的水平。随着时间的推移，水槽河床冲深，流速减缓，进口段水流紊动强度减弱，水流作用能力减小，再加上床面泥沙不断粗化，不同粒径组泥沙输沙率呈现不同程度的减少趋势，但其减少幅度均逐渐缩窄。在非均匀清水冲刷试验过程中，水流中的泥沙主要来自水槽河床上，在试验过程中主要依靠水流紊动作用，致使河床上的泥沙被冲起进入水体中，在此过程中首先需要使泥沙能够悬浮进入水体中，而床面上提供可冲的泥沙有限，且近底处的水流紊动强度随机变化、泥沙自重以及泥沙颗粒相对隐蔽度等众多因素决定了部分泥沙颗粒很难被大量冲起。在水槽河床上细颗粒泥沙由于存量比较少，因而该粒径组泥沙浓度一般均明显小于输沙平衡时的水平。在水槽河床上存量较多但较粗的泥沙，由于自重等因素很难被冲起，其含沙量数值一般也不会超过输沙平衡时的水平；而在水槽河床上存量较多但相对较细的泥沙，在一定水流作用下其泥沙浓度能够达到但不会明显超过输沙平衡时的水平。

在流量、地形及尾门水深等条件相同情况下，输沙平衡试验与清水冲刷试验中水流所产生的水流紊动动能一般不会发生较大变化。在非均匀清水冲刷试验过程中，由于河床上 $d \leqslant 0.1\text{mm}$ 细颗粒泥沙较少，该粒径组泥沙浓度大幅度减少，在此背景下，在河床上大量存在但相对较细的泥沙，经过一段距离恢复后其含沙量数值基本能够达到但不会明显超过输沙平衡时的水平，其主要原因在于细颗粒如 $d \leqslant 0.1\text{mm}$ 泥沙大幅度减少，但由于该泥沙粒径较细，在输沙平衡条件下维持该粒径组恒定运动的紊动能量并不大，而在清水冲刷过程中由于这部分细颗粒泥沙减少而相对增加的能量，并不足以弥补更多的相对较粗颗粒泥沙从河床悬浮进入水体及维持恒定的运动，例如在流量为 120L/s、尾门水深为 45cm 工况下，$0.1\text{mm} < d < 0.3\text{mm}$ 垂线平均含沙量就小于输沙平衡时的水平；而在其他两种工况下该粒径组垂线平均含沙量也仅达到输沙平衡时的水平。在以往泥沙"粗细交换"研究过程中，仅考虑维持粗、细泥沙颗粒恒定运动的能量交换，而在清水冲刷过程中，粗颗粒泥沙从床面充分进入水体也需要消耗部分紊动能量，在该试验过程中，这也是水槽河床上大量存在的相对较细（$0.1\text{mm} < d < 0.3\text{mm}$）的泥沙浓度未明显超过输沙平衡时的水平的主要原因。

2.3 河道输沙能力变化规律

2.3.1 水库下游分组挟沙力的影响因素

2.3.1.1 三峡水库蓄水前后沙质河床水流挟沙力变化

以 2002 年河道地形为基础，对不同来流条件下的沿程水动力特性进行分析，统计荆江河段宽浅河段与束窄河段的挟沙力判数（U^3/H，其中 U 为断面平均流速，H 为断面平均水深）（见图 2.3.1）。由图可见，虽然荆江河段宽浅河段与束窄河段挟沙力判数均随流量增大而增大，但两者存在差异，仅在流量 25000～28000m³/s（接近平滩流量）附近时宽浅河段与束窄河段的挟沙力判数基本一致，小于此流量则宽浅河段挟沙力判数大于束窄段，大于此流量则相反。此外，在流量为 10000m³/s 附近时，无论宽、窄河段挟沙力判数关系曲线均出现了一定转折，这是由于此时水位与边滩接近平齐，水动力条件存在归槽前后的突变。上述现象在滩槽更加分明的上荆江表现得尤为明显。以上特点表明，不同类型河道在同流量下一般是输沙不平衡的，小于平滩流量时宽浅河段趋向于冲刷而束窄河段趋向于淤积；大于平滩流量时宽浅河段趋向于淤积而束窄河道趋向于冲刷。对处于均衡输沙状态下的河床而言，不同水文过程影响下其形态能够始终维持在一定状态附近而不发生趋势性变化，说明在长时期的平均意义上，导致冲刷和淤积的两种流量级其造床作用基本相当。由于冲淤发生转换的临界流量下，河道沿程冲淤幅度最小、输沙效率最大，因而该临界流量应近似于造床流量或平滩流量。

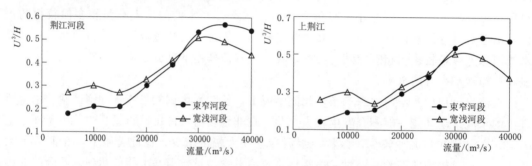

图 2.3.1　不同河道形态挟沙力判数随流量变化图

三峡水库蓄水后，来水来沙条件的变化主要表现为来沙量大幅度减少和水文过程改变。对于变化水文过程以及宽窄不同类型的河段而言，虽然各级流量下河道断面均向窄深方向发展，但各流量级持续时间不同，并且各级流量在不同类型河段内具有不同造床作用，因而不同河段内的断面河相系数减小幅度可能差异较大。根据蓄水后 2004—2011 年的流量过程分析，小于造床流量的比例由蓄水前的 90% 增加至 95%，尤其是 9000～12000m³/s 流量级出现的频率增大 4.3%，而这正是河道枯水河槽水流满槽、冲刷动力较强的时期，这些变化显然更加有利于宽浅河段的冲刷。

2.3.1.2　分组悬移质泥沙输移特点

统计三峡水库蓄水前后沙市、监利、螺山、汉口等水文站水文泥沙参数变化见表2.3.1。蓄水后各站流量均值、离散系数、峰度、偏度均小于蓄水前。输沙率的均值明显小于蓄水前，偏度及峰度均大于蓄水前，离散系数沙市、监利大于蓄水前，汉口站、螺山站稍有减小。总的来看，各站蓄水后流量分布较蓄水前更为平坦均匀，总输沙率大幅度减小，分布更为陡峭不均匀。

从年内尺度来看，不同流量下悬移质表现出不同的输沙特性，蓄水前后悬移质月均总输沙量与月均流量关系见图 2.3.2。为直观反映蓄水前后输沙量的变化规律，用百分比（蓄水前后月总输沙量与对应时期的年总输沙量的比值）形式表示。由图可知，各站蓄

表 2.3.1   **1991—2002 年及 2004—2016 年各站水文泥沙参数**

站名	年份	流量				输沙率			
		均值/(m^3/s)	离散系数 C_v	偏度 C_s	峰度	均值/（t/s）	离散系数 C_v	偏度 C_s	峰度
沙市	1991—2002 年	12789	0.667	1.166	1.013	11.295	1.451	2.105	4.865
	2004—2016 年	11902	0.533	0.981	0.120	1.591	1.967	3.513	14.23
监利	1991—2002 年	12033	0.624	1.039	0.576	9.679	1.245	1.625	2.116
	2004—2016 年	11556	0.506	0.909	-0.062	2.127	1.402	3.098	11.81
螺山	1991—2002 年	20860	0.603	1.055	0.688	10.077	1.077	1.49	1.572
	2004—2016 年	18688	0.516	0.652	-0.760	2.724	1.044	2.674	8.992
汉口	1991—2002 年	22923	0.584	1.060	0.663	9.814	1.096	1.476	1.566
	2004—2016 年	21238	0.490	0.705	-0.616	4.21	1.079	2.614	9.252

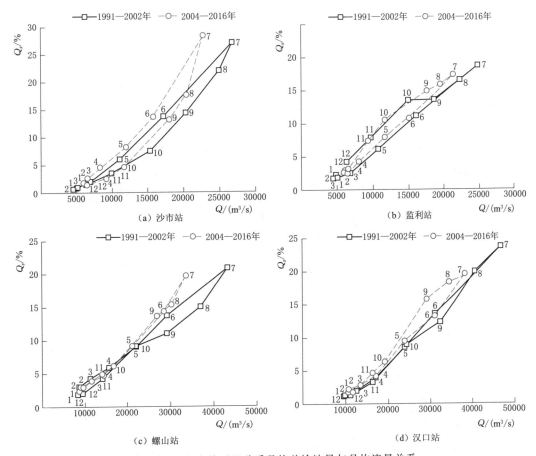

图 2.3.2   蓄水前后悬移质月均总输沙量与月均流量关系

水前后的输沙量-流量关系各异。沙市站蓄水前后 5—10 月输沙量-流量曲线均为顺时针方向回路，但蓄水后 6—9 月的斜率明显大于蓄水前；监利站蓄水前 6—9 月输沙量-流量曲线为斜率不变的线性变化，其中 9—10 月存在输沙量相对流量的明显滞后，即流量减小而输沙量基本不变，此阶段容易引发泥沙淤积。2004—2016 年 5—10 月输沙量-流量曲线为逆时针回路；螺山站 1991—2002 年 5—10 月输沙量-流量曲线为顺时针方向回路，而 2004—2016 年为斜率不变的线性变化，反映输沙量随流量的变化为单值关系；汉口站 1991—2002 年 5—10 月输沙量-流量曲线近似斜率不变的线性变化，而 2004—2016 年为逆时针方向回路。

当输沙量-流量曲线形成回路时，说明流量与输沙量之间存在双值关系。其中逆时针方向回路反映了输沙量相对流量滞后，易引起淤积；顺时针方向回路反映流量相对输沙量滞后，易引起冲刷。当输沙量-流量曲线近似斜率不变的线性变化时，流量与输沙量为单值关系。可见，这种输沙量-流量的变化反映了悬移质泥沙在不同时期的输移特点。

三峡水库蓄水前后悬移质月均分组输沙量与月均流量关系见图 2.3.3。由图可知，各

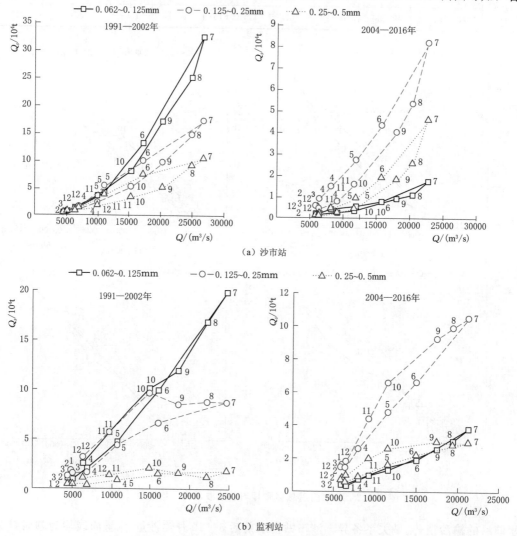

图 2.3.3（一）　蓄水前后悬移质月均分组输沙量与月均流量关系

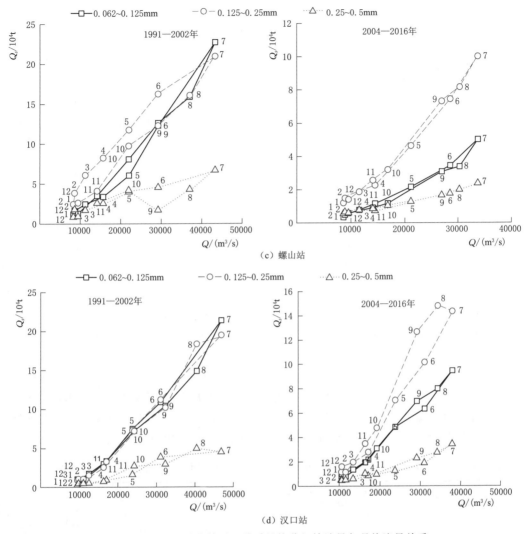

（c）螺山站

（d）汉口站

图 2.3.3（二） 蓄水前后悬移质月均分组输沙量与月均流量关系

站不同粒径组悬沙的输移特点各异。沙市站 1991—2002 年及 2004—2016 年各粒径组 5—10 月的输沙量-流量曲线为顺时针回路，与全沙规律一致，其中 1991—2002 年随着分组粒径增大，其输沙量-流量曲线的直线斜率呈减小趋势，输沙量-流量关系的多值特点同样存在于不同粒径组泥沙之中；而蓄水后的 2004—2016 年，0.062～0.125mm 粒径组泥沙直线斜率最小，0.125～0.25mm 粒径组的最大；监利站蓄水前 1991—2002 年，0.125～0.25mm 粒径组的输沙量最大在 10 月，明显滞后于流量最大所在的 7 月；而蓄水后的 2004—2016 年，0.125～0.25mm 及 0.25～0.5mm 粒径组均为逆时针方向回路，说明输沙量相对流量仍有一定滞后，但较蓄水前不再显著；而 0.062～0.125mm 粒径组两个时期基本为近似斜率不变的线性变化，但蓄水后斜率明显减小；螺山站 1991—2002 年，各粒径组泥沙 5—10 月输沙量-流量关系基本为顺时针回路与全沙规律一致；2004—2016 年各粒径组的输沙量-流量关系基本为近似斜率不变的线性变化，其中 0.125～0.25mm 粒径组泥沙的输沙量-流量关系直线斜率最大。

三峡水库蓄水前后汉口站各粒径组 6—9 月的输沙量-流量曲线为顺时针回路，与全沙规律较为一致；蓄水后各粒径组泥沙的输沙量-流量关系斜率均较蓄水前明显减小，其中以 0.125～0.25mm 粒径组输沙量-流量曲线顺时针回路中直线斜率为最大。

总的来看，相比蓄水前（1991—2002 年）各站不同粒径组泥沙的输沙量均减小，蓄水后（2004—2016 年）各粒径组中 0.125～0.25mm 粒径组输沙量最大。其中监利站 0.062～0.125mm，螺山站 0.125～0.25mm、0.25～0.5mm 粒径组泥沙对应的输沙量-流量关系有多值向单值关系转化的趋势。

2.3.1.3　不同粒径组对应有效流量计算

通过建库前后沙市、监利、汉口三个水文站床沙级配特性的分析，可知 $d \leqslant$ 0.062mm 泥沙为冲泻质，因此，根据蓄水前后研究悬移质输沙量只考虑 $d > 0.062$mm 泥沙。采用分组频率法对有效流量进行计算。首先将已知一定时段的月均流量根据量级大小进行等组距分组，确保每一分组中至少包括一个数据，计算每组的频率；再根据实际流量对应的悬移质输沙量，确定每个流量级的平均输沙量，将平均输沙量与对应流量级的频率（历时）相乘，得到有效流量曲线，该曲线最高点对应的流量值即有效流量。

三峡水库蓄水前后沙市、监利、螺山、汉口 4 个水文站流量分布、分组悬移质有效输沙量计算结果见表 2.3.2 及图 2.3.4。蓄水前后各站流量频率的变化主要表现为小流量及大流量的频率有所降低，中等流量频率有所增大，流量频率的最大值仍在中小流量级。所有的流量级都有输送悬移质泥沙的能力，两个时期悬移质有效输沙量呈现明显的双峰或多峰分布，说明悬移质泥沙输移集中在某几个中等的流量级，而非某一个流量级。蓄水前后输送超过 50% 泥沙至少需要 3～4 个流量级，其中流量分级对应最大悬移质输沙量的占比为 10%～20%。

表 2.3.2　1991—2002 年及 2004—2016 年有效流量、重现期、有效输沙量的计算结果

站名	粒径分组 /mm	有效流量 Q_e/(m³/s)		重现期/%		有效输沙量/10⁴ t	
		1991—2002 年	2004—2016 年	1991—2002 年	2004—2016 年	1991—2002 年	2004—2016 年
沙市	$d \leqslant 0.062$	18000	24000	11.36	3.85	3.08	0.65
	$0.062 < d \leqslant 0.125$	18000	24000	11.36	3.85	1.33	0.09
	$0.125 < d \leqslant 0.25$	18000	24000	11.36	3.85	0.89	0.39
	$0.25 < d \leqslant 0.5$	18000	24000	11.36	3.85	0.85	0.18
监利	$d \leqslant 0.062$	15600	18900	9.72	5.13	1.9	0.88
	$0.062 < d \leqslant 0.125$	18000	22500	9.72	3.85	1.07	0.19
	$0.125 < d \leqslant 0.25$	13200	15300	8.33	7.05	0.78	0.55
	$0.25 < d \leqslant 0.5$	15600	9900	9.72	9.62	0.17	0.21
螺山	$d \leqslant 0.062$	29000	35900	9.72	5.56	3.45	1.25
	$0.062 < d \leqslant 0.125$	29000	35900	9.72	5.56	1.36	0.36
	$0.125 < d \leqslant 0.25$	29000	35900	9.72	5.56	1.66	0.77
	$0.25 < d \leqslant 0.5$	21000	35900	11.11	5.56	0.45	0.12

续表

站名	粒径分组/mm	有效流量 Q_e/(m³/s)		重现期/%		有效输沙量/10⁴t	
		1991—2002 年	2004—2016 年	1991—2002 年	2004—2016 年	1991—2002 年	2004—2016 年
汉口	$d \leqslant 0.062$	32000	34500	8.45	7.05	2.1	1.66
	$0.062 < d \leqslant 0.125$	32000	34500	8.45	7.05	0.98	0.53
	$0.125 < d \leqslant 0.25$	32000	34500	8.45	7.05	0.89	0.93
	$0.25 < d \leqslant 0.5$	28000	34500	9.15	7.05	0.32	0.19

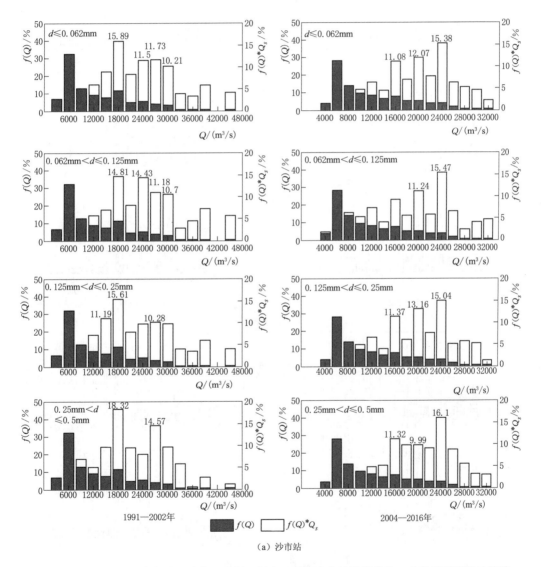

（a）沙市站

图 2.3.4（一） 三峡蓄水前后沙市、监利、螺山、汉口水文站流量分布、分组悬移质泥沙输移

注：最大输沙量相对应的流量为有效流量；图中每站最上一个是 $d > 0.062$mm。

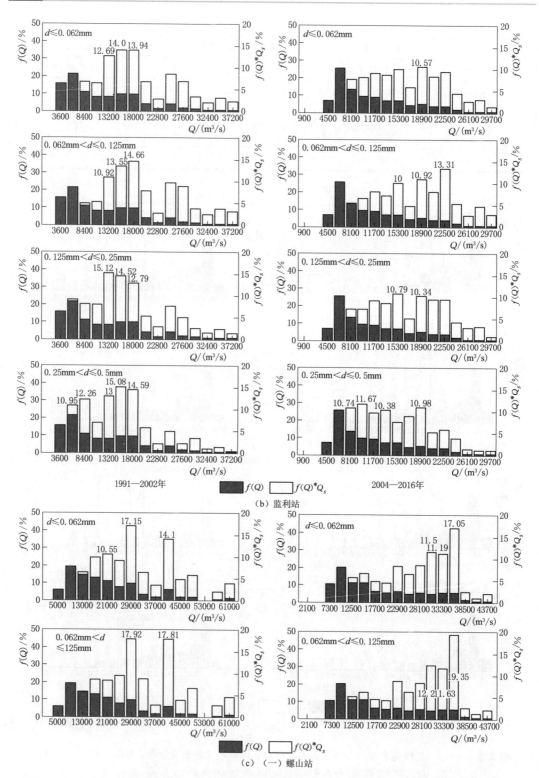

图 2.3.4（二）　三峡蓄水前后沙市、监利、螺山、汉口水文站流量分布、分组悬移质泥沙输移

注：最大输沙量相对应的流量为有效流量；图中每站最上一个是 $d > 0.062$mm。

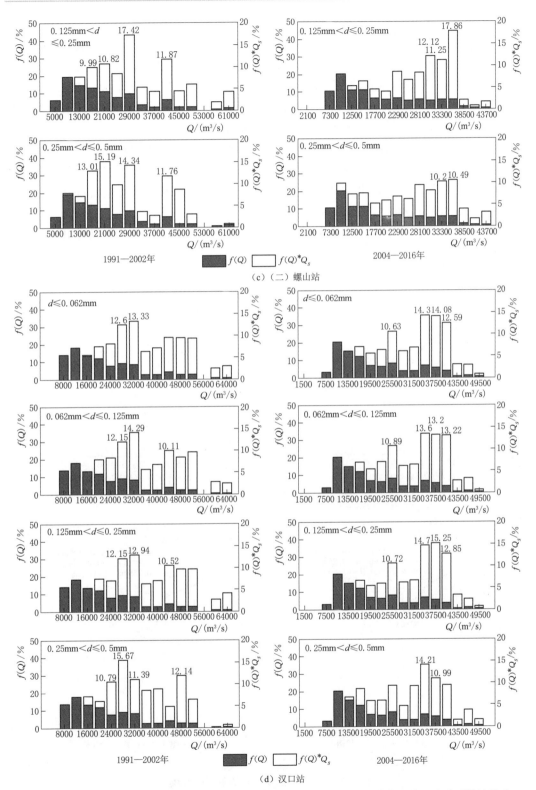

图 2.3.4（三） 三峡蓄水前后沙市、监利、螺山、汉口水文站流量分布、分组悬移质泥沙输移

注：最大输沙量相对应的流量为有效流量；图中每站最上一个是 $d>0.062$mm。

由表 2.3.2 可知，四站蓄水后计算的悬移质有效输沙量均大于蓄水前。2004—2016 年有效流量历时缩短。沙市、螺山、汉口水文站除蓄水前 0.25～0.5mm 有效流量与其他粒径组不同外，各粒径组对应有效流量在蓄水前后的变化是一致的，而监利水文站不同粒径组泥沙蓄水前后其有效输沙量的变化有明显区别，随着分组粒径的增大，有效流量有减小趋势，蓄水后这一趋势非常明显，并且蓄水后 0.25～0.5mm 粒径组悬移质有效输沙量大于蓄水前，说明此粒径组的输沙量已达到蓄水前水平。

沙市、螺山、汉口三站除了 0.25～0.5mm 粒径组泥沙外，不同粒径组泥沙的有效流量基本与 $d > 0.062$mm 是一致的。但监利水文站的不同粒径泥沙输移特征不同，各分组沙的有效流量并不都和全沙平均计算结果一致，细颗粒泥沙的有效流量出现在大流量范围，粗颗粒泥沙的有效流量出现在小流量范围。

根据流量及悬移质输沙量以及分组输沙量历时曲线（见图 2.3.5）可以看出，蓄水前

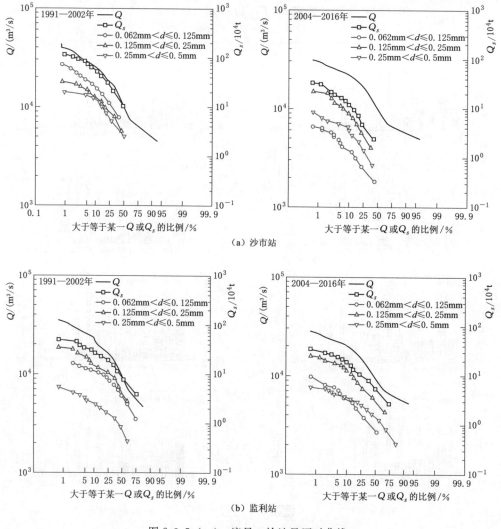

图 2.3.5（一） 流量、输沙量历时曲线

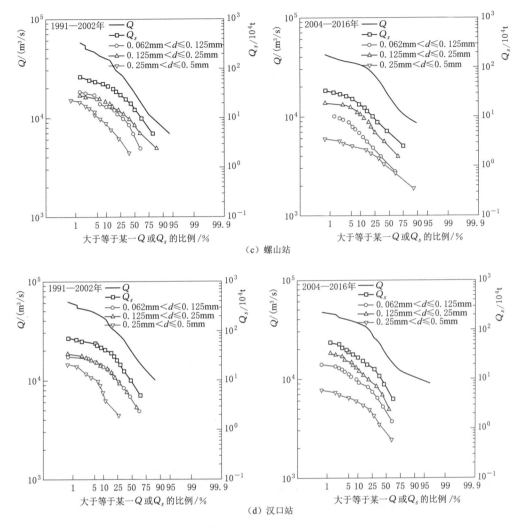

（c）螺山站

（d）汉口站

图 2.3.5（二） 流量、输沙量历时曲线

各粒径组历时曲线形状相似。这表示河道在大多数流量下都能输送各粒径组泥沙。但是输沙量的大小随着流量的变化而变化。并且各粒径组历时曲线的长度范围不同且大多数输沙量历时曲线范围均小于流量历时曲线范围，说明部分小流量范围几乎没有输沙能力。但 2004—2016 年监利站、螺山站 0.25mm<d≤0.5mm 在小流量范围时仍有输沙能力。

累积分布是概率密度的积分，能完整描述变量的概率分布。累积输移 50%泥沙的流量及历时的百分比计算见表 2.3.3。累积流量及历时反映了泥沙输移的实际能力。沙市、监利、螺山、汉口水文站蓄水前后累积输移 50%泥沙所需累积流量百分比分别为 67.6%、52%、56.9%、64.3%和 69.6%、59.2%、59.6%、64.5%，累积输移 50%泥沙所需累积历时百分比分别为 85.3%、74.8%、77.3%、81.8%和 85%、75.8%、78.1%、79.6%。

表 2.3.3　三峡水库蓄水前后各粒径组 50% 累积泥沙输移对应流量及历时的百分比

站名	粒径分组/mm	50% 累积输沙量			
		历时百分比/%		流量百分比/%	
		1991—2002 年	2014—2016 年	1991—2002 年	2014—2016 年
沙市	$d \leqslant 0.062$	85.3	85	67.6	69.6
	$0.062 < d \leqslant 0.125$	87.4	83.6	71.7	67.7
	$0.125 < d \leqslant 0.25$	83.7	84.7	64.9	68.6
	$0.25 < d \leqslant 0.5$	81.3	86.7	58.9	73.8
监利	$d \leqslant 0.062$	74.8	75.8	52	59.2
	$0.062 < d \leqslant 0.125$	80	81.5	60	64.7
	$0.125 < d \leqslant 0.25$	69.2	76.4	45.6	50.9
	$0.25 < d \leqslant 0.5$	66.2	69.1	41.2	41.3
螺山	$d \leqslant 0.062$	77.3	78.1	56.9	59.6
	$0.062 < d \leqslant 0.125$	80.5	80.5	61.3	65.4
	$0.125 < d \leqslant 0.25$	75.5	78.4	53.6	59.5
	$0.25 < d \leqslant 0.5$	73.6	73.4	51.7	54.3
汉口	$d \leqslant 0.062$	81.8	79.6	64.3	64.5
	$0.062 < d \leqslant 0.125$	81.3	79.3	63.3	63.5
	$0.125 < d \leqslant 0.25$	83.3	80.5	66.5	65.3
	$0.25 < d \leqslant 0.5$	77.9	77.4	58.8	60.6

累积泥沙输移曲线显示蓄水前后不同粒径组的泥沙输移特性不同。沙市水文站累积输送 50% 泥沙所需的累积流量和累积历时 1991—2002 年随分组粒径的增大而减小，2004—2016 年随分组粒径的增大而增大，反映蓄水后时期输送粗颗粒泥沙（$d > 0.125$mm）相比细颗粒泥沙（0.062mm $< d \leqslant 0.125$mm）所需的更多累积流量和累积历时；监利站、螺山站，2004—2016 时期累积输送 50% 泥沙所需的累积流量和累积历时均较 1991—2002 时期有所增大，累积流量和累积历时随分组粒径的增大而减小；汉口站 2004—2016 时期累积输送 50% 泥沙所需的累积流量较 1991—2002 时期变化不大，所需的累积历时略有减小。相对于其他三站，此站的变化最小。

综合来看，相比于其他粒径组，监利、螺山、汉口三站蓄水前后两个时期累积输送 50% 粗颗粒泥沙（0.25mm $< d \leqslant 0.5$mm）所需的累积流量和累积历时最小，说明各站蓄水前后输沙此粒径组泥沙的能力大于其他粒径组。沙市站 2004—2016 时期累积输送 50% 粗颗粒泥沙（0.25mm $< d \leqslant 0.5$mm）所需的累积流量和累积历时大于其他粒径组，说明蓄水后沙市站输送此粒径组泥沙能力小于其他粒径组泥沙。

2.3.1.4　有效流量变化的影响因素分析

通过理论方法分析流量频率、流量-输沙率关系对有效流量的影响，这里流量频率近似服从对数正态分布，流量-输沙率服从幂律分布：

$$f(Q) = \frac{A}{\sqrt{2\pi}\omega Q} e^{-\frac{[\ln(Q/X_c)]^2}{2\omega^2}} \tag{2.3.1}$$

$$Q_s = aQ^b \tag{2.3.2}$$

式中：A 为参数，X_c 为均值，ω 为标准差的 2 倍，a、b 为幂律曲线的系数和指数。有效输沙量 $\Phi = \frac{AaQ^b}{\sqrt{2\pi}\omega Q} e^{-\frac{[\ln(Q/X_c)]^2}{2\omega^2}}$。令 $\frac{\partial \Phi}{\partial Q} = 0$，得到 $Q_e = X_c e^{\omega^2 b}$，可以发现有效流量取决于幂律曲线的指数 b、均值 X_c 以及标准差 $\omega/2$。

对影响有效流量变化的两个因素，流量频率 $f(Q)$ 曲线和流量-悬移质输沙量关系 Q-Q_s 曲线进行分析（见图 2.3.6），图中 Q_{e1}、Q_{e2}、Q_{e3} 分别表示不同流量频率曲线 $f(Q_1)$、$f(Q_2)$、$f(Q_3)$ 或不同悬移质输沙曲线 Q_{s1}、Q_{s2}、Q_{s3} 时对应的有效流量。当 Q-Q_s 关系一定时，中枯流量频率增大，而大流量频率减小时，流量频率曲线更为陡峭，有效输沙量曲线向左移动，对应有效流量减小；中枯流量频率减小，而大流量频率增大时，流量频率曲线更为平缓，有效输沙量曲线向右移动，对应有效流量增大。当流量频率 $f(Q)$ 一定时，Q-Q_s 关系中大流量对应输沙量显著增加时，有效输沙量曲线向右移动，对应有效流量增大，而当来沙量减小，表现为 Q-Q_s 曲线中大流量对应输沙量减小，此时有效输沙量曲线向左移动，对应有效流量将减小。随着分组粒径增大，Q-Q_s 曲线中流量较大对应的输沙量减小使得有效输沙量曲线向左移动，这也是监利站有效流量随粒径增大而减小的主要原因。

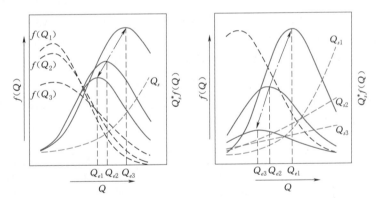

图 2.3.6　$f(Q)$ 曲线及 Q-Q_s 曲线变化对有效流量的影响规律

2.3.2　平衡输沙条件下分组挟沙规律的试验研究

2.3.2.1　水槽试验结果简述

1. 试验概况及试验条件

该试验研究在水利部江湖治理与防洪重点试验室的水槽大厅 60m（长）×0.8m（宽）×0.8m（高）的可变坡玻璃水槽中进行，该水槽采用变频控制技术与电脑控制技术相结合，能够实现流量、水位的全过程试验控制。试验水槽和供水系统平面布置见图 2.3.7。试验中流速采用三维声学多普勒流速仪（ADV）进行测量。泥沙浓度测量采用虹吸管取样后过滤、烘干、称重后计算得到。泥沙级配测量采用马尔文激光粒度仪。试验采用天然沙，泥沙容重

为 $2.65 \times 10^3 \text{kg/m}^3$。

初始河床比降为 0.083‰，床沙铺设厚度为 20cm，开展不同流量、进口悬沙浓度的悬移质分组挟沙力试验。该试验通过筛选得到粒径在 0.3mm 以下的非均匀的天然沙沙样，中值粒径为 0.24mm，非均匀系数 $\sigma_d = \sqrt{d_{90}/d_{50}}$。

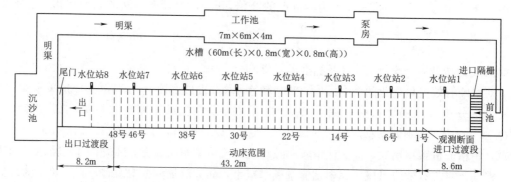

图 2.3.7 试验水槽和供水系统平面布置示意图

2. 输沙平衡状态的判断

在试验过程中，输沙平衡状态的判断对于数据测量结果至关重要，也是后续开展有效合理分析的先决条件。该研究中通过床面平均高程及冲淤量变化来判断。

平衡输沙条件下分组挟沙试验设计了 9 组试验条件组合，水槽试验工况见表 2.3.4，其中 S1-S2-S3 为在基础地形上的连续加沙系列试验。该试验自水槽进口至出口布设 6号、14 号、22 号、30 号、38 号、46 号共计 6 个含沙量取样及流速测量断面，布设 1~48号共计 48 个床面高程观测断面。放水过程中每隔 15min 读取 48 个地形观测断面的沙面高程和水面高程，实时计算床面平均高程变化和输沙量变化，待床面高程和输沙量基本不变时，认为已经达到输沙平衡状态，开始进行含沙量取样和流速测量。试验开始前及结束后对典型断面表层床沙进行取样。

表 2.3.4 水槽试验工况

工况组次	流量/(L/s)	进口泥沙浓度/(kg/m³)	悬浮指标	起动流速/(m/s)	断面初始平均流速/(m/s)	实际床沙 中值粒径/mm	实际床沙 非均匀系数
S1	80	0.2	1.929	0.221	0.5	0.248	1.488
S2	80	0.4	2.236	0.229	0.5	0.275	1.452
S3	80	0.6	2.157	0.227	0.5	0.268	1.519
S4	80	0.8	2.009	0.223	0.5	0.255	1.549
S5	80	0.4	2.168	0.227	0.5	0.269	1.538
S6	80	0.2	2.213	0.228	0.5	0.273	1.55
S7	120	0.4	2.337	0.231	0.75	0.284	1.597
S8	120	1.2	2.179	0.227	0.75	0.27	1.687
S9	100	0.4	2.224	0.228	0.625	0.274	1.667

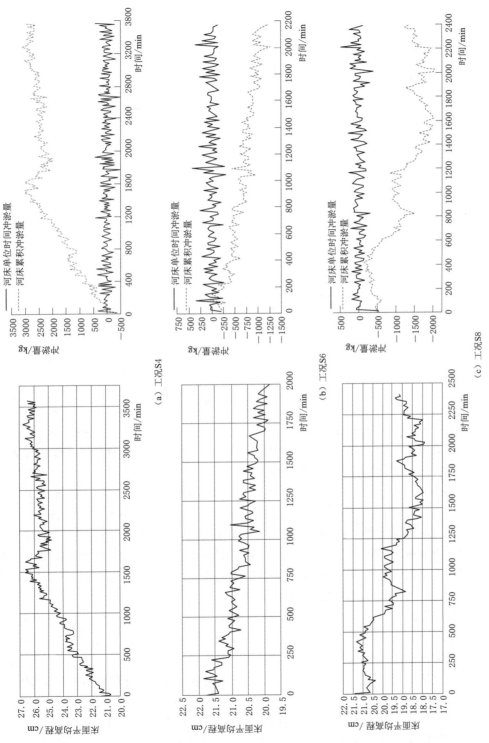

（a）工况S4

（b）工况S6

（c）工况S8

图 2.3.8　典型工况床面平均高程、床面冲淤量变化

河床冲淤量＝当前时刻河床现有沙量－上一时刻河床原有沙量，其中正值表示淤积量，负值表示冲刷量。

由于工况较多，这里只给出各个工况到达相对平衡状态的时间范围，见表 2.3.5。可以看出，由于水槽较长，整个河床达到相对平衡的时间较长，其中来沙浓度较大，而流量不大即水流作用不强时（工况 S4）达到平衡状态用时最长（2600min）；冲刷平衡条件下，流量较小时（工况 S6）或来沙浓度较大时（工况 S8），到达平衡状态所需时间也较长（分别为 1700min、1750min）。其他工况下，达到平衡所需时间基本在 1500min 以内。

表 2.3.5　　　　　　　　　　各工况下水槽试验结果

工况组次	初始纵比降/‰	最终纵比降/‰	纵比降变化/‰	实际初始床沙		最终床沙		床沙中值粒径变化/mm	平衡状态的判断		
				中值粒径/mm	非均匀系数	中值粒径/mm	非均匀系数		所需时间/min	床面平均高程/cm	平衡类型
S1	0.083	0.153	0.07	0.248	1.488	0.275	1.452	0.027	≥1100	约 20.25	冲刷
S2	0.153	0.140	−0.013	0.275	1.452	0.268	1.519	−0.007	≥1200	约 22.5	淤积
S3	0.140	0.140	0	0.268	1.519	0.274	1.526	0.006	≥1400	约 23.5	淤积
S4	0.083	0.096	0.013	0.255	1.549	0.257	1.514	0.002	≥2600	约 26	淤积
S5	0.083	0.089	0.006	0.269	1.538	0.273	1.55	0.004	≥1500	约 22.5	淤积
S6	0.083	0.106	0.023	0.273	1.55	0.287	1.520	0.015	≥1700	约 20.25	冲刷
S7	0.083	0.109	0.026	0.284	1.597	0.322	1.533	0.038	≥1250	约 15.75	冲刷
S8	0.083	0.201	0.118	0.27	1.687	0.292	1.628	0.022	≥1750	约 18.5	冲刷
S9	0.083	0.105	0.022	0.274	1.667	0.312	1.244	0.038	≥1400	约 19	冲刷

（1）河床纵比降变化。根据试验过程中记录的水面高程和床面高程数据，按照流量和来沙浓度，将 9 种工况分为两类，流量不变、上游来沙逐渐增大和上游来沙不变、流量不断增大。得到 9 种工况下水面纵比降和床面纵比降随时间变化规律，见图 2.3.9 及表 2.3.5。

总的来看，河床初始纵比降均为 0.083‰，在冲刷平衡趋向过程中，随着冲刷的发展，河床纵比降先有所变缓，当河床达到相对冲刷平衡后又有所变陡，最终比降稍大于初始比降。淤积平衡趋向过程中，随着淤积的发展，河床纵比降先明显增大，当河床达到相对冲刷平衡后又有所变缓，但仍然稍大于初始状态河床比降。

当上游来沙量增大时不管冲刷平衡还是淤积平衡，其纵比降的变化过程将更为复杂，波动很大。来沙浓度较大且流量最大时（工况 S8），其河床纵比降调整最大，并且发现纵比降的变化与床沙中值粒径的变化较为一致，点绘各个工况下纵比降变化与床沙中值粒径变化的关系（见图 2.3.10），可见纵比降的变化与河床粗化程度呈现较好的正相关关系。

（2）输沙量变化。对不同工况下单位时间内河床下泄沙量以及累积下泄沙量进行分析，单位时间内河床下泄沙量＝单位时间内来沙量＋上一时刻河床原有沙量－当前时刻河床现有沙量，不同工况下河床单位时间及累积下泄沙量见图 2.3.11。

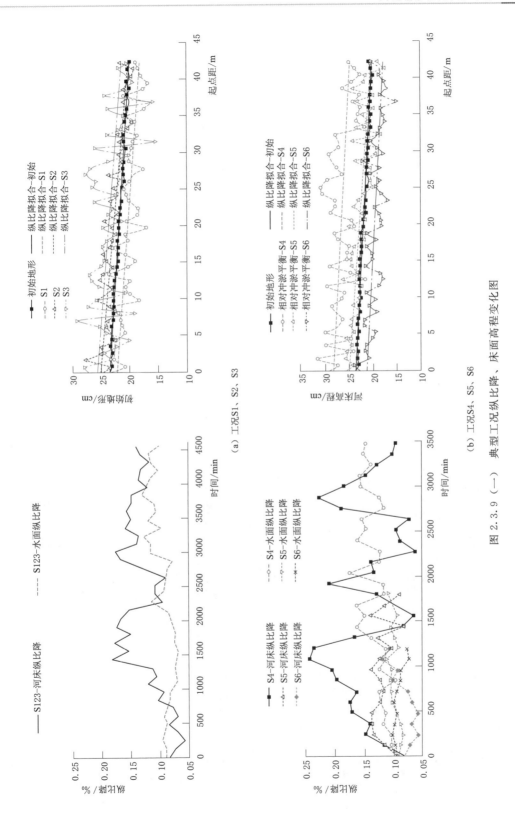

（a）工况S1、S2、S3

（b）工况S4、S5、S6

图 2.3.9（一） 典型工况纵比降、床面高程变化图

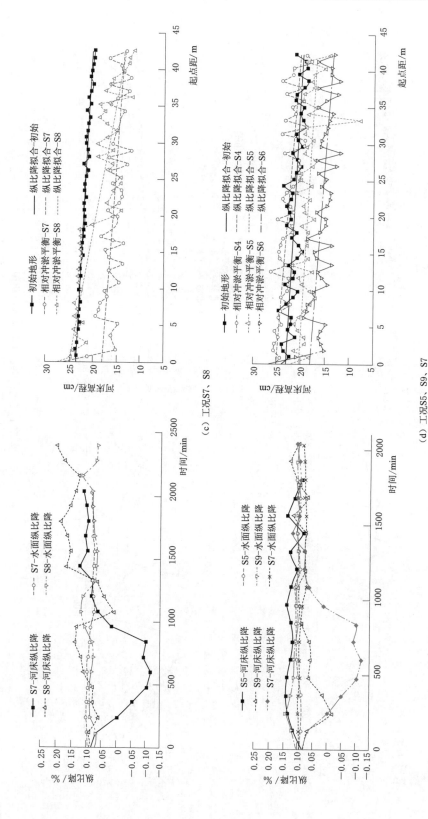

(c) 工况S7、S8

(d) 工况S5、S9、S7

图 2.3.9 (二) 典型工况纵比降、床面高程变化图

总的来看，河床累积下泄沙量大于上游累积来沙量，河床处于冲刷状态，对应的工况为 S6、S7、S8、S9，河床累积下泄沙量小于上游累积来沙量，河床处于淤积状态，对应工况为 S4、S5。对于连续加沙工况 S1～S3，来沙浓度较小时，河床累积下泄沙量大于上游累积来沙量，河床处于冲刷状态，随着来沙浓度的增大，河床累积下泄沙量小于上游累积来沙量，由冲刷变为淤积。另外值得注意的是，当上游来沙量越大时，单位时间下泄沙量波动越大，也暗示了挟沙水流浓度越大对河床的塑造作用越剧烈。

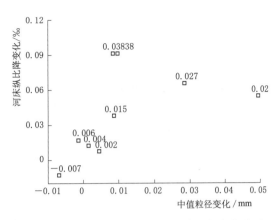

图 2.3.10　纵比降变化与床沙中值粒径变化关系

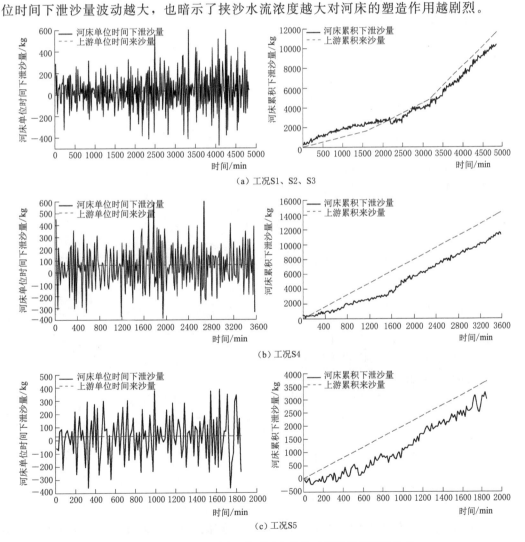

（a）工况S1、S2、S3

（b）工况S4

（c）工况S5

图 2.3.11（一）　不同工况下河床单位时间及累积下泄沙量

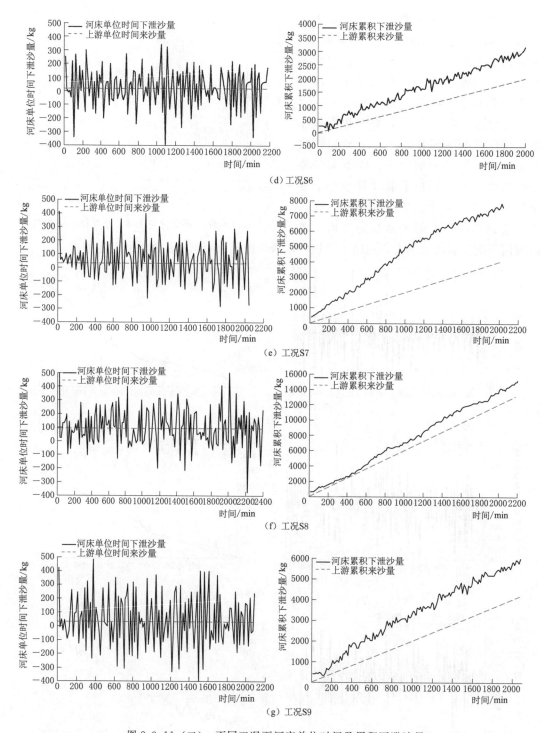

图 2.3.11（二）　不同工况下河床单位时间及累积下泄沙量

（3）床沙级配变化。每次试验前后都对典型断面床沙进行了取样分析。床沙级配采用一维高斯函数进行拟合，其形式为

$$y = Ae^{-\frac{(x-x_c)^2}{2\omega^2}} \tag{2.3.3}$$

式中：x 为粒径范围；y 为不同粒径组对应的级配；A 为曲线尖峰的高度，在级配曲线中，A 越大说明平均粒径附近泥沙所占比例变大床沙越均匀；x_c 为尖峰中心坐标，在级配曲线中代表平均粒径；ω 为标准方差，在级配曲线中 ω 越大说明床沙越不均匀。

床沙级配参数拟合见表 2.3.6。

表 2.3.6　　　　　　　　　　　　床沙级配参数拟合表

拟合参数	x_c	ω	A	拟合参数	x_c	ω	A
初始床沙	0.271	0.0745	18.095	S6 初始床沙	0.314	0.0903	16.716
S1 终结地形	0.318	0.0851	19.316	S6 终结地形	0.331	0.0922	17.440
S2 终结地形	0.303	0.0824	17.788	S7 初始床沙	0.330	0.0977	16.067
S3 终结地形	0.318	0.0822	16.374	S7 终结地形	0.366	0.103	17.044
S4 初始床沙	0.291	0.0838	16.692	S8 初始床沙	0.319	0.0991	14.831
S4 终结地形	0.294	0.0844	16.805	S8 终结地形	0.360	0.1002	17.351
S5 初始床沙	0.307	0.0865	17.118	S9 初始床沙	0.321	0.0989	15.089
S5 终结地形	0.314	0.0903	16.716	S9 终结地形	0.357	0.1054	16.119

对比各工况床沙级配分布发现，冲刷平衡趋向过程中 ω 增大，床沙变得更不均匀，如 S1 工况相对初始工况；而淤积平衡趋向过程中，随着来沙浓度的增大，ω 减小，床沙级配分布范围减小，床沙变得相对均匀，如工况 S1 相对工况 S2 和工况 S3 相对工况 S2。

与工况 S1、S2、S3 系列试验相比，工况 S4～S9 在相同初始地形条件下平衡后得到的结果表明，床沙的级配范围较初始均有所增大，且平均粒径增大，这可能与上游来沙条件有关（对于上游来沙与床沙级配的相对关系及影响将在 2.3.2.3 节详细讨论），也就是说不论是冲刷平衡还是淤积平衡，随着床沙级配范围的调整，均有可能发生河床的粗化。

2.3.2.2 悬移质泥沙的紊动扩散机制

1. 泥沙声学反演

该研究在水槽中开展平衡输沙试验，在近似恒定均匀流的条件下，对于中低浓度挟沙水流采用 ADV 流速仪声学反演方法，通过建立声学参数与泥沙浓度之间的关系，得到泥沙浓度的瞬时值与脉动值，在此基础上，分析含沙量、垂向脉动流速、泥沙扩散通量、动量扩散系数、泥沙扩散系数的分布规律及内在联系，并从紊流拟序结构出发，探讨了泥沙悬浮、扩散的紊动猝发机制。

以往研究表明 ADV 声强与信噪比（SNR）存在线性关系，对于低浓度（$SSC < 1 \text{kg}/\text{m}^3$）泥沙水体，泥沙对声强的衰减作用可忽略，声呐方程可简化为

$$\lg(SSC) = A \cdot SNR + B \tag{2.3.4}$$

式中，A 和 B 为标定常数，该试验率定后 A 为 -2.803，B 为 0.044。ADV 采用 SONTEK ADV，采样频率为 50Hz，通过典型断面含沙量虹吸取样与 ADV 参数中 SNR 建立声学反演关系，利用虹吸取样得到的含沙量时均值与对应测点的声学关系，进而求得垂线上测点泥沙浓度的瞬时值和脉动值。结合高频的流速和泥沙浓度脉动，能求得每个时间间隔的平均泥沙浓度和泥沙扩散通量。

2. 含沙量垂线分布

垂线浓度分布通常存在三种形式：一种是从水面到床面浓度分布先由小变化到某一位置时达到最大值，然后又向小变化，称为Ⅰ型分布；第二种是从水面到床面浓度分布呈上小下大的双曲上凹形式，称为Ⅱ型分布；第三种是从水面到床面浓度分布呈不对称的平缓反 S 型分布，称为Ⅲ型分布。不同工况下的典型断面悬移质全沙及分组含沙量垂线分布见图 2.3.12。

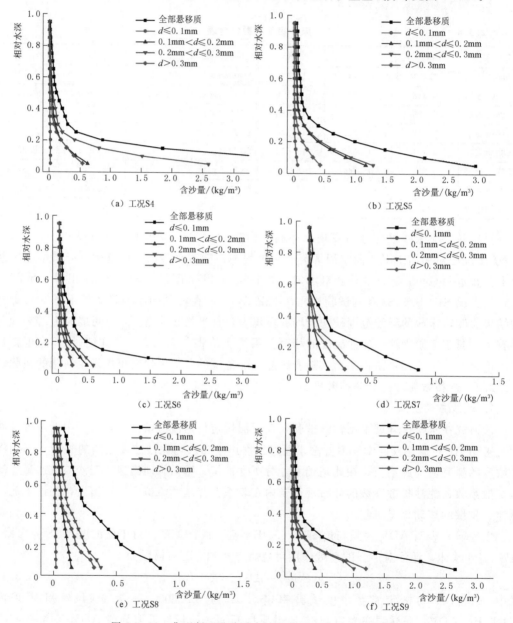

图 2.3.12　典型断面悬移质全沙及分组含沙量垂线分布图

由图 2.3.12 可以看出，工况 S4、S5、S6 流量为 80L/s 时，悬沙中 $d>0.3$mm 粒径组含沙量介于 $d\leqslant0.1$mm 粒径组和 $0.1<d\leqslant0.2$mm 粒径组之间，工况 S7、S8、S9 流量

增大为 100L/s、120L/s 时，$d>0.3mm$ 粒径组含沙量超过 $0.1mm<d\leqslant0.2mm$ 粒径组。说明随着流量的增大，粗颗粒泥沙的含沙量有所增大，特别是在相对水深 0.4 以下范围。这说明流量增加使水流挟沙力增大的同时，不同粒径组悬沙的占比也发生了调整，加上河床中此粒径组泥沙补给充分，粗颗粒泥沙恢复程度增大。

总的来看，$d\leqslant0.1mm$ 粒径组沿水深垂线分布较均匀，其分布形式多符合Ⅲ型分布，出现上大下小的分布，而全沙和其他粒径组都是随着水深的增加含沙量逐渐增大，基本属于Ⅱ型分布，这是大多数结果符合的分布形式。值得注意的是对于 $d>0.2mm$ 的两组相对粗颗粒泥沙，在工况 S8、S9 时，其在近底附近存在拐点，其垂线分布形式类似Ⅰ型分布。

3. 泥沙通量与含沙量分布关系

对于二维近似均匀水流，当悬浮泥沙达到平衡状态时，泥沙扩散方程可简化为

$$-\overline{v'S'}=\omega S \tag{2.3.5}$$

这里 $-\overline{v'S'}$ 为垂向泥沙通量，沉降速度可以表示为泥沙浓度的函数：

$$\omega=mC^{n-1} \tag{2.3.6}$$

这里 m、n 为参数，则得到泥沙扩散通量和泥沙浓度间的关系为

$$-\overline{v'S'}=mS^{n} \tag{2.3.7}$$

其中当 $n=1$ 时，为线性关系，含沙量与垂向泥沙通量有关。

4. 垂向紊动强度与分组泥沙级配

不同平衡条件下各个测次典型断面的垂向紊动强度与不同粒径组级配的关系见图 2.3.13，发现对于粗颗粒泥沙 $d>0.3mm$ 粒径组，随着紊动强度的增大先明显减小而后基本保持不变，最终级配范围为 $20\%\sim25\%$。而对于 $d\leqslant0.1mm$ 和 $0.1mm<d\leqslant0.2mm$ 两种较细颗粒泥沙来说，随着紊动强度的增大其级配有所增大然后基本保持不变，而对于 $0.2mm<d\leqslant0.3mm$ 粒径组泥沙来说，紊动强度变化时，其级配比例基本不变，维持在 45% 左右。考虑到图中数据点包括不同平衡条件下的数据，因此这一结果反映出不同粒径组之间的级配发生了调整，随着紊动强度的增大，较细颗粒泥沙的级配有所增大而粗颗粒泥沙级配减小，当紊动强度超过一定数值后，各粒径组的级配将维持在一个相对稳定的范围。

5. 泥沙扩散悬浮的紊动扩散机制

紊动猝发过程包括低速条带的上升和高速条带下移、突然振荡和破裂。在紊流拟序结构研究中，根据纵向脉动流速 u' 和垂向脉动流速 v' 的正负号，采用象限分析法将动量通量 $\overline{u'v'}$ 值分为 4 个象限，每一象限均与紊动猝发过程建立关系。低速条带的上升表示为喷射事件（$u'<0$，$v'>0$），高速条带的下移为扫射事件（$u'>0$，$v'<0$），而第 1 象限（$u'>0$，$v'>0$）和第 3 象限（$u'<0$，$v'<0$）表示条带结构与其周围流层之间的向上和向下互动。根据以往研究，猝发过程中的喷射事件和扫射事件是动量通量的主要来源，对泥沙扩散悬浮具有重要影响。为深入研究紊流拟序结构对泥沙悬浮扩散的影响，这里通过分析紊动猝发事件的个数、周期、振幅等特征量，进一步探讨其紊动扩散机制。

对于单个猝发事件而言，当瞬时动量通量绝对值大于平均动量通量的标准偏差，即 $|q|>kq'$ 时，湍流猝发事件发生。这里 $|q|=|u'v'|$ 为瞬时动量通量的绝对值，q' 为动量

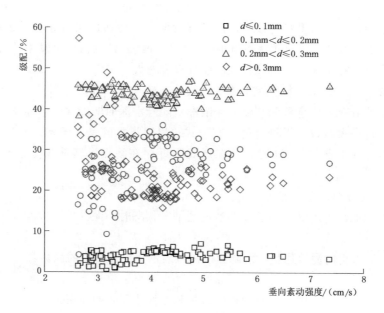

图 2.3.13　垂向紊动强度与不同粒径组级配的关系

通量的标准差，k 为阈值，取 $k=1$。猝发事件的振幅为

$$A = \frac{1}{\tau} \sum_{i=1}^{n} (q_i / f) \qquad (2.3.8)$$

式中：τ 为紊动猝发周期，是指在时间序列上与其前后所对应的动量通量值为 0 的两点所经历的持续时间，f 为采样频率 50Hz；n 为在持续时间中紊动猝发事件的个数。

图 2.3.14 为不同水深（$y/h = 0.2$、0.6、0.8、0.95）测点不同时刻脉动流速、脉动浓度、动量通量和泥沙扩散通量随时间的变化。扫射事件和喷射事件对应的动量通量为负值，而其他两类相互作用事件对应的动量通量为正值。

由图 2.3.14 可以看出，当垂线脉动为正值而纵向脉动为负值时，动量通量绝对值较大，含沙量及泥沙通量绝对值的最大值多出现在这种情况下，可见，此时泥沙的扩散悬浮受喷射事件的影响更大，随着相对水深（y/h）增大，泥沙通量绝对值最大值从 $0.006 \mathrm{kg/(m^2 \cdot s)}$ 增加到 $0.05 \mathrm{kg/(m^2 \cdot s)}$。

当动量通量振幅为负值时，对应时刻的泥沙扩散通量振幅值都较高，有着很好的对应关系，因此说明扫射和喷射事件是泥沙再悬浮过程的主要动力来源，并且喷射现象比扫射现象更容易引起更大浓度的泥沙悬浮和扩散。

对不同水深位置及不同平衡浓度的猝发事件特征量进行的统计（见表 2.3.7）。不同水深位置的猝发事件特征量具有以下特征：随着相对水深从 0.2 增加到 $0.95 y/h = 0$ 代表水面，紊动猝发动量通量事件个数减少，周期总体有所增大，振幅绝对值增大，但在近底附近有减小；随着水深增大，紊动猝发泥沙通量事件个数增大，周期变化不大，但在近底处周期有明显增大，振幅增大。

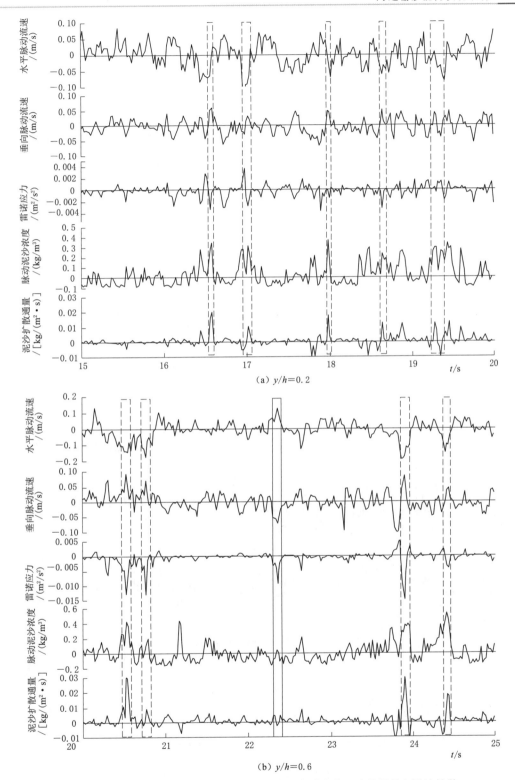

图 2.3.14（一）　不同水深条件下脉动流速、脉动浓度、动量通量和泥沙扩散
通量随时间变化（虚线框表示喷射，实线框代表扫射）

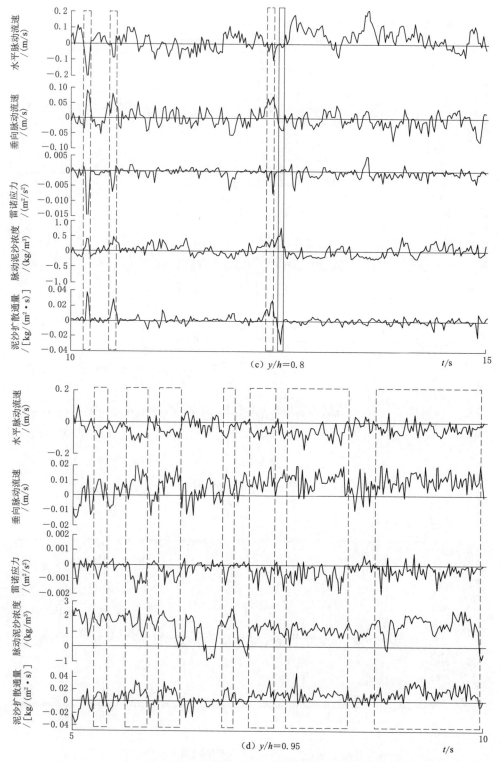

(c) $y/h = 0.8$

(d) $y/h = 0.95$

图 2.3.14（二）　不同水深条件下脉动流速、脉动浓度、动量通量和泥沙扩散
通量随时间变化（虚线框表示喷射，实线框代表扫射）

不同平衡浓度的猝发事件特征量具有以下特征：随着平衡浓度增大，紊动猝发泥沙通量振幅增大，周期无明显变化，事件个数有所增加。猝发事件动量通量及泥沙特征量统计结果表明：少数量、长周期、高振幅的喷射、扫射事件是泥沙悬浮的主要动力。

表 2.3.7　　　　　　　　　　　　　　湍流猝发事件特征量统计

y/h	猝发事件动量通量特征量			猝发事件泥沙扩散特征量		
	数量/个	周期/s	振幅/(m²/s²)	数量/个	周期/s	振幅/(m²/s²)
工况 S6，进口含沙量 0.2kg/m³						
0.2	198	1.470	−0.00092	81	1.593	0.00338
0.6	192	1.635	−0.00209	127	1.496	0.00526
0.8	185	1.405	−0.00297	139	1.518	0.0125
0.95	61	1.803	−0.00187	157	1.885	0.0180
平均	192	1.503	−0.00199	116	1.536	0.00705
工况 S5，进口含沙量 0.4kg/m³						
0.2	173	1.584	−0.0009	116	1.509	0.00623
0.6	110	1.627	−0.00237	139	1.547	0.00755
0.8	101	1.911	−0.00519	153	1.510	0.00991
0.95	80	1.949	−0.00313	79	2.705	0.106
平均	128	1.707	−0.00282	136	1.522	0.00790
工况 S4，进口含沙量 0.8kg/m³						
0.2	247	1.429	−0.00077	167	1.683	0.00384
0.6	174	1.506	−0.00362	158	1.541	0.0130
0.8	190	1.637	−0.00386	170	1.488	0.0151
0.95	177	1.699	−0.00207	167	2.386	0.0359
平均	204	1.524	−0.00275	165	1.571	0.0106

2.3.2.3　平衡输沙条件下分组挟沙力

Gilbert 的水槽输沙试验[1]是最早关于水流挟沙力的研究，其后国内外学者陆续对这一问题展开了大量的研究工作[2-7]，使原有的计算公式在计算范围和计算精度上都有了明显的改进。但是，由于水沙运动极其复杂，研究者对水流挟沙的某些力学机理还没有完全把握，而现代工程技术的发展，不但要求水流挟沙力计算结果具有较高的精度，而且还需要考虑泥沙级配对计算结果的影响。因此随着研究的深入，引入分组挟沙力，系统研究沿程床沙组成、流量大小、泥沙级配对水流挟沙力的影响已代表着当前的先进水平[8-15]。就研究思路而言，应从理论上先确定非均匀沙的总输沙能力，再寻求其分配方式。就研究手段而言，采用水槽试验的方法比天然实测资料在平衡状态的判断上更有优势。就研究方法而言，当前基于能量理论的张瑞瑾公式形式的挟沙力公式最为流行且具有较高精度。此外，有关水流挟沙力级配目前还存在不同的看法，一种看法是，水流挟沙力是一种输沙平衡情况的概念，它的级配只与床沙级配有关，上游来沙级配的变化可通过冲淤变形造成的床沙级配来反映；另一种看法是，水流挟沙力级配既与床沙级配有关，又与上游来沙级配有关，两者应同时得到考虑。基于此，该研究利用配置先进测量仪器与带自动调节功能的水槽试验系统，开展了来流为不同泥沙浓度恒定流、床沙为天然非均匀沙条件下的悬移质平衡输沙试验，研究平衡输沙条件下悬移质泥沙分组挟沙规律，探讨来沙、床沙级配对水流挟沙力的影响以及分组水流挟沙力级配计算方法。该研究可提供一套平衡输沙条件下分组挟沙的水槽试验数据以及检验现有分组挟沙力公式并能为悬移质含沙量恢复机理和输沙能力变化等关键问题的研究提供理论参考。

1. 非均匀沙挟沙力水槽试验结果

以往研究中曾利用水流功率和单位水流功率作为水流强度指标建立了输沙强度的计算方法，这里从水流能量的角度出发，认为单位流量能量是单位河长上单位重量流量的水流能量，在输沙平衡条件下，根据含沙量及流速垂线分布，得到单位长度上的水流挟沙力：

$$S_* = \frac{\int_0^h su \, dy}{q} \qquad (2.3.9)$$

为进一步分析非均匀沙的分组挟沙规律，将非均匀沙分为 4 个粒径组，分别为小于等于 0.1mm、0.1～0.2mm、0.2～0.3mm、大于 0.3mm。挟沙力试验水槽试验结果见表 2.3.8 和表 2.3.9。

2. 均匀沙挟沙力公式

实际上，通过比较非均匀沙总挟沙力公式可以发现，目前的主要观点有两种：一种是考虑不同颗粒间的相互影响；另一种是不考虑，但处理的基本思路都是将非均匀沙归为多种均匀沙组成，关键在于如何确定特征粒径或特征沉速，有的是采用某一典型粒径（如中值粒径、平均粒径、d_{35}、d_{90} 等）或是根据级配结果，将特征粒径或特征沉速归结为不同粒径按照特定比例的组合。

总结以往研究成果，选取 4 种特征粒径来确定特征沉速：①采用床沙中值粒径 d_{50}。②采用悬沙中值粒径 d_{50}。③Bagnold、窦国仁提出的特征沉速，$\omega = \sum p_i \omega_i$ 工况，这里 p_i 为第 i 组悬沙的级配，ω_i 为第 i 组悬沙的平均沉速。④韩其为提出的特征沉速，$\omega^{0.92} = \sum p_i \omega_i^{0.92}$。泥沙沉速采用张瑞瑾公式计算。

韩其为采用张瑞瑾公式，用大量实际资料针对全沙率定出了系数 $m = 0.92$。而 K 值则与采用的资料数据有关，如对黄河为 0.245，对长江为 0.139。并且根据大量资料验证的情况来看，其与统计理论的挟沙力公式得到的结果非常接近，但形式更为简单因此应用更广泛，故采用此公式：

$$S_* = K \left(\frac{V^3}{gR\omega} \right)^{0.92} \qquad (2.3.10)$$

表 2.3.8　非均匀总挟沙力水槽试验数据

| 工况 | 平均水深 H/cm | 平均流速 U/(m/s) | 河床比降 J/‰ | 水面比降 J/‰ | 雷诺数 Re | 弗劳德数 Fr | 水温 t/℃ | 平均含沙量/(kg/m³) | | | | | 备注 |
								全部悬移质	d≤0.1mm	0.1mm<d≤0.2mm	0.2mm<d≤0.3mm	d>0.3mm	
S1	21.6	0.429	0.153	0.075	62612	0.296	22	0.129	—	—	—	—	冲刷平衡
S2	21	0.48	0.137	0.088	70608	0.335	23	0.199	—	—	—	—	淤积平衡
S3	19.6	0.499	0.131	0.101	69865	0.351	24	0.33	—	—	—	—	淤积平衡
S4	20	0.57	0.084	0.148	76000	0.407	20	0.393	0.017	0.134	0.176	0.066	淤积平衡
S5	19.8	0.578	0.089	0.109	67226	0.415	15	0.203	0.0084	0.0745	0.0867	0.0337	淤积平衡
S6	21.8	0.5	0.106	0.077	60247	0.342	14	0.158	0.00676	0.0455	0.0721	0.0338	冲刷平衡
S7	27	0.67	0.109	0.083	77220	0.416	8	0.144	0.0059	0.0393	0.0651	0.0338	冲刷平衡
S8	25.8	0.708	0.176	0.066	76613	0.452	7	0.209	0.00882	0.109	0.0924	0.0584	冲刷平衡
S9	24.1	0.585	0.105	0.103	61502	0.381	7	0.16	0.00758	0.047	0.0709	0.0323	冲刷平衡

注　S1~S3为连续加沙系列试验，工况 S1~S3 未测量各粒径组含沙量。

表 2.3.9　非均匀悬沙级配、来沙级配及床沙级配数据

| 工况 | 悬沙级配/% | | | | 来沙级配/% | | | | 床沙级配/% | | | | | | | |
| | d≤0.1mm | 0.1mm<d≤0.2mm | 0.2mm<d≤0.3mm | d>0.3mm | d≤0.1mm | 0.1mm<d≤0.2mm | 0.2mm<d≤0.3mm | d>0.3mm | d≤0.1mm | | 0.1mm<d≤0.2mm | | 0.2mm<d≤0.3mm | | d>0.3mm | |
									初始	平衡	初始	平衡	初始	平衡	初始	平衡
S4	5.23	37.62	40.76	16.39	3.39	26.35	43.72	26.54	1.97	1.06	24.56	23.06	45.76	47.28	27.72	28.59
S5	5.34	37.38	40.79	16.49	3.02	28.55	44.63	23.8	0.73	0.71	16.52	15.84	46.44	44.86	36.31	38.6
S6	3.95	27	42.01	27.04	1.95	24.08	46.42	27.55	0.71	0.43	15.84	11.72	44.86	43.52	38.6	44.33
S7	4.14	26.88	44.29	24.69	2.12	14.28	39.37	44.23	1.45	0.29	13.72	7.16	40.75	34.46	44.08	58.1
S8	4.29	23.24	43.61	28.89	2.47	14.31	38.08	45.14	4.06	0.26	17.42	7.28	39.86	35.15	38.66	57.31
S9	4.89	28.33	42.85	23.93	4.27	19.41	36.04	40.29	3.36	0.52	16.61	9.03	40.13	36.34	39.91	54.11

表 2.3.10 典型工况下挟沙力分组粒径百分数及特征沉速

工况	粒径百分数/%				特征沉速/(m/s)			
	$d \leqslant 0.1$mm	0.1mm$<d$ $\leqslant 0.2$mm	0.2mm$<d$ $\leqslant 0.3$mm	$d>0.3$mm	①	②	③	④
S4	5.23	37.62	40.76	16.39	0.0324	0.0225	0.0248	0.0244
S5	5.34	37.38	40.79	16.49	0.0342	0.0281	0.0291	0.0287
S6	3.95	27.00	42.01	27.04	0.0363	0.0226	0.0256	0.0252
S7	4.14	26.88	44.29	24.69	0.0348	0.0238	0.0266	0.0262
S8	4.29	23.24	43.61	28.89	0.034	0.0209	0.0245	0.0241
S9	4.89	28.33	42.85	23.93	0.0324	0.0225	0.0248	0.0244

拟合结果见图 2.3.15 及表 2.3.11。

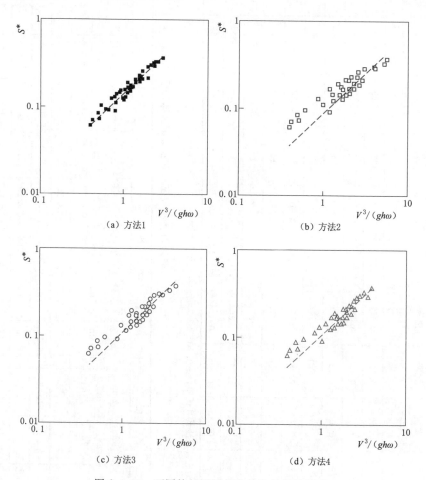

（a）方法1　　　　　　　　　（b）方法2

（c）方法3　　　　　　　　　（d）方法4

图 2.3.15 不同特征沉速的非均匀沙总挟沙力

四种方法中根据悬沙 d_{50} 得到的挟沙力结果偏小，根据床沙 d_{50} 得到结果最大，另外两种介于两者之间且结果非常接近。根据拟合的挟沙力公式可以看出，根据床沙中值粒径（方法 1）得到的挟沙力公式中的系数 K 与韩其为根据长江资料得到的 K 值非常接近，且公式相关系数较高。

表 2.3.11 非均匀沙总挟沙力拟合公式

方法	系数 K	挟沙力公式	相关系数
方法 1	0.1393	$S^* = 0.139\left(\dfrac{V^3}{gR\omega}\right)^{0.92}$	0.941
方法 2	0.087	$S^* = 0.087\left(\dfrac{V^3}{gR\omega}\right)^{0.92}$	0.758
方法 3	0.107	$S^* = 0.107\left(\dfrac{V^3}{gR\omega}\right)^{0.92}$	0.876
方法 4	0.105	$S^* = 0.105\left(\dfrac{V^3}{gR\omega}\right)^{0.92}$	0.884

韩其为[16]在泥沙随机理论研究中，曾经得到床面不同运动状态泥沙的 16 种交换强调，其中包括了悬移质转化为床沙和床沙转化为悬移质的交换强度。对挟沙力按照这种途径进行研究，发现在揭示机理、表达挟沙力的重要特性方面有其优越性，并且给出了理论挟沙力的结构式。

对于中、低含沙量水流，非均匀沙分组挟沙力可由均匀沙挟沙力表示：

$$S_l{}^* = P_{4.l}S^* = P_{1.l}S^*(l) \tag{2.3.11}$$

式中：S^* 为总挟沙力；$S^*(l)$ 为粒径为 D_l 的均匀沙的挟沙力；$P_{4.l}$ 为悬沙级配；$P_{1.l}$ 为床沙级配。

在确定出非均匀沙总挟沙力之后，利用式（2.3.11）可以得到分组挟沙力，同时得到分组挟沙力 $S_l{}^*$ 后，根据床沙级配可以得到粒径为 D_l 的均匀沙的挟沙力 $S^*(l)$。

表 2.3.12 典型工况下分组挟沙力与对应均匀沙挟沙力

粒径分组（粒径）	挟沙力/(kg/m³)	S4	S5	S6	S7	S8	S9
	总挟沙力	0.393	0.203	0.158	0.144	0.209	0.16
$d \leqslant 0.1\text{mm}$	分组挟沙力	0.021	0.011	0.006	0.006	0.009	0.008
（0.05mm）	均匀沙挟沙力	1.932	1.528	1.459	2.072	3.51	1.519
$0.1 < d \leqslant 0.2\text{mm}$	分组挟沙力	0.148	0.076	0.043	0.039	0.049	0.045
（0.15mm）	均匀沙挟沙力	0.641	0.48	0.364	0.541	0.668	0.502
$0.2 < d \leqslant 0.3\text{mm}$	分组挟沙力	0.16	0.083	0.066	0.064	0.091	0.069
（0.25mm）	均匀沙挟沙力	0.339	0.185	0.153	0.185	0.26	0.189
$d > 0.3\text{mm}$	分组挟沙力	0.064	0.034	0.043	0.036	0.06	0.038
（0.4mm）	均匀沙挟沙力	0.225	0.087	0.096	0.061	0.106	0.071

由表 2.3.12 可知，不同粒径均匀沙挟沙力远远大于分组挟沙力，实际上根据式（2.3.11）可知，由于只有当 $P_{1.l} = 1$，即均匀沙时，分组挟沙力等于对应均匀沙的挟

沙力，当床沙级配 $P_{1,l}$ 小于 1 时，分组挟沙力一定小于相应均匀沙的挟沙力。

根据非均匀沙总挟沙力与均匀沙挟沙力数值发现，对于 $d>0.3$mm 粒径组泥沙来说，其均匀沙挟沙力明显小于非均匀沙总挟沙力，对于 $0.1<d\leqslant0.2$mm 以及 $d\leqslant0.1$mm 粒径组泥沙来说，其均匀沙挟沙力明显大于非均匀沙总挟沙力，而对于 $0.2<d\leqslant0.3$mm 粒径组泥沙来说，其非均匀沙总挟沙力与相应的均匀沙挟沙力较为接近，而这一粒径组也正是中值粒径所在范围。可见在挟沙力研究中，采用非均匀沙的中值粒径来代表非均匀沙的总挟沙力与按照均匀沙挟沙力来考虑得到的结果是比较相符的，这也反映出根据天然非均匀沙的数据或资料来率定均匀沙挟沙力公式，从逻辑上和精度上是可行的。

3. 挟沙力级配与来沙级配及床沙级配的关系

如前所述，关于水流挟沙力级配与床沙级配、上游来沙级配的关系存在不同看法。以下根据水槽试验的结果对来沙级配、床沙级配变化与挟沙力级配的关系进行分析。首先对来沙级配与挟沙力级配的大小进行了比较（见图 2.3.16），由图可知，来沙与挟沙力分组百分数的关系是不对应的，对于 $d\leqslant0.1$mm 及 0.1mm$<d\leqslant0.2$mm 的粒径组泥沙来说，

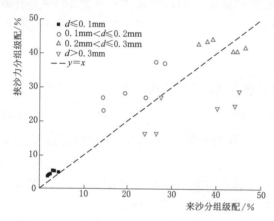

图 2.3.16　来沙分组级配与挟沙力级配的关系

来沙级配小于挟沙力级配，对于 $d>0.3$mm 粒径组泥沙来说，来沙级配大于挟沙力级配，而 0.2mm$<d\leqslant0.3$mm 粒径组泥沙则介于之间。说明来沙级配中粗颗粒泥沙发生了淤积而悬沙中细颗粒泥沙得到了一定程度的恢复。

通过总结以往挟沙力级配的研究结果可知，挟沙力级配除了与来沙级配有关外，还与床沙级配变化有关，这里床沙级配变化＝平衡时的床沙级配－初始床沙级配，采用水槽试验的数据，将泥沙分为 4 组进行分析，后面研究中以来沙级配、床沙级配变化和同时考虑二者等 3 种情况来探讨其对挟沙力级配的影响，并建立相应的线性拟合关系结果见图 2.3.17 和表 2.3.12。这里 y_1、y_2、y_3、y_4 分别代表 $d\leqslant0.1$mm、0.1mm$<d\leqslant0.2$mm、0.2mm$<d\leqslant0.3$mm、$d>0.3$mm 等不同粒径组挟沙力级配，x_{11}、x_{12}、x_{13}、x_{14} 及 x_{21}、x_{22}、x_{23}、x_{24} 分别代表不同粒径组来沙级配及床沙级配变化。

由图 2.3.17 和表 2.3.13 可知，当单独考虑来沙级配或床沙级配变化对挟沙力级配的影响时，对于 0.1mm$<d\leqslant0.2$mm、0.2mm$<d\leqslant0.3$mm、$d>0.3$mm 粒径组泥沙来说，其挟沙力级配均与床沙级配变化的相关性大于其与来沙级配的关系。而对于 $d\leqslant0.1$mm 粒径组泥沙，挟沙力级配与床沙级配关系较差，与来沙级配的相关关系稍好一些，但相关系数也仅有 0.4335。

当同时考虑来沙级配和床沙级配变化对挟沙力的影响时，仅 $d\leqslant0.1$mm 粒径组泥沙拟合的相关系数高于单因素拟合关系，其他三种相对较粗颗粒泥沙，同时考虑来沙级配和床沙级配变化的拟合相关系数低于单因素，也就是说床沙级配变化对挟沙力的影响更大。

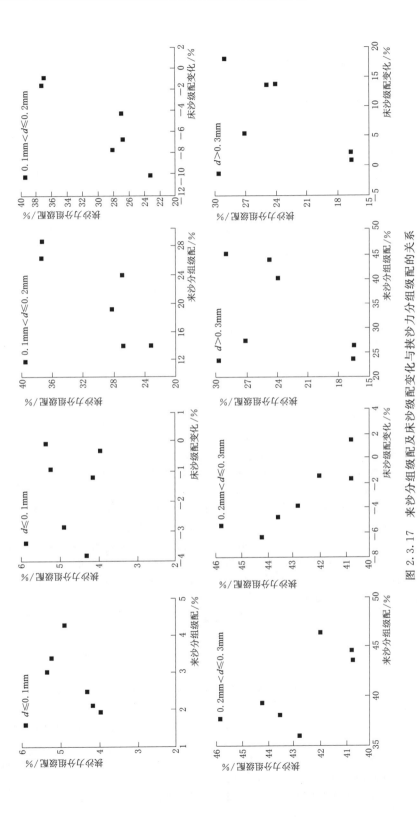

图 2.3.17 来沙分组级配变化与床沙级配及床沙级配变化与挟沙力分组级配的关系

根据前面试验成果可以发现，$d \leqslant 0.1 \mathrm{mm}$ 粒径组泥沙本身所占比例较小，因此挟沙力级配很大程度上取决于床沙级配，这也是四种挟沙力公式中，采用床沙中值粒径 d_{50}（方法 1）为特征粒径所得的总挟沙力公式相关系数最好的原因。

表 2.3.13　　　　来沙级配、床沙级配变化与挟沙力级配的拟合关系

项目		$d \leqslant 0.1 \mathrm{mm}$	$0.1 \mathrm{mm} < d \leqslant 0.2 \mathrm{mm}$	$0.2 \mathrm{mm} < d \leqslant 0.3 \mathrm{mm}$	$d > 0.3 \mathrm{mm}$
来沙级配与挟沙级配	拟合函数	$y_1 = 3.21 + 0.5 x_{11}$	$y_2 = 12.45 + 0.833 x_{12}$	$y_3 = 52.746 - 0.25 x_{13}$	$y_4 = 9.68 + 0.382 x_{14}$
	相关系数	0.4335	0.6536	0.3724	0.3568
床沙级配变化与挟沙力级配	拟合函数	$y_1 = 4.756 + 0.0753 x_{21}$	$y_2 = 37.655 + 1.488 x_{22}$	$y_3 = 41.072 - 0.486 x_{23}$	$y_4 = 17.517 + 0.58 x_{24}$
	相关系数	-0.2043	0.7837	0.8291	0.5451
来沙级配、床沙级配变化与挟沙力级配	拟合函数	$y_1 = 3.236 + 0.578 x_{11} + 0.168 x_{21}$	$y_2 = 35.097 + 0.0882 x_{12} + 1.353 x_{22}$	$y_3 = 42.875 - 0.0409 x_{13} - 0.444 x_{23}$	$y_4 = 30.727 - 0.582 x_{14} + 1.323 x_{24}$
	相关系数	0.5025	0.7137	0.7835	0.5223

参 考 文 献

[1] 王光谦. 河流泥沙研究进展 [J]. 泥沙研究，2007（2）：64 - 81.

[2] VELIKANOV M A. Alluvial Process [M]. Moscow：State Publishing House for Physical and Mathematical Literature，1958.

[3] CELLION M，GRAF W H. Sediment - laden Flow in Open - channels under Noncapacity and Capacity Conditions [J]. Journal of Hydraulic Engineering，1999，125（5）：455 - 462.

[4] YANG S Q，KOH S C，KIM I S，et al. Sediment Transport Capacity - An Improved Bagnold Formula [J]. International Journal of Sediment Research，2007，22（1）：27 - 38.

[5] 惠遇甲. 挟沙水流的运动机理和输沙能力 [J]. 水动力学研究与进展，1996，11（2）：133 - 149.

[6] 范家骅，陈裕泰，金德春，等. 悬移质挟沙能力水槽试验研究 [J]. 水利水运工程学报，2011（1）：1 - 16.

[7] VAN RIJN L C. Unified View of Sediment Transport by Currents and Waves. II：Suspended Transport [J]. Journal of Hydraulic Engineering，2007，133（6）：668 - 689.

[8] 吴伟明，李义天. 非均匀沙水流挟沙力研究 [J]. 泥沙研究，1993（4）：81 - 88.

[9] 王士强，陈骥，惠遇甲. 明槽水流的非均匀沙挟沙力研究 [J]. 水利学报，1998（1）：1 - 9.

[10] WU W M，WANG S S Y，JIA Y F. Non - Uniform Sediment Transport in Alluvial Rivers [J]. Journal of Hydraulic Research，2000，38（6）：427 - 434.

[11] 余明辉，杨国录，刘高峰，等. 非均匀沙水流挟沙力公式的初步研究 [J]. 泥沙研究，2001（3）：25 - 29.

[12] 戴清，胡健，陈建国，等. 渭河下游河道非均匀沙输沙能力及输沙特性研究 [J]. 泥沙研究，2008，（1）：57 - 62.

[13] 费祥俊，吴保生，傅旭东. 两相非均质流输沙平衡关系及挟沙力研究 [J]. 水利学报，2015，46（7）：757 - 764.

[14] 韩其为. 水量百分数的概念及在非均匀悬移质输沙中的应用 [J]. 水科学进展，2007，18（5）：633 - 640.

[15] SUN Z L，YANG E S，XU D，et al. Logarithmic Law for Transport Capacity of Nonuniform Sediment [J]. Journal of Hydraulic Engineering，2018，144（3）：04017069.

[16] 韩其为. 非均匀悬移质不平衡输沙 [M]. 北京：科学出版社，2013.

第3章

河床冲刷及床面形态变化特性研究

3.1 近坝段河床冲淤及床沙粗化特性

3.1.1 冲淤量分布

三峡水库下游宜昌至杨家垴河段两岸多为丘陵阶地，抗冲性较强，河床由砾卵石夹沙或沙夹砾卵石组成。自 2003 年三峡水库蓄水运用以来至 2015 年，宜昌至杨家垴河段洪水河槽累积冲刷量达到 3.44 亿 m³，河段沿程均呈现累积性冲刷。宜昌河段、宜都河段、枝江河段以及整个宜昌至杨家垴河段在流量为 5000m³/s 和 30000m³/s 时各时段的累积冲淤量（见图 3.1.1 和图 3.1.2）。其中每年冲淤量均采用当年年度推算的最新相应流量级的水面线成果进行计算。

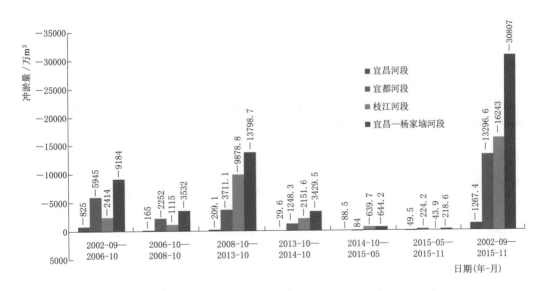

图 3.1.1 宜昌至杨家垴河段流量为 5000m³/s 时各时段的累积冲淤量

从图分析可知，三峡水库坝前水位 135～139m 运用的围堰发电期（2002 - 09—2006 - 10），宜昌至杨家垴河段洪水河槽累积冲刷量达 1.11 亿 m³，年均冲淤量达 0.25 亿 m³/年，其中主要冲刷带在宜都河段，累积冲刷 0.67 亿 m³；其次是枝江河段，累积冲刷 0.29 亿 m³；宜昌河段冲刷量最少，为 0.14 亿 m³；在枯水河槽宜都河段冲刷更突出，冲

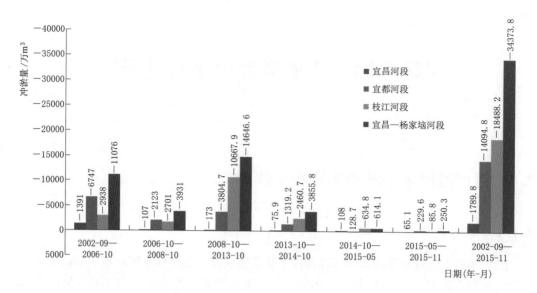

图 3.1.2　宜昌至杨家垴河段流量为 30000 m³/s 时各时段的累积冲淤量

刷量占到整个宜昌至杨家垴河段冲刷量的 65%。三峡水库坝前水位 144～156m 运用的初期蓄水期（2006 - 10—2008 - 10），冲淤量分布与前一运行期相似，主要冲刷带仍在宜都河段，枯水水槽宜都河段冲刷量占整个宜昌至杨家垴河段冲刷量的 64%。2008 年汛后三峡水库进入 175m 试验性蓄水运行期后，宜昌至杨家垴河段洪水河槽累积冲刷量达 1.92 亿 m³，年均冲淤达 0.27 亿 m³/年，该时段年均冲淤量加大，河段的主要冲刷带明显下移至枝江河段，枯水河槽枝江河段冲刷量占整个河段冲刷量的 70%。2014 年 10 月至 2015 年 5 月与 2015 年 5—11 月代表年内枯、汛期，宜昌与宜都河段冲淤特性刚好相反，枝江河段则均保持冲刷，宜昌河段枯水期走沙、汛期泥沙淤积；宜都河段枯水期淤积、汛期走沙；枝江河段枯水期、汛期均走沙，但枯水期走沙量明显大于汛期。

3.1.2　深泓冲淤变化

统计分析三峡工程运用前后，宜昌至杨家垴河段历年深泓沿程呈锯齿状变化见图 3.1.3。

三峡工程蓄水运行以来，围堰发电期河床冲刷剧烈，深泓沿程均下降，宜昌河段深泓平均冲深 1.2m，宜都河段 2.9m，枝江河段 3m，主要冲刷在胭脂坝以上河段、白洋弯道、关洲河段等。初期蓄水期河段整体为冲刷，但在胭脂坝尾部、虎牙滩深泓淤高，而在白洋弯道、外河坝段局部冲刷幅度急剧增大，在宜 40 断面深泓累积冲刷 8.9m。试验性蓄水运行期整体表现为冲刷，宜昌至杨家垴河段平均冲深 2.01m，主要冲刷在枝江河段与宜都河段，主要冲刷年份在运行期的第一年；在 2014 年 10 月至 2015 年 11 月，董市洲上口的荆 13 断面冲深达 3.9m。总体来看，三峡水库运行后，宜昌至杨家垴河段深泓持续冲刷，累积冲深平均达 3.6m，最明显冲刷段在宜都河段的南阳碛至枝城区段，2010 年之后，宜昌河段、宜都河段深泓变化越来越小，枝江河段则冲刷幅度增大。

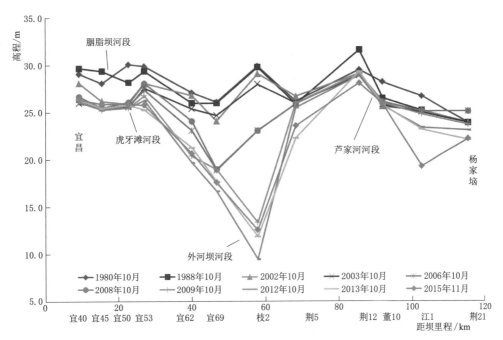

图 3.1.3 宜昌至杨家垴河段多年深泓变化

3.1.3 典型河段浅滩演变

三峡水库运行后，下游浅滩发生冲淤变化，以芦家河为代表分析水库运行后江心浅滩的冲淤变化（见表 3.1.1 和表 3.1.2）。

表 3.1.1 芦家河碛坝变化统计表

统计时间 （年–月）	量测等高线 /m	洲顶高程 /m	最大洲长 /m	最大洲宽 /m	洲滩面积 /km²
2002 – 10	35	36.70	2154	560	0.67
2003 – 10	35	37.70	3550	600	1.47
2004 – 10	35	36.80	2480	530	0.81
2006 – 10	35	37.40	1550	550	0.65
2008 – 10	35	37.30	2480	608	0.763
2010 – 05	35	37.60	1876	585	0.710
2010 – 10	35	37.60	1565	548	0.669
2011 – 05	35	37.70	1790	520	0.636
2012 – 05	35	37.70	1335	430	0.444
2013 – 10	35	37.70	1514	510	0.473
2014 – 05	35	37.20	1270	480	0.338
2015 – 05	35	37.40	1163	351	0.145

表 3.1.2　芦家河碛坝控制节点变化统计

时间 （年-月）	控制节点					
	董5+4		荆12		荆12+1	
	过水断面/m²	深泓高程/m	过水断面/m²	深泓高程/m	过水断面/m²	深泓高程/m
2002-10	3700	29.60	2207	29.3	3161	29.00
2003-10	3725	29.20	2596	28.6	3745	29.00
2004-10	3988	27.40	2744	28.5	3786	28.20
2006-10	4511	29.40	2936	28.6	3894	27.30
2008-10	4613	28.50	2987	28.5	3790	27.40
2010-05	4865	28.80	2869	28.6	3802	27.30
2010-10	4871	28.50	2920	28.7	4191	27.20
2011-05	4832	28.30	2953	28.6	4021	27.20
2012-05	4412	28.50	2785	28.8	4010	27.20
2013-10	4286	28.40	2508	28.3	3817	27.50
2014-05	4682	28.30	2849	28	4219	27.00
2014-10	4996	28.20	2961	28	4185	26.80
2015-05	5259	28.30	2968	27.9	4372	26.80
2015-11	5058	28.30	2976	28	4283	26.90

　　三峡水库蓄水前，芦家河碛坝规模较小，2003 年由于芦家河河段淤积明显，浅滩上、下发育扩展，面积扩大一倍以上，洲顶高程升高 1.0m；2004—2006 年，受水流的冲刷影响，碛坝逐年冲刷萎缩，面积在 2003 年的基础上缩小 56%；2008 年由于泥沙淤积浅滩向上游扩展，面积也相应扩大；但 2010 年以来，芦家河碛坝逐年冲刷缩小，至 2014 年碛坝头部回缩，宽度减小，顶部高程降低 0.5m；2015 年 5 月芦家河碛坝因冲刷分裂成多个小洲体，尾部回缩，中部至尾部冲刷下降宽度减小，碛坝总体面积减小明显，仅为 2014 年的 43%。

　　同时三峡水库蓄水运行以来，芦家河因河床冲刷各节点过水面积均有不同程度的增加，增加幅度为 35%～37%；深泓均有累积性冲深，荆12+1 断面达到 2.1m，其他两节点累积冲深 1.3m；近两年过水面积大幅度扩大及深泓下切明显降低，一定程度上削弱了芦家河碛坝的节点控制作用。

3.1.4　床沙粗化情况

　　三峡工程运用前，宜昌至枝城河段河床以卵石夹沙为主，枝城至杨家垴河段由沙夹卵砾石组成，杨家垴以下河段为沙质河床。由于在清水冲刷下卵石和沙质河床具有明显不同的抗冲性，三峡工程蓄水后，随着河道冲刷，宜昌至杨家垴河段河床全线逐步演变为卵石夹沙河床，河床组成逐年粗化和沿程粗化的趋势明显，其沙质床沙与卵石床沙中值粒径多年变化分别见图 3.1.4 和图 3.1.5。

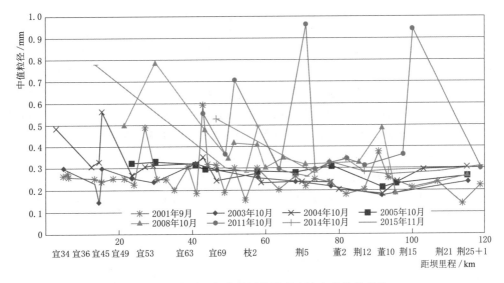

图 3.1.4　宜昌至杨家垴河段沙质床沙中值粒径变化

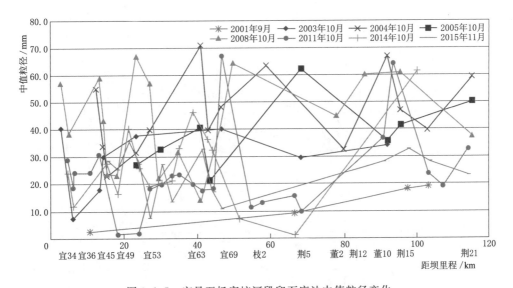

图 3.1.5　宜昌至杨家垴河段卵石床沙中值粒径变化

由图可知，三峡水库运用以来，床沙粗化明显。对比两图，采集床沙为卵石的断面数目逐年增加。沙质床沙中值粒径有逐年明显增大趋势，在 2003 年 10 月以前中值粒径几乎都在 0.3mm 以下，随着时间的推移，中值粒径普遍增大，在 2004 年之后，断面董 2 之前，床沙中值粒径大于 0.3mm 的很多，至 2008 年 10 月，床沙中值粒径增大显著。卵石河床中值粒径的变化规律较为杂乱，但其基本变化趋势与沙质河床一致，在葛洲坝下游河段床沙逐年有一定的粗化增大，中值粒径大部分大于前一年，2003 年卵石河床平均中值粒径在 35mm，2008 年增大到 50mm。近几年冲刷明显的宜都河段和枝江河段床沙略有细化。

三峡水库运行后，宜昌站床沙粗化明显。三峡水库蓄水前 99％的床沙粒径为 0.062～0.5mm；2003—2005 年，99％的床沙粒径为 0.125～1mm，其粒径约为蓄水前的 2 倍；2006 年之后，床沙粗化趋势更加明显，更粗一级的粒径组比重呈逐年上升的趋势；因2008 年三峡水库进入 175m 试验性蓄水运行期，2009 年宜昌站断面床沙粗化达到最大，卵石为床沙的主要成分；2010 年后宜昌河段多有泥沙淤积，床沙中细颗粒泥沙略有增加；2012—2014 年，床沙随河段的冲淤变化而变化，但仍以砾石、卵石为主，小于 2mm 的沙粒含量较少；2015 年因上游来沙减少，宜昌河段发生微弱冲刷，砾石、卵石的比重增加，宜昌站河床粗化明显（见图 3.1.6）。

以芦家河碛坝为代表分析水库下游浅滩的床沙粗化特性，其中选取董 2 为浅滩上游断面，董 5 为滩头断面，荆 5+4 为滩中断面，董 8 为滩尾断面，多年床沙级配曲线变化见图 3.1.7～图 3.1.10。

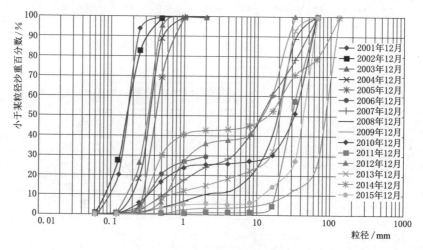

图 3.1.6　宜昌站汛后床沙级配曲线

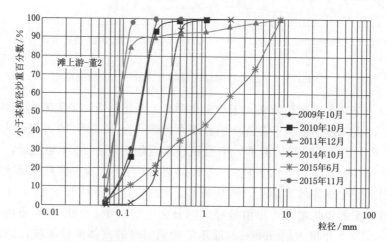

图 3.1.7　芦家河碛坝上游床沙级配曲线

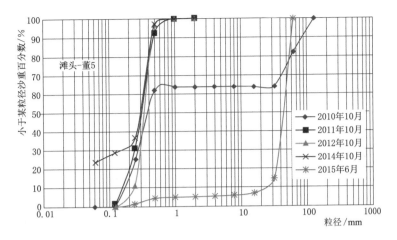

图 3.1.8　芦家河碛坝头部床沙级配曲线

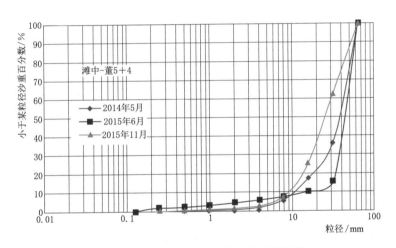

图 3.1.9　芦家河碛坝中部床沙级配曲线

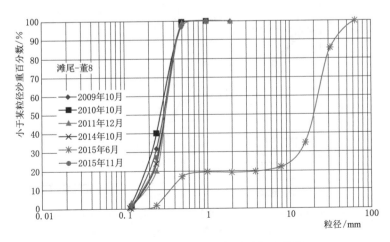

图 3.1.10　芦家河碛坝尾部床沙级配曲线

芦家河碛坝上游断面为沙夹卵石河床，以粒径小于 2mm 的沙粒为主，2011 年之后卵石所占比例增大；滩头 2010—2012 年河床组成变化不大，均为小于 2mm 的沙粒，2014年、2015 年河槽组成以卵石为主，河床组成向粗化方向发展；滩中断面近两年床沙以卵石居多；滩尾 2009—2014 年断面床沙以粒径小于 16mm 的沙、砾石为主，为沙夹卵石河床；2015 年 6 月床沙粒径变宽，卵石含量急剧增大，2015 年 11 月床沙为沙质河床，但仍含有粒径大 41.4mm 的卵石，河床组成向粗化方向发展。

3.1.5　河床阻力变化

对于沙卵石河段，床面沙粒阻力是其阻力的主要来源之一。对于三峡水库下游沙卵石河段，床面粗化前后粒径相差 100 倍以上，必然引起床面阻力明显调整[1]。以下通过实测资料分析和数学模型计算相结合，研究床面粗化引起的阻力调整。

阻力调整可直观地通过水位变化得以体现。由沿程枯水位降幅 ［图 3.1.11 （a）］可见，枝城以上是水位下降较为明显的河段，但沿程水位下降非常不均匀。由宜昌至宜都河段内各水尺的水位下降历程可见，各位置水位降幅随时间的发展也差异较大 ［图

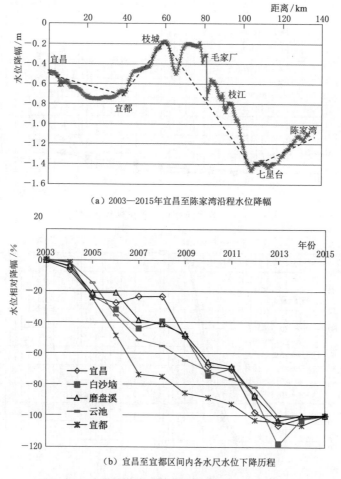

（a）2003—2015年宜昌至陈家湾沿程水位降幅

（b）宜昌至宜都区间内各水尺水位下降历程

图 3.1.11　河段内实测枯水位下降特征 （5600m³/s）

3.1.11（b）]：在宜都站水位大幅下降的同时，宜昌站 2008 年前水位降幅甚小，至 2008 年后水位呈现加快下降趋势。该现象显然与 2008 年前宜昌河段床沙粒径不断增大，床面沙粒阻力也不断增大有关。

　　采用 2003 年、2012 年实测地形、水位资料结合数学模型，计算分析了床面粗化引起的阻力变化。研究发现，若不考虑床面粗化引起的阻力增大，在假定宜都水位不变的情况下，宜昌水位将小于实测值，这说明当床面粗化后，床面糙率显著增大（图 3.1.12），并有助于壅高枯水位。经计算，阻力的增大与泥沙粒径的 1/6 次方近似成比例，这说明沙卵石河段床面阻力的增大与沙粒阻力密切相关。

　　可见，三峡工程运用以来，宜昌至杨家垱河段整体表现为冲刷、水位下降、深泓下切、床沙粗化、阻力增大。初期河床冲刷集中在宜都河段；2008 年后主要冲刷带明显下移至枝江

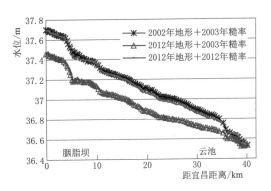

图 3.1.12　宜昌至宜都段冲刷前后地形与糙率对水位的影响

河段；2010 年后宜昌河段、宜都河段冲刷越来越小，枝江河段则冲刷幅度增大。在胭脂坝河段、宜都弯道、芦家河浅滩段、南阳碛至枝城区段局部冲刷明显，水位过程线出现跌水；在胭脂坝尾部、虎牙滩深泓有淤高。2014 年 11 月至 2015 年 11 月，枯、汛期宜昌与宜都河段冲淤特性刚好相反，枝江河段则均保持冲刷。三峡水库运行后，芦家河浅滩经历了淤积扩展、冲刷萎缩、淤积向上游扩展、冲刷缩小、冲刷分裂的变化过程。河床冲刷各节点过水面积均有不同程度的增加、深泓均有累积性冲深。采用实测资料结合数学模型，研究了河床床面粗化引起的阻力变化，结果表明，床面粗化及不均匀的冲刷分布能显著增大床面糙率，冲刷过程中流量越大则阻力增加越明显，相应水面比降变陡幅度也越大。

3.2　沙卵石河床床沙粗化过程及其阻力变化试验研究

3.2.1　试验概况

　　概化模型试验以有边滩存在的顺直河道为基本河型，在 40m（长）×1.6m（宽）×1m（高）的水槽中进行。水槽底部坡降为 1.5‰。水槽右岸导墙布设两道玻璃用于观测泥沙运动情况，每隔 5m 布置一个测针，一共布置 10 个测针，左岸 7 个，右岸 3 个，左岸测针从上游一直布置到尾门，右岸布置到离尾门 5m 处。

　　试验段长 16m，边滩布置有三种方式：单个边滩、异岸两个边滩、异岸交错四个边滩。边滩尺寸根据长江中游顺直河道边滩尺寸缩放而成，统计单一顺直河段边滩最长和最宽，见表 3.2.1。

表 3.2.1　　　　　　　　　　　　　　　边滩统计表

河段所在位置	名称	L/m	B/m	边滩名称	L′/m	B′/m	L′/L	B′/B
宜昌—云池	宜昌—云池	19938.00	2937.00	胭脂坝	3631.00	848.00	0.18	0.29
				临江溪	1726.00	381.00	0.09	0.13
				沙套子	2521.00	153.00	0.13	0.05
				红溪港	2889.00	340.00	0.14	0.12
云池—松滋口	云池—宜都	9202.00	1091.00	左	2145.00	300.00	0.23	0.27
				右	3187.00	307.00	0.35	0.28
松滋口—杨家垴	宜都—大叽头	5460.00	1763.00	左	4111.00	351.00	0.75	0.20
				右	4522.00	799.00	0.83	0.45
	三星垸—同心垸	7958.00	1752.00	右	2331.00	427.00	0.29	0.24
	同心垸—刘家冲	6437.00	1408.00	左	2577.00	292.00	0.40	0.21
	周家窑—江口	6788.00	1268.00	左	1687.00	88.00	0.25	0.07
				右	1846.00	165.00	0.27	0.13
	江口—杨家垴	7412.00	1260.00	右1	2860.00	159.00	0.39	0.13
				右2	2036.00	89.00	0.27	0.07
杨家垴—天星洲	周公堤—茅林口	10196.00	2166.00	左	8699.00	1103.00	0.85	0.51
				右	1961.00	571.00	0.19	0.26
藕池口—城陵矶	北门口—黄家拐	7618.00	2251.00	左	6004.00	513.00	0.79	0.23
				右	7483.00	1017.00	0.98	0.45
	复兴洲—姚兴垴	9619.00	2651.00	左	7433.00	1527.00	0.77	0.58
				右	5706.00	463.00	0.59	0.17
	洪水港—荆江门	13639.00	3800.00	左1	5139.00	1338.00	0.38	0.35
				左2	4042.00	581.00	0.30	1.06
				右	4916.00	1644.00	0.36	0.43
城陵矶—赤壁	龙头山—界牌	25598.00	3479.00	左1	8964.00	751.00	0.35	0.22
				左2	9710.00	1035.00	0.38	0.30
				右1	4221.00	205.00	0.16	0.06
				右2	2078.00	132.00	0.08	0.04
				右3	1299.00	132.00	0.05	0.04
				右4	1518.00	243.00	0.06	0.07
				右5	4078.00	263.00	0.16	0.08
平均值		10822.08	2152.17		4044.00	540.57	0.37	0.25

注　L、B 分别表示长、宽，表中数据为枯水期实测。

　　试验布置单边滩与交错双边滩两组基本工况，单个边滩设计底部最长 3.81m，底部最宽 0.7m，顶部最长 2.72m，顶部最宽 0.35m，边滩高 0.13m。边滩坡度为 1:2.5。相距最近两个边滩沿水流方向间隔 4.06m。整个试验段为 11.25m，在试验段前设有 2m 卵石过渡段，使进入试验段的水流尽量平顺。

　　根据三峡水库运行后以宜昌至杨家垴河段的沙卵石床沙实测资料为原型，试验设计的床沙粒径范围为 0.1~22mm，采用天然黄沙与卵石调配出的三组沙卵石连续宽级配。试验采用的初始床沙级配见图 3.2.1。根据沙卵石组成中沙（小于 1mm）的比例不同，拟定 A、B、C 三组粒径组，其沙比例分别为 30％、42％、55％。试验床沙粒径特征参数见表 3.2.2，床沙中值粒径范围为 0.9～6mm，床沙粒径的非均匀系数范围为 2.09～4.32，其中 A 组床沙的峰态系数最大为 0.38，C 组床沙的峰态系数最小为 0.07。

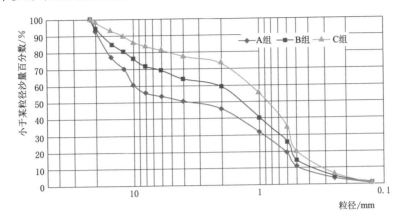

图 3.2.1　水槽试验沙样级配曲线

表 3.2.2　　　　　　　　　　　试验床沙粒径特征参数表

组次	d_{10}/mm	d_{50}/mm	d_{90}/mm	S_c	S_k
A	0.55	6	18	4.32	0.38
B	0.4	1.4	17	4.08	0.28
C	0.3	0.9	13	2.09	0.07

注　分拣系数或非均匀系数 $S_c=\sqrt{d_{75}/d_{25}}$，表示集中程度的峰态系数 $S_k=\dfrac{d_{75}-d_{25}}{2(d_{90}-d_{10})}$。

水槽试验主要是研究顺直河段不同床沙组成在冲刷条件下的水流结构及河床演变规律，根据边滩布置类型、流量-水深条件，水流特性试验与清水冲刷试验采用相同工况进行试验对比，具体工况见表 3.2.3。

表 3.2.3　　　　　　　　　　　水槽试验方案表

床沙	组次	水深/cm	流量/(L/s)	断面平均流速/(m/s)
A	AD1	6.4	56	0.38
	AD2	9	95	0.49
	AD3	11.5	140	0.56
	AD4	13	175	0.62
	AD5	16	240	0.65
	AS1	6.4	56	0.38
	AS2	9	95	0.49
	AS3	11.5	140	0.56
	AS4	13	175	0.62
	AS5	16	240	0.65

续表

床沙	组次	水深/cm	流量/(L/s)	断面平均流速/(m/s)
B	BD1	6.4	56	0.38
	BD2	9	95	0.49
	BD3	11.5	140	0.56
	BD4	13	175	0.62
	BD5	16	240	0.65
	BS1	6.4	56	0.38
	BS2	9	95	0.49
	BS3	11.5	140	0.56
	BS4	13	175	0.62
	BS5	16	240	0.65
C	CD1	6.4	56	0.38
	CD2	9	95	0.49
	CD3	11.5	140	0.56
	CD4	13	175	0.62
	CD5	16	240	0.65
	CS1	6.4	56	0.38
	CS2	9	95	0.49
	CS3	11.5	140	0.56
	CS4	13	175	0.62
	CS5	16	240	0.65
D	DD1	6.4	56	0.38
	DD2	9	95	0.49
	DD3	11.5	140	0.56
	DD4	13	175	0.62
	DD5	16	240	0.65
	DS1	6.4	56	0.38
	DS2	9	95	0.49
	DS3	11.5	140	0.56
	DS4	13	175	0.62
	DS5	16	240	0.65

注　表中组次名称首字母 A、B、C 代表床沙组次，D 代表定床试验；第二个字母 D 代表单边滩，字母 S 代表交错双边滩。

该试验根据试验目的与水槽尺寸，分别在试验段的边滩前、头部、中部、尾部、边滩后等位置布置横断面，标注为 1 号、2 号、3 号、4 号、5 号、6 号、7 号、8 号、9 号、10 号共 10 个断面，并在两边滩之间加密，断面布置见图 3.2.2。

试验开始后在稳定的设计水深-流量工况下清水冲刷 8～30h，期间每隔 2h 记录水位测针读数、测量重点断面地形、定点取沙测级配。冲刷结束后关闭抽水泵停止来水，测量冲刷后的最终地形，第二天进行拍照记录并且在固定点取样测级配。

为了监测床面冲淤情况，在测量段布置了 25 个监测断面，分别在冲刷试验前后测量，

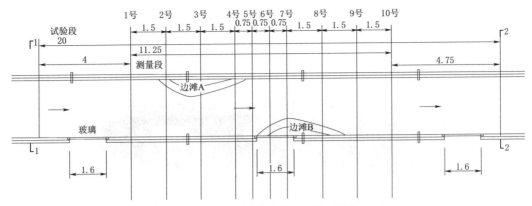

图 3.2.2　水流特性试验断面布置（单位：m）

断面布置见图 3.2.2，其中 1 号、5 号、5-1 号、6-1 号、8-1 号、10 号为测量地形变化的重点断面。为测量冲刷后床沙级配的变化，在边滩位置及沿程共布置了 11 个最终冲刷后的取样点，1 个冲刷期间内的固定取样点，床沙取样点布置见图 3.2.3。

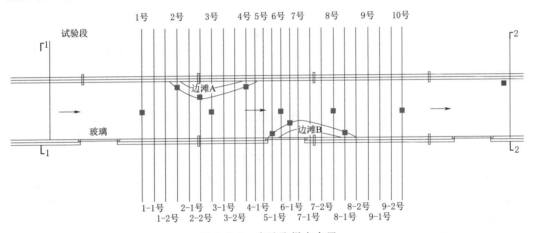

图 3.2.3　床沙取样点布置

注：红色小框为最终冲刷后取样点；洋红色小框为冲刷期间内的固定取样点。

试验主要研究河道演变过程，测量参数为水位、流速、地形和推移质输沙量。其中，水位通过布置在水槽周围的水位计测量；流速采用电磁流速仪测量，测量断面选用 0～20 号断面中的偶数断面测量，在需要时适当选取断面加测，测量断面如图 3.2.3 所示；地形采用电阻式 CY-Ⅰ型电阻仪测量，一个边滩和两个边滩情况下考虑边滩相对处于下游，取 4～20 号断面测量，4 个边滩情况下取 0～16 号断面测量，测量时间点分别为 0h、2h、6h、12h、16h、22h、26h、32h、36h、41h。推移质输沙量根据下游接沙口每隔半小时接到的沙量，烘干后计算得到。操作过程所使用的设备如下。

1. 声学多普勒流速仪

紊流试验中三维流速采用 ADV 测量，ADV 是一种非接触式的测量仪器，主要由探头、电缆、数据处理盒、计算机四部分组成。

三维的 ADV 探头形状类似于一个三角爪，图 3.2.4 为俯视探头，除此之外根据爪子与直杆之间的角度探头还有仰视、侧视两种，三者分别可以测量测杆下面、测杆上面、测杆旁边三个相对位置的流速。

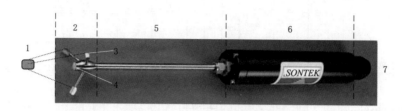

图3.2.4 ADV探头示意图

1—采样体；2—信号接收器（探头）；3—信号发射器；

4—信号调节模块；5—水下连接器

相互成120°的每个"爪子"上都一个信号发生器，信号发生器发出已知信号的脉冲，三个方向的信号传递采样体积时，部分脉冲沿接收器回去，并把信号传递到数据处理盒，处理盒利用多普勒效应得到采集体积的流速并将其传回电脑。

ADV测出的数据还带有信噪比（SNR）和相关系数（COR）两种重要的参数。这两种参数是评价数据质量的重要参数，信噪比表示的是测量流体里可反射颗粒的多少，水质中缺少可反射颗粒时ADV得不到足够的反射信号就难以测量到流速情况，一般要求信噪比大于5dB。相关系数表示的是测量时的反射信号强弱，当相关系数小于70％时可认为该时刻测量数据不可信，所以测量之后可以根据这两种参数用WinADV剔除质量低的数据点。

2. 电阻式测淤仪

床面形态测量使用的是电阻式CY-Ⅰ型电阻仪，由一个探杆和一个电阻仪组成，探杆绑在水位测杆上。它是利用不同介质阻抗不同的原理，在空气中时电阻仪振荡并通过扬声器发声，在水中时阻抗较大有深度负反馈不发声。探头在空气与水面、水与泥沙两种界面之间来回时，电阻仪由于阻抗的变化开始发声或者停止发声，通过声音可判断界面高程并在水位测杆上读出。

3. 电磁流速仪

电磁流速仪的原理是根据法拉第电磁感应定律，导电流体在磁场中作用产生感应电势，通过感应电势可知导电流体的平均流速，该仪器使用简单且测量结果不受含沙量影响。

3.2.2 床沙粗化过程

该试验在铺沙段末端设置了一固定点，在冲刷过程中定时采集沙样得到级配曲线，以试验组AD5、BD5、CD5为代表，见图3.2.5。

由图3.2.5可知，三组床沙随时间变化的级配曲线形状相似，随着冲刷时间的延长，连续级配曲线有向不连续级配发展的趋势；冲刷过程中，床沙调整集中的粒径范围为0.6～10mm，前2h中等粒径床沙缺失严重，在4.5h后稍有补充。随冲刷时间0.5h→2h→4.5h→6.5h→8h，三组床沙在铺沙末端因床沙冲刷量与上游补给量的差异，床沙调整范围存在差异，具体表现为：沙的含量为30％（以1mm为分界）的A组床沙粒径变

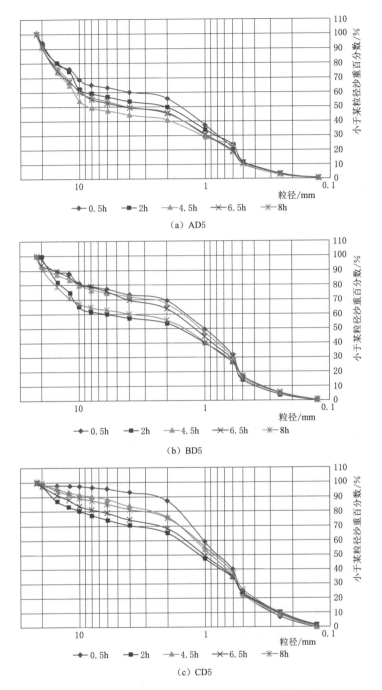

（a）AD5

（b）BD5

（c）CD5

图 3.2.5　三组床沙固定点沙样级配曲线随时间变化

化幅度最大为 d_{50}，其变化过程为 1.7mm→2mm→9mm→5mm→5mm；沙的含量为 42%的 B 组床沙粒径变化幅度最大为 d_{60}，其变化过程为 1.5mm→7mm→1.6mm→1.8mm→5mm；沙的含量为 55%的 C 组床沙粒径变化幅度最大为 d_{90}，其变化过程为 2.4mm→17mm→10mm→15mm→12mm。试验表明在冲刷过程中，初始沙的含量越多，床沙级配调整幅度大的代表粒径越大，粒径由小变大，再变小的趋势。

试验中边滩头部、中部冲刷粗化显著，在冲刷结束后采集沙样，采集位置分别在距离导墙 10～30cm 及 50～70cm，因各试验组边滩头部与中部所测级配曲线十分接近，因此以交错双边滩布置的上边滩头部断面为代表，三组床沙边滩头部级配曲线见图 3.2.6。

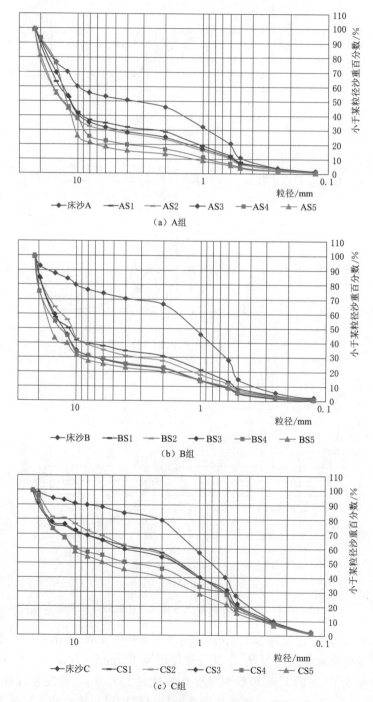

图 3.2.6   三组床沙边滩头部级配曲线

由图 3.2.6 可知，在边滩头部床沙粗化显著，中值粒径明显增大，随着冲刷水流速度增大，粗化越明显，特征粒径如 d_{50} 明显增大；沙的含量最少的 A 组粒径 0.5～10mm 占比由 50％减小为 20％，B 组粒径 0.5～10mm 占比由 65％减小为 25％，C 组粒径 0.5～10mm 占比由 62％减小为 42％，表明在此粒径范围内，减幅最大的是沙含量中等的 B 组床沙，相应其粗化程度最大，C 组次之，A 组最小。A 组粗化程度小显然是因为砾石较多，床沙较粗、抗冲性强，而 C 组粗化程度小于 B 组，则可能是因为其较多的细沙因砾石的隐蔽作用得以在床面保存，而 0.5～10mm 的泥沙，尤其是 0.5～2mm 的泥沙则是各组试验中最容易被冲刷的泥沙，其既易于起动、又难以被隐蔽。

在试验冲刷粗化完成后，分别在沿水流方向深泓位置采集沙样，以试验组 AS3、BS3、CS3 为代表，三组深泓沿程床沙级配曲线见图 3.2.7。

由图 3.2.7 可知，各组床沙级配曲线形状相似，沙的含量最少的 A 组冲刷后床沙级配与初始床沙级配差异较大的范围主要为 $d_{10}\sim d_{50}$，B 组床沙级配差异范围为 $d_{20}\sim d_{80}$，C 组床沙级配差异范围为 $d_{25}\sim d_{90}$，表明深泓沿程床沙粗化调整范围大小与初始沙的含量呈正相关；沿程床沙级配调整存在差异，试验段两端 1 号、10 号断面粗化程度最小，而试验中间段粗化程度较大，且在 3 号断面粗化程度最大。

3.2.3　沙粒阻力变化计算方法研究

在沙卵石河床粗化过程中，沙粒阻力是研究水流阻力的最重要的因素，它指水流不受边壁影响条件下床面保持平整时承受的阻力，与床沙颗粒的大小、级配组成密切相关。

沙粒阻力可采用爱因斯坦对数公式计算：

$$\frac{U}{U_{*b}} = 5.75\lg\left(12.27\frac{R_b\chi}{k_s}\right) \tag{3.2.1}$$

式中：U 为断面平均流速，m/s；χ 为流态校正系数；k_s 为沙粒当量粗糙度。

沙粒阻力对应的水力半径为

$$R_b = \left(U n_b/\sqrt{J}\,\right)^{\frac{3}{2}} \tag{3.2.2}$$

沙粒摩阻流速为

$$U_{*b} = \sqrt{g R_b J} \tag{3.2.3}$$

通过式（3.2.2）与式（3.2.3）换算可得断面平均流速与沙粒摩阻流速比值形式的阻力计算式，可以转换为与曼宁阻力系数 n_b 相关的表达式为

$$\frac{U}{U_{*b}} = \frac{1}{n_b}\frac{R_b^{\frac{1}{6}}}{\sqrt{g}} \tag{3.2.4}$$

联立式（3.2.1）与式（3.2.4）得

$$n_b = \frac{R_b^{\frac{1}{6}}}{\left[5.75\lg\left(\dfrac{R_b\chi}{k_s}\right)+6.25\right]\sqrt{g}} \tag{3.2.5}$$

该试验是清水沙卵石冲刷试验，水流中含沙量较小，根据 Meyer - Peter 等沙粒当量粗

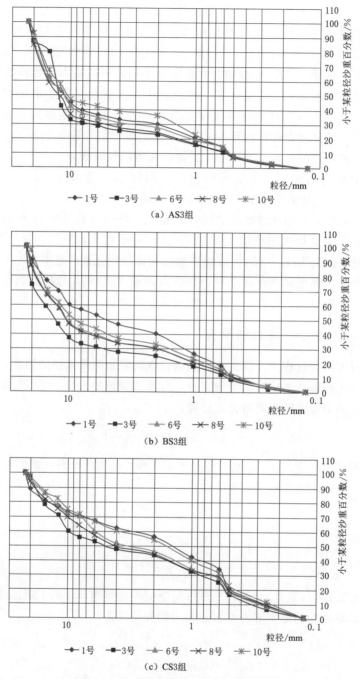

图 3.2.7　三组深泓沿程床沙级配曲线

糙度的取值经验，取 $k_s = 1.0\, d_{50}$，$\chi = 1.0$，采用粗化完成后的床面沙粒进行沙粒阻力计算。

　　分形（fractal）理论的发展，为自然界中复杂结构和不规则空间形体特征的描述提供了一个有效的新工具，沙卵石床面也是具有分形特征的系统[5]。Tyler 等[3]首次提出了土壤颗粒粒径分布的质量分形维数 D_m 的计算公式（3.2.6），国内杨金玲等[4]将土壤颗粒粒径分布的质量分形维数 D_m 与体积分形维数 V_m 进行对比。根据沙卵石河床冲刷粗化过程后出现沙波、沙纹的床面形态不明显，同时沙卵石粗化基本完成的颗粒级配与土壤颗粒粒径分布的相似性[8]，运用质量分形维数这一无量纲描述床沙级配：

$$\frac{M(\delta<\overline{d_i})}{M_0}=\left(\frac{\overline{d_i}}{\overline{d}_{\max}}\right)^{3-D_m} \tag{3.2.6}$$

式中：$M(\delta<\overline{d_i})$ 为粒径小于 $\overline{d_i}$ 的颗粒累积质量，kg；M_0 为各粒级颗粒的质量之和，kg；质量 $\overline{d_i}$ 为相邻两个粒级 d_i 与 d_{i+1} 之间的平均粒径，mm，即 $\overline{d_i}=\dfrac{d_i+d_{i+1}}{2}$；$\overline{d}_{\max}$ 为最大粒径级的平均粒径，mm。

根据式（3.2.6），质量分形维数 D_m 计算步骤如下：①计算各粒径级区间上下限值得到平均粒径 $\overline{d_i}$。②统计小于各粒径级区间代表粒径的累积质量，并转化为对数形式。③获取拟合相关直线的斜率，即 $3-D_m$，从而求出质量分形维数 D_m。

冲刷完成后，代表性较好的 10 号断面深泓处床沙的级配曲线的原始数据，在此以 AD1、BD1、CD1 为代表拟合直线（见

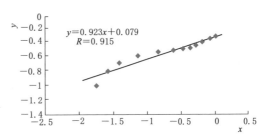

图 3.2.8　AD1 质量分形维数

图 3.2.8～图 3.2.10），其中横坐标 x 为 $\dfrac{M(\delta<\overline{d_i})}{M_0}$，纵坐标 y 为 $\dfrac{\overline{d_i}}{\overline{d}_{\max}}$，拟合直线斜率为 $3-D_m$，可以得到 D_m。

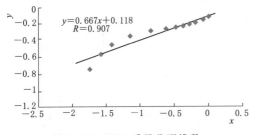

图 3.2.9　BD1 质量分形维数

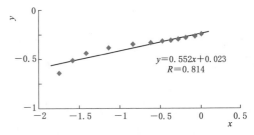

图 3.2.10　CD1 质量分形维数

计算得到各试验组与原始床沙的非均匀系数 S_c、相关系数 R、$3-D_m$、质量分形维数 D_m（见表 3.2.4～表 3.2.6）。

表 3.2.4　　　　　　　　　　　　　　　　A 组床沙质量分形维数

序号	试验组次	S_c	R	$3-D_m$	D_m
0	原沙 A	4.32	0.915	0.708	2.292
1	AD1	3.71	0.902	0.923	2.077
2	AD2	4.04	0.910	0.806	2.194
3	AD3	3.76	0.925	0.972	2.028
4	AD4	3.37	0.917	0.957	2.043

序号	试验组次	S_c	R	$3-D_m$	D_m
5	AD5	2.42	0.930	1.108	1.892
6	AS1	3.54	0.915	1.056	1.944
7	AS2	3.62	0.923	1.125	1.875
8	AS3	3.81	0.916	0.953	2.047
9	AS4	3.12	0.931	1.141	1.859
10	AS5	2.10	0.944	1.238	1.762

表 3.2.5　　　　　　　　　　　　B 组床沙质量分形维数

序号	试验组次	S_c	R	$3-D_m$	D_m
0	原沙 B	4.08	0.898	0.513	2.487
1	BD1	4.19	0.907	0.667	2.333
2	BD2	3.89	0.910	0.806	2.194
3	BD3	3.42	0.914	1.053	1.947
4	BD4	3.32	0.917	0.957	2.043
5	BD5	3.38	0.932	0.969	2.031
6	BS1	4.41	0.938	0.715	2.285
7	BS2	3.94	0.856	0.837	2.163
8	BS3	3.65	0.927	0.877	2.123
9	BS4	3.07	0.915	1.060	1.940
10	BS5	4.10	0.956	0.957	2.043

表 3.2.6　　　　　　　　　　　　C 组床沙质量分形维数

序号	试验组次	S_c	R	$3-D_m$	D_m
0	原沙 C	2.09	0.868	0.353	2.647
1	CD1	4.37	0.814	0.522	2.478
2	CD2	3.92	0.849	0.482	2.518
3	CD3	5.08	0.864	0.735	2.265
4	CD4	4.86	0.855	0.608	2.392
5	CD5	4.63	0.887	0.694	2.306
6	CS1	4.43	0.846	0.524	2.476
7	CS2	4.47	0.854	0.508	2.492
8	CS3	4.39	0.860	0.476	2.524
9	CS4	3.46	0.852	0.380	2.620
10	CS5	4.47	0.893	0.895	2.105

　　从表 3.2.4~表 3.2.6 可知，A 组、B 组、C 组线性拟合较好，A、B 两试验组相关系数基本都在 0.9 以上，C 组相关系数平均值在 0.85 以上，表明质量分形维数具有统计分形特性，能较好地表达床沙粒径分布。三组原沙质量分形维数 D_m 均大于试验组，表明床沙粗化后，中等粒径沙粒含量减少，床沙由连续级配向不连续级配过渡，导致质量分形维数减小。三组床沙质量分形维数存在明显差异，拟合直线斜率 A 组 D_m 范围为 1.762~2.292，B 组 D_m 范围为 1.940~2.487，C 组 D_m 范围为 2.105~2.647。单一要素来看，质量分形维数随流速的增大有减小的趋势；质量分形维数与沙的含量呈正相关，初始沙的含

量为 55％的 C 组质量分形维数最大，沙的含量为 42％的 B 组次之，沙的含量为 30％的 C 组最小；交错双边滩组的质量分形维数比单边滩要偏小。

沙粒阻力与质量分形维数的关系见图 3.2.11。

沙粒阻力与质量分形维数呈负相关。为进一步探讨沙粒阻力系数 n_b 与质量分形维数 D_m 的关系，在此引用钟亮等[5]的前期研究，考虑了弗劳德数 Fr 与中值粒径 d_{50} 的影响，可拟定公式 $n_b = A \, (D_m^{1+0.3Fr^2} d_{50})^{1/6}$，通过试验资料对公式中的系数 A 进行率定，计算发现其值在 0.034 附近波动，可得 $n_b = 0.034 \, (D_m^{1+0.3Fr^2} d_{50})^{1/6}$，使用该公式计算的沙粒阻力系数 n_{b-1} 与迭代计算的沙粒阻力系数 n_{b-2} 关系见图 3.2.12，拟合直线相关系数达 0.995，表明使用该公式计算沙粒阻力是有效且合理的。

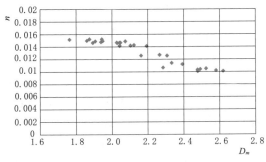

图 3.2.11　沙粒阻力与质量分形维数 D_m 的关系　　　　图 3.2.12　A 的率定

运用质量分形维数计算沙粒阻力与以往比较有以下优点：使用了整组床沙级配数据，不仅仅是单一的代表粒径（如 d_{50}），考虑床沙组成推求沙粒阻力更贴近实际；提出的沙粒阻力计算公式 $n_b = 0.034 \, (D_m^{1+0.3Fr^2} d_{50})^{1/6}$，在已知床沙级配、弗劳德数后即可直接求出沙粒阻力，比以往计算沙粒阻力更加简单、清晰。

综上，顺直河段沙卵石河床组成概化水槽试验表明，距离水库近的上游河段率先完成冲刷，水位下降、床面高程降低、沙卵石床沙级配中 0.5～10mm 床沙最易粗化，甚至有连续级配向不连续级配过渡的情况；床沙组成直接影响最终冲刷后的水位比降、冲刷深度、紊动强度、沙粒阻力，沙含量小则最终紊动强度、沙粒阻力最大，沙含量大的冲刷程度大，而沙含量适中的综合阻力变化最大。边滩的阻拦会抑制上游水位的下降，改变主流线摆动，影响河段冲刷状态，边滩形态影响紊动强度，边滩远处的紊动强度较大；交错双边滩时下边滩的紊动强度平均值比上边滩的大。粗化过程中，沙粒阻力与中值粒径的比值与质量分形维数以指数形式呈正相关，因此提出了用质量分形维数 D_m、弗劳德数 Fr、中值粒径 d_{50} 计算沙粒阻力系数 n_b 的公式。

3.3　均匀沙河床形态冲刷调整规律及阻力变化试验研究

3.3.1　试验概况

试验共建立了三个概化水槽模型，涵盖顺直、弯曲、分汊三种河型；共设了从洪至枯五级流量以及相应的两套出口水位方案，试验就河型与出口水位方案分为四个大组。

1. 分汊河道概化模型试验设计

由于长江中下游发育有大量的分汊河段，故在进行分汊河型河段概化模型设计时，为突出其一般性，首先对长江中下游分汊河道的平面几何特征值进行统计（表 3.3.1），以便于选择模型的几何尺度和水力参数。统计表明，长江中下游分汊河段的主要特征值如下[6]：

（1）两汊宽度之和与未分汊前河段宽度之比 $\dfrac{B_左+B_右}{B_主}$ 的变化范围为 1.0～1.9，平均约为 1.3。

（2）分汊系数 $\dfrac{L_左+L_右}{L_直}$ 一般变化范围为 1.7～2.8，平均约为 2.6。

（3）江心洲的长宽比值变化范围为 1.5～6.5，平均约为 3.5。

（4）江心洲洲头及洲尾处的分流角及合流角一般变化范围为 25°～70°。

综合考虑长江中下游汊道的普遍情况，该试验主要研究的是两岸约束条件较强、且双股分汊的分汊河道，并希望其能随流量大小不同而使其主流在两汊内交替（如关洲汊道段和芦家河分汊段等），据此设计概化模型的原型河段特征值（见表 3.3.2）。汊道放宽率为3.15，弯曲系数 1.24，分汊系数 2.2，江心洲的长宽比为 3.84，未分汊前单一段河宽为800m，分汊段两汊最大宽度为 2600m，江心洲长 7300m，宽 1900m，高 15m，左右汊宽度相同，左汊较弯曲，比降较小，右汊较顺直，比降较大，在右汊进口处坎高 2.5m。

表 3.3.1　　　　　　　　　　长江中下游分汊河流几何形态的统计值

分汊河型	河宽/m	水深/m	$\dfrac{\sqrt{B}}{h}$	平均长度/km	平均长宽比	分汊系数	弯曲系数	放宽率
顺直	2155	13.6	3.42	18.6	5.4	2.17	1.08	2.17
微弯	2304	13.2	3.64	18.8	3.4	2.60	1.27	4.21
鹅头	3332	12.6	4.63	23.7	2.8	4.09	2.04	6.72

表 3.3.2　　　　　　　　　　概 化 河 段 特 征 值

汊道放宽率	3.15	江心洲长度/m	7300
弯曲系数	1.24	江心洲宽度/m	1900
分汊系数	2.2	江心洲高度/m	15
单一段宽度/m	800	右汊底宽/m	350
分汊段最大宽度/m	2600	右汊长度/m	8000
左汊底宽/m	350	右汊坎高/m	2.5
左汊长度/m	9550		

考虑试验场地大小等因素，确定了模型的水平比尺为 $\lambda_L=1000$，垂直比尺 $\lambda_h=50$，其他主要比尺见表 3.3.3。

表 3.3.3   概 化 模 型 比 尺 表

比尺名称	比尺数值	比尺名称	比尺数值
平面比尺 λ_L	1000	沉速比尺 λ_ω	1.581
垂直比尺 λ_h	50	起动比尺 λ_{V_0}	7.071
流速比尺 λ_V	7.071	粒径比尺 λ_{d_1}	0.579~0.531
流量比尺 λ_Q	353553	河床变形时间比尺 λ_{t_2}	2985

由于该试验主要是研究床面形态调整对河道阻力，尤其是形态阻力的影响，为简化试验，因此模型进口不加沙，床沙的选择则是根据长江中游河段的床沙粒径计算所得，选择粒径为 0.3~0.5mm 的煤粉为模型沙，不均匀系数为 1.3，可以考虑为均匀沙，即在试验中可以不考虑床沙粗化的影响。整个试验设计为清水造床的动床试验，河岸为固定边界。分汊河道概化模型平面布置图见图 3.3.1。

模型长 30m，整体坡降为 0.53‰，其中进水段（进水口至 CS5）和出水段（CS25 至出水口）均为长 10m 的定床段，使水流通过长距离的消能和调整，平稳地流入和流出分汊河道，坡降均为 0.4‰。CS5~CS25 之间长 10m，为分汊段，顺直一汊坡降为 0.8‰，分汊段断面间距均为 0.5m。分汊河道上下游单一段主槽宽 0.8m，两汊道底宽均为 0.35m。江心洲长 7.3m，宽 2.3m，江心洲岸边与汊道河床以 1:3 的坡度相接，江心洲高 0.3m。

测量范围为 CS7~CS21，设计为动床，河长为 7.7m（沿弯曲一汊）。

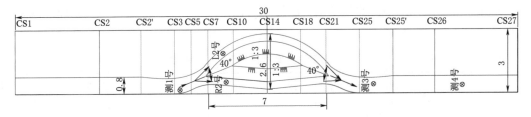

图 3.3.1　分汊河道概化模型初始形态及尺寸（单位：m）

2. 顺直河道概化模型试验设计

在分汊河道模型设计的基础上，进行了顺直河道概化模型设计。顺直河道模型平面布置见图 3.3.2，为保证河长的一致性，其试验段长度设为 7.75m，位置依然位于 30m 水槽中段，起于 CS6+、止于 CS22 断面，模型概化为矩形断面，槽宽为 1.0m，其上下游均有一宽度渐变衔接段与 0.8m 宽的进、出口段相连，以保证试验段内的水流流态的平稳。

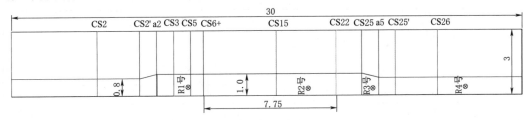

图 3.3.2　顺直河道模型平面布置图（单位：m）

试验布置的其余部分，包括断面划分、整体坡降与分汊河道模型基本相同。

3. 弯曲河道概化模型试验设计

弯曲河道概化模型的进、出口段、断面布置等亦与分汊模型相同，即模型进、出口段槽宽仍为0.8m，试验段位于整体水槽中段，起于CS8、止于CS22断面，弯道中心线长为7.76m，河道曲率为1.11，弯道中心角为91°，弯曲半径为4.9m，河道底坡为0.67‰，模型概化为矩形断面，槽宽为1.0m，其上下游亦均有一宽度渐变衔接段与0.8m宽的进、出口段相连，以保证试验段内的水流流态的平稳。试验布置的其余部分，包括断面划分与上述模型基本相同。弯曲河道概化模型平面布置见图3.3.3。

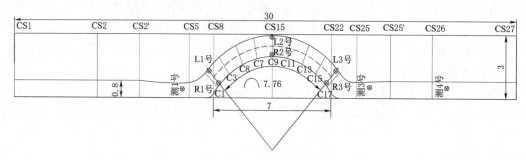

图3.3.3 弯曲河道概化模型平面布置图（单位：m）

综上，对比三种河型概化模型设计几何参数而言，其进、出口河段尺寸、试验段河长、整体坡降均是相同的，顺直河型及弯曲河型的试验段槽宽均为1m，与分汊河型的中水河宽亦基本一致，所不同的只是试验段的平面几何形态，以体现出河型的差异。试验组次见表3.3.4～表3.3.7。

表3.3.4 分汊河型初始方案概化模型试验参数表

组次	流量/(m³/h)	水深/m	床沙粒径/mm	时间/h	坡降/‰		过水面积/m²		河型
					左汊	右汊	左汊	右汊	
A-1	35	0.1	0.3～0.5	16	0.67	0.8	0.050	0.023	分汊
A-2	53.46	0.14	0.3～0.5	16	0.67	0.8	0.078	0.048	分汊
A-3	71.27	0.18	0.3～0.5	16	0.67	0.8	0.112	0.079	分汊
A-4	102	0.23	0.3～0.5	16	0.67	0.8	0.168	0.136	分汊
A-5	161	0.29	0.3～0.5	16	0.67	0.8	0.244	0.212	分汊

表3.3.5 顺直河型初始方案概化模型试验参数表

组次	流量/(m³/h)	水深/m	床沙粒径/mm	时间/h	坡降/‰	槽宽/m	河型
B-1	35	0.1	0.3～0.5	16	0.8	1.0	顺直
B-2	53.46	0.14	0.3～0.5	16	0.8	1.0	顺直
B-3	71.27	0.18	0.3～0.5	16	0.8	1.0	顺直
B-4	102	0.23	0.3～0.5	16	0.8	1.0	顺直
B-5	161	0.29	0.3～0.5	16	0.8	1.0	顺直

表 3.3.6　　　　　　　　　顺直河型下降方案概化模型试验参数表

组次	流量/ (m³/h)	水深/ m	床沙粒径/ mm	时间/ h	坡降/ ‰	槽宽/m	河型
C-1	35	0.08	0.3~0.5	16	0.8	1.0	顺直
C-2	53.46	0.112	0.3~0.5	16	0.8	1.0	顺直
C-3	71.27	0.144	0.3~0.5	16	0.8	1.0	顺直
C-4	102	0.185	0.3~0.5	16	0.8	1.0	顺直
C-5	161	0.234	0.3~0.5	16	0.8	1.0	顺直

表 3.3.7　　　　　　　　　弯曲河型下降方案概化模型试验参数表

组次	流量/ (m³/h)	水深/ m	床沙粒径/ mm	时间/ h	坡降/ ‰	槽宽/ m	弯道中心 角/(°)	曲率半 径/m	河型
D-1	35	0.08	0.3~0.5	16	0.67	1.0	91	4.9	弯曲
D-2	53.46	0.112	0.3~0.5	16	0.67	1.0	91	4.9	弯曲
D-3	71.27	0.144	0.3~0.5	16	0.67	1.0	91	4.9	弯曲
D-4	102	0.185	0.3~0.5	16	0.67	1.0	91	4.9	弯曲
D-5	161	0.234	0.3~0.5	16	0.67	1.0	91	4.9	弯曲

3.3.2　沙质河床不同河型河床形态冲刷调整特点

3.3.2.1　分汊河型河床形态冲刷调整特点

分汊河型概化模型为水流动力轴线年内交替型分汊河段，即其水流动力轴线随流量大小不同在两汊内交替，根据试验研究，在中、小水流量时，试验中水流动力轴线位于左汊；在大水流量时，水流动力轴线则摆动至右汊，因此本节选取 A-1（小流量）、A-4（大流量）两组试验结果分析分汊河段冲刷调整中河床形态的变化。

1. 纵向形态

图 3.3.4 分别给出了两级流量左、右两汊的深泓纵剖面形态变化。从图中可以看出：

（1）小水流量对汊道的冲刷幅度大于大水流量。

（2）在小水流量时，左汊冲刷大于右汊；在大水流量时，则是右汊冲刷大于左汊，尤其体现在进口处的冲刷上，两者的共性就是水流动力轴线所在一汊冲刷幅度较大。

2. 横向形态

选取汊道中间断面（CS15 断面），分别给出了两级流量的横断面形态变化（见图 3.3.5），从图中可以看出：

（1）小水流量时整体冲刷幅度大于大水流量。

（2）小水流量左汊冲刷大于右汊，大水流量则是右汊冲刷较大，这与纵剖面变化相符。

（3）小水流量江心洲洲顶几乎没有变化，大水流量则有一定幅度的冲刷，这显然与该模型河段为中、低水分汊河型有关。小水时，江心洲出露，洲顶自然无法被冲刷；大水时，江心洲被淹没，洲顶则可能被冲刷。

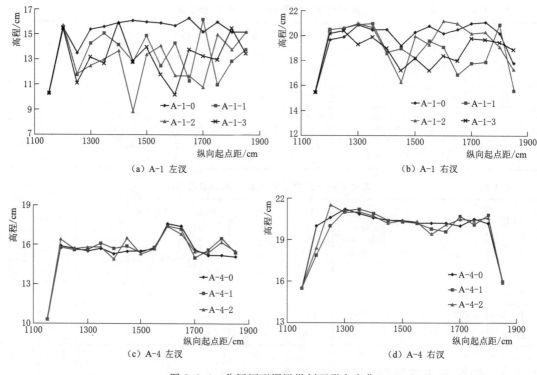

（a）A-1 左汊　　　　　　　　　　　　（b）A-1 右汊

（c）A-4 左汊　　　　　　　　　　　　（d）A-4 右汊

图 3.3.4　分汊河型深泓纵剖面形态变化

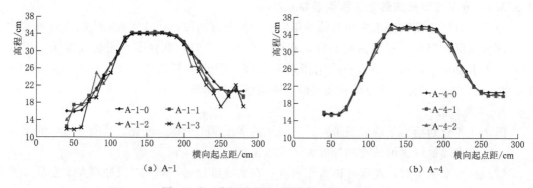

（a）A-1　　　　　　　　　　　　（b）A-4

图 3.3.5　分汊河型 CS15 横断面形态变化

3. 平面形态

冲刷调整情况下，江心洲平面形态变化通常以洲头冲刷后退，洲尾淤长下挫为主要形式，图 3.3.6 仅给了小水流量下江心洲平面形态（等高线为 0.23m）的变化，从图中可以看出：江心洲平面形态变化除了洲头冲刷、洲尾有所下挫外，其两侧亦有所冲刷，整体呈减小态势。

3.3.2.2　顺直河型河床形态冲刷调整特点

同样选取了两个流量级，即 C-1、C-4 两组试验，对顺直河型河床形态的冲刷调整特点进行分析。

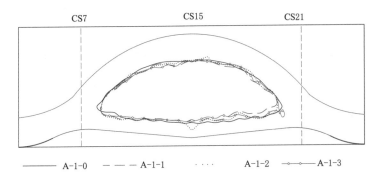

图 3.3.6　分汊河型 A-1 组试验江心洲平面形态变化

1. 纵向形态

图 3.3.7 分别给出了两级流量的深泓纵剖面形态变化。从图中可以看出：

（1）与分汊河型一样，小水流量时深泓变化幅度较大，大水流量反而较小，且小水流量时深泓锯齿状程度大于大水流量。

（2）无论流量大小，冲刷均有一个向下游逐渐发展的过程。

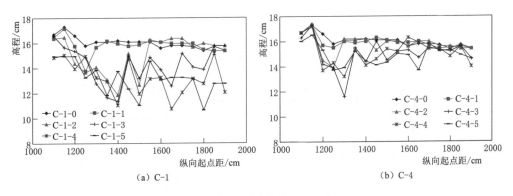

图 3.3.7　顺直河型深泓纵剖面形态变化

2. 横向形态

选取河段中间断面（CS16 断面），分别给出了两级流量的横断面形态变化（见图 3.3.8），从图中可以看出：

（1）小水流量时整体冲刷幅度大于大水流量，这与纵剖面变化相符。

（2）小水流量冲刷后，断面形态略呈 U 形，滩槽基本分明，而大水流量冲刷后，滩、槽不甚明显，其断面形态的共性是均有一定程度的起伏，这除了反映滩槽形态以外，还反映了沙波的影响。

3. 平面形态

从图 3.3.8 中可以看出，顺直河段冲刷调整过程中，边滩很难发育，因此平面形态难以用边滩的形态变化来表示，考虑到顺直河段的流路亦会曲折前行，则可以深泓线平面摆动来代替主流线。图 3.3.9 给出了其不同流量级的深泓线平面摆动情况。

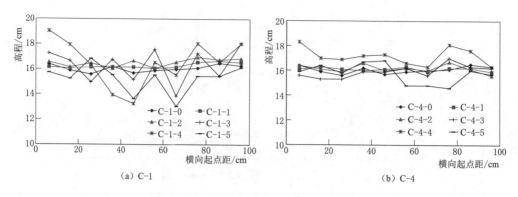

（a）C-1 　　　　　　　　　　　（b）C-4

图 3.3.8　顺直河型 CS16 横断面形态变化

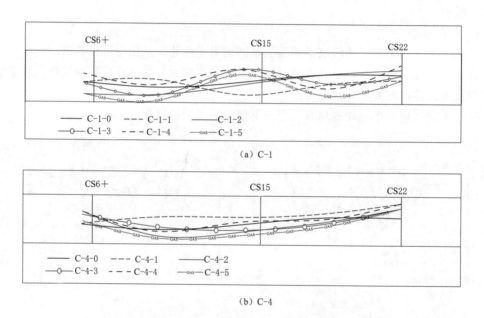

（a）C-1

（b）C-4

图 3.3.9　顺直河型深泓平面摆动变化

由图 3.3.9 可以看出：在床沙组成均匀的情况下，顺直概化模型在冲刷调整过程中其深泓线的平面摆动随机性较大，整体而言，小水流量时摆动幅度和变化略大，流路更为弯曲，大水流量时摆动幅度相对较小，流速较直，基本有"小水走弯，大水趋直"的特点。

3.3.2.3　弯曲河型河床形态冲刷调整特点

1. 纵向形态

图 3.3.10 给出了两级流量的深泓纵剖面形态变化。通过对不同流量的弯曲河段纵向形态对比可以发现：大小流量级的深泓冲刷下切程度不同，大水流量的冲刷幅度大于小水流量，这显然与分汊河型、顺直河型是不相同的。其小水流量的冲刷幅度与同是单一段的顺直河型相比差别不大，但其大水流量的冲刷幅度不但大于小水流量，更是远远大于顺直河型同流量级的冲刷幅度。

2．横向形态

选取弯道中间断面（C9 断面），分别给出了两级流量的横断面形态变化（见图3.3.11），从图中可以看出：

（1）小水流量时冲刷发展慢于大水流量，小水流量时该断面在冲刷开始6h（即 D-1-2测次）后始有明显变化，大水流量时该断面则在冲刷开始3h（即 D-1-1测次）后即有明显变化。

（2）小水流量时，断面冲刷较为均衡，"左槽右滩"并不十分明显；而大水流量时，则是较为明显的"凹冲凸淤"，偏 V 形断面形态较为明显。

可见，弯曲河型大水流量下的河床横向发展的速度与幅度均大于小水流量。

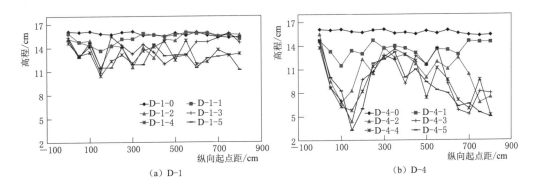

图 3.3.10　弯曲河型深泓纵剖面形态变化

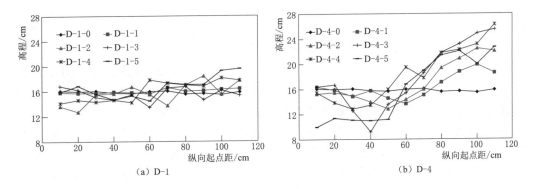

图 3.3.11　弯曲河型 C9 横断面形态变化

3．平面形态

弯曲河型平面演变以其主流蜿蜒蠕动为主要特征，由于该试验两岸有约束，故其平面演变受到一定程度的限制，尤其当大水流量调整较为剧烈时，其平面变化发展到一定程度后则变化较小。弯曲河型深泓平面摆动变化见图3.3.12。

从图3.3.12中可以看出：①小水流量时，随着冲刷调整的发展，其平面深泓线有一个逐渐弯曲的过程。②大水流量时，其深泓线开始弯曲变化较快，其后基本稳定，甚至有

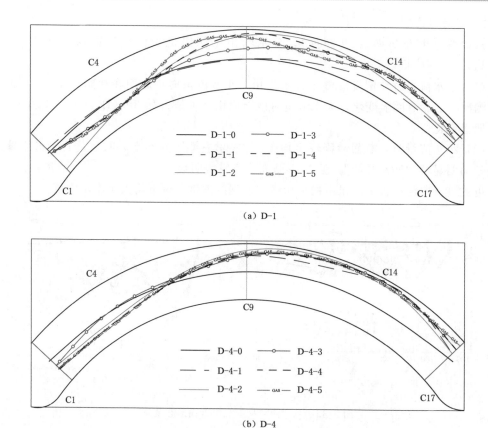

（a）D-1

（b）D-4

图 3.3.12 弯曲河型深泓平面摆动变化

所顺直。

综上，沙质河床不同河型河床冲刷规律如下：

（1）分汊河型的冲刷调整过程中，三个二维剖面形态的变化都比较明显，对于两岸有较强约束的交替型分汊河道而言，除了江心洲洲头变化以外，随流量变化而导致的滩、槽冲刷幅度的差异以及汊道的不均衡冲刷都是其主要的冲刷调整特点。

（2）顺直河型的冲刷调整首先反映在纵向的冲刷下切上。纵向下切会带来两方面的后果：一方面沿程不均匀的冲刷下切将使深泓起伏程度加大；另一方面纵向的冲刷，将会使滩槽差加大，断面变得窄深，前者可随冲刷发展而趋于稳定，后者则会有持续加大的趋势。

（3）弯曲河型纵向冲刷幅度大，横向形态变化剧烈，平面变化相对较小，但具有突变的可能。

3.3.3 沙质河床不同河型冲刷过程中河道阻力的变化规律

3.3.3.1 不同河型河道阻力大小的对比分析

选用曼宁糙率系数 n 作为河道阻力的表达方式，通过实测水力资料反算河道糙率：

$$n = \frac{\overline{A}}{\overline{Q}} \overline{R}^{2/3} J^{1/2} \qquad (3.3.1)$$

式中：$\overline{A}$ 为计算河段进、出口断面过水面积的平均值，m^2；$\overline{Q}$ 为河段进、出口处流量的平均值，m^3/s；$\overline{R}$ 为计算河段进、出口断面水力半径的平均值，m；J 为水面比降。

不同的河型具有不同的阻力特性，前人对此有过研究，但所得结论并不完全一致，故本节基于该试验，对不同河型的阻力进行了对比，因对比时需保持水位-流量关系的一致性，故分别对分汊—顺直、弯曲—顺直进行了对比。

1. 分汊与顺直河型阻力大小的对比

表 3.3.8 给出了基于 A、B 两组试验所得分汊河型与顺直河型糙率系数大小及变化情况的对比。

从表中可以看出：

(1) 分汊河型河道糙率系数的平均值明显大于顺直河型。

(2) 分汊河型糙率系数的极值比亦大于顺直河型，即说明，较之顺直河型，分汊河型的河道阻力调整在同样条件下将更为剧烈，变化幅度亦可能更大。

分汊河型河床形态具有极强的三维性，故在一般情况下，其复杂程度大于顺直河型，所以其糙率亦大于顺直河型；同时，由于分汊河道特殊的汊道分流分沙结构，其水流结构亦较顺直河型复杂，相应的泥沙更易起动，冲刷调整情况下，床面形态发展往往比顺直河型剧烈，因此其糙率的极值比均大于顺直河型。

表 3.3.8   出口水位不降时两河型糙率系数大小对比

流量/(m³/h)	糙率系数平均值		糙率系数极值比	
	分汊河型	顺直河型	分汊河型	顺直河型
35	0.048	0.017	1.95	1.24
53.46	0.033	0.020	1.27	1.08
102	0.028		1.60	
161		0.023		1.02

2. 弯曲与顺直河型阻力大小对比分析

以 C、D 两组试验为基础，对弯曲与顺直河型河道阻力的大小进行对比，包括平均糙率系数大小及变化的相对幅度。表 3.3.9 给出了两种河型在各级流量下河道糙率系数平均值及变幅的对比。

表 3.3.9   弯曲与顺直河型糙率系数对比

流量/(m³/h)	糙率系数平均值		糙率系数极值比	
	弯曲河型	顺直河型	弯曲河型	顺直河型
35	0.025	0.025	3.10	2.95
53.46	0.026	0.021	2.38	2.13
72.27	0.026	0.015	1.39	1.16
102	0.028	0.022	2.45	1.92
161	0.031	0.025	1.84	1.75

从表中可以看出：

（1）除小水流量外，在同样河宽、河长及初始地形的情况下，弯曲河型河道糙率系数的平均值均大于顺直河型。

（2）各流量下，弯曲河型糙率系数的极值比均大于顺直河型，即说明，较之顺直河型，弯曲河型的河道阻力调整在同样条件下更为明显。

平均阻力以及调整幅度的加大，显然是弯曲河型较顺直河型床面形态冲淤发展更为剧烈的结果，这亦与前人认识是基本相同的，弯曲河型往往因水流结构更为复杂，如弯道环流等，使得其较顺直型河道泥沙更易起动，输沙能力较强，断面形态多呈偏 V 形，整体床面形态也往往更为复杂。

3.3.3.2　不同河型河道阻力调整过程的对比分析

1. 分汊与顺直河型阻力调整过程对比分析

在 C、D 两组试验基础上，图 3.3.13 给出了三个不同流量下分汊与顺直河型河道糙率系数变化过程的对比。从图中可以看出：

（1）与前文结论一致，分汊河型的糙率大小及变化幅度均大于顺直河型，且小水流量变化幅度大于大、中水流量。

（2）两个河型的阻力过程总体具有一定相似性，中、小水流量均表现为先增大而后略减小，大水流量顺直河型变化不甚明显，而分汊河型则为先减小而增大。

（3）两个河型的初始糙率同时表现出了随流量增加而增大的现象，其中在分汊河型中表现得更为明显。

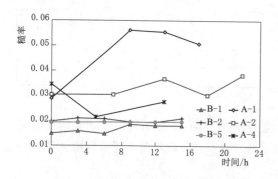

图 3.3.13　分汊与顺直河型糙率变化过程对比

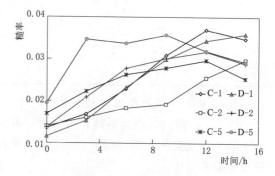

图 3.3.14　弯曲与顺直河型糙率变化过程对比

2. 弯曲与顺直河型阻力调整过程对比分析

在 C、D 两组试验基础上，图 3.3.14 给出了出口水位下降后，三个不同流量下弯曲与顺直河型河道阻力系数的变化过程对比。

从图中可以看出：

（1）两个河型的阻力过程总体是相似的，中、小水流量均为增大态势，或先增大而后略减小，大水流量则为先增大而后减小幅度也大。

（2）在大、中水流量时，弯曲河型糙率系数 n 的调整进程快于顺直河型，顺直河型一般是在第 5 测次（即冲刷后 12h）阻力系数达到最大值，而弯曲河型往往在第 4 测次（即冲刷后 9h），甚至第 2 测次即可达到最大值，其后会再减小或出现小幅波动。

弯曲河型阻力调整进程快于顺直河型，正是其床面形态发展进程快于顺直河型的结果，其根本原因也是弯曲河型的水流结构一般较顺直河型复杂，泥沙更易起动、搬运和输移。

综上可知，冲刷条件下不同河型的阻力调整过程基本是相似的，都有一个先增大而后减小的基本过程。较之顺直河型，分汊河型和弯曲河型因水流结构的复杂以及河床变形的迅速，其综合阻力调整进程较快，变化幅度较大，尤其在大水流量时，表现更为明显，其较快地进入减小过程，且减小幅度往往较大。在该试验情况下，分汊河型、弯曲河型阻力均大于顺直河型。

3.3.4　河床形态调整与形态阻力变化

采用河床表面分形维数（river bed surface fractal dimension，BSFD）来度量河床表面形态[2]，在试验中获得每个测次的地形数据以后，采用 BSFD 计算方法得出其床面分形维数；再依据同一测次的比降和流速数据，来计算出曼宁糙率系数 n 值。

BSFD 是基于表面积-尺度法来计算不规则边界的河床表面分形维数（见图 3.3.15 和图 3.3.16），计算步骤如下[2]：

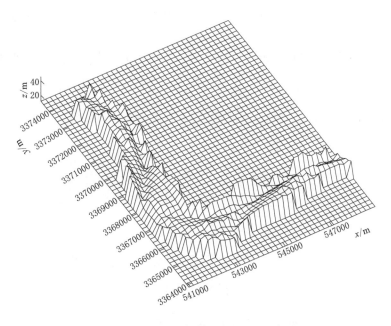

图 3.3.15　河床表面投影覆盖法示意图

步骤一：给河道范围以外的点赋予一个极大高程值。

在网格覆盖河道表面 DEM 以后，按照网格化以后的天然河道范围，将河道边界外的点统一赋予极大高程值 H，至少大于河道最高点高程值的 4 倍以上。这一步骤可以由当

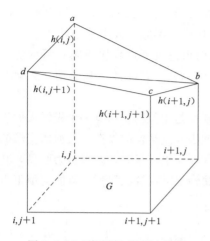

图 3.3.16　表面积-尺度法计算
分维时面积估算示意图

前的 GIS 类商业软件操作完成。

步骤二：对每个空间四边形 S 是否处于河道边界上进行判断。

(1) S 各角点均在河道边界范围以内，即其 4 点高程值之和小于 H，条件为

$$H > h(i,j) + h(i+1,j) + h(i+1,j+1) + h(i,j+1)$$

$$(3.3.2)$$

(2) S 有三点在边界内、一点在边界外的情况，必须满足 S 各角点高程之和大于 H 并小于 $2H$，即条件

$$2H > h(i,j) + h(i+1,j) + h(i+1,j+1)$$
$$+ h(i,j+1) > H$$
$$(3.3.3)$$

(3) S 有两个点及以上都处在边界外，即 S 各角点高程之和大于 $2H$，即条件

$$2H < h(i,j) + h(i+1,j) + h(i+1,j+1) + h(i,j+1)$$

$$(3.3.4)$$

如此，即可判别出每个空间四边形与河道边界上的几何关系。

步骤三：空间四边形面积计算。

显然，空间四边形是否处在河道边界之上，其面积计算方法是截然不同的，需要分类处理。

(1) S 各角点均在河道边界范围以内，可直接用海伦公式来计算空间四边形面积，即

$$S_{ij} = \sqrt{P_{ij}(P_{ij} - |ab|)(P_{ij} - |ad|)(P_{ij} - |bd|)} +$$
$$\sqrt{Q_{ij}(Q_{ij} - |bd|)(Q_{ij} - |cd|)(Q_{ij} - |bc|)}$$

$$(3.3.5)$$

其中

$$P_{ij} = \frac{1}{2}(|ab| + |ad| + |bd|)$$

$$Q_{ij} = \frac{1}{2}(|cd| + |bc| + |bd|)$$

$$|ab| = \sqrt{r^2 + [h(i,j) - h(i+1,j)]^2}$$

$$|bc| = \sqrt{r^2 + [h(i+1,j) - h(i+1,j+1)]^2}$$

$$|cd| = \sqrt{r^2 + [h(i+1,j+1) - h(i,j+1)]^2}$$

$$|ad| = \sqrt{r^2 + [h(i,j) - h(i,j+1)]^2}$$

$$|bd| = \sqrt{2r^2 + [h(i,j+1) - h(i+1,j)]^2}$$

(2) 对于三点在边界内，一点在边界外的情况，将该三点围成的三角形面积乘以 2 近似为该空间四边形面积，即

$$S_{ij} = 2\sqrt{P_{ij}(P_{ij} - |ab|)(P_{ij} - |ad|)(P_{ij} - |bd|)}$$

或

$$S_{ij} = 2\sqrt{Q_{ij}(Q_{ij} - |bd|)(Q_{ij} - |cd|)(Q_{ij} - |bc|)} \tag{3.3.6}$$

（3）对于仅一点在边界内或两点在边界内、两点在边界外的情况，不计算该方格的面积。

值得指出的是，对于规则边界，如矩形或方形，则不存在边界附近的面积估算问题，因此上述方法专门适用于如天然河道这样的不规则边界表面分维计算，同时通过边界条件判断，也可以用于规则边界的表面分维计算。

步骤四：G 总面积的得出以及分形维数计算。

在判断出方格空间各点相对于边界的位置以后，分别计算各 S_{ij}，然后 S 的表面积 A 则可写成

$$A = \sum_{j=1}^{n} \sum_{i=1}^{m} S_{ij} \tag{3.3.7}$$

记下不同的尺度 r 覆盖 G 后所得到的表面积 $A(r)$，则其与面维数计算存在如下等式：

$$A(r) = A_p r^{2-D} \tag{3.3.8}$$

式中：$A(r)$ 为不同尺码覆盖后的表面积；r 为尺码；A_p 为覆盖对象对应的平面面积；D 即为粗糙表面的分形维数，取 $2 \sim 3$。

表面积计算中的改进及边界附近的处理见公式（3.3.5）。

这里值得讨论的一点是 A_p 的取值，在前人文献中，由于涉及多为规则区域，故对此几乎没有特殊的说明。对于规则边界，如果网格划分的较为合适，A_p 可以为一个定值，通常以 C_0 直接替代；对于不规则边界，则 A_p 随每次尺码的变化而变化，这种变化显然是因为边界处面积的近似处理所引起的，其与边界的不规则程度有关，这样在每次覆盖时，需要同时计算表面积和平面面积。如此两种处理，即可得到两个既有不同、又互有联系的分维数，计算公式如下。

若 A_p 为不同尺码对应的平面面积，对式（3.3.8）两边取对数可得分维数

$$D = 2 - \frac{\ln A(r) - \ln A_p}{\ln r} \tag{3.3.9}$$

若将 A_p 视为常数，则上式可为

$$D_s = 2 - \frac{\ln A(r) - \ln C}{\ln r} \tag{3.3.10}$$

根据式（3.3.9）和式（3.3.10）不难发现，D 与 D_s 的差值是一定的，其可由下式计算得来，即

$$D_p = -\frac{\ln A_p - \ln C_0}{\ln r} \tag{3.3.11}$$

$$D_s = D + D_p \tag{3.3.12}$$

在河床表面形态分维计算时，对于同一河道边界，D_p 为一常数，D 与 D_s 则均可反映床面形态的分形特征，其变化的规律、幅度也都将一致。考虑到：①河床形态，不但包含着河床的表面形态，也应当包含河道边界的形态，而河床的边界形态同时也影响着河床

表面形态，可以说，河床边界形态是可以反映在河床表面形态中的；②尽管 D_s 数值偏大，但其变化规律、幅度与 D 是一致的，因此在没有特殊说明的情况下，均以 D 来表征床面分维的大小。

步骤五：无标度区判定及分形维数的得出。

对于天然河道等自然地貌，分形计算均存在无标度区判定问题，本方法采用的是人工判定法确定无标度区。经过所选河段的相关试验，发现方格尺度及无标度区判定均会对分维计算结果产生影响。因此，在做相关对比时，需保持其无标度区的一致性。因此，在具体计算中，方格尺度的范围基本是统一的，考虑到河道水下地形测图的精度，以及河道的几何尺寸，所以 r 的取值范围设定为河道半宽 $/2^m$，河道半宽，对于长江这样的大江大河而言，m 推荐取 4～6。

在无标度区确定以后，即在该区间范围内，在上述步骤的基础上，采用公式（3.3.9）对分形维数 D 进行求解，D 求解与求单一曲线的方法类似，用不同的尺度 r 求出不同的面积 A，然后分别将 A/r^2 和 r 取对数，并运用线形回归拟合直线，得到斜率 K，床面分维值 D 即为 $-K+2$。

图 3.3.17 给出了长江宜都河段的分维计算结果，其方格覆盖见图 3.3.15。K 为 -0.0003，其床面分维值 D 即为 2.0003。

图 3.3.18 给出了试验中均匀沙情况下 D 与综合糙率 n 的关系。可见，无论何种边滩形式，床面分形维数越大，河床综合阻力也越大，即床面分形维数与河床综合阻力基本成正相关关系。主要原因是床面分形维数反映的是河床表面的粗糙程度，分形维数越大，床面的起伏波动越大，也就是洲滩和深槽存在越多，相应的河床阻力就越大。

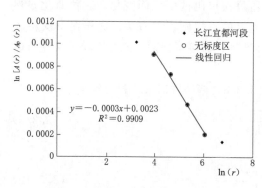

图 3.3.17　长江宜都河段分维计算

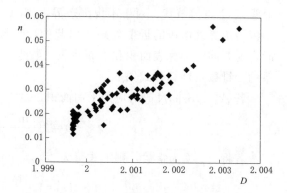

图 3.3.18　BSFD 与糙率的关系

从图 3.3.18 中可以看出，BSFD 与糙率关系较好，基本上呈 BSFD 越大，综合糙率越大的态势，这与两者物理意义的内在联系是分不开的。

河道水流运动过程中，为了克服河道阻力的作用，将会消耗能量。河道水流能量消耗的最主要方式是部分机械能转化为紊动能，紊动能最终转化为热量而被消耗。换句话说，水流的紊动能来自时均流动的机械能。一个河段水流流动阻力的实质，就是部分机械能转化为紊动能而被耗散，而紊动起源往往是流动边界上的边壁粗糙和肤面摩擦，或为不规则的边界形状，如沙波、淤积体等[7]。采用 BSFD 来表征河床的不规则程度，当 BSFD 增加时，河床表面的不规则程度增加，水流的紊动增强，能量损失增加，综合糙率也增大。

在均匀沙组的试验范围内，床沙采用均匀沙，冲刷过程中可不考虑粗化的影响，因此在来流条件变化不大的情况下，沙粒阻力可以被认为是一定值；而河岸两侧均为水泥抹面，河岸糙率也可被认为是一定值[8]。显然，由于河道床面形态导致的综合糙率的变化值主要是由沙波及成型淤积体形态、河势变化所产生的，即糙率的变化可由 BSFD 的变化来表达。

在每组试验初始状态下，综合糙率可设为 n_0，床面形态发生变化后糙率变化值为 $n-n_0$，即形状阻力变化值，在认为沙粒阻力和河岸阻力变化为 0 的情况下，该概化试验中 $n-n_0$ 可认为等于 n_f-n_{f-0}，BSFD 的变化则用 $D-D_0$ 表示。

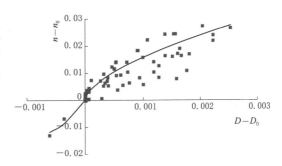

图 3.3.19　BSFD 变化与相对糙率的关系

将 $n-n_0$，$D-D_0$ 点绘成图（见图 3.3.19）。

从图 3.3.19 中可以看出，BSFD 变化与糙率变化呈明显的正相关关系，且不是一个线性关系，故首先将图 3.3.19 中 $n-n_0$、$D-D_0$ 数据中 x 轴大于 0 的部分进行指数回归，所得公式如下：

$$n_f-n_{f-0}=(D-D_0)^{0.6} \tag{3.3.13}$$

考虑到当 $D-D_0<0$ 时，经式（3.3.13）运算将得到复数，为保证运算结果一定为实数，故在考虑 $D-D_0<0$ 情况下将公式改写如下：

$$n_f=(D-D_0)|D-D_0|^{-0.4}+n_{f-0} \tag{3.3.14}$$

式中：n_f 即为河床形状阻力；D 为河床形态分形维数；D_0 为河道初始河床形态分形维数；n_{f-0} 为初始状态下的形状阻力。

式（3.3.14）由概化模型试验数据得来，在机理上具有一般意义。然而它与原型河道尚有以下差异：①床沙组成的非均匀程度，原型河道床沙多为非均匀沙，故在冲刷调整过程中进行糙率估算，需考虑床沙粗化的影响。②床面平整程度，原型河道的床面多为不平整的，因此在原型河道中，起始 BSFD 一般大于 2，起始糙率 n_0 也不仅指沙粒阻力、小尺度沙波阻力及河岸阻力，而是指起始状态下的综合糙率。③河岸范围，原型河道中的河岸一般极少立壁，其初始断面不为矩形，一般为 U 形或梯形等有一定边坡的形态，因此，BSFD 计算范围可包括河岸、岸坡，即可初步认为，其变化也能反映河岸糙率大小。

鉴于模型与原型的上述差异及 BSFD 的尺度性，对式（3.3.14）的适用性考虑如下：床沙组成变化不大，或沙粒阻力变化的情况采用其他经验公式估算；式（3.3.14）中 n_0 指的是某一河段初始糙率，因此用式（3.3.14）只能估算同一河段的糙率变化。

综上，顺直有边滩河道沙质河床组成概化模型试验表明，单边滩、双边滩、犬牙交错四边滩三种边滩形式下水面线随时间均先降低后升高，且边滩数目越多，最终比降越大；不同水流条件和边滩组成下边滩头部冲刷最为剧烈、边滩中部也以冲刷为主，但是程度低于边滩头部；边滩尾部则会出现淤积，且大水流量下可以明显看到边滩向下游移动；纵向时均流速沿程大小变化与边滩有关，表现为滩头最小、滩中及滩尾相差不大；横向时均流速的流向则在边滩的影响下出现周期性变化；纵向、横向和垂向相对紊动强度沿横向均表现出滩上最大、远滩次之、滩边最小，且后面两个相差不大；综合阻力在冲刷末期基本呈上升趋势，最后趋向于一个定值；同一流量下，边滩越多，边滩对水流的阻碍作用越强，河床阻力越大；最终时刻的床面综合阻力与初始弗劳德数、床面分形维数、宽深比正相关，可以据此得到形状阻力变化与分形维数变化之间的定量关系。

参 考 文 献

[1] ZHOU Y J, LU J Y, CHEN L, et al. Bed roughness adjustments determined from fractal measurements of river-bed morphology [J]. Journal of Hydrodynamics, 2018, 30 (5): 882-889.

[2] 周银军，陈立，陈珊，等. 基于分形理论的河床表面形态量化方法研究 [J]. 应用基础与工程科学学报，2012，20 (3)：413-423.

[3] TYLER S W, WHEATCRAFT S W. Application of fractal mathematics to soil water retention estimation [J]. Soil Science Society of America Journal, 1989, 53 (4): 987-996.

[4] 杨金玲，李德成，张甘霖，等. 土壤颗粒粒径分布质量分形维数和体积分形维数的对比 [J]. 土壤学报，2008，45 (3)：413-419.

[5] 钟亮，许光祥，曾锋. 沙粒当量粗糙度的分形表达 [J]. 水科学进展，2013，24 (1)：111-117.

[6] 冯源. 年内交替型分汊河道冲刷调整规律与机理的初步研究 [D]. 武汉：武汉大学，2009.

[7] 钱宁，张仁，周志德. 河床演变学 [M]. 北京：科学出版社，1987.

[8] 许光祥. 综合阻力与河床及河岸阻力关系的处理方法与阻力方程组解的存在关系 [J]. 水利学报，1996 (7)：31-36.

第 4 章

不同类型河道的河床再造机理研究

4.1 有边滩存在的顺直河型河床再造过程

4.1.1 试验概况

本书在 4.1.1 节顺直河型试验基础上进行，试验水槽平面布置见图 4.1.1。试验用沙为天然非均匀沙，沙样中值粒径为 0.58mm，初始天然沙级配曲线见图 4.1.2。试验设置三种边滩方式分别为：单个边滩情况（Ⅲ）、异岸两个边滩情况（Ⅱ、Ⅲ）、异岸交错四个边滩情况（Ⅰ、Ⅱ、Ⅲ、Ⅳ），见图 4.1.3。

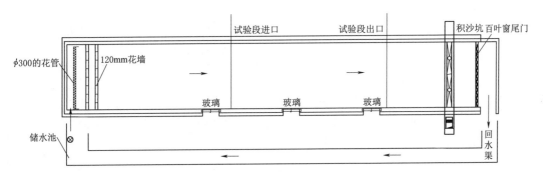

图 4.1.1 水槽平面布置图

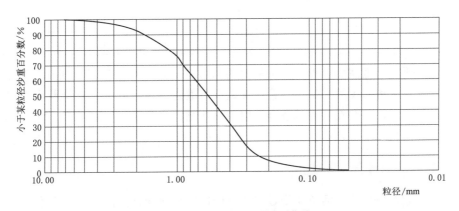

图 4.1.2 初始天然沙级配曲线

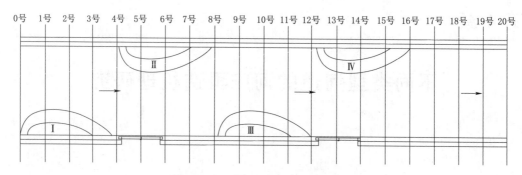

0号　1号　2号　3号　4号　5号　6号　7号　8号　9号　10号　11号　12号　13号　14号　15号　16号　17号　18号　19号　20号

图 4.1.3　动床试验测量断面布置图

根据边滩类型、流量-水深条件共进行 15 组试验，试验设计组次见表 4.1.1。

表 4.1.1　　　　　　　　　　试 验 设 计 组 次 表

组次	边滩类型	流量/(m³/s)	水深/cm
K1		46.67	6.4
K2		70.83	8.96
K3	一个边滩	95	11.52
K4		135.83	14.8
K5		215	18.72
L1		46.67	6.4
L2		70.83	8.96
L3	异岸两个边滩	95	11.52
L4		135.83	14.8
L5		215	18.72
M1		46.67	6.4
M2		70.83	8.96
M3	犬牙交错四个边滩	95	11.52
M4		135.83	14.8
M5		215	18.72

试验主要研究河道演变过程，测量参数为水位、流速、地形和推移质输沙量。其中，水位通过布置在水槽周围的水位计测量；流速采用电磁流速仪测量，测量断面选用 0～20 号断面中的偶数断面，并在需要时适当选取断面加测，测量断面如图 4.1.3 所示；测量安排、要素和仪器与 4.1 节相同。

4.1.2　单边滩河床演变特性

以深泓线为指标，分析河道演变过程的河床冲刷纵向变化。图 4.1.4 为不同流量下深泓纵向高程变化情况（$t=41\mathrm{h}$）。

　　由图可以看出，不同流量下深泓纵向变化情况类似，主要表现为沿程的冲淤交替出现，且流量越大，河床冲淤变化越大。边滩头前出现淤积，边滩所在的 13 号、14 号、15 号冲刷比较深，冲深最大的位置在边滩尾以下，且流量越小最大冲深位置越靠前。

　　为了研究随着河道横断面随时间和流量的变化情况，根据试验平面布置及研究目的，选择 M5 组试验边滩之前、边滩头、边滩中、边滩尾和边滩之后位置五个有代表性的断面进行分析。

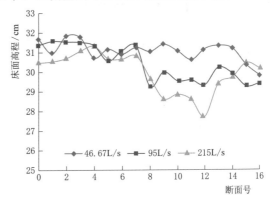

图 4.1.4　不同流量下深泓纵向高程变化（$t=41$h）

　　（1）边滩上游断面。12 号断面位于边滩上游，由图 4.1.5（a）可知，边滩之前以冲刷为主，冲刷初期，各位置均发生冲刷，冲刷 12h 后靠近边滩一侧和断面中间位置发生局部淤积，其他位置仍以冲刷为主，冲刷 41h 后，可以看到断面较之前各处都冲刷。

　　（2）边滩头部断面。图 4.1.5（b）是 $Q=215$L/s 时的 13 号断面随时间的变化（13 号断面位于边滩头部）。由图可知，边滩头部 13 号断面在试验过程中以冲刷为主，但不同阶段是不同的，初期（0～2h），冲刷幅度最大，主要原因是初期清水冲刷河床，床面中的细沙被水流带走，此时床面泥沙粒径相对之后时段最小，最易被冲动。从图中可以很明显看到左岸发生剧烈冲刷，这与试验中明显看到的边滩头冲刷严重，形状发生改变甚至切滩相印证，根据之前的分析边滩侧在整个断面流速最大且与上游变化较大，边滩头部是整个河段中冲刷最严重的位置，除此之外，边滩脚右侧和右岸冲刷也相对较严重，这是由于环流作用下此位置流速较大；中期（2～12h），河床逐渐粗化，水流带走泥沙的能力急剧减小，同时上游泥沙向下游有一定的补充，两种作用下 13 号断面较之前冲刷较少，局部位置出现淤积现象；后期（12～41h），河道还是主要表现为冲刷，这时较上一个阶段，上游冲淤变化基本稳定，上游补充的泥沙减少。由于边滩侧前期冲刷较快，粗化基本完成，在这级流量下位置基本固定，左右岸冲刷程度基本相同。

　　（3）边滩中部断面。14 号断面位于边滩中部，由图 4.1.5（c）可知，边滩中部断面的变化类似于边滩头部，以冲刷为主，初期靠近边滩一侧发生淤积，这是由于在边滩头部的削滩作用下泥沙被水流运送到边滩中部发生淤积，淤积作用占优。之后的阶段类似于边滩头部，在冲刷和上游泥沙补充下以冲刷为主，边滩坡底右侧位置和右岸冲刷较严重。

　　（4）边滩尾部断面。由图 4.1.5（d）可知，由于初期边滩的削滩，边滩尾部位置接近边滩一侧最开始出现的也是淤积现象，之后以冲刷为主，但是可以明显看到冲刷完成后边滩尾的形态发生变化，边滩坡脚向右岸移动，坡度降低。除边滩侧外，右岸也出现较大幅度的冲刷。

　　（5）边滩下游断面。由图 4.1.5（e）可知，边滩下游的 16 号断面，冲刷初期，断面两侧冲刷，中间淤积。冲刷 12h 后，由于边滩处泥沙被移动到边滩之后，左岸发生淤积，

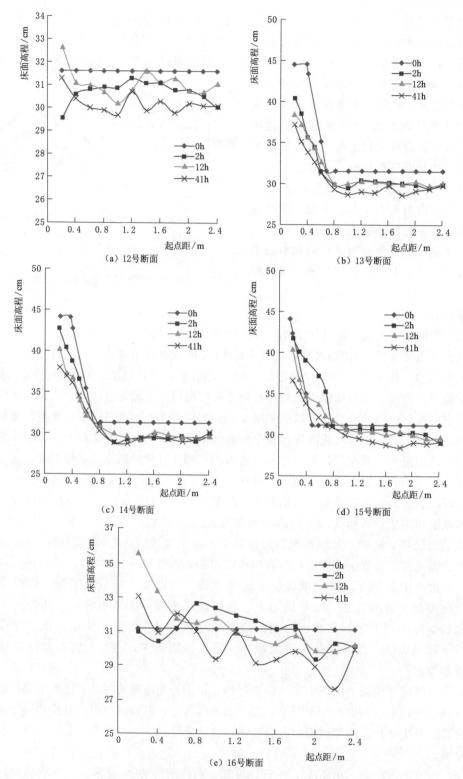

图 4.1.5　断面形态随时间的变化（$Q=215\text{L/s}$）

淤积的程度从左岸到右岸逐渐减小，右岸仍然发生冲刷。冲刷到41h后，断面较之前各处都发生冲刷，但较初始床面，左岸淤积。

　　取 Q＝46.67L/s、95L/s、215L/s 三组流量，绘制冲淤变化（t＝0~41h），起点距0表示 4 号断面，见图 4.1.6~图 4.1.8。其中，边滩位于 13 号、14 号、15 号断面位置，由图可知，三组流量下河床均以冲刷为主，局部会出现淤积。Q＝46.67L/s 时，边滩附近冲深最大位置在边滩头部所在的 13 号断面，淤积最深的在边滩尾后的 16 号断面。Q＝95L/s 时，边滩附近冲深最大位置在边滩头部所在的 13 号断面，淤积最深的在边滩尾所在的 11 号断面，从图中还可看出远离边滩侧也出现一定幅度的冲刷。Q＝215L/s 时，边滩附近冲深最大位置在边滩头部所在的 13 号断面，淤积最深的在边滩尾后的 12 号断面，最大冲深将近 10cm。通过对比初始地形和最终时刻地形可以发现边滩有向下游移动的趋势。

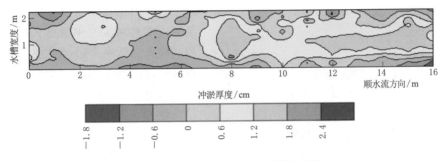

图 4.1.6　Q＝46.67L/s 时冲淤变化图

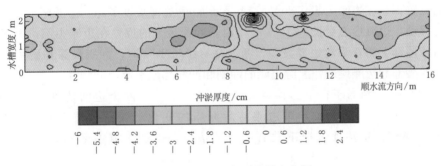

图 4.1.7　Q＝95L/s 时冲淤变化图

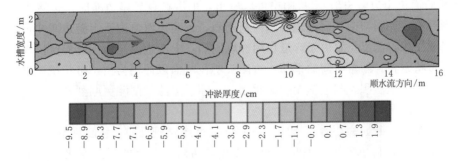

图 4.1.8　Q＝215L/s 时冲淤变化图

4.1.3　异岸双边滩河床演变特性

异岸双边滩是在单边滩基础上在对岸增加一个边滩，两个边滩之间相互影响，河床演变过程更加复杂。

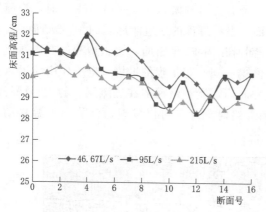

图 4.1.9　不同流量下深泓纵向
高程变化（$t=41$h）

以深泓线为指标，分析河道演变过程中的河床纵向变化。图 4.1.9 为不同流量下深泓纵向高程变化情况（$t=41$h）。

由图可以看出，不同流量下深泓纵向变化，以冲刷下降为主，沿程伴随着淤积，类似于一个边滩的情况。边滩前由于边滩的顶托作用发生淤积，小水流量下边滩对水流的作用更大，淤积程度相对较大。后一个边滩在前一个边滩弯道环流作用的影响下，发生淤积的位置更远离边滩。

取 $Q=46.67$L/s、95L/s、215L/s 三组流量分别对应枯水、中水和洪水三种情况，绘制最终时刻的冲淤变化，起点距 0 为 4 号断面，见图 4.1.10。由图可知，$Q=215$L/s 时，边滩头部和边滩中部都出现较大程度的冲刷，冲刷最严重位置位于边滩头部（9 号、13 号断面），最大冲深达 11.5cm，淤积程度最大的位置都是在边滩尾部（11 号、14 号断面）；边滩坡度下降，边滩尾部淤积，整个边滩发生移动，边滩形态变长。$Q=95$L/s 时，冲深最大的位置在边滩头部，淤积最厚的位置在边滩尾部下游，下游边滩淤积严重。$Q=46.67$L/s 时，冲刷最深和淤积最厚的位置位于边滩头部和边滩尾部，上游边滩的冲刷和淤积都比下游边滩严重。

异岸两个边滩相当于在单边滩基础上增加一个滩，两个边滩之间相互影响。以 $Q=215$L/s 为例，分析增加异岸边滩前后河床的变化，探讨边滩之间的相互影响。选取一个边滩和两个边滩情况下共有边滩的边滩头部、边滩中部和边滩尾部断面进行分析。

（1）边滩头部断面。图 4.1.11 为有无异岸边滩情况下 13 号断面随时间的变化情况（13 号断面位于边滩头部）。从图中可以看出，上游存在异岸边滩时，边滩头部所在断面冲刷更严重，冲刷初期，靠近边滩侧冲刷剧烈，远离边滩侧由于上游边滩冲刷带来的输沙作用出现淤积，深泓位置由于弯道作用冲刷剧烈，上游边滩尾由于螺旋流出现一条由细沙组成的带状淤积。随着时间的推移，边滩头所在断面以冲刷为主，带状淤积增长使得原来深泓的位置出现淤积。与上游无边滩时相比，除了边滩段削滩更剧烈外，冲刷形态类似于上游无边滩情况。

（2）边滩中部断面。图 4.1.12 为有无异岸边滩情况下 14 号断面随时间的变化情况，（14 号断面位于边滩中），从图中可以看出，边滩中断面的形态变化类似于边滩头断面，冲刷 2h 后，淤积的位置较边滩头更靠近左岸（边滩侧）。

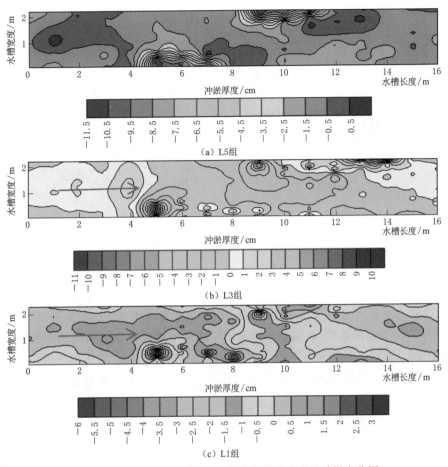

图 4.1.10　L5 组、L3 组、L1 组水槽最终地形及冲淤变化图

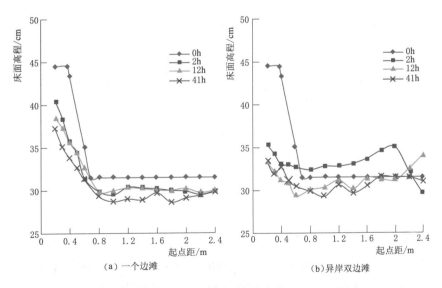

图 4.1.11　边滩头部形态随时间的变化（$Q=215\text{L/s}$）

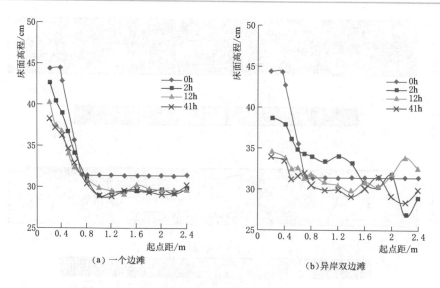

图 4.1.12　边滩中部形态随时间的变化（$Q=215$L/s）

（3）边滩尾部断面。图 4.1.13 为有无异岸边滩情况下 15 号断面随时间的变化情况（15 号断面位于边滩尾），从图中可以看出，边滩尾部位置靠近边滩一侧先是出现淤积之后发生冲刷，远离边滩侧最开始较上游无边滩情况冲刷剧烈，之后出现淤积。两种情况下边滩尾部均变平、坡脚向边滩对岸移动，相对而言，上游有边滩时这种作用更明显。

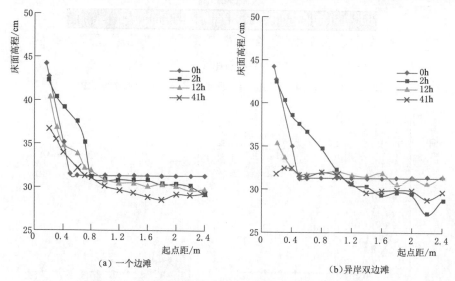

图 4.1.13　边滩尾部形态随时间的变化（$Q=215$L/s）

4.1.4　交错边滩河床演变特性

同样以深泓线为指标，分析河道演变过程中的河床纵向变化。图 4.1.14 为不同流量下深泓纵向高程变化情况（$t=41$h）。由图可以看出，三种流量深泓纵向变化情况类似，主要表现为沿程的冲淤交替出现，且流量越大，整个河床深泓高程越低，河床冲淤变化越大。从图中还可看出，2号、4号、9号、12号断面深泓的高程较低，冲刷较严重，均在右侧边滩范围内，这可能与第一个边滩布置在水槽右侧有关。

为了研究河道横断面随时间和流量的变化情况，根据试验平面布置及研究目的，选择进出口、两边滩之间和边滩上有代表性的断面进行分析。

（1）进出口断面。选择0号断面为进口断面，16号断面为出口断面，图4.1.15是$Q=215$L/s时的0号和16号断面随时间的变化情况。由于边滩的存在，

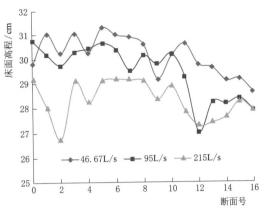

图 4.1.14　不同流量下深泓纵向变化（$t=41$h）

进出口断面的变化过程存在一定的差别。由图4.1.15（a）可知，进口0号断面在试验过程中以冲刷为主，但不同阶段是不同的，初期（0～2h），0号断面以冲刷为主且冲刷幅度最大，主要原因是初期床沙中含有大量的细沙，极易被清水带走；中期（2～12h），河床逐渐粗化，水流带走泥沙的能力急剧减小，同时上游泥沙的补充使该阶段河床出现淤积，且由于1号边滩的影响，右侧淤积幅度较大；后期（12～41h），右侧滩地的冲淤变化基本稳定，断面左侧则出现一定的冲刷。由图4.1.15（b）可知，初期（0～2h），出口16号断面左侧在上游4号边滩来沙的补充下以淤积为主，最大淤高约5.8cm，右侧则是以小幅度冲刷为主；中期（2～12h），随着上游来沙补充的大幅度减少，左侧以冲刷为主，右侧则在3号边滩来沙的影响下出现一定的淤积；后期（12～41h），上游河床的来沙基本停止，除断面中部冲淤变化不大外，左右两侧均是以冲刷为主。

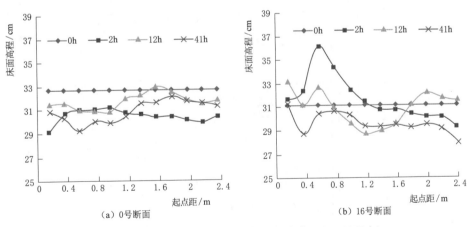

（a）0号断面　　　　　　　　　　（b）16号断面

图 4.1.15　进出口断面形态随时间的变化（$Q=215$L/s）

图4.1.16是$t=41$h时进口0号断面形态随流量的变化情况，从图中可以看出，不同流量下，进口0号断面右侧在下游1号边滩的影响下的变化较小，流量对进口0号断面最终形态的影响主要在断面中部及右侧，且主要体现在冲刷深度上，基本表现出随流量的增

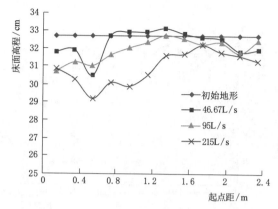

图 4.1.16　进口断面形态随流量的变化

（$t=41h$，0 号断面）

大，河床高程越低，冲刷越严重的规律。

（2）两边滩之间断面。选择 $Q=215L/s$ 时 I 号和 II 号边滩、II 号和 II 号边滩、III 号和 IV 号边滩之间的 4 号、8 号和 12 号断面来分析边滩之间断面形态随时间的变化情况（见图 4.1.17）。从图中可以看出，三个断面随时间的变化规律基本相似，即，初期（0～2h），上游存在边滩的那一侧主要表现出不同程度的淤积，主要原因是上游边滩的冲刷来沙，其他部位则表现出普遍冲刷；之后，先出现淤积的那一侧则一直以冲刷为主，其他部位则有冲有淤，但最终时刻地形还是以冲刷为主。

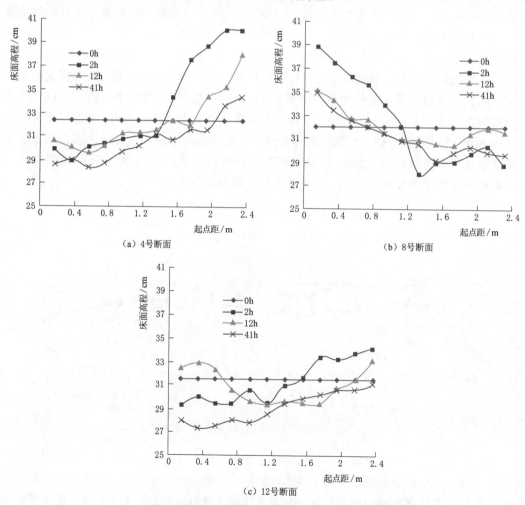

（a）4号断面

（b）8号断面

（c）12号断面

图 4.1.17　两边滩之间断面形态随时间的变化（$Q=215L/s$）

以 8 号断面为例分析流量对两边滩之间断面最终形态的影响。图 4.1.18 是 $t=$ 41h 时 Ⅱ 号和 Ⅲ 号边滩之间 8 号断面形态随流量的变化情况。由图可知，不同流量下，8 号断面形态相似，流量对两边滩之间断面的影响主要是断面的冲刷程度不同，大水流量下断面冲刷较大，断面河床高程较低。

（3）边滩上断面。选择 $Q=215L/s$ 时 Ⅰ 号、Ⅱ 号、Ⅲ 号和 Ⅳ 号边滩上的 2 号、6 号、10 号和 12 号断面分析边滩上断面随时间的变化情况（图 4.1.19）。由图可知：滩上断面整个试验过程中基本以

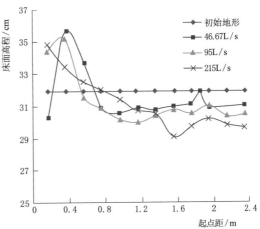

图 4.1.18　Ⅱ 号和 Ⅲ 号边滩之间 8 号断面形态随流量的变化（$t=41h$）

冲刷为主，但断面不同位置处的变化情况是不同的。对于断面边滩侧而言，以冲刷为主，且主要冲刷在前中期（0～12h），12h 后，冲刷基本停止，主要原因是边滩上床沙的粗化。

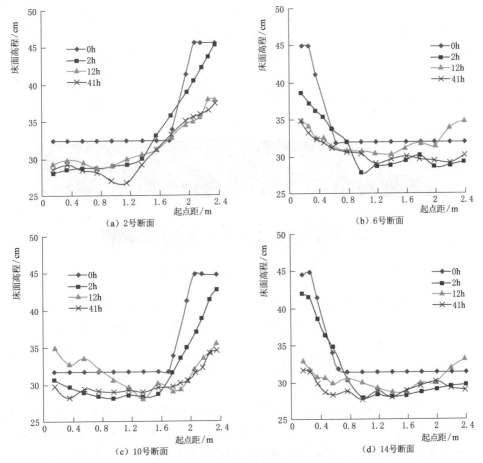

（a）2 号断面

（b）6 号断面

（c）10 号断面

（d）14 号断面

图 4.1.19　边滩上断面形态随时间的变化（$Q=215L/s$）

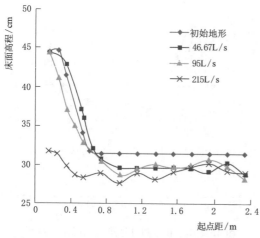

图 4.1.20　Ⅳ号边滩上断面形态随流量的变化
（$t=41$h、14 号断面）

对于其他位置而言（滩边～远滩），断面基本则遵循从冲刷～淤积～冲刷的变化规律，且这种规律自上游向下游越来越明显。如，2 号断面滩边以左从 0～2h 平均冲刷约 3.5cm，从 2～12h 平均淤高约 0.5cm，从 12～21h 平均冲刷约 0.7cm；而 10 号断面滩边以左从 0～2h 平均冲刷约 4.0cm，从 2～12h 平均淤高约 2.0cm，从 12～21h 平均冲刷约 1.8cm。从整个断面的变化来看，前期（0～2h）冲刷速率最快，冲刷最大的位置一般在滩边，这与前文紊动特性的变化基本吻合。

以Ⅳ号边滩上的 14 号断面为例分析流量变化对滩上断面最终形态的影响。图 4.1.20 是 $t=41$h 时边滩上的 14 号断面形态随流量的变化情况。由图可知，不同流量下，14 号断面左侧（边滩位置）的变化较大，从 $Q=46.67$L/s 的略淤到 $Q=215$L/s 的大幅度冲刷，而右侧则变化不大。因此，流量对滩上断面的影响主要在边滩侧，主要影响边滩的冲淤幅度，主要表现为小水流量边滩可能呈略有淤积态势，大水流量则主要以冲刷为主。

通过绘制最终时刻的地形图及冲淤变化分析整个河床的冲淤变化及分布情况，图 4.1.21 为试验初始地形图。图 4.1.22 和图 4.1.23 分别是 L1、L5 组试验最终地形及冲淤变化图。

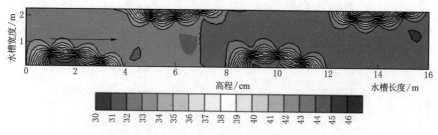

图 4.1.21　试验初始地形图

从图 4.1.21 和图 4.1.22 中可知，$Q=215$L/s 时，河床整体上以冲刷为主，且不同部位的冲刷幅度不同，四个边滩位置的冲刷幅度较大，最大达到 15cm，远滩部分的冲刷幅度在 5cm 左右；河床淤积部位主要在四个边滩下游 1m 范围内，通过对比初始地形和最终时刻地形可以发现四个边滩均出现不同程度的向下移动。

从图 4.1.22 和图 4.1.23 中可知，$Q=46.67$L/s 与 $Q=215$L/s 时相比，河床冲刷幅度减少一半，但淤积幅度增加一倍。其河床冲淤变化主要为：边滩有冲有淤，位置变化不大，冲刷较严重的部位在Ⅰ号和Ⅲ号边滩滩边，淤积部位同样主要在边滩下游，但Ⅱ号边滩和Ⅳ号边滩上部分区域也出现淤积，由于影响因素较多，具体原因尚不明确；远滩部分河床则冲淤变化不大。

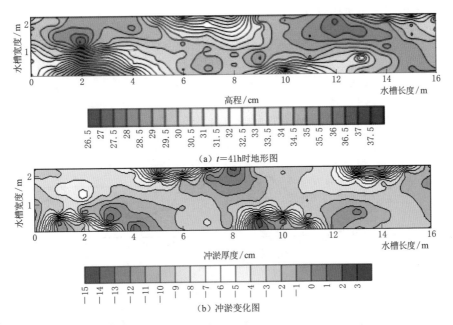

图 4.1.22　$Q=215\text{L/s}$ 时河床最终地形及冲淤变化图

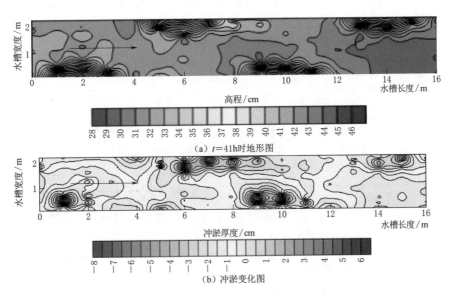

图 4.1.23　$Q=46.67\text{L/s}$ 时河床最终地形及冲淤变化图

　　试验设置的犬牙交错边滩在形态上相当于在原来的异岸边滩上游增加了另一组异岸边滩，两组边滩相互影响，通过选择 $Q=215\text{L/s}$ 时，原有异岸边滩在上游有无设置另一组边滩情况下边滩最终形态的对比，分析上游一组边滩对下游一组边滩的影响。

　　（4）边滩头部断面。由图 4.1.24 可知，两种情况下，Ⅲ号、Ⅳ号边滩的边滩头部发生冲淤的位置基本一致。上游一组边滩的存在加剧了下游边滩的冲刷，同一位置上，上游一组对冲深的影响最大能达到 4cm，位置上，对边滩坡脚位置冲刷影响更大，冲刷最后状态坡度比无上游一组边滩情况略大。

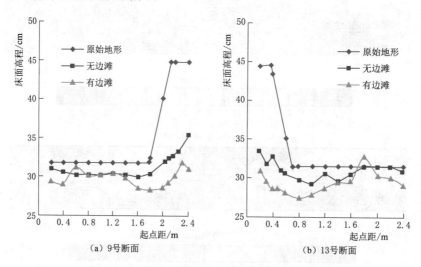

图 4.1.24　边滩头部形态随时间的变化（L5 组）

（5）边滩中部断面。由图 4.1.25 可知，有无上一组边滩情况下边滩中部断面形态相似，上游一组边滩的存在加剧了边滩中部断面的冲刷，但是对最终时刻边滩坡度的影响不大。

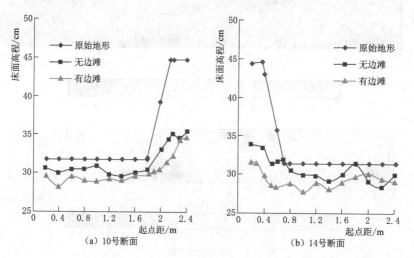

图 4.1.25　边滩中部形态随时间的变化（L5 组）

（6）边滩尾部断面。由图 4.1.26 可知边滩尾部断面靠近边滩一侧发生淤积，边坡均变平，两种情况下边滩尾部的断面形态相似，冲淤位置基本不变，边坡坡度也没有太大变化。上游一组边滩的存在加剧了下游一组边滩的冲刷，但是没有改变边滩尾部的断面形态，上游边滩对Ⅲ号边滩的边滩尾部的冲刷影响强于Ⅳ号边滩的边滩尾部。

通过沙质河床顺直河道的试验研究，分析了各种不同边滩形式和水流条件下的河床演变过程。主要认识如下：①各组边滩均是边滩头部冲刷，边滩头部形状发生较大变化。边

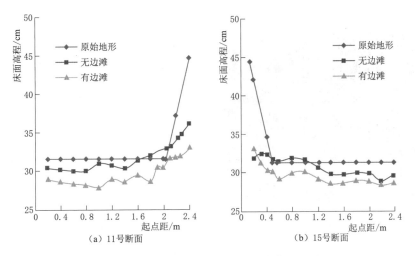

（a）11号断面　　　　　　　　　　（b）15号断面

图 4.1.26　边滩尾部形态随时间的变化（L5 组）

滩中部也以冲刷为主，但是程度小于边滩头部。边滩尾部则出现淤积，大水流量下可以明显看到边滩向下游移动，整个边滩变得细长。②当上游存在异岸边滩时，冲刷初期，上游边滩的泥沙使得边滩淤积，但上游边滩的存在增大了下游边滩的冲刷，冲刷到最后，相对上游没有边滩时边坡变得更平缓。沿断面冲刷位置局部可能有所改变。断面其他位置冲刷较上游没有边滩的小，主要体现在冲刷和淤积的幅度上。

4.2　单一弯道的河床再造过程

针对不同的边界约束条件（床面及河岸不同的组成）、不同的弯曲程度（180°弯道、120°变宽度弯道）的特点，系统分析了弯曲河道水流结构特点、横向变形规律及其塌岸发生的主要水动力驱动机制；研究了塌岸与河床冲淤的交互作用过程、机理及模式，分析塌岸入河泥沙贡献率，在此基础上进一步研究了弯曲河段河道水沙运动与河床冲淤之间相互作用机理，揭示河床再造过程中纵、横向变形的耦合机制。

4.2.1　弯曲河流塌岸淤床交互作用过程与机理的试验研究

4.2.1.1　模型试验基本情况

由于岸滩崩塌与河床冲淤交互作用过程复杂且影响因素众多，现有研究成果或单一研究岸滩崩塌机理，或单一研究河床演变规律[1]。针对非黏性颗粒及黏性土的不同土体特性，基于 180°弯道水槽试验，研究水力冲刷作用下的岸坡坍塌模式及与河床冲淤的交互影响过程，初步探求不同物质组成的均质岸坡、河床其塌岸淤床耦合驱动机理及交换模式。

在 180°弯道水槽（见图 4.2.1）开展一系列动岸动床以及动岸定床试验，改变来水过程（流量和动水作用时间）、河岸及河床组成、岸坡角度，分析不同水沙过程、河床、河岸土体特性、断面形态等因素对典型河岸崩退过程的影响，揭示不同类型河岸的崩退机理。

（a）180°弯道水槽实景　　　　　　（b）180°弯道水槽概化图

图 4.2.1　180°弯道水槽及断面布置示意图（单位：mm）

试验材料包括：①沌口土，取自武汉沌口后官湖区域，为黏土，因沌口土黏性大，试验水流条件中难以起动，将其与天然细沙按 1∶3 比例均匀混合称为"黏性土样 1"。②黄河中游宁蒙河段磴口段河岸天然土（简称磴口土），属亚黏性土，称为"黏性土样 2"。③天然细沙，取自长江武汉白沙洲河段，称为"细沙"，其中值粒径为 0.430mm，筑岸或铺设河床。④白矾石，作为模拟可动河床的材料，铺设河槽。各试验材料的物理力学性质指标和初始级配分别见表 4.2.1 和图 4.2.2。

表 4.2.1　　　　　　　各试验材料的物理力学性质指标

名称	d_{50}/mm	n/%	w/%	ρ_d/(g/m³)	k/%	c/kPa	φ/(°)
细沙	0.44	45.21	24.29	1.41	—	—	—
沌口土	0.009	36.3	20.2	1.53	38	36.8	19.2
磴口土	0.035	37.2	16.75	1.44	15	17.2	21.5
白矾石	0.53	40.23	32.6	1.5	—	—	—

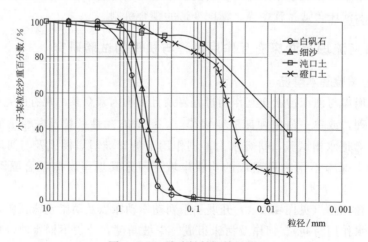

图 4.2.2　试验材料初始级配

根据河床及河岸组成材料、河岸初始坡度的不同，模型初始断面形态见图 4.2.3。

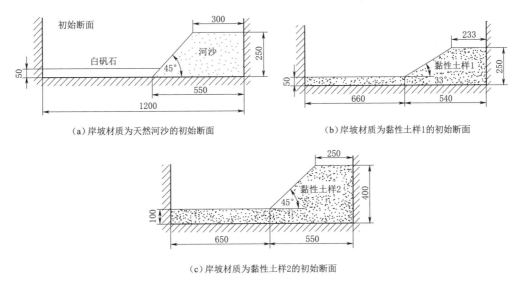

（a）岸坡材质为天然河沙的初始断面　　　　　（b）岸坡材质为黏性土样 1 的初始断面

（c）岸坡材质为黏性土样 2 的初始断面

图 4.2.3　模型初始断面形态（单位：mm）

水流冲刷过程中岸坡破坏是水流淘刷岸坡坡脚、岸坡崩塌及崩塌体淤积坡脚并在河床上输移的交互作用反复循环的过程。这一规律既适用于非黏性土岸坡及河床组成，又适用于黏性土岸坡及河床组成[1-5]。无论河床是否可动，河床组成是非黏性河床还是黏性河床，试验中均可观察到坡脚冲刷、岸坡失稳崩塌、崩塌体冲刷破碎在河床上输移掺混的全过程。水下岸坡表面和近岸河床遭受水力冲刷，岸坡变陡，水面附近水下岸坡出现横向冲刷凹槽，水上岸坡悬空继而发生崩塌。崩塌体部分堆积在坡脚，使得水下坡面变缓并得以暂时稳定。但由于近岸水流及横轴环流对坡脚造成的持续淘刷，使岸坡再次变高变陡并超过了其稳定坡角时，上部的岸坡又会发生崩塌，如此循环反复，岸坡在水流作用下节节后退，发生岸坡崩塌最严重的断面依次为 CS5、CS7、CS3、CS9。但不同水动力条件、河岸河床组成等情况下，在岸坡崩塌与河床冲淤过程及强度、崩塌淤床交互作用程度等方面存在差别。

4.2.1.2　非黏性土与黏性土组成河岸崩退模式研究

1. 水力冲刷条件下河岸稳定性力学分析

当水流的剪切力大于河岸土体的抗剪力时，河岸边坡上水面以下的表层土体被淘刷带走，河岸坡度变陡，稳定性降低；稳定性降低到一定程度后，河岸便会发生滑动或崩塌。非黏性土组成的河岸，其岸坡上的泥沙颗粒，主要受到水流作用于岸壁的推力、上举力以及有效重力的作用［见图 4.2.4（a）］[2]，图 4.2.4（a）中，x 轴沿水流方向，y 轴垂直于坡面，z 轴沿坡面垂直于 x 轴和 y 轴。F_L 为上举力，FD 为拖曳力，α 为动水中的临界岸坡，β 为摩擦力 F_f 及 z 轴的夹角；W 为有效重力。若处于弯曲河道，还受到弯道环流的离心力作用［见图 4.2.4（b）］，图 4.2.4（b）中，P 为离心力引起的附加压力，θ 为动水中的凹岸临界岸坡。非黏性土以单个颗粒的运动形式起动，河岸崩塌通常表现为单个颗粒的崩塌或移动，或者沿略微弯曲的浅层滑动面发生剪切破坏。黏性土组成的河岸，其岸坡上的土体，起动时除了受到上述力作用以外，还受到颗粒间黏聚力的作用［见图 4.2.4（c）］，图 4.2.4（c）中，C 为黏土颗粒间的黏结力。当土体被水流冲动时，以多颗粒成片或成团的块体形态起动。黏性河岸的土体崩塌一般表现为大块扰动土体沿弧形破坏面滑入河槽，破坏面较深，见图 4.2.4（d），图 4.2.4（d）中 T_i，N_i 分别为条分法中第 i 土条受到的抗滑力和支持力。

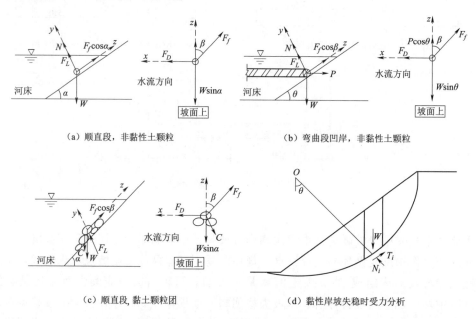

（a）顺直段，非黏性土颗粒　　　　　　　（b）弯曲段凹岸，非黏性土颗粒

（c）顺直段，黏土颗粒团　　　　　　　　（d）黏性岸坡失稳时受力分析

图 4.2.4　动水中河岸稳定性力学分析

2. 非黏性土与黏性土组成河岸崩退过程研究

非黏性土试验采用河沙作为非黏性岸坡的材料，白矾石作为可动河床的材料铺设在水槽底部。黏性土试验河床及岸坡材料均采用沌口土与天然细沙的混合样。水槽初始形态见图 4.2.5。开展水槽试验，研究河床组成对河岸崩退的影响。试验条件见表 4.2.2。

表 4.2.2　　　　　　　　非黏性土与黏性土组成河岸崩退过程研究试验条件

工况	1-1	1-2	1-3	1-4	2-1	2-2	2-3	2-4	2-5	2-6
水位/cm	9	19	19	19	19	19	19	19	19	19
流量/（L/s）	22.7	28.8	31.8	34.9	22.7	28.8	31.8	34.9	60	80
动水作用时间/h	2.5	2.5	2.5	2.5	2.5	2.5	2.5	2.5	2.5	2.5
河床土样	白矾石				黏性土样1					
河岸土样	河沙				黏性土样1					

非黏性土组成的岸坡及河床，小水流量（22.7L/s）时水下坡面上仅有少数泥沙起动，水面附近形成的冲刷凹槽较浅，水面上的岸坡基本稳定，几乎看不到崩塌现象。随着流速增大，水流剪切作用增强，对水面附近岸坡的淘蚀速度加快，形成较深的冲刷凹槽，岸坡变陡继而发生滑塌。滑塌的泥沙部分堆积在坡脚，水下坡面变缓维系暂时稳定。随着

　（a）非黏性土　　　　　（b）黏性土样1　　　　（c）非黏性土，工况　　　（d）黏性土样1，工况

图 4.2.5　模型初始形态及河床及岸坡的冲淤坍塌情况

近岸纵向水流及弯道环流持续的淘刷，岸坡再次变高变陡，当超过其水下休止角时，上部的岸坡又会继续崩塌，如此循环反复，岸坡在水流作用下节节后退。滑塌的泥沙在弯道段同床面上泥沙一起受弯道螺旋流作用，发生横向输沙，沙波不断向凸岸延伸，在凸岸出现一定程度的淤积。在沙波延伸到凸岸的过程中，在两道沙波的波峰与波谷床面之间，会产生横轴环流，来自岸坡的泥沙与河床泥沙发生混掺，以工况 1-3 为例，塌岸淤床情况见图 4.2.5（a）。若不考虑沙波的形态，动水作用下非黏性土岸坡水下坡面基本为斜面，见图 4.2.5（c）。

　　黏性土组成的岸坡及河床，土体起动流速远大于非黏性土，流量较小时（60L/s）岸坡上只有少量的黏土团剥落，后顺水流斜向下游坡脚处滚动。随着流量增加（80L/s），岸坡黏性土较大范围起动、剥落以及斜向下游滚动。当流量继续增大（100L/s），近岸流速增大，弯顶偏下游区域凹岸坡脚处土体大量被掀起，形成陡坡，甚至出现悬臂，上部黏性土体失稳进而坍塌，坍塌的土体大部分都随水流带至下游，极少数较大团状的土体塌落至坡脚，暂时停留并延缓坡脚的进一步冲刷。坡脚附近的黏性土块被水流分解、破碎，破碎后的松散细颗粒泥沙相对容易起动和输移，一部分细颗粒泥沙会以悬移质的形式随螺旋水流运动到凸岸或直接被带往下游，粗颗粒的泥沙或黏土小块体以沙波的形式斜向下游凸岸推移，并与河床发生掺混及交换，如此循环反复。以工况 2-4 为例，塌岸淤床情况见图 4.2.5（b）。黏性土岸坡水力冲刷作用下坡面为上凹的抛物线形状，见图 4.2.5（d）。

　　3. 非黏性土与黏性土组成河岸崩退水力机制

　　水流对岸坡坡脚的冲刷，是导致塌岸的重要原因。水流的顶冲淘刷作用、紊动输沙作用等直接或间接地导致塌岸发生。岸坡崩退模式、速度以及稳定后的形态与水流特别是近岸水流的冲刷作用密切相关。河床尤其是近岸河床冲刷改变了坡脚处的水流结构特点，从而对岸坡崩塌产生一定影响。

　　以非黏性土河岸工况 1-2 为例，分析河床冲刷变形前后纵向时均流速分布和横向环流的变化规律及岸坡崩塌的水力机制。河床冲刷变形前后地形及近岸流速分布见图 4.2.6。由图可见，无论河床是否冲刷变形，主流进入弯道水槽后走势基本一致。水流进入弯道水槽后，顶冲弯顶（圆心角为90°处）并折向凸岸，主流在 CS3 处靠近凸岸，后逐渐向凹岸偏转，CS5～CS7 段靠近凹岸，在 CS9 之后又慢慢靠近水槽中部，这和动能的分布规律相符合。

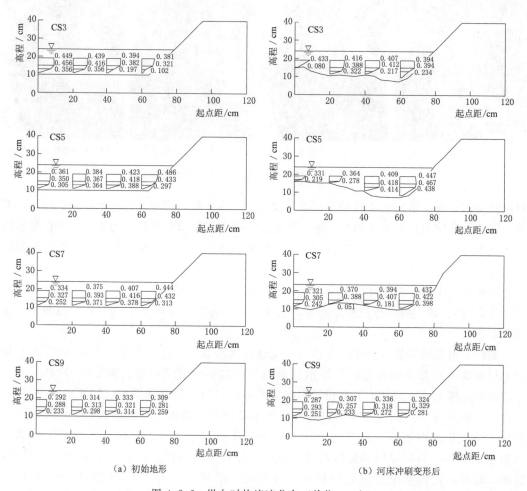

（a）初始地形　　　　　　　　　　　　（b）河床冲刷变形后

图 4.2.6　纵向时均流速分布（单位：m/s）

　　再以黏性土河岸工况 2－5 为例，当上游来流量 Q＝106L/s 作用 2.5h 后，弯道段断面 CS3、CS5 和顺直段断面 CS7、CS9，其地形及流速分布见图 4.2.7。可以看出，水流在弯道段逐渐贴岸，在弯顶偏下游附近，近岸流速达到最大。主流的近岸程度是影响塌岸的重要因素，主流离岸坡越近，岸坡越容易崩塌失稳。发生岸坡崩塌最严重的断面依次是 CS5、CS7、CS3 与 CS9，与主流距离岸坡由近渐远具有高度的一致性。各流量级下岸坡崩退及河床冲淤变形见图 4.2.8。可以看出，流速较小时，岸坡上只有少量的黏土团剥落，岸线后退不明显；随着流速逐渐增大，近坡脚流速较大的区域冲刷明显，大量黏土团开始剥落，上部土体短时间内可呈悬空状态，后坍塌、滑落至坡脚，岸线后退明显，坡顶滑落的黏土体一部分暂时堆积在坡脚，一部分被水流带往下游或凸岸。

　　分析岸坡崩塌过程时除考虑纵向水流作用外，还应考虑作为横向输沙主要动力的横轴环流作用，尤其是在水流具有明显三维特性的弯道段。以工况 1－2 为例，河床冲刷变形

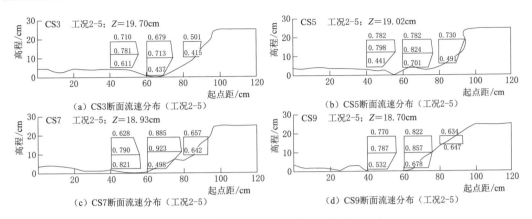

图 4.2.7 典型工况近岸流速分布（单位：m/s）

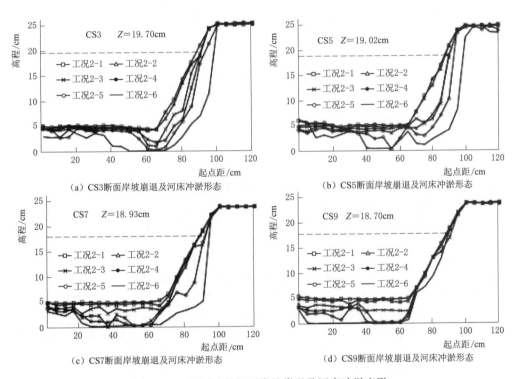

图 4.2.8 不同流量级下岸坡崩退及河床冲淤变形

前后弯道出口断面 CS5 的横断面流速分布见图 4.2.9。由图可见，横轴环流使表层较清的水体流向凹岸，底层含沙量较大的水流流向凸岸，造成凹岸冲刷，岸坡变陡发生崩岸，而凸岸不断淤积发展。对比河床冲刷变形前后的横断面流速分布可知，冲刷后坡脚附近横向流速明显增大。

4. 塌岸水力影响机理分析

在弯道水流中，床面剪切力的分布与纵向流速的分布一致，流速最大处，剪切力也最大。受弯道环流的影响，在弯道进口断面（弯道上游），凸岸为高剪切力区，凹岸为低剪切力区；而在弯道出口断面则情况正好相反；最大剪应力发生在弯道下游的凹岸处。因

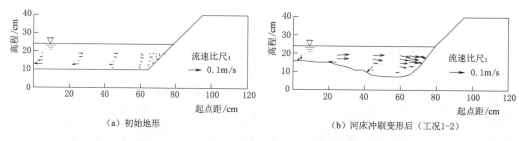

（a）初始地形　　　　　　　　　　　　　（b）河床冲刷变形后（工况1-2）

图4.2.9　CS5断面横向流速分布

此，弯道坍岸一般发生在进口处的凸岸和出口处的凹岸。Hooke在模型中测量的凹岸边壁剪切力表明，当河底为动床时，最大边壁剪切力出现在水面以下5cm深的范围内（模型最大水深25cm），再向下受河床表面沙波的影响，其变化很不规则。而当河底为定床时，最大边壁剪切力在更深处出现。在模型中，凹岸边壁剪切力有两个最大值。最大的在弯顶稍下游，次大的在接近弯道出口处。各级流量下，均出现这两个最大值，而且它们的位置基本上不随流量而变化。

理论分析及试验成果均表明，黏性或非黏性组成的岸坡崩塌最剧烈的位置均在弯道出口附近。因为土体力学性质的不同，非黏性和黏性岸坡崩塌的机制也不同。随着深度的增加，非黏性岸坡的剪切强度比剪切力增加的快，所以崩塌更容易发生在水面附近较浅的地方。而在黏性岸坡中随着深度的增加，剪切力比剪切强度增加的快，所以崩塌更倾向于在坡脚比较深的地方。

4.2.1.3　不同水动力条件下河床组成对河岸崩退影响的研究

为对比河床组成对河岸崩退的影响，设计了固定河床（水泥抹面）、非黏性河床以及黏性河床条件；岸坡条件也考虑了非黏性和黏性两种情况。试验条件见表4.2.3。模型初始形态见图4.2.10。

表4.2.3　　　　　　　　　　　河床组成对河岸崩退影响研究试验条件

组次	1			2			3				4			
工况	1-1	1-2	1-3	2-1	2-2	2-3	3-1	3-2	3-3	3-4	4-1	4-2	4-3	4-4
水深/cm	24	24	24	24	24	24	19	19	19	19	19	19	19	19
流量/(L/s)	20	30	40	20	30	40	22.7	28.8	31.8	34.9	22.7	28.8	31.8	34.9
动水作用时间/h	2.5	2.5	2.5	2.5	2.5	2.5	2.5	2.5	2.5	2.5	2.5	2.5	2.5	2.5
河床土样	河沙			黏性土样2			白矾石				固定河床			
河岸土样	黏性土样2			黏性土样2			河沙				河沙			

黏性岸坡崩退及河床冲淤变形见图4.2.11。非黏性河床情况下岸坡崩退较黏性河床情况明显[3]。这是因为非黏性近岸河床与黏性岸坡坡脚交界处床沙较易起动冲刷，水流结构重新调整，凹岸坡脚处床面纵向流速、横向环流及紊动强度增大；紊动会导致岸坡黏土颗粒的咬合松动，使黏土颗粒易于从岸坡脱离，而纵向流速和环流强度的增加分别增强了水流挟沙力和环流横向输沙率，加速了崩塌体输移。

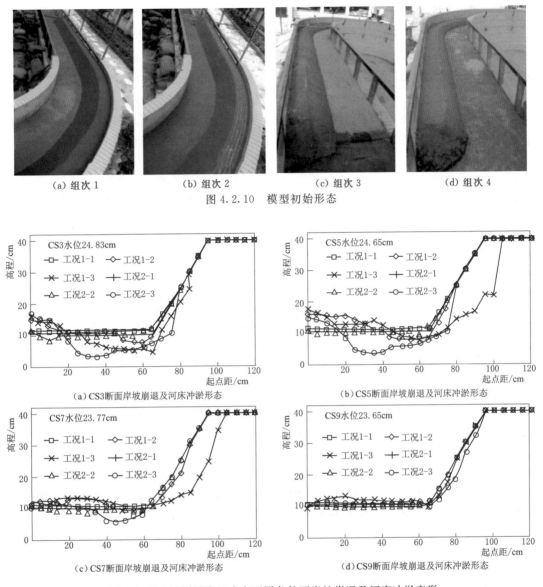

（a）组次 1　　　　（b）组次 2　　　　（c）组次 3　　　　（d）组次 4

图 4.2.10　模型初始形态

（a）CS3 断面岸坡崩退及河床冲淤形态

（b）CS5 断面岸坡崩退及河床冲淤形态

（c）CS7 断面岸坡崩退及河床冲淤形态

（d）CS9 断面岸坡崩退及河床冲淤形态

图 4.2.11　不同河床组成在不同条件下岸坡崩退及河床冲淤变形

　　不同河床边界条件相同流量级冲刷后横断面 CS5、CS7 形态对比见图 4.2.12。非黏性河床情况下，近岸河床断面形态不是直线而是呈向上凹的抛物线形，即自岸边至深泓部位其岸坡坡度呈现由陡逐渐转缓的特性。而对于黏性河床，由于黏性颗粒之间存在黏聚力，相较于非黏性河渐变的冲刷，黏性河床的初始冲刷发生在主流线区，且具有突变性。当河床主流区冲刷后形成深槽，水流集中，并进一步加强了此处冲刷。因此，水力冲刷后，非黏性河床组成河道滩槽高差相对较小，河道横断面相对宽浅。

　　以水槽弯顶（圆心角 90°处）为纵向起始断面、水下初始断面坡脚为岸坡及河床分界点，统计岸坡冲刷崩塌及河床冲淤累积量。

　　对比岸坡冲刷崩塌及河床冲淤累积量的异同，见图 4.2.13。对于黏性土组成的岸坡，黏性河床情况（组次 2），岸坡及河床都处于冲刷状态，且河床冲刷量比岸坡大；非黏性河床情况（组次 1），河床表现为凸岸淤积，岸坡表现为冲刷崩塌，其中弯顶偏下段（CS3～CS7）冲刷较强。非黏性河床条件下比黏性河床条件下岸坡崩塌更加剧烈。对于非黏性土组成的岸坡，无论河床是否可动，岸坡在动水中均表现为冲刷坍塌，其中弯顶偏下段（断面 CS3～CS7）冲刷较强；河床可动情况下（组次 3）岸坡总冲刷坍塌量大于河床固定情况（组次 4）；相应地，因岸坡冲刷坍塌的泥沙落淤在坡脚附近河床或被水流携带至下游河床，河床表现为淤积，河床可动情况下河床总淤积量略小于河床固定的情况。

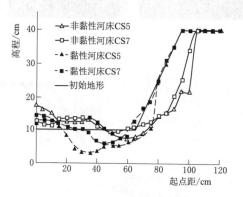

图 4.2.12　不同河床组成横断面形态　　　　图 4.2.13　岸坡崩退及河床累积冲淤量

可见，非黏性河床情况下，近岸处河床较易冲刷，增加了坡脚处的瞬时流速和紊动能，如近岸处床面附近紊动能可增大 2 倍左右，进一步加速了岸坡崩塌的发生及崩塌体的分解输移。近岸河床断面形态自岸边至深泓部位其岸坡坡度表现出由陡逐渐转缓的特性。而对于黏性河床，由于黏性颗粒之间存在黏聚力，相较于非黏性河渐变的冲刷，黏性河床的初始冲刷发生在主流线区，且具有突变性。河床主流区冲刷强度比近岸河床及岸坡大。近岸河床可动性越强，越容易被冲刷，岸坡崩塌程度越大，动水条件下河道断面越宽浅。

4.2.1.4　不同水动力条件下河岸形态和组成对河岸崩退影响研究

考虑 33°和 45°可动岸坡（凹岸），研究不同岸坡角度（断面形态）对河岸崩退的影响，试验条件见表 4.2.4。

表 4.2.4　　　　　　　　河岸形态和组成对河岸崩退影响研究试验条件

组次	1		2			3			4	
工况	1－1	1－2	2－1	2－2	2－3	3－1	3－2	3－3	4－1	4－2
水深/cm	14	14	14	14	14	14	14	14	14	14
流量/(L/s)	30	40	30	40	80	20	30	40	20	30
动水作用时间/h	2.5	2.5	2.5	2.5	2.5	2.5	2.5	2.5	2.5	2.5
岸坡边界条件	33°可动岸坡，河沙		33°可动岸坡，黏性土样 1			45°可动岸坡，黏性土样 2			45°固定岸坡	
河床边界条件	可动河床，白矾石									

河岸形态和组成对河岸崩退影响研究见图 4.2.14 和图 4.2.15。试验在岸坡材料相近、河床组成及水力条件相同的情况下，较陡岸坡经水流淘刷后更易失稳，岸坡冲刷崩塌

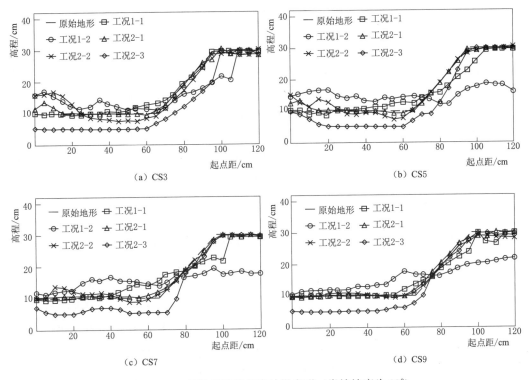

图 4.2.14　岸坡崩退及河床冲淤变形（岸坡坡度为 33°）

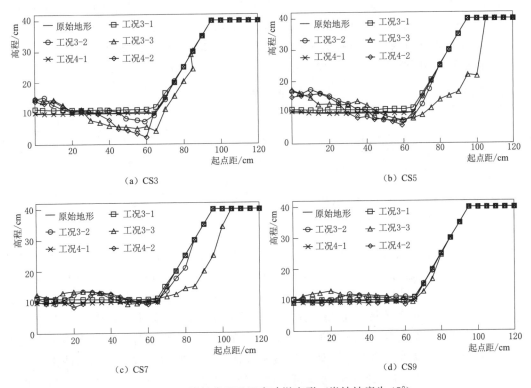

图 4.2.15　岸坡崩退及河床冲淤变形（岸坡坡度为 45°）

量及崩塌物质在河床上的淤积量明显大于较缓岸坡情况。当岸坡均为黏性土组成但岸坡坡度不同时，在相同的流量下（如 30L/s），工况 2－1 各断面与工况 3－2 各断面的河床冲淤变化形态基本相似；但在相同断面（如 CS3、CS5）的凹岸河床处，工况 2－1 中凹岸河床冲刷量小于工况 3－2 中凹岸河床冲刷量；在凸岸河床处，工况 2－1 中凸岸河床淤积量大于工况 3－2 凸岸河床淤积量。这是因为坡度为 45°的岸坡在水流冲刷下更易失稳崩塌，崩塌下来的泥沙落在河床上补充了河床上被水流带走的泥沙。

当岸坡坡度为 45°时，黏性土组成的岸坡在各断面均处于冲刷状态，河床则自上游至下游由冲刷状态逐渐过渡到淤积状态，且由冲刷状态过渡到淤积状态的临界位置随着流量的增大逐渐向下游移动；对于固定岸坡，流量为 20L/s 时，CS3 断面以后各断面河床均处于冲刷状态，流量增大到 30L/s 时，各断面均表现为明显冲刷，冲刷量较前者增大约 0.5 倍。

对于坡度为 33°非黏性土组成的岸坡，岸坡在水中表现为冲刷崩塌，河床均表现为淤积，其中弯顶偏下游段（CS5～CS7）冲刷淤积作用较强。对于坡度为 33°黏性土组成的岸坡，在较小流量下（30L/s）岸坡表现为微淤，河床表现为冲刷，随着流量增大（40L/s），岸坡淤积量减小，河床冲刷量增大，当流量到达 80L/s 时，岸坡与河床都表现为显著冲刷。非黏性土组成的岸坡比黏性土组成的岸坡崩塌更加剧烈，岸线后退更加明显，且非黏性岸坡条件下，河床淤积量显著大于黏性岸坡条件下的河床淤积量，因为非黏性土组成的岸坡更易受水流冲刷，坍塌到河床上的泥沙补充了原始河床上被水流带走的泥沙。

综上，在试验给定的岸坡形态及组成条件下，相同水力冲刷过程中非黏性岸坡崩塌量要大于黏性岸坡，且黏性岸坡坡脚处的河床冲刷量明显大于非黏性岸坡坡脚处的河床冲刷量。在试验给定的岸坡形态及组成条件下，相同水力冲刷过程中较陡岸坡的冲刷量显著大于较缓岸坡的冲刷量，较陡岸坡所对应的河床淤积量也要明显大于较缓岸坡。

4.2.1.5　不同水动力条件下均质黏性河床河岸组成的岸坡崩退模式研究

河床与岸坡用同样的材料铺设模拟均质土河岸。试验工况见表 4.2.5。

表 4.2.5　　　　　　　　　　　试　验　条　件

工况	1－1	1－2	1－3	1－4	1－5	2－1	2－2	2－3	2－4
水位/cm	19	19	19	19	19	24	24	24	24
流量/（L/s）	60	80	100	106	106	30	40	50	60
动水作用时间/h	2.5	2.5	2.5	2.5	2.5	2.5	2.5	2.5	2.5
河床土样	黏性材料1					黏性材料2			
河岸土样	黏性材料1					黏性材料2			

当试验土样黏性较大时，河床与河岸土体均难以起动，流量较小时（如流量 $Q=$ 60L/s，断面平均流速为 0.52～0.55m/s）岸坡上只有少量的土块剥落，后顺水流向下游坡脚处滚动。随流量增加（如流量 $Q=$80L/s，断面平均流速为 0.71～0.75m/s），流速增大，岸坡土体有较大范围的起动、落以及向下游滚动。当流量继续增大（流量 $Q=$ 106L/s，断面平均流速为 0.90～0.96m/s），河床尤其凹岸近坡脚处沿程从上至下出现了不同程度冲刷，且以弯顶偏下游区域凹岸坡脚处冲刷最为剧烈，坡面内凹，冲刷面不平整，甚至形成陡坡或出现悬空；岸坡上部土体失稳，进而坍塌、滑落至坡脚，岸坡崩塌最

剧烈的位置也发生在弯道出口附近［图 4.2.16（a）］。岸坡崩塌模式在顺直段为典型的条崩，弯道段水流顶冲且岸坡土体薄弱处有窝崩现象发生。从凹岸坡脚冲刷起及岸坡剥落坍塌的土体经水力分解后大部分都以悬移质形式随水流带下游，或随弯道螺旋流底层水流以推移质形式输移至凸岸，在弯道出口下游凸岸附近的河床有淤积现象；极数较大团状的岸坡崩塌土体暂时停留在坡脚，随后同样被水流分解、输移至凸岸或带至下游。土样 2虽黏性相对较小，但颗粒间也存在黏聚力，其岸坡冲刷崩塌及塌岸淤床过程基本同土样1，但岸坡崩塌程度、崩塌体在坡脚堆积程度均相对较大［图 4.2.16（b）］。

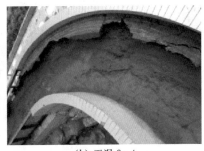

（a）工况 1-5　　　　　　　　（b）工况 2-4

图 4.2.16　岸坡冲刷坍塌及河床冲淤

各试验工况冲淤量累积值的绘制见图 4.2.17，图中数据负值表示冲刷及崩塌量，正值表示淤积量。由图 4.2.17 可知，试验所选用的均质土模型及水流条件下，岸坡及河床基本处于冲刷状态［图 4.2.17（a）］或在弯道出口断面 CS5 以下河床有微淤［图4.2.17（b）］。试验材料黏性越小、流量越大、作用时间越长，河床冲刷量及岸坡坍塌量都越大，且同条件下岸坡崩塌总量大于河床冲刷总量。定义河床相对冲刷率＝河床冲刷量/岸坡冲刷崩塌量，并建立河床相对冲刷率与岸坡冲刷坍塌量相关关系（见图 4.2.18）。河床相对冲刷率随岸坡冲刷坍塌量的增大而减小，该试验条件下其范围为 0.40～0.92。

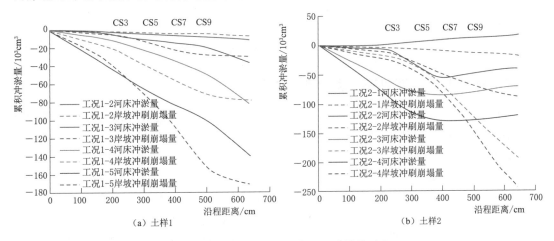

图 4.2.17　岸坡崩退及河床累积冲淤量对比

长江下荆江来家铺弯道 1961—1962 年间 8 个时段的实测崩岸总量与相应时段内的Q^2T 关系见图 4.2.19（a）。可以看出，正在发展中的河湾，各时段崩岸体积总量随流量

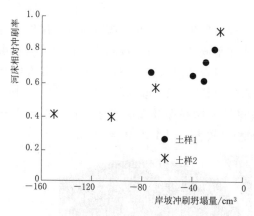

图 4.2.18　河床相对冲刷率变化

历时 Q^2T 的增大而增大。同样，根据试验成果建立岸坡崩塌、河床冲刷总量与 Q^2T 关系见图 4.2.20（b），可以看出，试验结果所反映的二者关系吻合下荆江实测情况。

综上可知：岸坡冲刷崩退、塌岸淤床模式及其掺混程度与近岸流态及流速分布、主流贴岸程度及岸坡河床组成条件等关系密切。试验材料的黏性越小、近岸流速越大、作用时间越长，岸坡冲刷崩退及河床冲刷量就越大；岸坡坍塌体一部分堆积在河床上，减缓动水作用过程中的河床冲刷程度。若岸坡与河床组成相同，同水力条件下岸坡崩塌

总量大于河床冲刷总量；河床相对冲刷率随岸坡冲刷坍塌量的增大而减小，其值范围为 0.40～0.92。

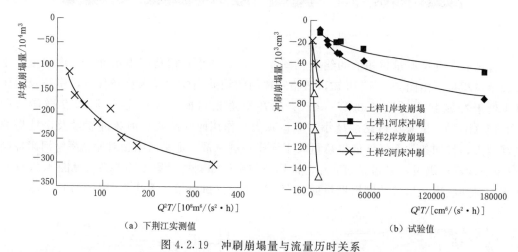

（a）下荆江实测值　　　　　　　　　　　　（b）试验值

图 4.2.19　冲刷崩塌量与流量历时关系

4.2.2　急弯河道壁面切应力及计算方法研究

主要研究急弯河道水流的典型特征，对比分析现有经验公式以及数值模拟方法[4-7]，得到适合急弯河道壁面切应力计算的有效方法，并进一步分析急弯河道内河床及岸坡壁面切应力的分布及变化规律。

4.2.2.1　试验方案

试验水槽同前，几何尺寸见图 4.2.20。弯道段平均弯曲半径 $R=2.186\text{m}$，平均宽度 $B=0.773\text{m}$，$R/B<3$，属急弯河道。河道进口设有调节流量大小的阀门，出口设置尾门控制水位。试验中，控制断面水深为 0.14m，过流量设定为 50L/s，断面平均流速为 0.465m/s，$Fr=0.40$，属缓流。

ADV 流速仪以及 Preston 管监测弯道水流的三维流速和压强。ADV 流速仪主要由测量探头、信号调理、信号处理三部分组成。测量时，将探头完全淹没于水中，由探头发射

超声波，遇到控制体后反射信号，之后被接收探头接收，运用声学多普勒原理对信号加以处理得到控制体的三维流速。其中，控制体距离发射探头约为5cm，这样基本可以消除探头对流场的干扰，同时也意味着水面以下5cm范围内的水流流速是无法测量的。ADV流速仪在边壁及底壁测量中均能获得理想的数据，因此得到了广泛的应用。

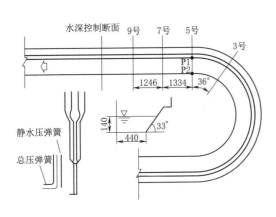

图 4.2.20 180°急弯概化模型（单位：mm）

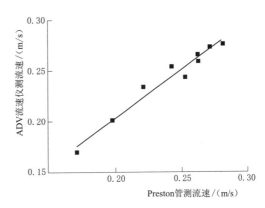

图 4.2.21 ADV 和 Preston 管量测对比

自制 Preston 管主要由两部分组成，一根用于总压强测量的弯管，一根用于静水压强测量的直管（见图4.2.20）。测量时将 Preston 管沿铅垂方向伸入水中，使弯管的弯段部分紧贴壁面，保持弯管出口方向与水流方向平行，待两管水头稳定后，利用比压计读取水头差 ΔH。自制 Preston 管在使用之前，需对其进行流速率定，在水槽顺直段内采用 ADV 流速仪与 Preston 管进行对比测量，结果见图4.2.21，ADV 流速仪与 Preston 管测量得到的流速线性关系如下：

$$U_{ADV}=0.9582U_p+0.0115 \tag{4.2.1}$$

式中：U_{ADV} 为 ADV 流速仪测得的流速，m/s；U_p 为 Preston 管测得的流速，m/s。

试验共设置4个测量断面（CS3、CS5、CS7、CS9），其位置见图4.2.1。每个断面河床上横向布置7条垂直测线，每条测线布置15个测点，测点间距1cm，并在近壁面适当加密，间距为0.1～0.2cm。岸坡上布置3条垂直测线，每条测线根据水深确定测点个数，测点间距为1cm。

针对上述水流监测结果，选用以下四种经验公式法计算水槽壁面切应力，对比分析经验公式法与三维数学模型计算结果，寻求合适的急弯河道壁面切应力计算方法。

4.2.2.2 经验公式法

1. Perston 管法

1954年 Preston 以壁面率为基础，应用量纲分析法建立压强与摩阻流速的相互关系［见式（4.2.2）］，利用自制 Preston 管测量的压强推求壁面切应力 τ_0，不仅适用于光滑壁面，对粗糙壁面也同样适用。采用 Patel 的三方程率定曲线进行计算，见式（4.2.3）。

$$\frac{\Delta Pd^2}{\rho\nu^2}=F\left(\frac{\tau_0 d^2}{\rho\nu^2}\right) \tag{4.2.2}$$

$$\begin{cases} Y^* = 0.50X^* + 0.037 & (Y^* < 1.5) \\ Y^* = 0.8287 - 0.1381X^* + 0.1437X^{*2} - 0.006X^{*3} & (1.5 \leqslant Y^* < 3.5) \\ X^* = Y^* + 2\ln(1.95Y^* + 4.1) & (Y^* \geqslant 3.5) \end{cases} \quad (4.2.3)$$

其中，$X^* = \lg\left(\dfrac{\Delta P d^2}{4\rho\nu^2}\right)$，$Y^* = \lg\left(\dfrac{\tau_0 d^2}{4\rho\nu^2}\right)$，$d$ 为 Preston 管的外径，ν 为水的运动黏度。

2. 壁面法

1987 年 Schlicting 首次将壁面法应用于壁面切应力的计算中，计算公式见式（4.2.4）。其中，κ 为卡门常数，一般情况下 κ 取 0.40；z_0 为特征粗糙度，目前还无法准确估计。该方法利用测量的一系列（u，z）值进行对数拟合得到壁面摩阻流速 u_* 及相应的 z_0，并有效地排除了个别流速点的测量误差；且只需进行时均流速的测量，计算方便快捷，适用于边界层充分发展的流动。应用于非均匀流时，需确保其非均匀性产生的压力梯度对近壁区域无明显影响。此外，对于壁面相对糙率较大的流动，壁面法也是无法适用的。

$$\frac{u(z)}{u_*} = \frac{1}{\kappa}\ln\left(\frac{z}{z_0}\right) \quad (4.2.4)$$

式中：z 为测点距壁面的铅垂高度，$\dfrac{u(z)}{u_*}$ 为该测点的纵向时均流速。

3. 湍动能法

1983 年 Soulsby 提出通过近壁面总动能计算壁面切应力，计算公式见式（4.2.5），适用于各种流动条件，并广泛应用于海洋学。其中，u'、v'、w' 分别为测点纵向、横向、垂向三个方向上的脉动流速；应用于自然河道时，测点常位于 $z = 0.1h$ 处；c 为经验系数，取 0.19。

$$\tau = c\rho\left[0.5\left(\overline{u'^2} + \overline{v'^2} + \overline{w'^2}\right)\right] \quad (4.2.5)$$

4. 边界层参数法

1975 年 Hinze 提出通过边界层参数计算壁面切应力，计算公式见式（4.2.6），将流体的非均匀性影响纳入壁面切应力的计算中，以更好地适应各种复杂的水流条件。此外，边界层各参数之间的关系以及经验系数的适用条件还有待进一步研究。

$$u_* = \frac{(\delta_* - \theta)u_{\max}}{C\delta_*} \quad (4.2.6)$$

其中，边界层位移 $\delta_* = \displaystyle\int_0^h \left(1 - \frac{u}{u_{\max}}\right)\mathrm{d}y$，表示在边界层作用下外部流线的垂向位移；动量厚度 $\theta = \displaystyle\int_0^h \frac{u}{u_{\max}}\left(1 - \frac{u}{u_{\max}}\right)\mathrm{d}y$，表示边界层作用下的动量损失；$u$ 为纵向时均流速，$u_{\max}$ 为测线上最大纵向时均流速值，C 为经验参数，取 4.4。

4.2.2.3　数值模拟法

Fluent 采用有限体积法对三维流体运动方程进行离散求解，从而得到壁面切应力。针对流体流动特点 Fluent 提供了丰富的湍流模型，主要有 Spalart - Allmaras 模型、$k - \varepsilon$

模型、$k-\omega$ 模型以及雷诺压力模型。各种湍流模型适用条件不同,对计算机资源的要求也差别较大。

1. 基本控制方程

两方程 $k-\varepsilon$ 模型应用最为广泛,其计算收敛性和精确性都能很好地满足计算要求。选择更加适用于复杂剪切流动、旋流、二次流以及分离流的 RNG $k-\varepsilon$ 模型进行计算,基本方程如下:

$$\begin{cases} \dfrac{\partial}{\partial t}(\rho k)+\dfrac{\partial}{\partial x_i}(\rho k u_i)=\dfrac{\partial}{\partial x_j}\left(\alpha_k \mu_{\mathrm{eff}}\dfrac{\partial k}{\partial x_j}\right)+G_k+G_b-\rho\varepsilon \\ \dfrac{\partial}{\partial t}(\rho\varepsilon)+\dfrac{\partial}{\partial x_i}(\rho\varepsilon u_i)=\dfrac{\partial}{\partial x_j}\left(\alpha_\varepsilon \mu_{\mathrm{eff}}\dfrac{\partial\varepsilon}{\partial x_j}\right)+C_{1\varepsilon}\dfrac{\varepsilon}{k}(G_k+C_{3\varepsilon}G_b)-C_{2\varepsilon}\rho\dfrac{\varepsilon^2}{k}-R_\varepsilon \end{cases} \tag{4.2.7}$$

式中:k 为湍动能;ε 为湍动能耗散率;μ_{eff} 为有效黏性系数,考虑了雷诺数及漩涡尺度对湍流的影响,使之不仅适用于高雷诺数流动,对低雷诺数流动以及近壁面流动也同样适用;α_k 和 α_ε 分别为湍动能及其耗散率的 Prandtl 倒数,RNG 理论为为湍流 Prandtl 数提供了解析公式;G_k 为时均流速梯度产生的湍动能;G_b 为浮力产生的湍动能。

高雷诺数的湍流方程无法直接求解近壁面区域,通常可改进湍流模型直接求解或采用壁面函数法模拟壁面对湍流的影响。近壁面区域可分为三层:黏性底层、完全湍流层或对数层以及位于两者之间的过渡层。其中,过渡层没有明确的流速分布公式,但黏性底层和过渡层在明渠中占有的部分很少,壁面函数法即是采用半经验公式来求解过渡层。对于大多数高雷诺数流动,采用壁面法可减少计算量并具有一定的精度,因此得到了广泛的应用。Thorsten 曾分别采用细网格的大涡模拟法以及基于壁面函数法求解的 $k-\varepsilon$ 湍流模型对 180°弯道的壁面切应力进行计算,结果表明两种方法的计算值吻合良好。因此,采用包含压力梯度的非平衡壁面函数法对近壁面区域进行求解。

计算采用 VOF 模型模拟自由液面。该模型通过计算每一个网格内目标流体体积与网格体积的比值,实现对运动界面的追踪,广泛应用于自由面流动、液体中气泡流动、水坝决堤水流等气液两相流问题。

2. 计算模型与网格划分

计算范围包括弯道段和上、下游顺直段 2.5m、4m,共 14.5m。计算段进出口边界条件同试验条件;水槽边界为无滑移边界。采用结构化网格进行划分,并在近壁面适当加密。近壁面区域采用壁面函数法求解,第一层网格应设置在对数层,即 $11.25<y^+<300$,其中,$y^+=yu_*v^{-1}$,取 $y^+=15$,划分后的总网格数为 $90\times50\times800=3600000$,网格大小为 5mm×5mm×10mm,边壁附近网格大小为 0.4mm×0.4mm×10mm,见图 4.2.22。初始时,水槽内水深为 0.14m。

3. 模型验证

为确保壁面切应力计算的准确性,需对 RNG $k-\varepsilon$ 模型进行验证。选取弯道出口断面 CS5 的纵

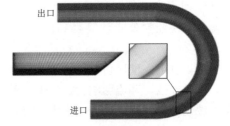

图 4.2.22　急弯河道概化模型
网格分布图

向及横向流速模型计算值与测量值进行对比（见图 4.2.23）。其中，X 为该测线距凸岸边壁的距离。可以看出：测点纵向流速值吻合良好；横向流速在各测线上分布规律一致，除壁面附近，数值也基本吻合。壁面附近的横向流速偏差主要由于横向流速相较于纵向流速数值小，致使相对误差值增大；其次，壁面附近，水流波动大，测量精度受到影响。基于以上分析，该模型可用于模拟急弯河道的水流结构，并为后续壁面切应力的准确计算提供保证。

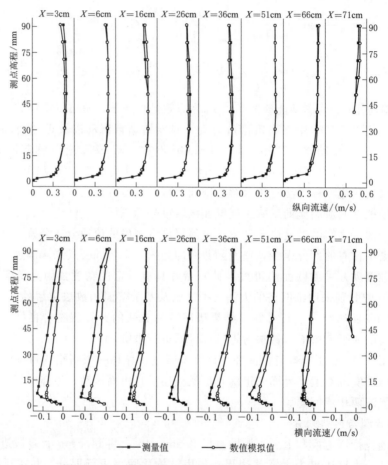

图 4.2.23　横断面 CS5 纵向及横向流速对比验证图

4. 计算方法合理性分析

将上述经验公式计算得到的急弯河道壁面切应力结果与数值模拟值进行对比，见图 4.2.24。

可以看出：壁面切应力在坡脚附近波动剧烈，在岸坡作用下，坡脚附近水流条件复杂，三维性强，环流影响大。以上五种计算方法中，边界层参数法的计算值在断面横向分布上波动最为剧烈，壁面法次之，且这两种计算方法的壁面切应力分布规律也与其他三种方法不同。边界层参数法计算结果偏差是由于计算仅考虑了流体的纵向流速在单条测线上的非均匀分布，而忽略了流体的横向流动及流体的脉动性质，在岸坡附近，环流作用及脉

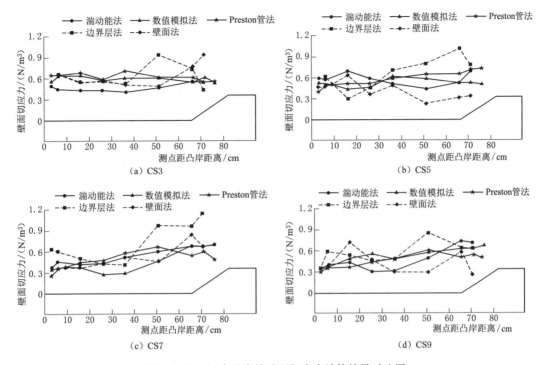

图 4.2.24 河床及岸坡壁面切应力计算结果对比图

动强，而相应的计算值偏离越明显；其次，受 ADV 流速仪测量范围的限制，无法获取全水深的流速分布；同时也表明边界层参数法应用于急弯水流时，恒定的简化参数 C 无法适用，还有待进一步研究确定。壁面法是在壁面律的基础上采用壁面附近的流速梯度计算壁面切应力，而在坡脚附近，流速对数拟合度 $R^2 = 0.5 \sim 0.75$，此时的流速分布已偏离或部分偏离对数律，壁面法无法适用；此外，测点高度的准确性也对计算结果影响较大。相比之下，Preston 管法、湍动能法以及数值模拟法的计算结果不仅在分布规律上，而且在数值大小上都吻合较好，具有一定的可靠性。另外，Preston 管法和湍动能法在实际应用中简单易行，只需分别获取单点的流速和压强，测量工作量小，计算方法简单。因此，推荐使用 Preston 管法、湍动能法以及数值模拟法用于弯道壁面切应力的计算。

综上，对 180°急弯河道内河床及岸坡的壁面切应力进行研究，发现 Preston 管法、湍动能法以及数值模拟法在急弯河道壁面切应力计算中吻合较好，计算结果具有一定的可靠性。

4.2.3 急弯河道中河岸侵蚀失稳力学模型研究

二元结构河岸上部为黏性岸坡，项目研究黏性河岸侵蚀崩塌失稳力学模型，建立其计算模式，提出计算方法。

4.2.3.1 黏性岸坡崩塌模式

根据试验观测结果及分析，将河岸侵蚀过程分为五个阶段：①由于河岸边壁剪切力分布不均，使得河岸边壁面上发生不均匀侵蚀［见图 4.2.25（a）、（b）］。②随着河岸边壁面上侵蚀的发展，河岸底部形成空腔，空腔顶部部分土体发生拉伸崩塌，崩塌块体形状不规则并被水流冲向下游［见图 4.2.25（c）］。③随着河岸边壁面的进一步发展，河岸顶部出现裂缝［见图 4.2.25（d）］。④空腔顶部土体到达临界状态，并发生旋转崩塌，崩塌后的土体堆积在河岸趾部附近［见图 4.2.25（e）］。⑤崩塌后的土体一部分被水流挟带至下游，一部分留在床面上并成为床面的一部分［见图 4.2.25（f）］。

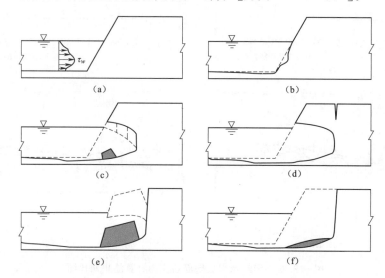

图 4.2.25　弯曲河道黏土河岸侵蚀过程示意图

4.2.3.2　黏性岸坡崩塌计算方法——SBEM 模型

用 TKE（湍动能）法计算岸坡的垂向切应力分布，并用该切应力计算得出岸坡侵蚀速率，从而获取岸坡侵蚀量，简称 SBEM 模型。

$$\varepsilon = k_d \left(\tau_w - \tau_c \right)^a \tag{4.2.8}$$

$$E = \varepsilon \Delta t = k_d \left(\tau_w - \tau_c \right)^a \Delta t \tag{4.2.9}$$

式中：ε 为单位时间单位面积的岸坡侵蚀速率；τ_w 为用 TKE 法计算而得的壁面切应力；τ_c 为临界切应力；E 为单宽侵蚀量；a 为经验参数；k_d 为侵蚀系数；Δt 为时间间隔。

4.2.3.3　黏性岸坡崩塌计算常用方法——BSTEM 模型

BSTEM 模型（The Bank Stability and Toe Erosion Model）是由美国 National Sedimentation Laboratory 研发。该模型包括两个模块，即河岸稳定性分析模块（bank stability module，BSM）和坡脚侵蚀计算模块（toe erosion model，TEM）。BSTEM 模型采用平均切应力计算岸坡的侵蚀速率，该模型假设岸坡切应力是均匀分布的。但在实际过程中，岸坡的切应力并非沿垂向均匀分布，其最大值出现在中部，在岸坡侵蚀最大点附近。基于试验观测和切应力计算，提出一种考虑岸坡切应力垂向分布的岸坡崩塌计算模型（SBEM）。

4.2.3.4　黏性岸坡崩塌计算常用方法对比

将 SBEM 模型与 BSTEM 模型的结果与实际试验结果作对比（图 4.2.26）。SBEM 模型考虑岸坡的垂向切应力分布见图 4.2.27。

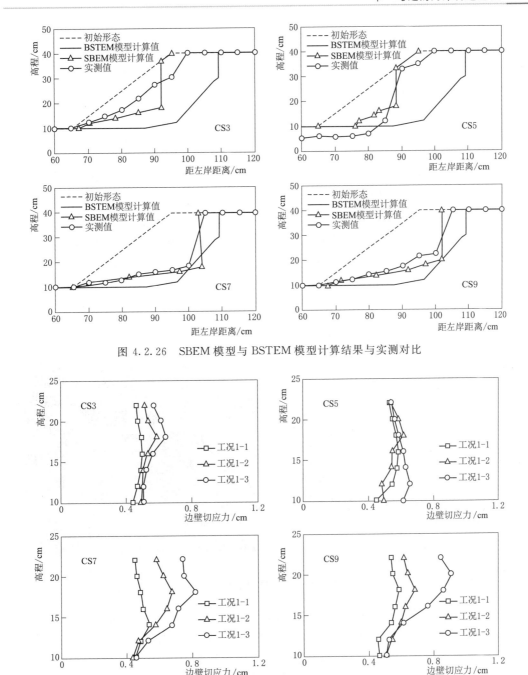

图 4.2.26　SBEM 模型与 BSTEM 模型计算结果与实测对比

图 4.2.27　各断面岸坡的垂向切应力分布

　　由图 4.2.27 的实测值得出，岸坡最大侵蚀点出现于高程 18cm 左右（距河床 0.15～0.75 水深处），也是切应力最大处附近，由于 SBEM 模型考虑岸坡切应力的垂向分布，故能捕捉到岸坡垂向不均匀的侵蚀。所以 SBEM 模型优于 BSTEM 模型。SBEM 模型比 BSTEM 模型更接近实际情况，说明考虑岸坡切应力的纵向分布的侵蚀模型优于 BSTEM 模型。

4.2.4　二元河岸水力侵蚀崩塌与河道交互影响试验研究

针对二元结构河岸特性，基于 120°变宽度弯道水槽试验，研究水力冲刷作用下的岸坡坍塌模式及与河床冲淤的交互影响过程。

4.2.4.1　模型设计

概化模型设计若采用计划中的几何比尺（见计划书中"拟参考石首河段的平面形态，按 1∶800 的水平比尺塑造河道，垂直比尺初步为 1∶200"），根据相似理论换算的模型流量甚小，造成动床模型选沙的困难。因此，概化模型以石首河段平面形态为背景，设计弯曲角度为 120°，弯道段外径为 2.5m，内径为 1.0m。弯道上游顺直段长约 5.5m，下游顺直段长约 3m，弯曲段长约 5.7m，曲折系数为 1.4；弯道进口及出口顺直段河宽约 1m，在弯顶处河道呈 2 倍的放宽，即边滩最宽处河宽 2.05m，边滩宽约 1m。概化模型平面示意图见图 4.2.28。根据已有资料整理石首河段历年宽深比，建库前该河段平均宽深比为 4.1；建库后该河段平均宽深比为 3.4。概化模型试验工况中宽深比为 3～4。模型断面初始形态见图 4.2.29，凹岸坡度较陡，坡比为 2∶1，凸岸边滩坡度较缓，坡比约为 1∶3。概化模型底坡比降为 1‰。

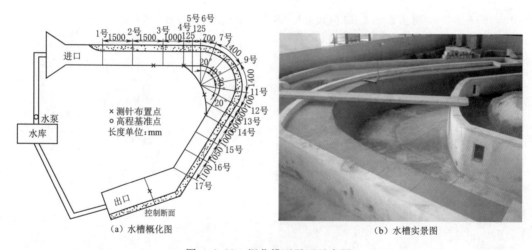

（a）水槽概化图　　　　　　　　　　（b）水槽实景图

图 4.2.28　概化模型平面示意图

试验分为定床试验和动床试验。定床试验均用水泥构造岸坡和河床，动床试验岸坡采用上部为亚黏土下部为天然细沙的二元结构模式（见图 4.2.30）。床面及河岸部分岸坡材料采用天然黄沙（取自黄河中游河床），中值粒径为 0.16mm；河岸上部采用亚黏土为磴口土，中值粒径为 0.035mm；河床采用天然细沙。试验材料的初始级配见图 4.2.31。

1. 试验监测装置

（1）水流结构监测。沿程水位由测针读取，测针精度为 0.1mm；用 ADV 三维流速仪监测流速，ADV 生产厂家为 Nortek AS，采样频率设定为 100～200Hz，监测精度为 ±0.5%±1mm/s，监测范围为水面以下 1～2cm 至底壁。测杆模式为下视探头，每一监测点监测时间持续 40～60s。ADV 三维流速仪可监测沿水流纵向、沿河宽方向及沿垂向

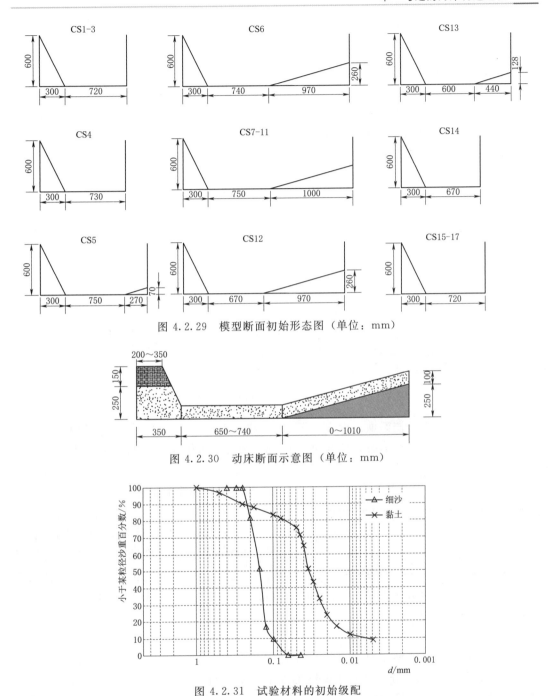

图 4.2.29 模型断面初始形态图（单位：mm）

图 4.2.30 动床断面示意图（单位：mm）

图 4.2.31 试验材料的初始级配

三个方向的瞬时流速分量，分别记为：$u(t)$、$v(t)$、$w(t)$ [$u(t)$ 为指向下游的纵向瞬时流速；$v(t)$ 为指向下游横向瞬时流速，沿横断面由凹岸指向凸岸为正值；$w(t)$ 为指向下游垂直向瞬时流速，垂直床面向上为正值]。

（2）泥沙及河床变形监测。自动水下地形仪测量时段末水下河床及岸坡形态，其精度达到 0.1mm。

粒度分布仪分析泥沙级配，精度为万分之一；高清摄像机拍摄建设模型—进行试验—后期测量的所有图片。

2. 监测断面及断面上监测点的布置

水流结构监测断面。沿程选择 7 个测量断面（CS3、CS5、CS7、CS9、CS11、CS13、CS15）；每个断面上横向布置大约 20 条垂直测线，测线间距 3～10cm，垂向上水面以下5cm 起每间隔 2cm 布置 1 监测点至槽底附近每 0.1～0.9cm 布置 1 监测点，岸坡上尽可能多地布置垂直测线，每条测线根据水深确定测点个数。断面各垂线上布点 3～14 个。断面CS5 监测垂线布点见图 4.2.32。

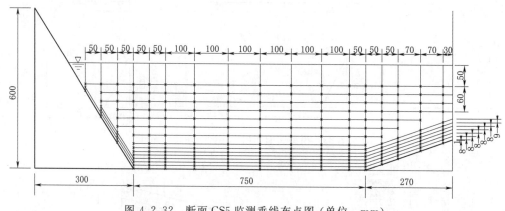

图 4.2.32　断面 CS5 监测垂线布点图（单位：mm）

泥沙及河床变形监测断面。沿程布置 17 个监测断面（见图 4.2.32）。采用自动水下地形仪器测量河床及岸坡形态，精度为 0.1mm。另外，采用自制的 H 尺对悬臂河岸底部地形进行补加测量。

表 4.2.6　　试　验　条　件

工况	流量/(L/s)	控制断面水位/cm
工况 1	50	25
工况 2	60	25

由以往关于监利河段造床流量的研究成果可知，建库前监利河段造床流量为 26000m³/s，建库后近期平滩流量为 22000m³/s。按模型尺度与天然河道尺度的比尺，并根据惯性力重力比相似的要求，设定两种试验流量代表建库前后的造床流量（平滩流量）（见表 4.2.6）。

4.2.4.2　试验成果及分析

1. 纵向流速变化

工况 1 情况下，典型断面（CS3、CS5、CS7、CS9、CS11、CS13、CS15）纵向水流流速分布见图 4.2.33。分析纵向水流结构如下：水流流经进口顺直过渡段断面 CS3 时，断面流速分布较均匀，除水槽壁面附近，绝大部分区域的流速为 0.22～0.28m/s，主流偏向左岸（凹岸），最大流速约为 0.28m/s，中心位置距水面 0.4h。流经过渡段断面 CS5时，凸岸展宽，过水面积增大，断面平均流速降低，主流仍靠近凹岸，最大流速为0.26m/s，最大流速区域向凸岸及水面附近偏移，中心位置距水面 0.3h。此外，由于凸岸的展宽，形成竖轴环流，断面内出现回流。水流进入弯道段断面 CS7 后，由于凸岸的进一步展宽，断面最大流速减小至 0.22m/s，主流偏移至凸岸边滩附近，仍位于主河槽

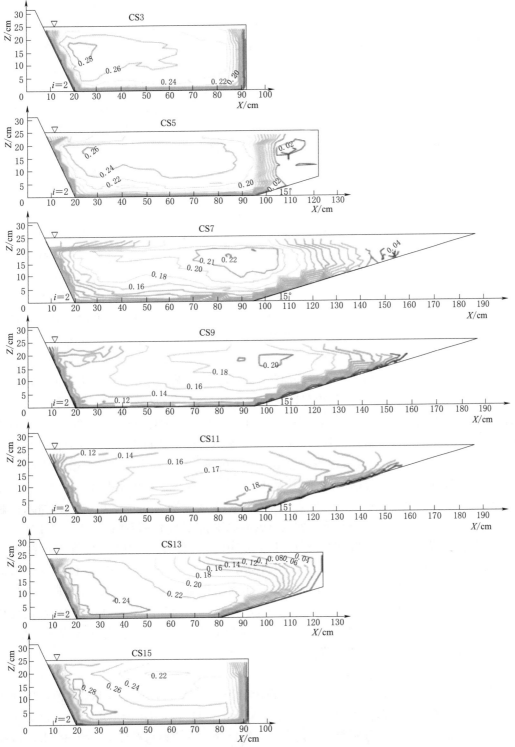

图 4.2.33 工况 1 沿纵向水流流速断面分布图

($Q=50\text{L/s}$, $H=25\text{cm}$；单位：m/s)

内，最大流速区域中心位置距水面 $0.3h$。凸岸边滩上方出现回流，回流流速小，约为 0.04m/s。水流进入弯顶断面 CS9 后，断面最大流速为 0.2m/s，主流继续向凸岸偏移，位于凸岸边滩上方，最大流速区域中心位置距水面 $0.3h$。水流进入弯顶下游断面 CS11 后，凸岸的展宽作用减弱，主流在弯道离心力的主要作用下向凹岸偏移。断面流速分布较上游断面 CS9 均匀，最大流速为 0.18m/s，最大流速区域中心位置向底壁偏移，距槽底 $0.3h$。水流进入出口顺直过渡段断面 CS13 时，水流在凸岸束窄和离心力的双重作用下，主流快速偏移至凹岸附近，中心位置距槽底 $0.4h$，断面最大流速增大至 0.25m/s。因凸岸边滩处河道展宽，主流向凸岸偏移，弯道主流顶冲点受弯曲作用和河道展宽带来的反向作用双重影响下移至弯道出口段 CS13。水流进入出口段 CS15 后，主流继续紧贴凹岸，断面最大流速为 0.285m/s。

2. **断面横向流速及环流强度变化**

V 为沿河宽方向流速分量 v 及沿垂向流速分量 w 的合流速，称为断面横向流速。工况 1 情况下，典型断面 CS3、CS5、CS7、CS9、CS11、CS13、CS15 水流横向流速分布见图 4.2.34。横向流速进口顺直段 CS3，底部水流由凹岸流向凸岸，横向流速小，均小于 0.024m/s。进口顺直段断面 CS5，凸岸展宽，横向流速增大，最大横向流速为 0.035m/s，位于凸岸坡脚上方。横向水流受凸岸边壁的阻挡作用，在凸岸附近形成环流。弯道段断面 CS7，凸岸进一步展宽，最大横向流速增大至 0.1m/s，位于凸岸边滩上方。水流受凸岸展宽和离心力的双重作用，凸岸展宽迫使水流向凸岸运动，而离心力迫使水面附近水流向凹岸运动，此时，边滩上方水流均向凸岸移动，因此前者作用强于后者，断面内未出现明显的环流（主环流）。凹岸水面附近出现次生环流，环流区域小，且强度弱。弯道段断面 CS9、CS11 及出口顺直段断面 CS13、CS15 出现明显的上部指向凹岸，下部指向凸岸的横向环流，平均环流旋度（横向流速与纵向流速之比）分别为 0.264（数值变化范围为 0.001～1.103）、0.315（数值变化范围为 0.005～0.692）、0.271（数值变化范围为 0.006～1.197）、0.097（数值变化范围为 0.0015～0.485）。弯道段断面 CS9 和 CS11 主环流位于凸岸坡脚附近，中心位置向近壁偏移，距壁面分别为 $0.6h$、$0.3h$。凹岸水面附近出现反向次生环流，两反向环流的驻点位置向底壁偏移，分别距底壁 $0.5h$、$0.24h$，平均环流旋度分别为 0.09（数值变化范围为 0.001～0.444）、0.100（数值变化范围为 0.0025～0.274）；另外，次生环流的作用区域由 $0.5h$ 增大至 $0.76h$。出口顺直段断面 CS13 和 CS15，主环流中心位置向水面偏移，距水面分别为 $0.4h$、$0.52h$。两反向环流的驻点位置继续向底壁偏移，分别距底壁 $0.16h$、$0.2h$，平均环流强度为 0.028（数值变化范围为 0.001～0.087）、0.037（数值变化范围为 0.004～0.096）；相较于断面 CS9 和 CS11，次生环流的作用区域进一步增大。

3. **二元结构河岸侵蚀过程**

通过试验观测，二元结构河岸侵蚀过程示意图见图 4.2.35，近岸水流侵蚀河岸沙土层坡面，其中河岸坡脚部位侵蚀速度较快 [见图 4.2.35（a）]；沙层坡面上一部分泥沙被水流直接挟带走，一部分则受自身内摩擦角等物理性质的影响滑移至坡脚部位并继续受坡脚附近水流侵蚀；随着侵蚀的进一步发展，上层黏土河岸悬空宽度逐步增加，受自身重力作用，河岸顶部产生裂缝并发生翻转崩塌，坍落块体堆积在沙层边坡上 [见图

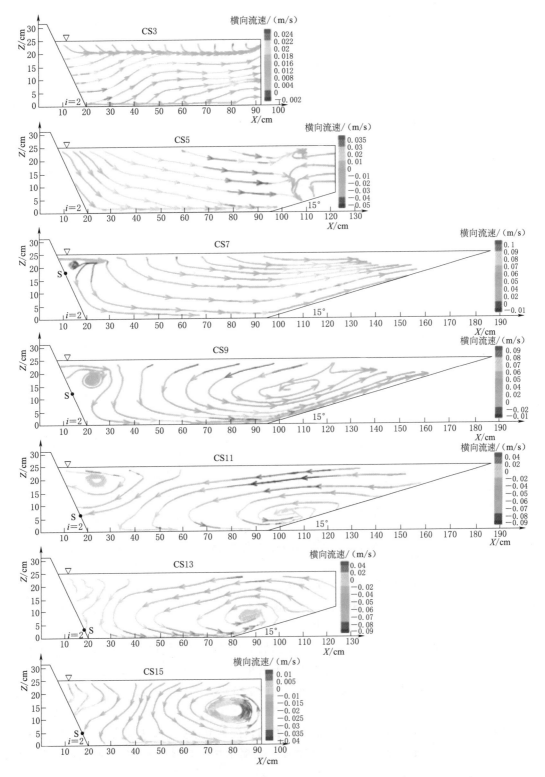

图 4.2.34　工况 1 沿横向及垂向水流流速断面分布图（$Q=50\text{L/s}$，$H=25\text{cm}$）

4.2.35（b）、（c）〕。受局部水流作用，坍落块体逐步分解，分解后的土团一部分被水流冲向下游，另一部分堆积在坡面上形成覆盖层，从而影响沙土层坡面上的泥沙起动与输移〔见图 4.2.35（d）〕。从试验观测结果可以看出，河岸底部沙层的坡面侵蚀对二元结构河岸的侵蚀速度起着极为重要的影响。上层河岸发生崩塌后，坍落块体则会堆积在近岸，对河岸底部沙层坡面侵蚀的影响包括两个方面：一方面，坍落块体堆积在近岸附近，改变近岸水流从而影响沙层坡面上泥沙的起动与输移；另一方面，上层河岸崩塌的发生，不仅对河岸基础起着泥沙补给作用，而且坍落块体分解后的土团在沙层坡面上形成覆盖层，对坡面上的泥沙起动起着掩护作用，从而减小了河岸底部沙层坡面的侵蚀速度，进而减缓了河岸侵蚀速度。可将断面分成 4 个区域：区域 1 为河岸边壁与坍落块体之间的区域，区域 2 为坍落块体堆积区域，区域 3 为坍落块体与坡脚之间的区域，区域 4 为河岸坡脚以外的区域，其中区域 1～3 为主要研究部分〔见图 4.2.35（d）〕。

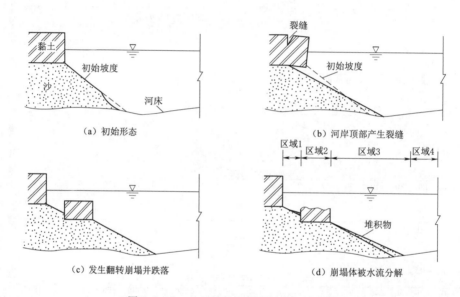

图 4.2.35　二元结构河岸侵蚀过程示意图

研究表明，位于顶冲点上游的二元结构河岸上部坍落块体，使区域 1 与区域 2 内纵向流速增大，并使区域 1 内产生螺旋流；位于顶冲点下游的坍落块体，使高流速区比分解后更加靠近左岸，从而增大了水流对河岸的侵蚀。

通过分析顶冲点上下游的坍落块体移除前后边壁剪切力变化情况，可知，位于顶冲点上游坍落块体的存在使区域 3 内的边壁剪切力减小，从而减小了河岸基础侵蚀速度；而位于顶冲点下游的坍落块体的存在使得区域 3 内的边壁剪切力增大，从而增大了河岸基础侵蚀速度。

坍落块体分解过程中对河岸近岸水流的影响是极其复杂的，影响因素众多，如河岸高度、水位等。因此，仍然需要更多的试验研究去揭示坍落块体的分解过程对河岸过程的影响。

4.2.5　小结

本节系统研究了冲刷条件下不同河岸、河床条件下岸坡崩塌与河床变形的交互影响机理；首次对岸坡崩塌量及河床冲刷量的相对大小进行了对比；指出了崩岸破坏程度最大的区域，考虑岸坡的垂向切应力分布，建立了河岸侵蚀崩塌失稳力学模型；发现位于顶冲点上游坍落块体的存在使坡脚处边壁剪切力减小，从而减小了河岸基础侵蚀速度；而位于顶冲点下游的坍落块体的存在使得坡脚处边壁剪切力增大，从而增大了河岸基础侵蚀速度。上述研究成果对适时预测并控导河势、指导水体环境功能规划有着重要的科学及实用价值。

4.3　分汊河道的河床再造过程

4.3.1　模型布置及试验方案

1. 模型布置

为了研究分汊河道的河床再造过程，以长江中游界牌河段及戴家洲河段为参考，对河道地形及河岸边界进行概化，削弱其非典型性，分别代表顺直分汊和弯曲分汊河道。模型长 45m，宽 5m，河床比降 0.15‰。水槽进口段设有带花墙的前池和稳流栅，在试验段前设有约 3m 过渡段。试验设有流速测量断面及水位测量点，分布见图 4.3.1。分汊河道定床模型现场见图 4.3.2。

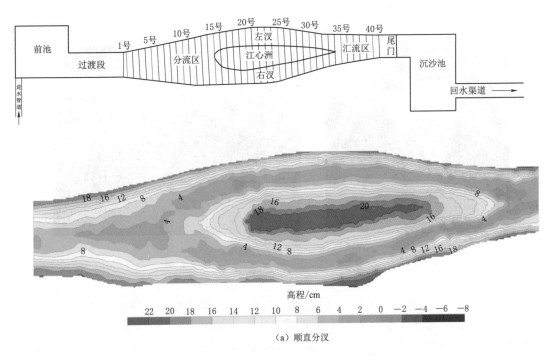

（a）顺直分汊

图 4.3.1（一）　分汊河道概化模型平面布置图

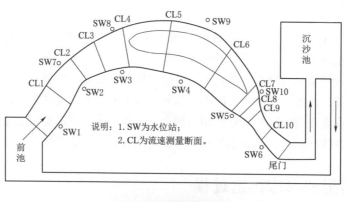

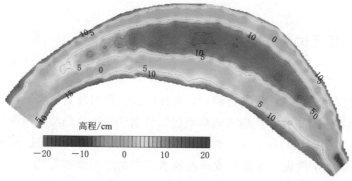

（b）弯曲分汊

图 4.3.1（二）　分汊河道概化模型平面布置图

图 4.3.2　分汊河道定床模型现场图

2. 试验方案

以汉口水文站 2003—2015 年水文资料为基础，以流量出现的频率值定义洪、中、枯等特征流量，并采用最大输沙率法计算平滩流量为 40000m³/s，对应概化流量为 36L/s，并据此开展定床模型试验，研究不同流量下水力特性的变化特征。概化模型定床试验工况见表 4.3.1。

表 4.3.1   概化模型定床试验工况

流 量 特 征		原型流量/(m³/s)	概化流量/(L/s)
60%	枯水流量	15000	13
50%		18000	16
30%	中水流量	27000	25
10%		36000	33
5%		40000	36
1%	洪水流量	52000	47
多年平均洪峰流量		60000	54
1954 年洪峰流量	特大流量	71100	65

动床试验选取 1996—2000 年汉口水文站水沙系列作为代表性造床水沙系列（见图4.3.3）。为避免特大洪水对河道冲淤趋势产生不可逆转的影响，该试验水沙系列仅考虑了1998 年的单次造床。即试验水沙系列为 1996—1997—1999—2000—1996—1997—1998—1999—2000 年，共 9 个水文年。

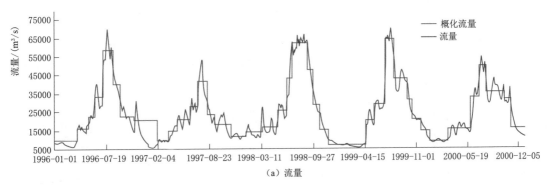

（a）流量

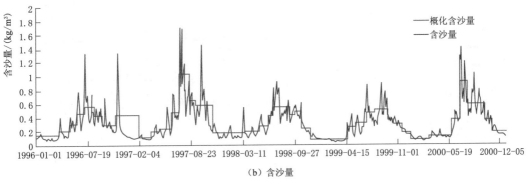

（b）含沙量

图 4.3.3 1996—2000 年原型系列流量及含沙量概化图

考虑到水库拦蓄对下泄水流含沙量的影响，试验设置了原型系列、减沙系列两组不同的水沙过程。其中减沙试验对代表性水沙系列含沙量进行了概化，具体思路如下：选取汉口水文站 2003—2015 年实测水沙系列，点绘流量-输沙率关系（见图 4.3.4），并取图中散点的下包线进行拟合，得到输沙率与流量的函数关系。将 1996—2000 年流量过程带入此函数关系，推求得到减沙系列的逐日输沙率过程。减沙系列的含沙量为原型系列的 1/10～1/2。

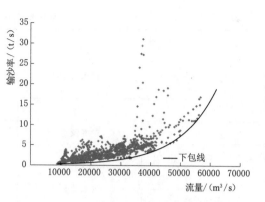

图 4.3.4　汉口水文站流量-输沙率
关系曲线（2013—2015 年）

4.3.2　水力特性沿程差异性分析

4.3.2.1　比降变化

水面线的变化能较为直观地表示出水流的情况。对于分汊河段来说，河床地形对水面线和水面比降影响较为明显，随着流量的增加，河床地形的影响减弱；由于江心洲的顶托作用及水面放宽流速减小导致汊道入口的壅水现象，分流区水面线和比降变化并不明显，甚至在大流量时出现负比降；汊道段水面线和水面比降变化较为明显。下面以弯曲分汊为例进行说明。

1. 纵比降变化

各级流量下汊道不同区域水面纵比降见图 4.3.5，纵比降的沿程分布呈现明显的差异性：在分流区中、枯流量下，水面比降随着流量的增大而减小；洪水流量及特大流量下，水面比降随着流量的增大而增大。

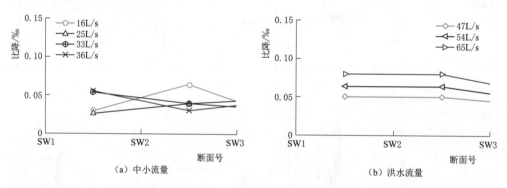

(a) 中小流量　　　　　　　　　　　　(b) 洪水流量

图 4.3.5　分流区不同流量下纵比降对比

定义比降变幅：

$$\Delta_m = (j_{m2} - j_{m1})$$

其中，j_{m2}、j_{m1} 分别为 Q_m 流量下 SW1～SW2 与 SW2～SW3 的水面比降。当数值为正时，水面比降沿程增加，呈上凸形，反之则为下凹形（见图 4.3.5）。小于 33L/s 的中、枯水流量水面比降呈现上凸形，即水面比降沿程增加；大于此流量后水面比降呈下凹形，即水面比降沿程减小；在洪水及特大流量下，水面比降沿程基本不变。即在平滩流量左右沿程比降变化幅度呈现一个极小值（见图 4.3.6）。

总体来说，凹岸汊道纵比降随着流量的增加呈现逐渐增大的趋势，但在平滩流量下出现明显的骤降，此现象在汊道的中下段尤为明显；从沿程变化来看，除了平滩流量附近沿程降低外，其余流量下均呈现增加的趋势。与凹岸汊道不同，在凸岸汊道，当过流量较小时水面比降上下段呈现差异：上段随着流量的增大比降逐渐减小，下段则相反；当过流量较大时，上下段纵比降变化规律一致，即随着流量的增大，水面比降逐渐增大。从沿程分布来看，当流量小于 25L/s 时，比降沿程减小；当流量大于 33L/s 后，纵比降沿程增加（见图 4.3.7）。

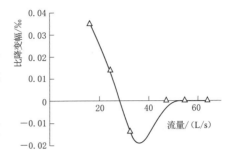

图 4.3.6　分流区比降沿程变幅
随流量变化趋势

同样，在汇流区水面纵比降也存在明显的突变现象：总体上水面纵比降随着流量的增加逐渐增大，但在平滩流量下骤然减小，减小幅度约为 60%（见图 4.3.8）。

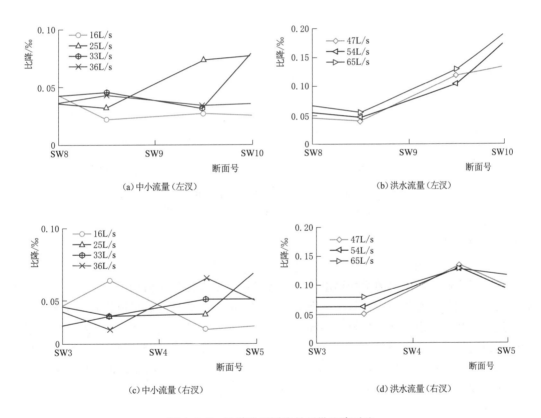

(a) 中小流量（左汊）　　　　　　　　　(b) 洪水流量（左汊）

(c) 中小流量（右汊）　　　　　　　　　(d) 洪水流量（右汊）

图 4.3.7　汊道段不同流量下纵比降对比

2. 横比降

分流区水流受到重力与离心力的作用，出现弯道环流，使得水面出现横比降。随着流量的增大，断面的横比降呈现先增大后减小的趋势，在平滩流量下达到最大值；随着流量

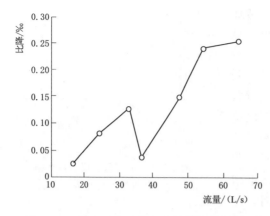

图 4.3.8 汇流区水面纵比降随流量变化关系

的增加，汇流区横比降则呈现先减小后增大的趋势，临界值也出现在平滩流量附近（见图 4.3.9）。

总的来说，弯曲分汊河道水面纵横比降与断面所处位置、断面过流量等因素有关。当水流漫滩后，分汊河道由两条汊道变成单一河道，在分流区河床为逆坡，在壅水的作用下分流区比降出现极小值，在汇流区河床为顺坡，因此出现陡降现象。从沿程变化来看，在分流区沿程的变幅出现极小值，凹岸汊道在此流量下出现沿程降低的反常现象，凸

岸汊道则在此流量下出现转折。

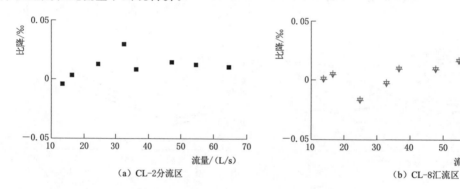

（a）CL-2分流区　　　　　　　　　（b）CL-8汇流区

图 4.3.9　分汇流区横比降变化

注：＋表示凹岸高于凸岸；－表示凸岸高于凹岸。

4.3.2.2　横断面流速分布

1. 顺直分汊河道

各断面流速均随流量的增加而增大，最大流速基本都出现在河槽中部。分流区后半段流速与前半段相比有所下降，降幅范围为 0.3～0.6m/s，分流区后段流速减小主要是由于河道逐步放宽、过水断面增加及江心洲洲头的阻水作用导致分流区后半段产生壅水。汊道段流速以断面 25 号为分界点，25 号断面之后左、右汊流速均有所增加，增幅范围为 0.2～0.8m/s，汊道后半段河床比降的增大是流速增加的主要原因。在汇流区，各断面流速相较于汊道段有所下降（见图 4.3.10～图 4.3.12）。

2. 弯曲分汊河道

弯曲分汊河道各断面的流速分布呈现如下特点：深槽流速大于浅滩流速，且随着流量的增加断面流速增大，但汊道各部位断面流速分布变化的规律也具有各自的特点（见图 4.3.13～图 4.3.15）。

在分流区，当水流漫滩时，凹岸主槽流速发生小幅度的减小，约减小 0.1m/s，之后继续随着流量的增加而增大。水流漫滩前，河道主流线位于河道的凹岸侧，而发生漫滩后

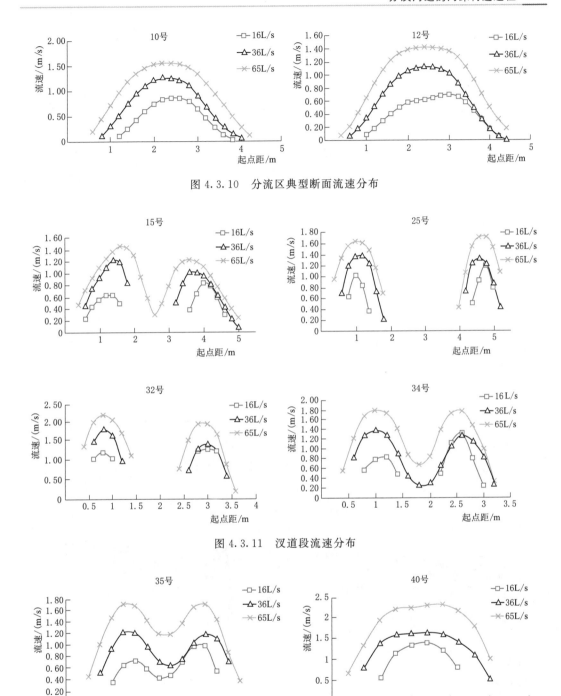

图 4.3.10　分流区典型断面流速分布

图 4.3.11　汊道段流速分布

图 4.3.12　汇流区流速分布

主流线转移到凸岸侧。汊道区，发生与分流区类似的现象：当流量小于平滩流量时，河道主流线位于河道的凹岸汊道；当流量大于平滩流量后，河道的主流线转移到河道的凸岸汊道。汇流区，当流量超过平滩流量后，滩地部分流速也会小幅度减小。

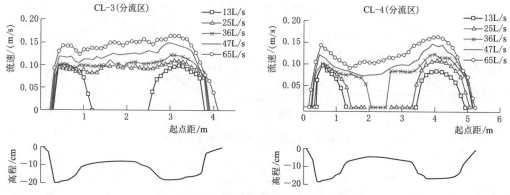

图 4.3.13　分流区典型断面平均流速分布

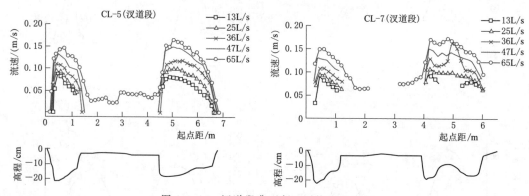

图 4.3.14　汊道段典型断面平均流速分布

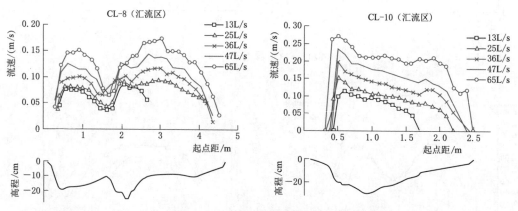

图 4.3.15　汇流区典型断面平均流速分布

　　总的来说，整个分汊河段内深槽流速要大于滩地流速，且均随着流量增加而增大。平滩流量时，水流漫滩后，主槽的流速会突然减小，而滩地的流速会发生小幅度的增加，但流速值依然会小于深槽；河道主流线在平滩流量下也会从凹岸汊道转移到凸岸汊道。

4.3.2.3 分流比变化

不同流量下凹岸汊道分流比随流量变化见图4.3.16。凹岸汊道分流比随流量的变化呈下凹曲线：当流量小于平滩流量时，随着流量的增加凹岸汊道分流比逐渐减小；当流量大于平滩流量时则相反，即在平滩流量附近，凹岸汊道的分流比达到最小值。

综上所述，对于顺直分汊河道，由于江心洲的顶托作用，分流区水面线变化以及比降变化并不明显，甚至在大流量时出现负比降；汊道段水面线变化以及水面比降变化较为明显，这样更有利于汊道河床

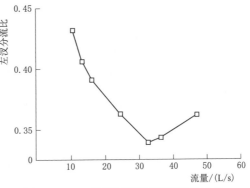

图4.3.16 不同流量下凹岸汊道分流比随流量变化

的刷深，这也说明了汊道段需要更大的势能满足河道的过流能力。各断面流速均随流量的增加而增大，最大流速基本都出现在河槽中部。由于河道逐步放宽、过水断面增加及江心洲洲头的阻水作用导致分流区下段产生壅水，流速有所下降；在汊道后段，河床比降的增大导致流速增加；在汇流区，各断面流速相较于汊道段有所下降。

对于弯曲分汊河道，水力特性在平滩流量附近表现出明显的突变性：在此流量下，水面纵比降在分流区随流量变化出现极小值，比降沿程变幅也出现极小值；汇流区纵比降出现短暂的陡降；主槽的流速会突然减小，而滩地的流速会发生小幅度的增加；主流线由凹岸汊道转移至凸岸汊道；最大床面切应力所处位置由凹岸转移至凸岸，且凹岸汊道分流比出现极小值。

4.3.3 不同水沙条件下分汊河道造床过程试验

4.3.3.1 顺直分汊河道再造过程试验研究

考虑到三峡工程运用以来，在"清水冲刷"下长江中下游顺直分汊河道演变较为剧烈，顺直分汊河道再造试验考虑减沙系列及清水系列两组不同的水沙过程。

1. 总体冲淤变化

图4.3.17和图4.3.18分别是减沙系列和清水系列平面冲淤变化图。图中，1997年（第6年）是小水年，1998年（第7年）是大水年，2000年（第9年）是中水年。

（1）减沙系列。与原始地形相比，主要冲淤特点如下：①分流区与左汊进口呈现淤积状态；淤积程度与各年份水量有关，大水年淤积较为明显，最大淤积部位在左汊进口，淤积幅度超过4m，小水年则淤积程度较弱。②右汊进口在大水年有一定程度淤积，中水年和小水年则相对平衡。③由于河段中上部淤积引起的"壅水拉沙"效应和河段出口节点深水断面控流效果，汊道中下部及分流区以冲刷为主，但是幅度不大，冲刷集中在近岸及近滩、汇流区部分。④江心洲16m以上高滩冲刷降低；受分流区与汊道进口段淤积影响，洲头12m等高线以下低滩有一定程度淤积，受汊道中下部与分流区冲刷、河段出口深水节点断面影响，洲尾冲刷萎缩。⑤由于河段中上部淤积，尤其是左汊淤积作用，减沙系列在大水年造床作用下洲滩中部有串沟出现和切滩的趋势。

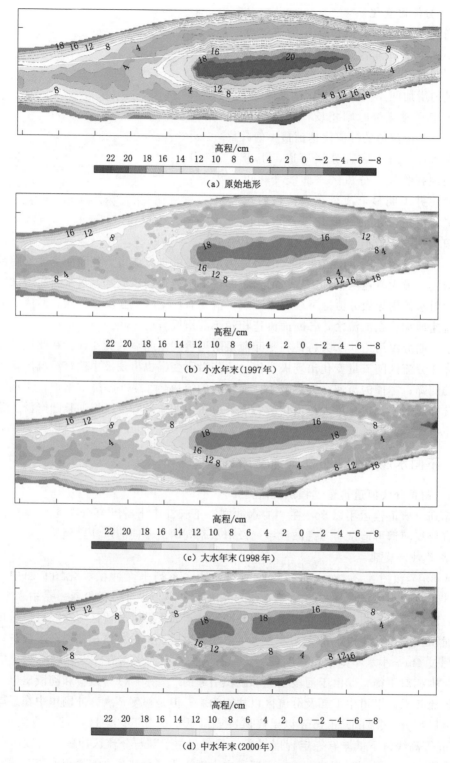

图 4.3.17　减沙系列平面冲淤变化图

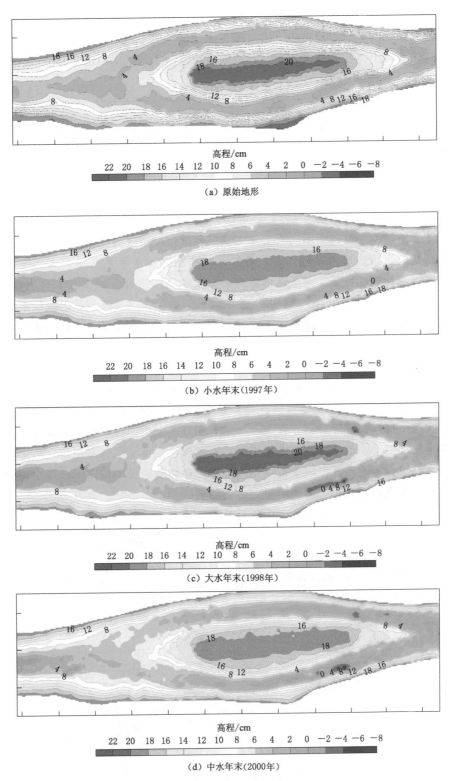

图 4.3.18　清水系列平面冲淤变化图

（2）清水系列。与减沙系列相比，主要冲淤特点如下：①分流区与左汊进口淤积呈现减弱态势。②中大水年份，汊道中下段主槽冲刷比较明显。③江心洲洲头右缘冲刷明显；在大水年造床作用下，江心洲淤积抬高，表现出与减沙系列不同的现象。

表 4.3.2　　　　　　　　　　　　汉道各部位冲淤量变化　　　　　　　　　　单位：m³

	减沙系列			清水系列			备注
	小水年末（1997 年）	大水年末（1998 年）	中水年末（2000 年）	小水年末（1997 年）	大水年末（1998 年）	中水年末（2000 年）	
汉道入口	+0.003	+0.007	+0.006	+0.0003	+0.001	+0.0012	＋为淤积 －为冲刷
汉道中段	−0.0001	−0.0003	−0.0002	−0.0004	−0.0013	−0.0014	
汉道出口	−0.004	−0.009	−0.008	−0.006	−0.015	−0.017	

表 4.3.2 为在两个系列中不同水文年末汉道各部位冲淤量的变化，其中各水文年末冲淤量变化都是以原始地形为基础。由表可知，减沙系列和清水系列均表现为汉道入口淤积，汉道中下部冲刷的特征。对于减沙系列，大水年（1998 年，第 7 年）冲淤幅度最大，中水年次之（2000 年，第 9 年），小水年最小（1997 年，第 6 年）。对比减沙系列，清水系列汉道入口淤积幅度减弱，汉道中下部冲刷则增加，并表现出随系列年过程持续性冲刷态势。

2. 深泓线变化

图 4.3.19 为减沙系列与清水系列深泓变化图，1997 年（第 6 年）是小水年，1998 年（第 7 年）是大水年，2000 年（第 9 年）是中水年。减沙系列中，分流区深泓位置基本稳定在河槽中部，深泓线分离点在大水年末有明显的上提，在中水年末恢复下移。左汊深泓出现小范围摆动，但总体趋势变化不大；右汊深泓在前半段基本稳定，后半段远离江心洲向河岸贴近。汇流区深泓线交汇点稍向下移。整体看来模型段深泓线未出现大幅度的偏移，只在小范围内，有小幅度向河岸贴近的趋势。

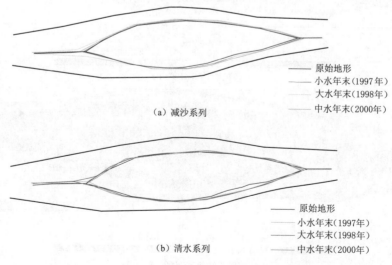

（a）减沙系列

―― 原始地形
―― 小水年末（1997年）
―― 大水年末（1998年）
―― 中水年末（2000年）

（b）清水系列

―― 原始地形
―― 小水年末（1997年）
―― 大水年末（1998年）
―― 中水年末（2000年）

图 4.3.19　减沙系列与清水系列深泓变化图

清水系列中，深泓线变化规律与减沙系列类似，但深泓线分离点在大水年末上提距离减小。深泓线摆动主要发生在右汊，其余各部位深泓线的位置并未有明显的改变。右汊后半段深泓线向右侧河岸靠近，说明右汊的深槽有向右移动的趋势。深泓线的稳定与深槽位置的稳定相关，深泓线能基本维持稳定也说明深槽虽然各有冲淤，但是深槽的相对位置并未发生大的改变。

3. 分流比变化

表 4.3.3 为减沙系列和清水系列对应的不同年份河段左汊分流比变化。

表 4.3.3   左汊分流比变化

工 况	测时流量/(m³/s)	初始状态	分 流 比	
			减沙系列	清水系列
小水年（1997 年）	41790		30.6	31.3
大水年（1998 年）	42877	46.1	43.2	45.6
中水年（2000 年）	49319		37.2	40.2

减沙系列中，在小水年汛期左汊分流比最小，左右汊分流比差距最大；在大水年汛期左汊分流比增加，左右汊分流比差距减小；在随后的中水年中，左汊分流比下降，两汊分流比差距扩大。可以看出，相对于初始状态，左汊分流比均有所减小。据统计，试验河段左右汊道流程比为 1.02：1.00，基本相等，汊道进口底部高程也较为接近；因此河段深泓及水流主流偏向河段右汊，是左汊萎缩、右汊发展的主导因素。左汊分流比减小值小水年最大，中水年其次，大水年则最小。结合前述冲淤变化等分析，可以看出大水年主流偏右汊的程度有所削弱，导致左汊有一定程度的发展。

清水系列左汊分流比变化规律与减沙系列基本一致，区别在于清水系列左汊减小值相对较小。结合前述冲淤变化等分析可知，这是清水系列中左汊进口淤积程度较弱，"拦门沙"效应较弱的缘故。

4. 断面形态变化

减沙系列与清水系列分流区典型断面变化（13 号断面）见图 4.3.20。减沙系列，各水文年末分流区 13 号断面左侧淤积明显，尤其是大水年淤积程度较大；断面右侧则冲淤交替，其中大水年末有一定程度淤积，中小水年末稍有冲刷。清水系列，表现出减沙系列类似的趋势，区别在于 13 号断面左侧淤积程度有所减弱。断面左侧淤积现象与汊道入流角度密切相关，对左汊现状分流比的维持不利。

减沙系列与清水系列汊道入口典型断面变化（17 号断面）见图 4.3.21。减沙系列，各水文年末汊道入口 17 号断面左汊淤积明显，尤其是中水年、大水年淤积程度较大；右汊则冲淤交替。无论是左汊还是右汊，近岸及近低滩区域均表现为冲刷。清水系列，表现为左汊淤积和右汊冲刷，江心洲则是左缘冲刷和右缘淤积；与减沙系列不同的原因主要是减沙系列存在"拦门沙效应"的影响，汊道入口淤积较为严重，导致各汊道两侧冲刷。

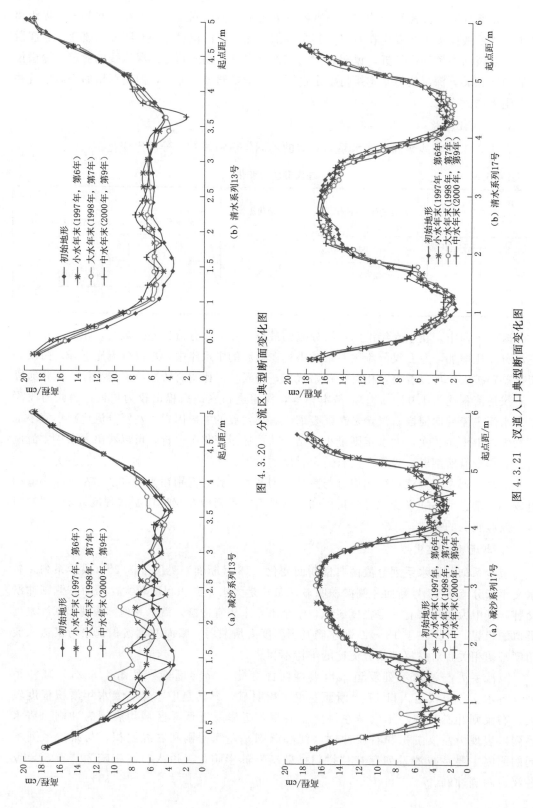

（a）减沙系列13号

（b）清水系列13号

图 4.3.20　分流区典型断面变化图

（a）减沙系列17号

（b）清水系列17号

图 4.3.21　汊道入口典型断面变化图

减沙系列与清水系列汊道出口典型断面变化（30 号断面）见图 4.3.22。减沙系列，各水文年末汊道出口 30 号断面左汊冲刷明显，右汊尤其是汊道两侧冲刷明显。无论是左汊还是右汊，近岸及近低滩区域均表现为冲刷。大水年末，右汊深泓附近冲刷较大。清水系列与减沙系列冲淤趋势基本一致。

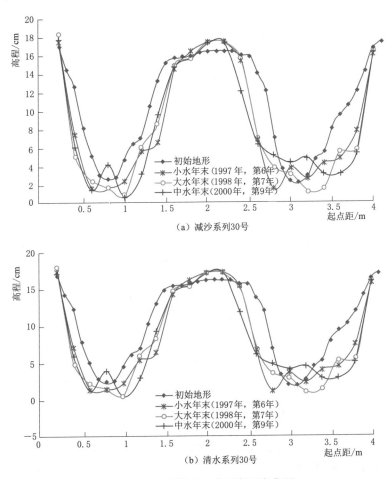

图 4.3.22　汊道出口典型断面变化图

减沙系列与清水系列汇流区典型断面变化（36 号断面）见图 4.3.23。减沙系列，各水文年末汇流区 36 号断面冲刷明显，近岸及深槽区域均表现为冲刷。清水系列与减沙系列基本一致。

5. 小结

总体而言，结合定床和动床模型试验成果，在不同非饱和程度的挟沙水流造床作用下，顺直分汊河道均表现为以下几个方面的特性。

（1）对顺直分汊河段而言，在左右汊流程相当、汊道入口高程相近的情况下，汊道演变与上游来流的角度关系密切。试验中，水流偏向于右汊造成左汊淤积与右汊冲刷。

（2）含沙量的变化对顺直分汊河段演变影响表现在：减沙条件下，分流区及汊道进口表现总体淤积态势，由于河段中上部淤积引起的"壅水拉沙"效应和河段出口节点深水断

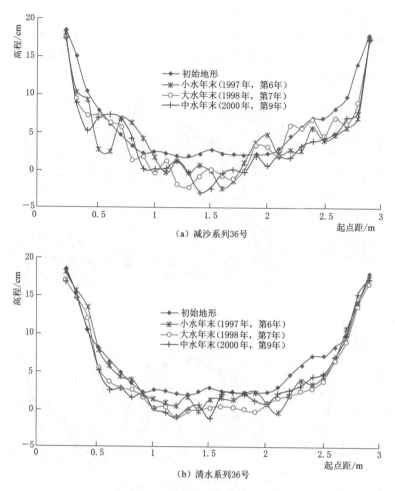

图 4.3.23　汇流区典型断面变化图

面控流效果，汊道中下部及分流区以冲刷为主；而清水条件下，分流区与左汊进口淤积呈现减弱态势，中下部冲刷加剧。

（3）小水年、中水年和大水年对顺直分汊河段演变影响表现在：中大水年份，萎缩一汊——左汊进口淤积加大，汊道中下段主槽冲刷加大。大水年主流偏右汊的程度有所削弱，导致左汊有一定程度的发展。

（4）对洲滩演变影响表现在：大部分情况下，江心洲高滩冲刷降低，受分流区与汊道进口段淤积影响，江心洲洲头低滩有时会呈淤积状；受汊道中下部与分流区冲刷、河段出口深水节点断面限制，江心洲洲尾冲刷萎缩。减沙系列，由于河段中上部淤积，尤其是左汊淤积作用，在大水年造床作用下洲滩中部有串沟出现和切滩的趋势；而清水系列，在大水年造床作用下，江心洲淤积抬高，表现出与减沙系列不同的态势。

4.3.3.2　弯曲分汊河道再造过程试验研究

1. 总体冲淤变化

（1）原型水沙系列。在连续的原型水沙系列造床作用下，弯曲分汊河道原型水沙系列冲淤变化见图 4.3.24。在第 2 年后，弯曲分汉河道出现前淤后冲的现象。分流区普遍淤积，右汉汉道进口处淤塞，出现一定的拦门沙。第一个大水年后（第 3 年末），继续维持前淤后冲的趋势：分流区的左岸发生较大面积的淤积，右汉汉道的淤积向下游发展，同时左汉汉道局部地区发生淤积，形成深浅交错的格局。汇流区的河槽冲刷继续加深，右岸发生了一定的崩退现象。6 年后，河道分流区出现大面积的冲刷，左岸新淤出的高滩发生较大程度的萎缩，河槽也有所发展。汇流区河槽发生一定的淤积，右岸岸线略有淤进。1998年大水后（第 7 年末），河道淤积严重，分流区在上一个周期冲刷消失的边滩重新出现。右汉汉道进口基本完全淤塞，左汉岸坡崩退明显，深槽大幅度冲刷发展。由于泥沙在弯曲分汉河道上半段大量的沉降，致使弯曲分汉河道后半段略微出现一些冲刷。此后经过 2 年的调整后，河道呈现"上冲下淤"的发展趋势。分流区左岸出现的边滩有所冲减，主槽变宽。左汉汉道河槽变得更加明显，右汉进口略有冲刷、出口有所淤积。

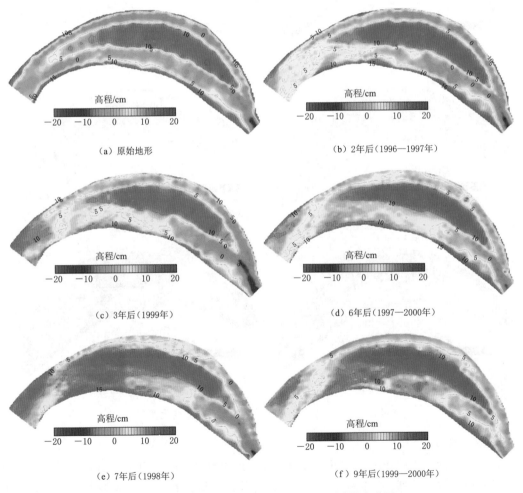

图 4.3.24　弯曲分汉河道原型水沙系列冲淤变化图

（2）减沙系列。经过连续水沙过程的作用，弯曲分汉河道减沙系列冲淤变化见图 4.3.25。经 2 年水沙作用后，弯曲分汉河道洲头向上游微小延伸，洲尾汇流区河道淤积较为严重，过水断面面积减小，主流由河道中央偏移至河道右岸。3年后，洲头受到水流冲刷萎缩，左汊河道重新冲刷恢复。汊道出口处河床下切严重，水深增大。6年后，河道左右岸岸坡淤进，两汊河道略有淤积缩小，洲头发生淤积抬高，过水能力降低。7年后（1998年洪水），河道淤积严重，左汊岸线崩退，右汊岸线淤进，洲头低滩淤积，且低滩后段出现窜沟，有切割洲头低滩成为心滩之势。左汊主槽开始弯曲，出口处有略微的淤积。9年后，洲头淤积严重，河道河势变化剧烈，左右两岸岸线淤进，主槽弯曲加剧。

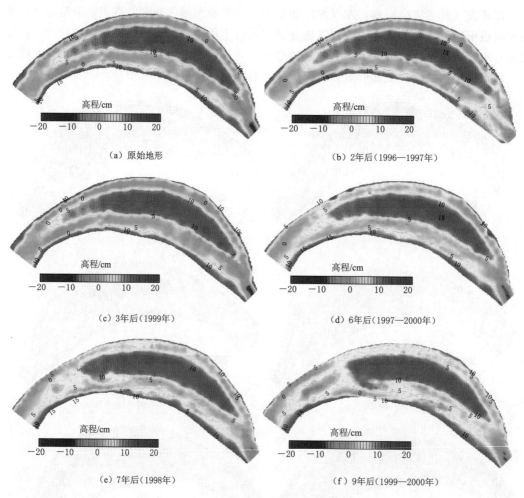

图 4.3.25　弯曲分汊河道减沙系列冲淤变化图

2. 深泓线变化

在持续水沙过程的造床作用下，弯曲分汊河道深泓线变化见图 4.3.26。

（1）原型水沙系列。2年后，河道分汇流点均向下游偏移，右汊深泓线开始发生摆动现象。第一个大水年（3年后），分汇流点略有上提；右汊前半部的深泓线摆动加剧、曲率增加。5年后，左汊汊道入口处深泓线向左岸偏移、形成弧线。右汊汊道向左岸偏移。经过1998年大水年后，右汊汊道整体向右岸偏移，左汊前段深泓线向左岸有较大幅度的偏移，中段向右岸贴近，形成S形。此后河道分流点向左岸下游有较大幅度的偏移，汇流点向下游有较大幅度的偏移。左汊深泓线完全贴近左岸边坡，右汊深泓线出现大幅度的S形摆动。

（2）减沙系列。总的来说，弯曲分汊河道深泓线摆动较为明显的部位集中在分汇流区及右汊上段，左汊深泓线平面位置相对较为稳定。除了大水年（第3年、第7年）后分汇流点有所上提外，其余年份均呈现下移发展的趋势。右汊深泓线总体向弯曲度减小的方向发展，而左汊弯曲度略有增加。

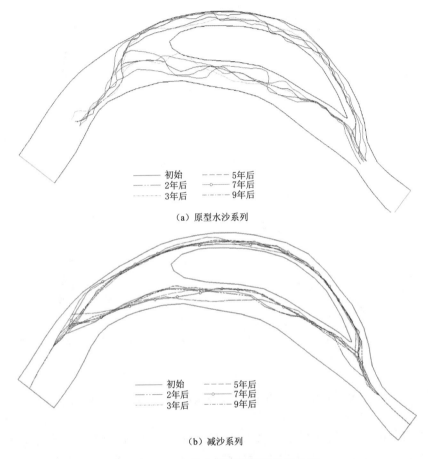

图 4.3.26 弯曲分汊河道深泓线变化图

3. 滩槽冲淤变化

（1）江心洲。分别以10cm等高线和6cm等高线代表高滩和低滩，以此分析江心洲的变化情况。

1）原型水沙系列。弯曲分汊河道原型水沙系列高低滩冲淤变化见图4.3.27。2年后，河道高滩变化较小。洲头部分略微向上游发展。右汊前半段、左汊左岸附近受水流冲刷而崩退。江心洲略微向左岸偏移。经过第一个大水年后，洲头浅滩被冲刷崩退，分流区左岸浅滩有所发展。江心洲洲尾发生较大的缩减，汇流区右岸崩退。此后洲尾浅滩因两个中水年的泥沙淤积得到发展，分流区左岸崩退，汇流区右岸淤进，其余部位均没有较大的变化。1998 年大水后,右汊上段高滩连岸,汊道进口基本淤塞封闭,整个河段几近呈单一河道形态。此后经过两年水沙造床,河道整体冲刷发展,具体表现为左汊深槽扩宽、右汊内淤积体有所冲刷萎缩。

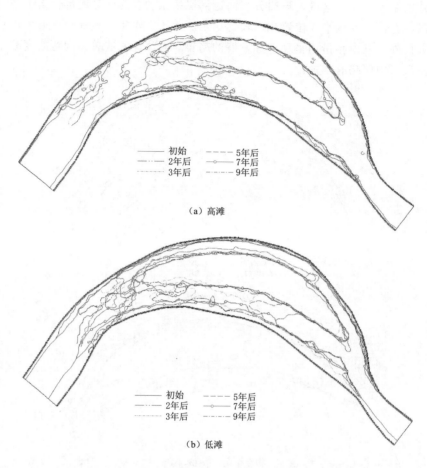

（a）高滩

（b）低滩

图 4.3.27   弯曲分汊河道原型水沙系列高低滩冲淤变化

低滩的变化稍有不同。2 年后左汊入口明显淤积,左岸岸线淤进,形成边滩。分流区右岸岸线淤进,形成边滩。洲头向下游移动,其余区域没有较大的改变。第一个大水年后,分流区右岸岸线继续淤进。左汊的入口处泥沙继续淤积,形成拦门沙。汇流区右岸边滩崩退,低滩缩减。6 年后,分流区左岸低滩有一定的回退,形成一条较为明显的河槽。右汊持续淤高,边滩线退至汊道后半段。同时汇流区右岸浅滩重新形成。1998 年大水后,左右岸浅滩均有所发展,过水能力大大减弱。此后两年间边滩有所回退,过水能力有所增强。

2）减沙系列。弯曲分汊河道减沙系列高低滩冲淤变化见图 4.3.28。2 年后河道高滩变化较小。洲头部分略微向上游发展。右汊前半段、左汊河道左岸附近受水流冲刷而崩退。江心洲略微向左岸偏移。经过第一个大水年后,洲头浅滩被冲刷崩退,右汊浅滩有所发展，左汊基本没有变化。江心洲整体略微缩小。此后、洲头浅滩因两个中水年的泥沙淤积得到发展。其余部位均没有较大的变化。经过 1998 年大水后，洲头发生大幅度的冲刷减小并向右汊发展，同时右汊进口处出现较大幅度的冲刷崩退现象。

低滩的变化稍有不同。2 年后，洲头部分出现淤积发展的现象，右汊主槽向右岸偏移。左汊口门处主槽略微向左汊偏移，汊道出口处有所淤积。经过第一个大水年后，洲头由于冲刷向下游发展。左右汊道均向左岸偏移。左汊出口处发生冲刷，基本恢复到初始状态。此后由于两个中水年的水流作用，河道主槽未发生较大变化，洲头发生少量的冲刷崩退，右汊左侧出现少量的拦门沙。经过 1998 年大水后，洲头发生切滩的现象，滩头破碎，右汊左侧拦门沙继续发展扩大。

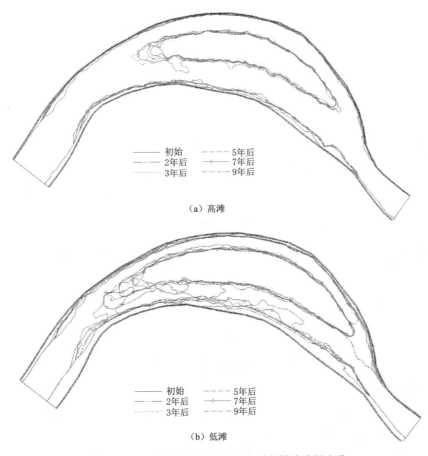

图 4.3.28　弯曲分汊河道减沙系列高低滩冲淤变化

（2）深槽。弯曲分汊河道深槽冲淤变化见图 4.3.29。

1）原型水沙系列。2 年后，深槽部分萎缩严重，分流区和左汊上段深槽几乎全线淤塞。第一个大水年，深槽部分进一步缩退，汊道仅后半段出现深槽，但汇流区的深槽有所扩张。此后深槽持续淤积抬升，平面尺度不断缩减。

2）减沙系列。弯曲分汊河道 2cm 等高线深槽的变化如图 4.3.29 所示。河道地形在经过一个中小水年后，分流区深槽出现浅滩，上下深槽不能贯通。右汊进口附近出现拦门沙，两汊道深槽变化情况不大。经过一个大水年，洲头向下游移动，深槽贯通，左右汊口门略有冲刷扩大。右汊的深槽出现向左偏移的趋势。再经过中小水年后，分流区、左汊河道及右汊河道前半段深槽淤积缩小情况严重。第二个大水年后，左右汊深槽继续淤积缩小，同时分流区深泓向左岸偏移。继续经过中小水年的造床后，左汊前段深槽有继续发展的趋势，后段出现缩小萎缩现象，右汊深槽淤积缩小。

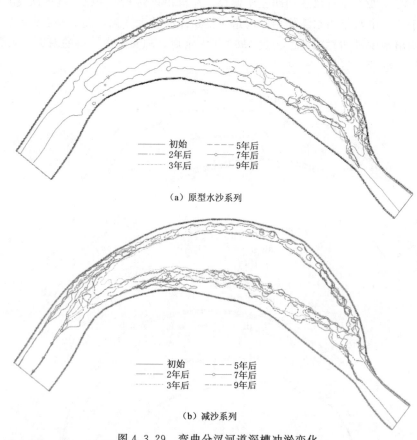

（a）原型水沙系列

（b）减沙系列

图 4.3.29 弯曲分汊河道深槽冲淤变化

4. 断面形态变化

分流区典型横断面的变化情况较为复杂。在原型水沙系列下两岸岸坡持续崩退、河槽总体淤积抬升。尤其是 1998 年后河槽明显淤积，之后略有冲刷。在减沙系列下，左汊岸坡持续崩退，深槽部分在 2 年末和 6 年末发生淤积，其余时间深槽处于冲刷的状态。河道右汊和河道中部均呈现先冲刷后淤积的趋势（见图 4.3.30）。

汊道段变化情况较为单一。原型系列下，河道两汊均发生淤积，且右汊的淤积程度明显大于左汊，左岸边滩出现一定的崩退现象。减沙系列下，左汊边滩稍有崩退、两汊河槽均略微淤积。在第 7～9 年河道的淤积程度相对较大（见图 4.3.31）。

在汇流区，原型水沙系列下左岸岸坡发生崩退，右岸岸坡则逐渐淤积。深槽部分持续冲刷至 3 年末，随后逐渐回淤。减沙系列下，断面整体上没有太大的变化，左岸略有崩退。深槽部分初期短暂冲刷下切，随后逐渐回淤（见图 4.3.32）。

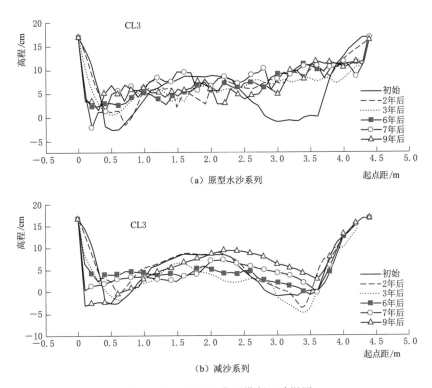

（a）原型水沙系列

（b）减沙系列

图 4.3.30　分流区典型横断面冲淤图

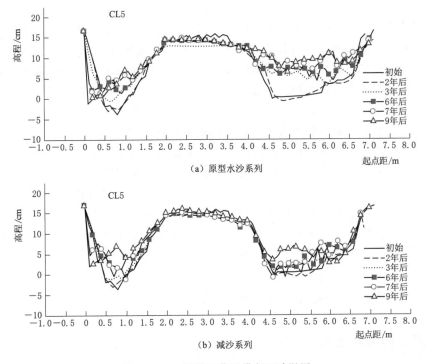

（a）原型水沙系列

（b）减沙系列

图 4.3.31　汉道区典型横断面冲淤图

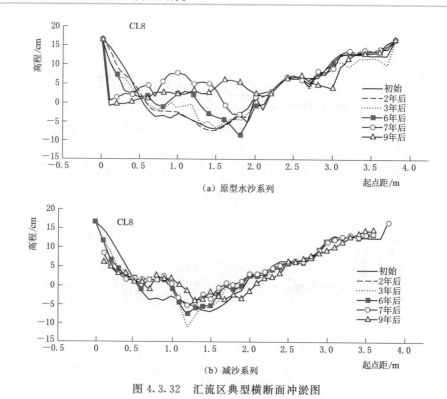

图 4.3.32　汇流区典型横断面冲淤图

5. 小结

在不同非饱和程度的挟沙水流造床作用下，弯曲分汊河道均表现为淤槽冲滩的特性。较之于原型水沙，减沙系列下水流对弯曲分汊河道的造床差异主要体现在以下几个方面：

（1）洲滩冲刷的面积及幅度较大，尤其是洲头冲刷萎缩明显。在低含沙水流的作用下，低滩靠近洲头部位在大水年后有窜沟发育。该窜沟通常在下一个中小水年便能回淤。

（2）在长系列水流造床过程中，低含沙水流作用下河床变形幅度相对较小，具体表现为：河道主流的摆幅较小，尤其是分流区分流点的位置相对较为稳定；汊道内深泓走向较为顺直连贯；深槽的平面位置及滩体的形态均相对稳定。

（3）在低含沙水流造床过程中，河道断面形态逐渐朝着宽浅化趋势发展。且变化幅度自上游向下游衰减，即断面宽深比增幅分流区＞汊道段＞汇流区。但总的来说，低含沙水流造床下的河道断面形态较原型仍然更为窄深，且在不同水文年间的波动较小。

（4）较之于进口水沙条件，汊道具体部位的冲淤特性更敏感于前期水流的造床结果。即滩槽局部的冲淤特性受其本身河床形态影响较为明显。在特殊水文年后，河道的造床作用朝着削弱特殊水文年带来的影响方向发展。

4.4　水库下游不同类型河道再造规律

4.4.1　顺直河道再造规律研究

如 3.2 节所述，在天然河道中顺直河段并不多见，且多以弯道之间的过渡段为主，在长江中游河道中，较长的顺直段为宜昌河段、大马洲河段和武汉河段。其中宜昌河段为低山丘陵区河段，其右岸为低山丘陵陡坡，多为基岩或乱石；左岸为阶地，自 20 世纪 70 年代以来相继修建了护岸工程。两岸岸坡多年来基本稳定，河床变形多表现为主槽的垂向冲深淤高，深泓走向稳定，无单向性摆动，河段中部有胭脂坝洲体，低水期与右岸相接，高水期为江心滩，形态基本保持稳定。三峡水库蓄水以来 2002—2019 年宜昌河段冲刷 0.19 亿 m^3，枯水河槽冲刷量占总冲刷量的 73%；近年来河段基本处于冲淤相对平衡状态。河床演变主要表现为：①河段基本达到冲淤平衡状态。②河段典型横断面总体呈现面积扩大、河床平均高程降低的特性。③胭脂坝洲体萎缩，河段深槽扩大，但幅度均较轻，槽护底工程及洲体防护工程对主河槽及胭脂坝洲体的防冲作用较为明显。

大马洲河段为北南流向，位于下荆江中部，上起顺尖村，下至集成垸，全长约 10.5km。三峡工程蓄水运用以来，下荆江大马洲河段枯水流量、多年平均流量及平滩流量下河床整体均表现为冲刷，河床冲淤量分别为 -1266.4 万 m^3、-1914.3 万 m^3、-2528.5 万 m^3，其中枯水河槽、低滩及高滩均表现为冲刷，且深槽和高滩冲刷量较为接近。从时间分布来看，下荆江大马洲河段整体表现为冲淤交替，其中 2002—2004 年表现为微淤，2004—2006 年表现为微冲，2006—2008 年冲刷幅度较大，冲刷量达到 1513.6 万 m^3，2008—2011 年又表现为微淤，2013 年以后，河段整体表现为冲刷。从不同流量条件下冲淤分布特点来看，不同年份间枯水河槽表现为冲淤交替，而低滩及高滩则始终表现为冲刷。20m 等高线变化主要集中在两个区域：①丙寅洲边滩，表现为等高线逐年向右移动。②大马洲边滩，表现为等高线逐年向左移动。

武汉河段 2006 年 4 月至 2016 年 11 月河床有冲有淤，但以冲刷为主，特别是 2011 年 10 月至 2016 年 11 月河床冲刷明显，累积冲刷约 13488 万 m^3，河床平均冲刷下降约 1.1m。河段内洲滩众多，自上而下有铁板洲、杨泗矶潜洲、白沙洲、潜洲变化、荒五里边滩、汉阳边滩、汉口边滩、青山边滩和天兴洲等，洲滩冲淤和此消彼长是该河段河势演变的最大特点[8]。近年，其大部分洲滩均呈冲刷态势，尤其是低滩潜洲，如杨泗矶潜洲一度冲刷消失；高江心滩，如铁板洲、白沙洲亦均有较大幅度冲刷；天兴洲因洲头守护而略有淤长；相对而言，边滩冲刷幅度较小，表现出周期性冲淤循环，个别边滩如青山边滩有冲刷下移的现象。

结合 3.3 节无边滩顺直河段冲刷试验和 4.1 节中有边滩顺直河段冲刷试验，以及实测资料分析可知顺直河段冲刷再造的基本规律如下：

（1）河道内淤积体以边滩为主的顺直河段，其冲刷以边滩冲刷为主，边滩的不断冲刷缩小和逐步下移是主要特点，因左右岸边滩冲刷幅度不同，其深泓亦会表现出明显的左右摆动。

（2）河道内淤积体以江心洲（滩）为主的顺直河段，其冲刷首当其冲为江心洲（滩），尤其是水下低矮潜洲，全面冲刷缩小，对于高滩其冲刷以洲头为主，深泓线平面变化则较为复杂，与江心洲（滩）和边滩冲淤交替有关。

（3）整体河道断面均有所扩大，甚至可以从 V 形断面过渡至 U 形断面。

4.4.2 弯曲河道再造规律研究

弯曲河道主要分布于长江中下游特别是荆江河段。近 200 年来随着江湖关系的变化，

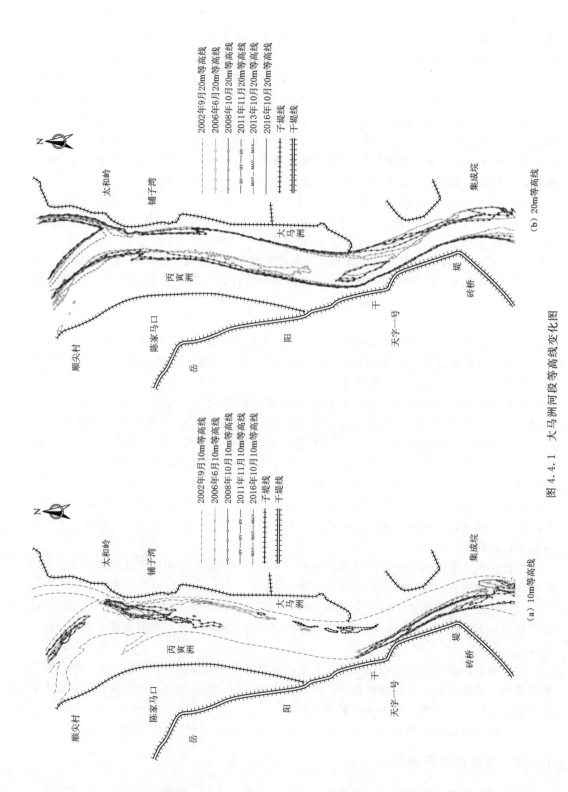

图 4.4.1　大马洲河段等高线变化图

下荆江流量、沙量逐渐增加，再加上河道护岸工程较为薄弱，下荆江河道变化较为剧烈，河势调整较大，迂回曲折的形态逐渐形成，并不断发生自然裁弯，其中1821—1972年，下荆江就曾先后发生8次自然裁弯。其中石首河段近百年内（1887—1972年），仅在茅林口至金鱼沟河段范围内，就曾先后发生过4次自然裁弯。1994年石首弯道段的撤弯切滩也引起河势的剧烈调整：主流切割向家洲边滩后形成新生滩，此后主流摆脱东岳山的节点控制，石首河段由此形成一锐角急弯段，北门口成为急弯的顶冲段，该处大幅度崩退，鱼尾洲顶冲点下移，致使该段河势相应发生调整。

由此可见，自然条件下弯曲河道的基本演变特点主要表现为：凹岸不断崩退和凸岸相应淤长，河弯在平面上不断发生位移并且随弯顶向下游蠕动而不断改变其平面形状，使得蜿蜒曲折度不断加剧、河长增加，曲折系数也随之增大。当河弯发展成曲率半径很小的急弯后，遇到较大洪水，水流漫滩，便可发生裁弯、切滩或者撤弯的突变，从而引起上下游河势的剧烈调整[9]。

三峡工程蓄水运用后，受水库拦沙作用下荆江河道输沙量大幅减少，加之水库调节作用使下荆江河道中水期时长增加而洪水期时长相对减小。这两方面变化已引起弯道河势产生新的调整，为此以下荆江调关弯道为例开展相关研究。

1. 滩槽变化

随着上游河段来沙量大幅度减少，调关弯道凸岸洲头边滩汛后落水期泥沙淤积量不足以抵消洲头边滩泥沙冲刷量，该河段出现了较明显的冲刷调整现象。以15m等高线为分析对象（见图4.4.2）主要表现为，弯道凹岸淤积和凸岸边滩冲刷，在弯顶段河道展宽，河宽变化对流速的横向分布也产生一定影响，由此引起部分泥沙在江心淤积成为潜洲。使原有的弯道单一深槽断面，逐渐发展成为双槽中间夹滩的断面结构。

2. 典型断面变化

统计了2002—2016年调关弯道典型断面高程变化情况（见图4.4.3）。由图可见，近年来调关弯道凸岸边滩明显冲刷后退，弯道断面由2002年10月的偏V形，逐渐向双槽（凹岸一槽、凸岸一槽）的W形转化，断面最深点明显向凸岸偏移，其中凹岸深槽最深点逐年淤积抬高，凸岸深槽最深点整体表现为降低；过流面积也由2002年10月的13085m²逐年增加到2016年9月的16570m²，过流面积增加了26.6%。凸岸的最深点由2002年10月的15.0m，刷深至2008年10月的8.1m，随后有所回淤，至2016年10月为13.0m，但凸岸边滩附近的深槽面积则呈逐年扩大的趋势，与之相应的凹岸深槽则逐渐淤积减小，凹岸的最深点也有逐年抬高的趋势，目前调关弯道凸岸边滩附近的深槽已发展成为断面的主槽，断面形态已较三峡建库前发生了明显变化。

3. 深泓线变化

三峡建库后调关弯道在新水沙条件下，深泓线摆动明显（见图4.4.4）。三峡蓄水前（2002年9月），调关弯道深泓沿凹岸下行，符合一般弯道水流运动规律；但自2004年9月开始主流逐渐向凸岸方向有偏移的趋势，至2008年6月偏移的幅度最为明显，此时与2002年相比主流向凸岸最大摆动达730m；2008年后主流向凸岸方向摆动的趋势有所减缓，其中2016年与2008年相比深泓线向凹岸回摆245m。但总的来看，弯道内深泓平面上向凸岸摆动的趋势仍未改变。

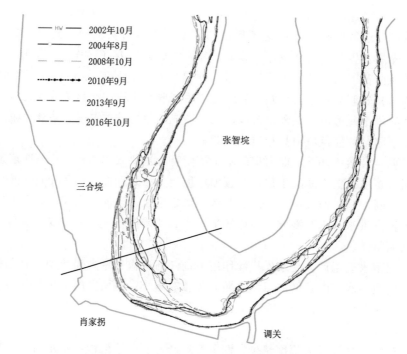

图 4.4.2　调关弯道等高线变化（黄海 15m 高程）

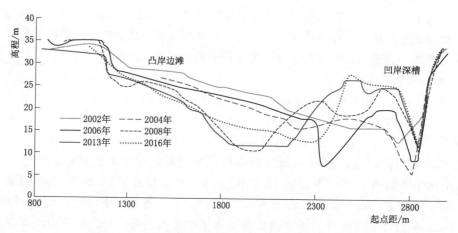

图 4.4.3　调关弯道进口横断面变化（黄海 30m 高程）

三峡工程蓄水运用以来，长江中下游河道径流条件发生较大改变，其河道来沙量呈急剧减少的趋势，水沙条件的明显变化已引起坝下游河段河床的剧烈持续冲刷，河势也相应发生较大调整。水库调蓄后坝下游枯水期径流量明显增加，不利于弯曲河道水流"小水坐弯"，并使弯道主流长期偏于凸岸，引起凸岸边滩的大幅冲刷，这也是近期调关弯道发生"撤弯切滩"的主要原因之一。岸坡崩塌在弯道中较为常见，是导致弯道河势调整的主要原因。结合前述弯道概化模型试验，得出以下结论：

（1）非黏性土岸坡崩塌更倾向于在坡脚比较深的地方。岸坡土体黏性越小、初始岸坡越陡、近岸流速越大、动水作用时间越长，岸坡冲刷崩退量越大。近岸河床可动性越强，

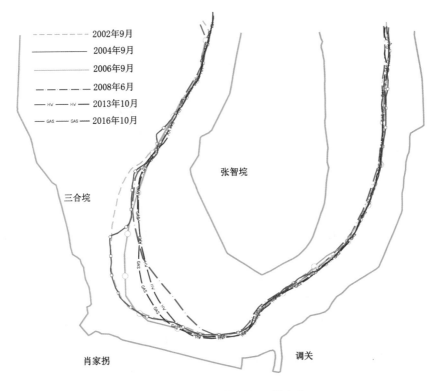

图 4.4.4　调关弯道深泓线变化

越容易被冲刷，岸坡崩塌程度越大，动水条件下河道断面越宽浅。

（2）弯道凹岸边壁切应力最大点发生在距河床 0.15～0.75 倍水深处，该处是崩岸破坏程度最大的区域；若岸坡与河床组成相同，同水力条件下岸坡崩塌总量大于河床冲刷总量；河床相对冲刷率随岸坡冲刷坍塌量的增大而减小，其范围值为 0.40～0.92。

（3）二元结构河岸上部崩塌体对河岸侵蚀速度存在明显影响：位于顶冲点上游坍落块体的存在使坡脚附近边壁剪切力减小，从而减小了河岸基础侵蚀速度；而位于顶冲点下游的坍落块体的存在使得坡脚附近边壁剪切力增大，从而增大了河岸基础侵蚀速度。

4.4.3　分汊河道再造规律研究

三峡水库下游分汊河型发育较为普遍。由于其平面形态宽窄相间，河段内洲滩众多、主流摆动频繁、洲滩变形剧烈[10]。当分汊河段的河势格局形成以后，各支汊道发生交替变化，一汊发展，另一汊衰退消亡，并循环继续。主支汊的周期性交替是分汊河型演变的最主要特征，伴随着洲滩的冲淤及深槽的摆动。影响主、支兴衰的因素一般包括：汊道口门段水流运动状态、水流动力轴线的摆动、分流比、分沙比、各汊相对长度以及汊道口门形态的变化等。由于口门形态、水流运动状态、水流动力轴线等均表现为影响汊道进口水动力条件，而汊道分流、分沙比又是其他各种因素综合作用的结果，是各汊发展状态的一种外在反映[11]。因此总的来说，影响汊道交替的因素可以简单概括为进口水动力条件和汊道阻力对比特征。

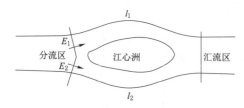

图 4.4.5　分汊河道能量守恒示意图

对于任一河段，单位质量水体所具有的（相对）能量可表示为（相对）势能和动能之和。设进入汊道的水流具有各自的初始能量 E_1、E_2，经过各汊道的沿程阻力消耗后，汇入下游（见图 4.4.5）。则该初始能量便综合反映了上游河势及水沙条件变化影响下汊道的入流条件。选取下游断面为基准面，则进入汊道单位质量的水体具有的能量为

$$E_i = \frac{v_i{}^2}{2g} + \Delta z_i \tag{4.4.1}$$

式中：Δz 为分汇流区高程差；v_i 为各汊道进口流速大小。

汊道进口水流所具有的（相对）能量，在水流行进过程中，主要用于克服沿程阻力做功。进入汊道水流的能量越大，汊道的发展越有利，即在其他条件差异不大的情况下，若 $E_1 : E_2 > 1$，汊道 1 将会发展成为输送水流的主要通道。而汊道阻力对其发展具有副作用，在对分汊河道演变特性的研究中，常通过各汊长度的相对变化来反映其阻力的对比。Burge 和 Lapointe 在加拿大 Southwest Miramichi River 支流 Renous 河流上就发现，长期存在的双汊河，各汊长度较相近，则河道水流剪切力几乎相同。因此对于同一个河段来说，汊道的阻力差异主要表现为汊道长度的差异。即汊道越长，总阻力越大。因此在进口条件相当的情况下，若 $l_1 : l_2 < 1$，则汊道 1 将会发展成为输送水流的主要通道。综上所述，分汊河型各汊道的发展态势取决于进入汊道的水流能量与经历汊道需要消耗能量的对比关系，由于能量的消耗主要表现为对沿程阻力做功，而各汊长度关系较好地体现了汊道的阻力对比。因此，分汊河段各汊道的发展最终取决于系数 f：

$$f = \frac{E_1}{E_2} - \frac{l_1}{l_2} \tag{4.4.2}$$

若 $f > 0$，汊道 1 将会发展成为主汊道；$f < 0$，则汊道 2 将发展成为主汊道。由于顺直、微弯分汊河道两汊长度相差不大，$l_1 : l_2$ 的值通常为 1.1～1.3，那么进口水流条件的轻微扰动便会造成各汊道的调整，所以进口水流条件是影响顺直、微弯分汊河段发展的主要因素。

因此，对于顺直型、微弯型分汊而言，两汊长度相当，各汊阻力对比较小，汊道的演变主要受分流区水流特性的影响：天兴洲汊道的弯曲率为 1.18，汊道进口段主流摆动引起各汊道的兴衰交替；长江中下游界牌、东流及马鞍山小黄洲等顺直汊道的主流摆动特性及汊道冲淤变化特征也充分说明了这点。

长江中游的天兴洲汊道为典型的微弯分汊河型（见图 4.4.6），其主支汊的交替受上游河势及进口水流条件影响较为明显。据资料记载，19 世纪时，上游沌口一带深泓偏右，一直到武昌蛇山，经蛇山节点的导流，将深泓偏向对岸而进入天兴洲左汊；20 世纪初，沌口一带长江右岸出现白沙洲，深泓左移，经左岸龟山节点的挑流将深泓逼向右岸武昌，再平顺进入天兴洲右汊，从而导致右汊发展。20 世纪 60 年代中期，主流由左汊摆至右汊。在 60 年代中期的主支汊交替过程中，汊道进口水力条件变化如下所述。

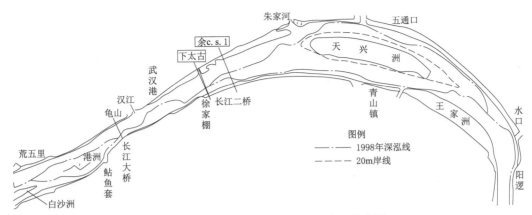

图 4.4.6　天兴洲汊道河势及水文断面分布图

60 年代初期，当流量大于 20000m³/s 时分流区主流一直位于断面左侧，小于 20000m³/s 时主流则摆动频繁，多数情况偏右（见图 4.4.6）；此时天兴洲左汊虽为主汊，但逐年淤积抬升。至 60 年代中期，右汊分流比超过 50% 并逐渐增加，70 年代末右汊枯水期分流比高达 90% 以上。可见进口段中、枯水期主流的年际摆动对汊道主、支交替产生重要影响，而主流摆动反映了上游河势变化引起的进口段水沙输移特性变化（见图 4.4.7）。

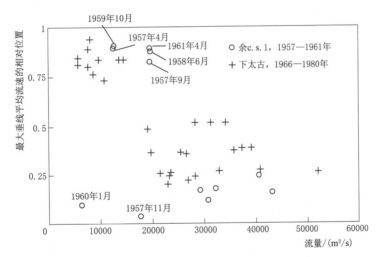

图 4.4.7　天兴洲汊道进口段主流位置变化

统计 1957—1978 年流量小于 20000m³/s 时天兴洲汊道进口段主流的相对位置、入流角（主流线与进口断面法线的夹角）及左汊分流比，见表 4.4.1。1957—1961 年间进口主流线在枯期虽呈右摆之势，但主流流向偏左汊，其入流角为 9°～25°，这一时期，天兴洲左汊分流比虽较大，但在不断淤浅；1970—1978 年，枯期入流角范围为 -16°～-20° 且主流线稳居断面右侧，即主流稳定指向右汊口门，右汊冲刷发展迅速，70 年代末右汊枯水（流量小于 10000m³/s）分流比达 90% 以上。可见以进口断面上主流的相对位置及其相对各汊的入流角为指标量化水流动力轴线的移动，与汊道分流比对应关系较好。这也说明了中、枯水期汊道进口主流动力轴线的移动是影响主、支汊交替的重要动力因素。

表 4.4.1 　　　　　　　　　流量小于 20000m³/s 时天兴洲汊道进口主流线变化

时间（年-月）	入流角①/(°)	相对位置②	左汊分流比/%	时间（年-月）	入流角①/(°)	相对位置②	左汊分流比/%
1957 – 04	15.6	0.89	62.5	1973 – 11	−19.7	0.84	30.5
1957 – 11	1.7	0.04	60.2	1974 – 03	−19.3	0.89	18.9
1958 – 06	25.4	0.87	58.5	1974 – 12	−20.1	0.84	20.2
1961 – 04	9.6	0.89	—	1975 – 04	−19.7	0.74	22.6
1970 – 12	−16.1	0.84	32.4	1975 – 12	−18.2	0.83	22.4
1972 – 02	−19.9	0.85	15.0	1978 – 01	−18.9	0.8	6.3
1973 – 01	−19.4	0.76	24.1	1978 – 12	−16.7	0.94	3.8

① 逆时针方向为正，主流趋向左汊；顺时针方向为负，主流趋向右汊；

② 最大垂线平均流速点距左岸的距离与水面宽的比值。

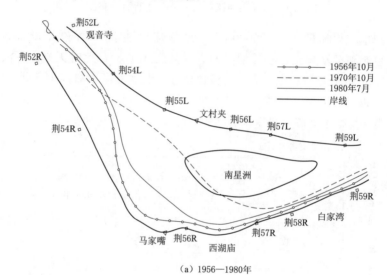

(a) 1956—1980年

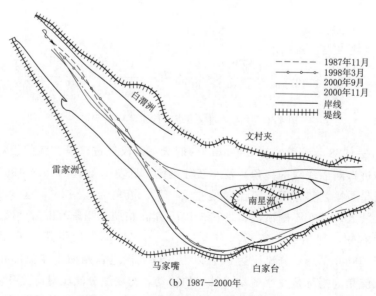

(b) 1987—2000年

图 4.4.8　不同时期马家嘴水道深泓变化

汊道进口主流动力轴线的移动除了受上游河势影响以外，不同的水文系列也会产生一定影响。如荆江河段马家嘴水道（见图4.4.8）中小水系列年，汊道主流坐弯，走右岸沿岸槽，左汊口门边滩淤积，如1956—1963年、1971—1979年以及1990—1998年特大洪水前；而以大水大沙年为主的系列年，汊道主流撇弯，处于凹岸的雷家洲边滩迅速淤长，左汊口门边滩则遭冲刷，如1964—1970年、1980—1989年以及1998—2000年。其中1967—1972年下荆江裁弯，引起上荆江比降增大，高水主流取直的特点更加突出，从而导致深泓总体左移，雷家洲高滩形成并稳定，同时制约了南星洲边滩的发育，南星洲边滩滩体规模缩小，因而加大了丰水年左汊冲刷的可能；70年代以来至1998年汛前，左汊河床虽有冲有淤，但总体上呈冲刷态势，1973—1997年深泓普遍冲深2～3m。大洪水过后的中小水年，深泓又走右汊。

对于鹅头型分汊而言，由于主、支汊长度差异一般较大且汊道的演变常使各汊的长度变化也较明显，因此两汊阻力对比对汊道演变的影响比重加大。如长江下游的南京河段八卦洲河段属典型的鹅头型分汊，20世纪40年代之前八卦洲左汊为主汊，江面宽阔，是一个平顺的大弯道。右汊是支汊，江面窄小，水深较浅，河道弯曲。1940年后左汊逐渐衰退，河槽淤积缩小，进口口门不断淤高，至1979年，−10m深槽在左汊进口前中段，形成了较为明显的拦门沙，左汊由主汊转化为支汊。此后右汊逐渐发展，河长减少，河槽冲刷扩大，变为主汊，且主汊长度仅为支汊的1/2（见图4.4.9）。1985年后，汊道分流前干流段深泓走向趋左，逐渐接近八卦洲左汊进口端（见图4.4.10），深槽槽尾逐渐指向左

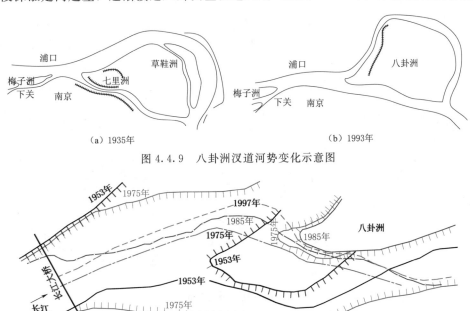

图4.4.9　八卦洲汊道河势变化示意图

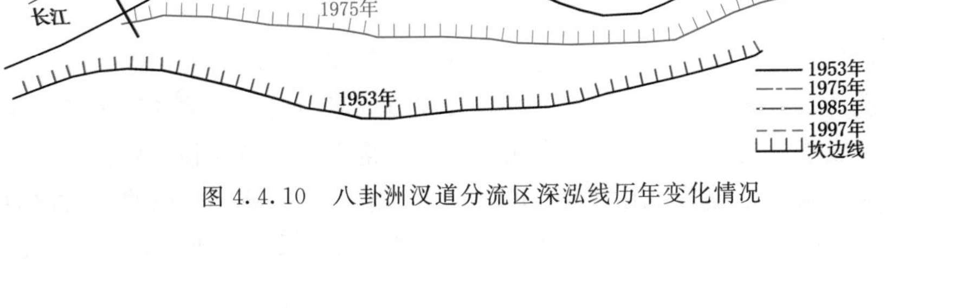

图4.4.10　八卦洲汊道分流区深泓线历年变化情况

汊进口段，而在 1998 年、1999 年几次特大洪水的作用下，分流区 −15m 深槽甚至与左汊贯通，这对左汊的入流极为有利。但从汊道分流比看出，该汊道仍维持"右主左支"的汊道格局，没有出现主支汊交替的征兆。

对八卦洲汊道的河床变化分析发现，上游主流摆动引起的洲头崩塌以及左汊内弯道的凹冲凸淤变化，致使两汊长度比不断增加（见表 4.4.2），进而改变了两汊的能坡比，致使 70 年代后分流段的深泓虽不断偏向左岸，但左汊仍处于衰退的趋势。

表 4.4.2　　　　　　　　　　八卦洲汊道左、右汊长度比及左汊分流比变化

年份	洲头崩退长度/m	左、右汊长度比	左汊分流比
1923 年	0	1.72	70%左右
1942 年	1010	1.88	—
1955 年	1680	1.9	25%左右
1965 年	2210	1.94	—
1980 年	2510	2.11	19%

位于镇扬河段的和畅洲汊道，在一百多年前还是主支汊对比悬殊的鹅头型分汊河道，在 20 世纪 60 年代中期，左汊弯曲成鹅头形，1977 年鹅头自然裁弯取直后直至 20 世纪 80 年代，左汊分流比在 34%左右。1983—1993 年间历时 10 年的整治工程使得镇扬河段急剧恶化的河势开始得到控制，表现在左汊六圩弯道的强烈崩岸受到抑制。近些年随着和畅洲汊道北缘护岸工程的修建，逐渐转变为两汊长度相近的平面外形（见图 4.4.11）。1987 年之后，六圩弯道出口段深槽向下、向左发展，使得和畅洲分流区深泓左移。至 1994 年间，汊道上游干流深泓线左摆约 240m，而左汊的分流比已增至近 60%，至 2002 年 9 月发展至 75%。

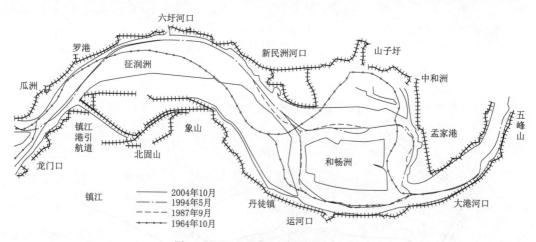

图 4.4.11　和畅洲汊道段深泓线变化

综上所述，分汊河道的主支汊格局受制于进口条件与各汊阻力对比的关系。对于同一个分汊河道来说，汊道长度在很大程度上影响着汊道的阻力对比。若各汊道长度相当、阻力对比甚微，则敏感于进口水流条件的变化，最终使得主支汊格局频繁变化；相反若各汊道长度对比较大，从而有明显的阻力差，进口轻微的水流扰动将不足以改变两汊原有的主支汊格局。如上文所述的两汊长度对比将近 2∶1 的南京河段八卦洲汊道，尽管进口深泓

一再左向发展，左岸边滩冲刷进口断面冲刷扩宽，对左汊进流极为有利，但其右主左支的格局并未因此而改变；而由鹅头分汊发展而来的两汊长度相当的和畅洲汊道，进口微弱的深泓走向变化便会引起主支汊格局的变化。

参 考 文 献

[1] WU S B, YU M H, WEI H Y. Non‐symmetrical levee breaching processes in a channel bend due to overtopping [J]. International Journal of Sediment Research, 2018, 33 (3): 208‐215.

[2] 吴松柏，余明辉. 冲积河流塌岸淤床交互作用过程与机理的试验研究 [J]. 水利学报，2014，45 (6)：649‐657.

[3] 余明辉，陈曦，魏红艳，等. 不同近岸河床组成情况下岸坡崩塌试验 [J]. 水科学进展，2016，27 (2)：176‐185.

[4] 胡呈维，余明辉，魏红艳，等. 冲刷过程中岸坡条件对塌岸淤床交互作用影响的试验研究 [J]. 工程科学与技术，2017，49 (2)：77‐85.

[5] 李国敏，余明辉，陈曦，等. 均质土岸坡崩塌与河床冲淤交互过程试验 [J]. 水科学进展，2015，26 (1)：66‐73.

[6] 向媛，余明辉，魏红艳，等. 急弯河道壁面切应力及计算方法研究 [J]. 工程科学与技术，2017，49 (2)：45‐53.

[7] YU M H, XIE Y G, TIAN H Y. Sidewall shear stress distribution effects on cohesive bank erosion in curved channels [J]. Proceedings of the ICE — Water Management, 2019, 172 (5): 257‐269.

[8] 邱凤莲，吴伟明. 武汉河段来水来沙特性与河道演变特性的分析 [J]. 泥沙研究，1996，(2)：56‐60.

[9] BURGE L M, LAPOINTE M F. Understanding the temporal dynamics of the wandering Renous River [J]. New Brunswick, Canada, Earth Surface Processes and Landforms, 2005 (30): 1227‐1250.

[10] 李振青，路彩霞，杨光荣. 长江中下游分汊河段支汊衰变因素探讨 [J]. 水利水电快报，2005，26 (9)：29‐31.

[11] 余文畴. 长江分汊河道口门水流及输沙特性 [J]. 长江水利水电科学研究院院报，1987 (1)：14‐25.

第 5 章

水沙输移与河道变形的耦合关系研究

5.1 坝下游沙卵石河段水沙输移与河道变形耦合作用

5.1.1 研究资料及方法

宜昌至陈家湾全长约 130km（见图 5.1.1），为长江出三峡后经宜昌丘陵过渡到江汉冲积平原的河段，内有清江入汇与松滋口分流，沿程宽窄相间，存在宜都、关洲、芦家河、枝江、江口、浣市等多个弯曲分汊段。三峡水库蓄水前，尽管因葛洲坝枢纽运行和下荆江裁弯等引起河床冲淤调整[1]，但河床组成的总体分布格局未变，即杨家垴以上河床组成为卵石夹沙或沙夹卵石，局部基岩出露，抗冲性较强，杨家垴以下为沙质河床，抗冲性较弱。

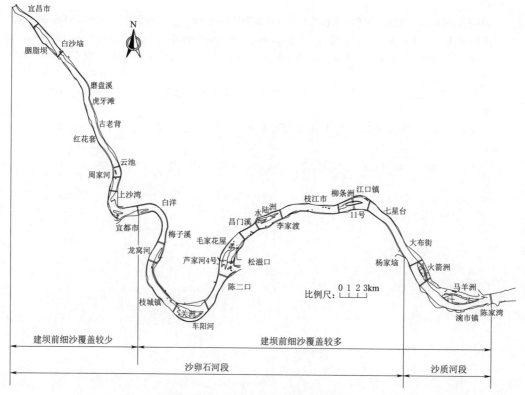

图 5.1.1　宜昌至陈家湾河段示意图

所依据实测资料有：2003—2014 年多个测次地形，沿程共取 388 个断面，平均间距 335m；2001—2011 年、2014 年水利、航道部门陆续开展的一些河床组成勘测资料，包括固定断面床沙 d_{50}、洲滩采样点钎探、坑探和钻探等数据。

由于河段较长，划分为多个小段来分析冲淤量空间分布及时间发展特点。分段主要考虑以下因素：

(1) 沙卵石与沙质河段分界点大致在杨家垴附近，而葛洲坝水利枢纽建设及运行导致宜都以上河床粗化严重，因而以宜都、杨家垴为界划分成河床组成差异明显的三大段。

(2) 以往研究表明，放宽、束窄河段内冲刷强度差异较大，故以枝城站平滩流量 30000m³/s 时全河段平均河宽为标准，沿程划分为相间分布的 9 个放宽段与 10 个束窄段。

(3) 根据放宽段内主流年内摆幅，将洲滩所在的放宽分汊段分为年内主流交替型和不交替型两类。最终划分为 19 个长短不一的小段（见图 5.1.1 和表 5.1.1），平均每个小段包含地形断面 20 个（最少 4 个，最多 69 个），可用地形法计算各段冲淤量。计算中以宜昌流量 5600m³/s 和 30000m³/s 区分枯水、平滩河槽。利用各段冲淤对比，既可反映冲刷自上而下的推移过程，又能体现不同河床组成以及不同河道形态影响下的冲淤分布特点。

表 5.1.1 河段内区间划分汇总情况

分段标准		分 段 情 况		
河床组成差异	宜昌—宜都	宜都—杨家垴		杨家垴—陈家湾
平滩河宽	放宽段	2、4、6、8、10、12、14、16、18		
	束窄段	1、3、5、7、9、11、13、15、17、19		
分汊河段主流稳定性	年内不交替	胭脂坝、水陆洲、柳条洲、火箭洲、马羊洲		
	年内交替	宜都、关洲、芦家河		

采用平面二维数学模型计算分析河段内的水动力条件。模型采取贴体正交曲线坐标下的控制体积法，整个河段划分为 840×80 个网格，计算流量级选取洪、中、枯三级（分别为 5600m³/s、20000m³/s、45000m³/s）。模型参数率定所依据的资料为 2014 年实测水位与流速的分布。模型计算内容为不同流量级下的流速分布、起动粒径等。

5.1.2 冲淤量的空间分布特征与发展过程

1. 总体冲淤特点

计算表明，2003—2014 年全河段平滩、枯水河槽分别冲刷 3.36 亿 m³、2.95 亿 m³，88% 的冲刷量集中于枯水河槽。由于水位下降，全河段平滩河宽均值由 2003 年的 1326m 减为 2014 年的 1307m，但平滩水深均值则由 2003 年的 12.8m 增至 2014 年的 14.6m，可见较强的河岸抗冲性限制了横向变形。由总冲刷量发展历程来看（见图 5.1.2），2002—2004 年时段冲刷量最大，之后减小，2008—2010 年又重新增大，直至 2014 年，全河段总冲刷量仍未显示出趋向平衡的特征。

考察沿程各区间平滩河槽冲刷强度（2003—2014 年单位河长冲刷量）见图 5.1.3，其中宜都至杨家垴分为宜都至枝城、枝城至昌门溪、昌门溪至杨家垴段（简称宜—枝、枝—昌、昌—杨），以便充分反映沿程差异。由图可见，宜昌至宜都（宜—宜）河段冲刷强度小于 200 万 m³/km，宜都至枝城河段超过 400 万 m³/km，枝城以下河段冲刷强度较为平均，均在 200 万～300 万 m³/km。从总体分布来看，除宜都以上幅度较小之外，其他部位都经历了明显冲刷，宜都至枝城尤其明显。

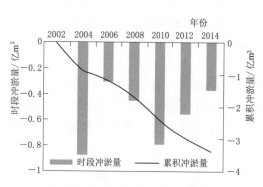

图 5.1.2　河段总冲刷量随时间变化

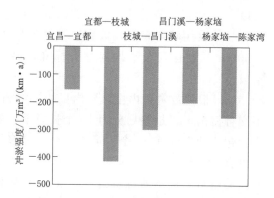

图 5.1.3　2003—2014 年冲刷强度空间分布

进一步分析各段冲刷强度随时间发展过程见图 5.1.4，可明显看出宜昌至宜都、宜都至枝城两段冲刷呈现逐渐衰减态势，宜昌至宜都段 2005 年后即进入冲淤交替准平衡状态，宜都至枝城在 2010 年后也渐趋平衡。由图 5.1.4（c）、（d）、（e）可见，枝城以下三段在 2009—2010 年后陆续进入高强度冲刷期，但昌门溪至杨家垴的高强度冲刷仅持续了 2009—2010 年两年，而枝城至昌门溪、昌门溪至杨家垴则未显示冲刷减弱趋势。尽管受个别时段大规模采砂影响（如枝城至昌门溪区间 2005 年前的情形），图 5.1.4 中依然可看出主冲刷带自上而下推移的自然规律。

由图 5.1.4 可见，当各段处于强烈冲刷期时，冲刷强度均接近或超过 60 万 m³/（km·a）。考虑到宜都以上在三峡水库建成前已经历过葛洲坝水利枢纽引起的强烈冲刷，可冲沙量较少，因而以宜都至杨家垴河段估算主冲刷带推移速率。据图 5.1.4，宜都至枝城段高强度冲刷自 2003 年开始，至 2012 年后下移至杨家垴至陈家湾段，宜都至杨家垴河段约 73km，冲刷下移历时按 9 年计，由此可推算河段内冲刷带推移的平均速率为 8.1km/a。韩其为等[2] 曾根据汉江丹江口水库黄家港段床沙粗化过程估计卵石下移速率为 5km/a，并认为长江宜都至杨家垴卵石下移速率与此相当；长江水利委员会水文局[3] 曾基于蓄水前观测资料，估算出该河段内粒径 25mm 的卵石下移速率为 6.3km/a。考虑到人为采砂等影响，图 5.1.4 中主冲刷带下移速率与前人估算的卵石运动速率是基本相当的。

2. 冲刷强度与河道形态的关系

该河段沿程宽窄相间、深泓起伏大，这些均会影响水流动力条件以及冲淤分布。以往研究表明，深泓下凹段下切幅度大，导致深泓起伏增大[4]，但宽窄相间形态特征对冲淤分布的影响还关注较少。图 5.1.5 中给出了河段内 2003—2014 年沿程冲刷强度分布，同时

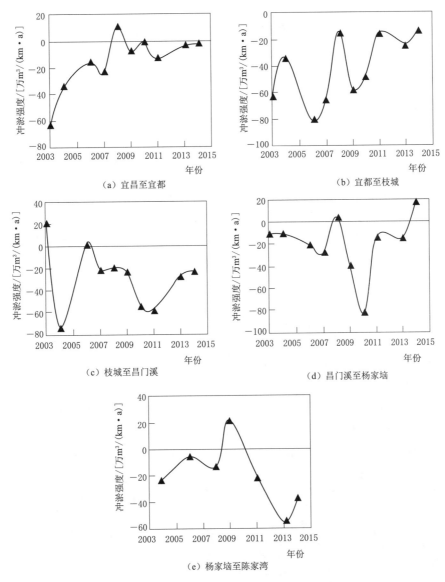

（a）宜昌至宜都

（b）宜都至枝城

（c）枝城至昌门溪

（d）昌门溪至杨家垴

（e）杨家垴至陈家湾

图5.1.4 各河段冲刷强度随时间变化

也给出了时段内深泓变幅以及 2014 年平滩河宽。可见，沿程最大冲刷强度一般在 600 万 m^3/km 以上，人工采砂较严重的关洲与芦家河分汊段甚至超过了 900 万 m^3/km。总体来看，平滩河宽大的位置冲刷强度也明显较大，但从深泓变幅来看，却未显示出与平滩河宽明显的相关性，关洲、芦家河虽然河宽较大，深泓却较为稳定。

为进一步证实冲刷强度与河宽（平滩河宽，下同）之间的关系，采用 2003 年和 2014 年地形统计了表 5.1.1 中 19 个放宽和束窄段各自的断面面积变化平均值，并按照宜昌至宜都、宜都至杨家垴、杨家垴至陈家湾 3 段，将断面面积变幅与平均河宽关系进行点绘，见图 5.1.6。由图 5.1.6 可知，虽然 4 个段的平均河宽、弯曲率、河床组成、河型等存在差别，但断面面积变幅与河宽均呈正相关关系。

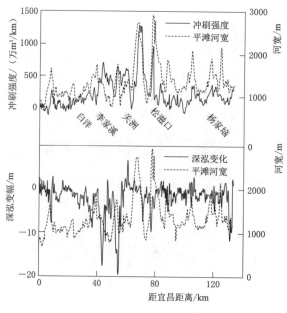

图 5.1.5　沿程冲刷强度、深泓变幅与河宽的关系

3. 冲淤量横向分布特征

由图 5.1.1 可见,该河段内放宽段根据洲滩类型可分为边滩型、汊道型两类,前者包括云池、大石坝、龙窝等,后者如胭脂坝、宜都、关洲、芦家河、水陆洲、柳条洲等;根据放宽段是否处于弯道,又可分为顺直放宽型与弯曲放宽型。陈立等[5]曾采用昌门溪以上 2008 年前地形资料,将汊道分为主流年内交替型与不交替型,分析了不同类型汊道的变形规律,其中的年内交替型均处于连续弯曲段。采用 2014 年前地形数据,针对弯曲、顺直型等各种放宽段的断面变形进行比较发现,弯曲分汊型冲刷主要集中于支汊 [图 5.1.7 (a)] 的特征在 2008 年后依然得到了延续,

这与陈立等[5]得到的认识一致,但随着河床粗化其冲刷速率已减缓。除此之外,由宜都以上以及昌门溪以下顺直放宽段的断面变化可见(图 5.1.7),有细沙分布的边滩、心滩与主槽均发生了明显冲刷,昌门溪以下的水陆洲、柳条洲均呈萎缩趋势。由这些现象可见,无论河道分汊与否,放宽型河段内细沙较多的支汊、边心滩是重要冲刷部位。

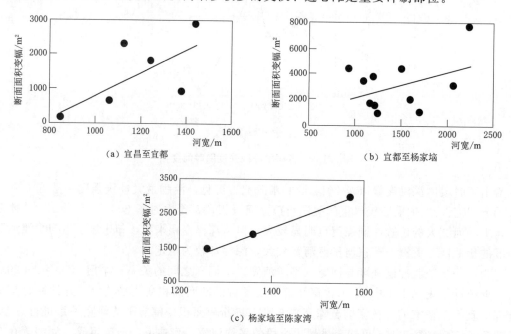

（a）宜昌至宜都　　　　　　　　　（b）宜都至杨家垴

（c）杨家垴至陈家湾

图 5.1.6　不同区间内各子河段平均河宽与平均断面面积变幅关系

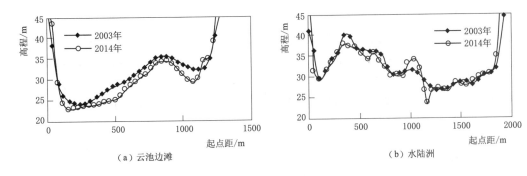

（a）云池边滩　　　　　　　　　　（b）水陆洲

图 5.1.7　放宽段典型断面变化

5.1.3　冲淤分布形成机理

1. 河床组成及其影响

该河段内，河床组成由卵石夹沙或沙夹卵石逐渐过渡到细沙，而且现代河床下伏抗冲性强的卵石层，可冲沙层厚度沿程不均。三峡水库蓄水前，下荆江裁弯导致关洲以下明显溯源冲刷，葛洲坝水利枢纽建设和运行导致宜都以上河床明显粗化[6]，这些进一步加剧了沿程可冲沙量的不均匀分布。

2003 年后，三峡水库清水下泄引起了新一轮的冲刷。由图 5.1.8 可见，2003 年床面表层普遍有 2mm 以下细沙覆盖，至 2011 年仅宜都至昌门溪以及杨家垴以下粒径小于20mm，其中杨家垴以下尚以 2mm 以下细沙为主体。对比图 5.1.4 中冲淤历程可见：宜都以上以及昌门溪至杨家垴可冲沙量少、河床粗化快，冲刷强度最先趋于减弱；宜都至昌门溪可冲沙量多，床面粗化慢，是河床冲刷历时较长的主要原因；杨家垴以下以细沙为主，粗化最慢。虽然图 5.1.5 中杨家垴上下尚未显示出悬殊的冲刷强度差异，但杨家垴以下较大的冲刷余地却可能导致这种局面在未来逐渐显现。

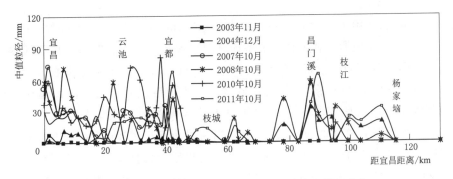

图 5.1.8　河段内河床表层泥沙平均中值粒径沿程分布

天然情况下，该河段为长江出三峡后卵石堆积区，但与山区河流不同的是，该河段内卵石并非全断面输移，而是集中在主流带附近[6]，由此导致粗细颗粒横向不均匀分布，在放宽段尤其显著，导致支汊、滩面等部位覆盖较多细沙。由一些断面的 2014 年实测床沙级配来看，单一束窄段基本上已全断面粗化，但分汊段即使经历 10 余年冲刷，仍未达到整体粗化。以图 5.1.9 中两个汊道为例［图 5.1.9（a）、（b）分别对应图 5.1.1 中 4 号和 11 号断面］，芦家河汊道汛枯期主流在两汊内交替，至 2014 年两汊多以中值粒径 25mm 以上卵石为主，但枯期主流所在的左汊仍有少数垂线上可测到细沙；柳条洲汊道内，主汊已粗化为卵石，但支汊内仍全部为细沙。由此可见，放宽段内存在较多细沙，为蓄水后的冲刷提供了大量沙源，这显然也是图 5.1.6 中宽段冲刷强度明显大于窄段的重要原因之一。

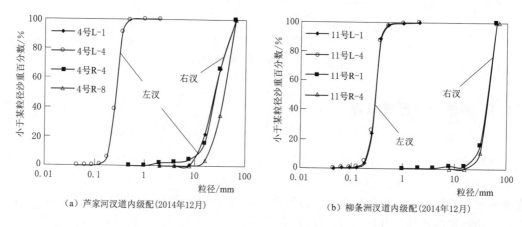

（a）芦家河汊道内级配(2014年12月)　　　　　　　（b）柳条洲汊道内级配(2014年12月)

图 5.1.9　典型汊道断面床沙级配

2. 水动力条件及其影响

天然河道内，河道约束作用会随汛枯期水位涨落而变化，从而导致放宽、束窄段冲淤动力差异。对于部分分汊河道，汛枯期主流在两汊内交替，又造成冲淤平面分布的调整。为考察水动力条件对河床冲淤分布的影响，利用平面二维数学模型，以沙莫夫公式计算的起动粒径作为衡量水流输沙动力的指标，在 2014 年地形上计算了各流量级下的水动力条件沿程和平面分布情况。

选取 5600m³/s、10000m³/s、15000m³/s、20000m³/s、25000m³/s、30000m³/s 共 6 个流量级，在 2014 年地形上利用数学模型计算起动粒径，并在放宽段与束窄段内分别取平均值。如图 5.1.10（a）所示：当流量小于 15000m³/s 时，放宽段起动粒径随流量增大而增大，但当流量大于该值之后，起动粒径对流量不敏感；对于束窄段，起动粒径随流量的增加持续增大，这种变化导致两种河段内的起动粒径与流量关系线在 23000m³/s 存在交点。由此可见，在河段平均意义上，当流量小于 23000m³/s 时放宽段水流动力强于束窄段，而流量大于 23000m³/s 时，情况则相反。根据实测资料，统计了 2004—2012 年（缺 2006 年）各年 23000m³/s 以上流量出现天数比例与放宽段冲刷量在全河段总冲刷量中的占比，二者之间关系见图 5.1.10（b），图中显示两者之间呈现明显的负相关关系。由此可见，前文统计的实测冲淤分布规律与数学模型计算反映的水动力条件是一致的。

放宽段主流位置是影响冲淤平面分布的主要因素。图 5.1.11 中给出了洪、中、枯三

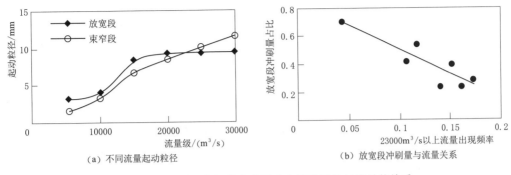

（a）不同流量起动粒径　　　　　　　（b）放宽段冲刷量与流量关系

图 5.1.10　不同形态河段内冲刷动力及冲刷量与流量的关系

级流量下典型断面内（图 5.1.1 中 4 号和 11 号断面）起动粒径的分布情况：在芦家河汊道内，枯水期主流在左汊，心滩及右侧起动粒径甚小，而在洪水期，主流摆动至右侧，左侧形成回流缓流区；在柳条洲汊道内，年内主流均在右侧，起动粒径也以右侧较大，但随着流量和水深的增加，起动粒径反而随之减小。由此可见，无论汛枯期主流位置摆动与否，放宽段内都存在水流条件较弱的区域，这既是放宽段在水库蓄水前沉积较多细沙的原因，也是蓄水后流量越大放宽段冲刷比例越小的原因。

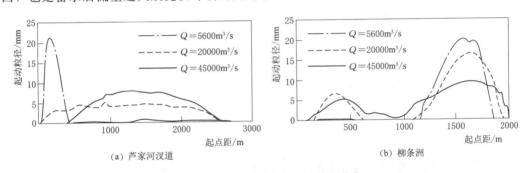

（a）芦家河汊道　　　　　　　　　　（b）柳条洲

图 5.1.11　不同断面的起动粒径分布

3. 水文过程变化及影响

由于放宽段、束窄段在不同流量级下存在冲刷动力差异，来流水文特征将是影响冲淤分布的另一重要因素。三峡水库于 2003 年 6 月蓄水，至 2008 年为围堰发电期和初期蓄水期，坝前水位较低，2008 年汛后进入 175m 试验性蓄水期，至 2014 年，对各时段内来流水文特征统计见表 5.1.2。由表 5.1.2 可知，三峡水库蓄水后洪水出现频率减小，中枯水出现频率增大，小于 23000m³/s 流量出现频率由蓄水前的 83.6% 增加至 86.5%。

表 5.1.2　　　　　　　三峡水库蓄水前后宜昌站各流量级出现频率　　　　　　　%

时期	$Q<6000\mathrm{m}^3/s$	$Q<10000\mathrm{m}^3/s$	$Q<23000\mathrm{m}^3/s$	$Q>45000\mathrm{m}^3/s$
水库蓄水前	33.4	51.4	83.6	2.1
围堰发电期和初期蓄水期	31.6	53.5	86.0	0.8
175m 运行期	24.2	54.7	86.5	0.2

图 5.1.10 已显示，流量小于 23000m³/s 时将更加有利于放宽段冲刷。对于河段内关洲、芦家河、董市洲、柳条洲等洲滩而言，其淹没流量多在 23000m³/s 以下，一些心滩 10000m³/s 即可漫流。三峡水库蓄水以来实测资料表明[7]，这些洲滩面积已严重萎缩，少数洲滩甚至已成为散乱卵石包（有的是挖沙引起的）。这些事实说明，中枯水出现频率增大，也是放宽段中枯水过流面积明显增大的重要原因之一。

4. 人类活动的影响

宜昌至陈家湾河段内虽然未设采砂区，但盗采盗挖的现象一直存在。据 2005 年不完全统计，2003—2005 年采砂总量在 2070 万～3830 万 t，实际采砂量可能远大于该数字[8]。2010 年 4 月调查显示，河段内建筑骨料水下开采区主要有云池、清江口、关洲、芦家河等。开采的主体一种是平均粒径 1mm 左右的细沙，另一种是平均粒径 25mm 左右的砾卵石，粗沙开采略多，大于 50mm 的粗卵石一般被丢弃。2011 年前后，大量非法采砂船在龙窝边滩、关洲左汊内进行非法采砂，2012—2013 年，多数采砂船又下移至芦家河右汊进口与松滋口口门区域。无序采砂在直接导致河床变形的同时，还可能破坏床面粗化层，两种作用都导致河床冲刷量偏大。图 5.1.4 中，宜都至枝城、枝城至昌门溪两段在个别年份冲刷量的较大波动，很可能是采砂所致。除此之外，龙窝边滩、关洲左汊等细沙较多部位的剧烈变形，显然也与采砂有关，如 2003—2014 年关洲左汊下切速率将近 1m/a，远较其他部位偏大，应是水流冲刷与采砂双重作用的结果。

该河段内自 2008 年起还陆续实施了一些以低水洲滩守护为主的航道整治工程，主要集中在昌门溪至杨家垱段的枝江江口河段。这些工程的实施，对于枝江江口河段内水陆洲、柳条洲、张家桃园及吴家渡等边滩的冲蚀具有防护作用。图 5.1.5 中昌门溪至杨家垱段在 2008 年后进入剧烈冲刷期，但大强度的冲刷仅持续了两年（2009—2010 年），这是由于该段细沙较少，但也很可能与该时期大量低滩守护工程的建设有关。

5.2   荆江沙质河段泥沙输移与河道变形耦合关系

5.2.1   研究河段与研究方法

荆江河段上起枝城（距宜昌约 60km）下至城陵矶，全长约 347km（见图 5.2.1），河床组成主要为沙质，仅杨家垱（距宜昌站 110km）以上河床有卵石分布。藕池口以上习称上荆江，长 171.7km，以微弯分汊河型为主；藕池口以下习称下荆江，长 175.5km，以弯曲河型为主。荆江河道沿程呈现宽窄相间的平面特征，上荆江宽浅河段多有江心洲滩分布，下荆江多有凸岸边滩发育，也有乌龟洲等少量洲滩分布于宽浅段。宽浅河段断面形态多表现为滩槽分布较为明显的复式断面或 W 形断面，束窄河段多表现为单一的 U 形或 V 形断面[9]。宽浅河段枯水河宽与束窄河段基本一致，洪水河宽则远大于束窄河段。

荆江河段内来水来沙主要源于三峡以上长江干流，区间内无大型支流入汇，南岸自上而下分别有松滋、太平、藕池三口分流入洞庭湖，洞庭湖出流与荆江出流在城陵矶附近汇合。河段进口有枝城水文站，上、下荆江分别有沙市和监利水文站。三口分流分沙对荆江

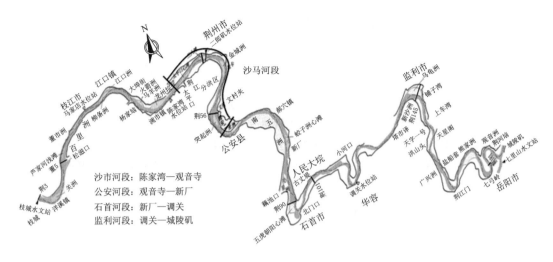

图 5.2.1　荆江河段示意图

河段演变影响较大，但据近期观测资料来看，三峡水库蓄水后三口分流比尚未发生较大幅度调整[10]。洞庭湖出流对荆江河段出流存在顶托作用，表现在下荆江监利水文站的水位-流量关系受洞庭湖出流量影响明显。三峡水库蓄水前，除下荆江裁弯后一个时段冲刷较大外，其他时段荆江河段冲淤缓慢，可认为近似平衡，上下荆江的平滩流量分别为 27000m³/s、22000m³/s[11]。

荆江河段是三峡水库蓄水后坝下游冲刷最为剧烈的河段，但杨家垴以上沙卵石河段与杨家垴以下沙质河床的冲刷调整有所不同。为便于体现冲积性较强的沙质河床冲刷特征，研究区域为杨家垴至城陵矶。

水沙过程的统计分析主要依据干流的沙市、监利，分流口的康家港、管家铺、弥陀寺等水文站的日均流量、含沙量资料，以 1981—2002 年代表水库蓄水前，2004—2011 年代表蓄水后。由于近期以来同干流流量下的三口分流关系变化不大，因而可将沙市水文站流量作为统计过程中流量级划分的依据，下文中若不特别指出，流量分析均以沙市流量为对象。

河床变形的分析，主要依据 2002 年、2003 年、2012 年实测的荆江河道地形资料以及其他年份一些河道断面资料，其中 2002 年、2003 年代表蓄水前的河道形态，2012 年代表近期河道形态。分析过程中，需要对沿程的宽、窄河段进行区分。沿程截取断面 512 个，断面间距为 200～1000m，并依据 2002 年荆江河道地形，以平滩流量下的沿程断面河相系数平均值（$B^{1/2}/H$，B 为水面宽，H 为断面平均水深）为标准，将杨家垴至城陵矶河段沿程划分为相间分布的 14 个宽浅河段和 15 个束窄河段。

河床组成资料主要源于有关部门在水库蓄水后对不同河段单元的观测，如航道部门在沙市、瓦口子、马家嘴、周天、监利等河段的洲滩、深槽上开展了一定数量河床钻探，能够反映滩槽不同位置的河床组成差异。水利部门的河床组成资料主要是分区段的河段平均值，在时间上较为连续，可以反映河床组成随时间的变化过程。

研究过程中需要考察河段内不同位置以及不同流量下的水动力特征。为此，收集了沿程 4 个典型断面蓄水初的断面流速实测资料，时间为 2003—2006 年，流量范围为 4000～30000m³/s。

在冲淤量计算过程中同时采用了输沙量法和地形法。由近期的相关研究来看，这两种方法计算荆江河段冲淤量各有优缺点，定量上存在一定差异[12]。该研究采用输沙量法计算 2003—2009 年荆江河道的冲刷量为 1.95 亿 m³，地形法计算结果为 4.46 亿 m³，两者存在差异。然而，该研究分析的重点是总冲淤量在沿程宽、窄不同区段，洪、枯水不同河槽的分配比例，以及洪、中、枯等不同流量级下发生的冲刷量占长时段内总量的比例，考虑到两种方法在不同场合具有各自的优缺点，并且影响分析结论的主要是相对值而非绝对值大小，因此两种方法同时采用。

5.2.2　来水来沙过程变化特征

1. 各级流量出现频率的变化

三峡水库蓄水后，进入荆江河道的水流过程与建库前相比，其主要变化特点表现为中水流量出现频率增大，水流过程更为均匀，流量变幅（Q_{max}/Q_{min}）由蓄水前的 10.9 降低为蓄水后的 7.3。由图 5.2.2 中各流量级的出现频率可见，蓄水后小于 6000m³/s 的流量级出现频率降低，6000～19000m³/s 的流量级出现频率增大 7.1 个百分点，大于 19000m³/s 的流量级出现频率显著降低，洪峰流量减小尤其明显，大于 35000m³/s 的流量出现频率仅为 2.2%。以 27000m³/s 作为漫滩的临界流量，蓄水后高于漫滩水流的流量出现频率由蓄水前的 9.6% 降低至 4.2%，2008 年三峡水库高水位运行以来，漫滩概率甚至降低至 2.5%。

2. 各级流量下的沙量变幅

从蓄水前多年平均含沙量来看，监利水文站为 0.79kg/m³，略小于沙市水文站的 0.84kg/m³，考虑到太平口、藕池口分沙比略大于分流比，该区间内泥沙输移可视为准平衡状态。蓄水后监利水文站多年平均含沙量为 0.27kg/m³，大于沙市水文站的 0.22kg/m³，说明区间内河床持续冲刷。以 2003 年作为蓄水前后的时间分界点，对比沙市水文站各级流量下多年平均输沙率（见图 5.2.3）可见，蓄水前后输沙率均随流量增大而增大，但各级流量下输沙量均明显减少。从年际输沙总量来看，沙市水文站 2006 年以后的减少幅度均在 88% 以上，且减幅随水库运行时间持续增大，2011 年甚至达到 96%。

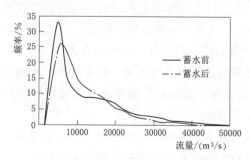

图 5.2.2　蓄水前后沙市水文站各流量级出现频率

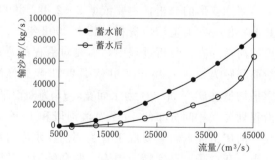

图 5.2.3　蓄水前后沙市水文站不同流量级输沙率变化

3. 来沙级配变化

三峡水库蓄水后，坝下游河段造床质泥沙主要依靠河床补充，水流含沙量中粗颗粒泥沙占比明显增加[10]。统计显示，蓄水后沙市水文站悬移质年均输沙量由蓄水前的 4.34 亿 t 减至 0.71 亿 t，但悬沙中 0.125mm 以上的粗沙比例由蓄水前的 9.8％ 增大至 28.5％。尽管上游冲刷和沙量沿程恢复使得造床质粗沙的比例有所增大，但换算之后可以发现，蓄水后的粗沙输沙量年均值由蓄水前的 0.43 亿 t 减小为蓄水后的 0.20 亿 t，减小幅度达 53.49％。因此，对于造床质泥沙而言，荆江河段水流也是处于严重次饱和状态。

5.2.3　河床冲淤调整特征

1. 河床粗化特征

表 5.2.1 中为三峡水库蓄水前后荆江河段床沙中值粒径变化，可见蓄水后床沙有了不同程度的粗化，但其程度还不严重，上下游之间也无明显差别。另据蓄水以来一些洲滩钻孔资料显示，主槽、洲滩深达 10m 甚至几十米的范围内河床组成仍主要为中细沙，如瓦口子水道主槽的床沙粒径为 0.021～0.27mm，金城洲表层 10m 厚度范围内床沙中值颗粒径为 0.11～0.36mm。以上数据表明，荆江沙质河段的河床抗冲性在纵向、横向上差异不大，且蓄水以来冲刷尚未对河床抗冲性造成明显影响。因而，对冲淤量的统计分析暂不考虑河床组成空间差异的影响，以及蓄水后床沙粗化对冲淤过程的反馈作用。

表 5.2.1　　　　　　　　　　荆江河段床沙中值粒径变化表　　　　　　　　单位：mm

年　　份		2000 年	2001 年	2003 年	2005 年	2006 年	2008 年	2009 年	2010 年
中值粒径	沙市河段	0.215	0.190	0.209	0.226	0.233	0.246	0.251	0.251
	公安河段	0.206	0.202	0.220	0.223	0.225	0.214	0.237	0.245
	石首河段	0.173	0.177	0.182	0.183	0.196	0.207	0.203	0.212
	监利河段	0.166	0.159	0.165	0.181	0.181	0.209	0.202	0.201
	荆江河段	0.200	0.188	0.197	0.212	0.219	0.230	0.241	0.227

2. 流量对冲淤量的影响特征

流量过程对冲淤量的影响体现在两方面：一是不同流量级下水流冲淤动力具有不同强度；二是各流量级具有不同的持续时间，其累积效应存在差异，需要分别从以上两个角度考察流量过程对冲淤量的影响特征。

(1) 不同流量级下的冲刷强度。依据蓄水后 2004—2009 年资料，统计相应于某一流量级的单位时间内冲刷量，将其作为该流量级下冲刷强度的衡量指标。由图 5.2.4 中的统计结果可见，由于水流漫滩特性的突变[11]，加之各级流量持续时间不同，冲刷率随流量增加呈现出先增大后减小而后又增大的非单调变化过程，在 10000～25000m³/s 的中等流量级范围内冲刷率明显大于其他流量级。这一现象说明，在三峡水库蓄水后缺少大洪水的情况下，水流的冲刷能力以中等流量最大。

(2) 各流量级下的累积冲刷量。将流量级大小排序，并统计各级流量的累积冲刷百分比，其值是各年内小于特定流量级的流量所造成的冲刷量占该年度总冲刷量的比例。由图 5.2.5 中的统计结果可见，冲刷主要由小于 25000m³/s 的流量造成，该级流量以下的累积冲刷量达到了各年总冲刷量的 90% 左右。该规律也可在图 5.2.6 得到反映，图 5.2.6 中两种数据点分别为各年日均流量为 10000~25000m³/s、大于 27000m³/s 天数与该年度总冲刷量的相关关系，可以看出 10000~25000m³/s 流量的持续时间与各年总冲刷量存在明显的正相关关系，而流量大于 27000m³/s（平滩流量）的天数与年冲刷量的关系较为散乱。

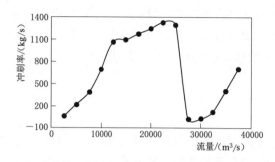

图 5.2.4　蓄水后各级流量下荆江沙质河段冲刷率

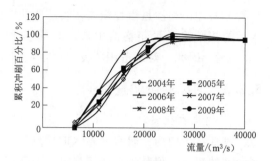

图 5.2.5　沙市至监利河段冲淤量年内变化过程

3. 不同水位下的河槽冲淤特征

荆江河段存在较多中枯水出露的边滩、心滩等成型淤积体，依据这些滩体高程可将河槽分为枯水、基本和平滩河槽，其中枯水河槽为枯水位以下河槽，对应沙市流量约为 5050m³/s；基本河槽对应与边滩平齐的水位，此时沙市流量约为 9500m³/s；平滩河槽对应与河漫滩平齐的水位，沙市流量为 27000m³/s。许全喜[12]采用地形法计算的不同水位下冲刷量数据显示，2002 年 10 月至 2011 年 10 月荆江河段平滩河槽累积冲刷 5.71 亿 m³，其中枯水河槽冲刷 4.97 亿 m³，基本河槽冲刷 5.22 亿 m³，冲刷集中于枯水河槽的特点非常明显。从 2002 年以来各年枯水河槽累积冲刷量占平滩河槽累积冲刷量的比例来看（见图 5.2.7），这一比例一直保持在 60% 以上，且随水库运用时间加长而增加，2011 年达到了 87% 以上，尤其是上荆江，枯水河槽冲刷量的比例一直在 80% 以上，2011 年已达到 93%。

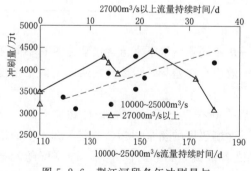

图 5.2.6　荆江河段各年冲刷量与该年度不同流量

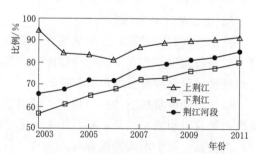

图 5.2.7　枯水河槽累积冲刷量占平滩河槽累积冲刷量的比例

沿程若干典型断面的比较也显示了枯水河槽变形幅度最大的特点（图 5.2.8 中三条虚线分别代表了枯水河槽、基本河槽、平滩河槽的分界水位），其中分汊段表现为主、支汊深槽同时冲刷，顺直段表现为深槽冲刷与低矮边滩切割，弯曲段则表现为枯水河槽整体下切，以上几类断面的平滩水位以上河床几乎无变形。

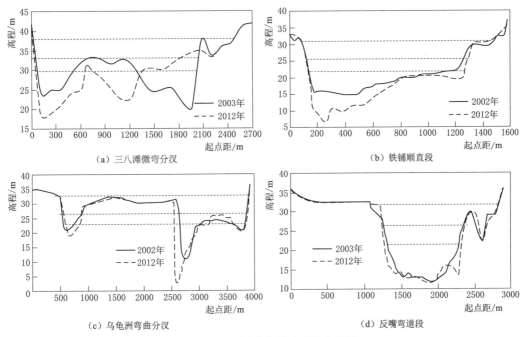

（a）三八滩微弯分汊　　　　　　　　　（b）铁铺顺直段

（c）乌龟洲弯曲分汊　　　　　　　　　（d）反嘴弯道段

图 5.2.8　不同形态断面冲淤变化图

由于冲刷量横向分布不均匀，必然引起沿程断面河相系数调整。分别以 2002 年、2012 年河道地形为基础，计算不同流量下的沿程断面河相系数（见图 5.2.9）。可见，蓄水以来荆江河段断面河相系数整体向减小的趋势发展，流量为 10000m³/s、20000m³/s、30000m³/s、40000m³/s 时，上荆江宽浅河段断面河相系数分别减小 1.29、0.76、0.69、0.51，下荆江宽浅河段分别减小 0.23、1.03、0.81、0.71，河相系数降幅最大的水位均相应于中低流量，反映了中枯水河槽冲刷和窄深化程度最为明显。

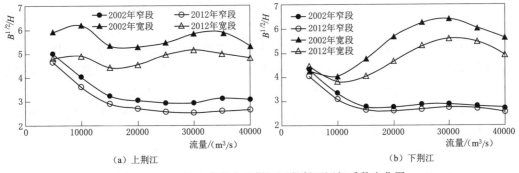

（a）上荆江　　　　　　　　　　　　　（b）下荆江

图 5.2.9　三峡水库蓄水后荆江河段断面河相系数变化图

4. 宽窄河段的冲淤量特征

从图 5.2.9 中也可看出，尽管沿程断面河相系数均呈较小趋势，但宽浅河段减幅明显大于束窄河段。为进一步考察宽、窄河段的变形差异，以上荆江陈家湾至青龙庙（沙马河段）为例（见图 5.2.1），采用地形法并以 2002 年沙市水文站流量为 5050m³/s 时的沿程水位为基准，统计了沿程 2002—2012 年枯水河槽冲刷量。由图 5.2.10 中的统计结果可知，冲刷量的沿程分布均有较强的不均匀性，平滩河相系数（$B^{1/2}/H$）大的位置，冲刷量也大，其中的 4 个宽浅河段冲刷幅度明显大于 5 个束窄河段。

由于河床冲刷变形主要以枯水河槽冲刷下切为主，必然导致深泓高程的整体下切。将荆江河段划分为沙市、公安、石首、监利 4 个河段（见图 5.2.1），统计各河段 2002—2011 年的深泓平均冲深与平滩河相系数（2002 年数值）的关系（见图 5.2.11）可见，河相系数越大的河段，深泓下切幅度也越大。最为宽浅的石首河段深泓平均冲深 2.35m，沙市河段与监利河段宽浅程度次之，分别冲深 2.11m、1.46m。

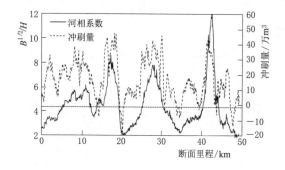

图 5.2.10　沙马河段沿程河相系数与枯水河槽
冲刷量变化图

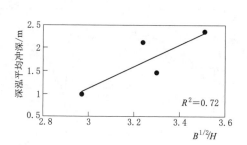

图 5.2.11　荆江河段深泓平均冲深与
河道形态关系图

天然情况下，荆江河段断面宽窄相间、深泓高低起伏，而以上统计特征表明：蓄水后的河床冲刷正使宽、窄河段之间的断面河相系数差距缩小，深泓起伏程度降低。以 30000m³/s 流量级相应的河槽为例，上荆江宽浅河段、束窄河段河相系数分别减小 0.69、0.41，两者的差异由 2.90 降为 2.62；下荆江两类河段河相系数分别减小 0.81、0.13，两者的差异由 3.52 降为 2.84。

5.2.4　河道形态调整对水沙过程变化的响应机理

坝下游河床形态调整由来水来沙过程变化引起，但对于同样的水沙过程变幅，各类型河段呈现出不同的变形特征，这说明河道形态也是影响河床冲淤的因素之一。其原因在于各种河道形态对于水流具有不同控导作用，从而导致同样流量级在不同河段显现不同的输沙动力条件，并使一定水文过程在不同类型河段累积产生不同造床效应。水库蓄水初期，坝下游河道形态不可能发生突变，各级流量下的输沙和造床动力条件将近似延续蓄水前的状态。因此，首先根据天然情况下观测资料考察各类河道形态与水沙输移的相互适应机制，在此基础上，结合蓄水后来水来沙变化情况，讨论新水沙条件下的河床变形机制。

1. 蓄水前河道形态与来水来沙的适应关系

（1）各流量级输沙作用对河道形态的影响。唐金武等[13]研究发现，荆江河段内的宽浅河段存在以主流位置变换为标志的两个临界流量：枯水临界流量是水流满槽，主流相对深泓开始发生偏移的流量级；洪水临界流量是主流完全脱离深泓的流量级，与平滩流量接近。在图 5.2.12 中考察了三峡水库蓄水初期荆江河段若干典型断面的流速分布，虽然各断面主流位置均呈现随流量增大逐渐偏离深泓的规律，但在平滩流量以下，主流均未完全偏离

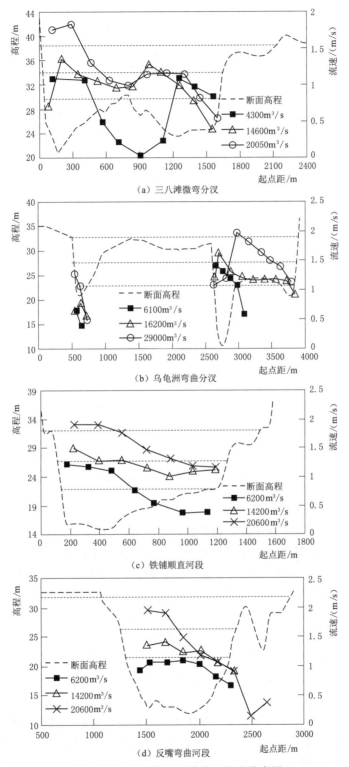

（a）三八滩微弯分汊

（b）乌龟洲弯曲分汊

（c）铁铺顺直河段

（d）反嘴弯曲河段

图 5.2.12 不同断面形态断面流速分布图

主槽，最大流速带仍位于枯水河槽内部。如乌龟洲弯曲分汊段，流量为 16200m³/s 时最大流速带位于两汊深槽内部，流量为 29000m³/s 时，超出下荆江平滩流量 7000m³/s，最大流速带与深泓偏离仅 150m。这些特点表明，来流小于平滩流量时，即使水位已远高于枯水河槽边缘高程，主流带仍主要位于枯水河槽的宽度范围内，河床变形也主要集中于枯水河槽内。

以 2002 年河道地形为基础，对不同来流情况下的沿程水动力特性进行了分析，统计宽浅河段与束窄河段的挟沙力判数 (U^3/H)，其中 U 为断面平均流速，H 为断面平均水深) 见图 5.2.13。由图可见，虽然宽浅河段与束窄河段挟沙力判数均随流量增大而增大，但两者存在差异，仅在 25000~28000m³/s (接近平滩流量) 附近时宽浅河段与束窄河段的挟沙力判数基本一致，小于此流量则宽浅河段挟沙力判数大于束窄段，大于此流量则相反。此外，在流量为 10000m³/s 附近时，无论宽、窄河段挟沙力判数关系曲线均出现了一定转折，这是由于此时水位与边滩接近平齐，水动力条件存在归槽前后的突变。上述现象在滩槽更加分明的上荆江表现得尤为明显。以上特点表明，不同类型河道在同流量下一般是输沙不平衡的，小于平滩流量时宽浅河段趋向于冲刷而束窄河段趋向于淤积；大于平滩流量时宽浅河段趋向于淤积而束窄河道趋向于冲刷。

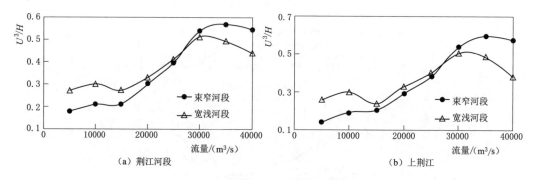

图 5.2.13　不同河道形态挟沙力判数随流量变化图

(2) 不同水文过程对河道形态的影响。对处于均衡输沙状态下的河床而言，其形态能够始终维持在一定状态附近而不发生趋势性变化，这说明在长时期的平均意义上，导致冲刷和淤积的两种流量级其造床作用基本相当。由于冲淤发生转换的临界流量下，河道沿程冲淤幅度最小、输沙效率最大，因而该临界流量应近似于造床流量或平滩流量。由图 5.2.13 可见，上荆江宽浅河段与束窄河段发生冲刷、淤积状态转换的临界流量约为 26500m³/s。采用马卡维耶夫法 (其中忽略比降的作用) 计算蓄水前上、下荆江的洪水造床流量，分别为 26000m³/s、21500m³/s，与文献 [7] 中计算得到的平滩流量基本一致。临界流量与造床流量、平滩流量的近似性说明了水库蓄水前荆江河道形态与水沙过程之间较好的适应关系。根据该临界流量统计三峡水库蓄水前的多年水文过程，其结果显示：平均情况下每年小于临界流量的天数为 330.35 天，占 90.44%；大于临界流量的天数为 34.90 天，占 9.56%。这些比例关系，描述了河道形态保持长期稳定的水文条件，若某段时期内各流量级持续时间不满足此关系，必然将导致河道形态偏离均衡状态。依据文献 [10] 中蓄水前的冲淤量资料，分别以 1991—1993 年、1996—1998 年作为小水年系列和大水年系列的代表对比了不同形态河段内的冲淤量，两个时段中大于临界流量的流量级出现概率分别为 8.76%、12.74%。1991—1993 年较为宽浅的上荆江枯水河槽冲刷量为 3714 万 m³，而相对束窄的下荆江淤积 341 万 m³；1996—1998 年，上、下荆江枯水河槽冲刷量分别为 1325 万 m³、4084 万 m³。这些数据表明，中枯水持续时间长较易促使宽浅河段冲刷，而大水持续时间长易促使束窄河段发生冲刷。

2. 三峡水库蓄水后的河床形态调整机理

三峡水库蓄水后，来水来沙条件的变化主要表现为来沙量大幅度减少和水文过程人为调节，这两种变化均可引起河道形态调整。

对于含沙量减小引起的河道形态调整，前人开展过不少研究，如窦国仁[14]通过理论推导证实冲积河流的断面宽深比 B/H 与 $Q^{2/9}S^{4/9}$（其中 Q 为流量，S 为含沙量）成正比。在 27000m³/s 流量（蓄水前造床流量）下，沙市水文站实测多年平均含沙量由蓄水前的 1.20kg/m³ 降低至 2004—2011 年的 0.44kg/m³，根据窦国仁提出的关系式，当荆江沙质河段达到冲刷平衡时，若假定河宽不变，则水深将增大至蓄水前的 1.56 倍。而由研究河段内 512 个断面的实际变化来看，2012 年河道平均水深为 11.73m（27000m³/s 流量），是蓄水前的 1.14 倍。考虑到三峡水库蓄水仅 10 年，而荆江河道达到冲刷平衡还需要很长时间，因而目前冲深值仍不大，但以上估算可说明，沙量减少是导致枯水河槽冲刷、断面窄深化的重要原因。根据这些已有成果及蓄水后的观测资料容易推测，流量不变的情况下，含沙量减小将使河道断面向窄深方向调整，枯水河槽冲刷量将大于滩地。

对于变化水文过程以及宽窄不同类型的河段而言，虽然各级流量下河道断面均向窄深方向发展，但各流量级持续时间不同，并且各级流量在不同类型河段内具有不同造床作用，因而不同河段内的断面河相系数减小幅度可能差异较大。根据蓄水后 2004—2011 年的流量过程来看，小于造床流量的比例由蓄水前的 90% 增加至 95%，尤其 9000～12000m³/s 范围内流量出现频率增大 4.3 个百分点，而这正是河道水流满槽、冲刷动力较强的时期，这些变化显然更加有利于宽浅河段的冲刷。

实际上，从冲积河流自调整的原理来看，荆江河段的冲刷特征体现了河床对新水沙过程的适应过程。枯水河槽以冲刷为主，符合断面窄深化、断面过水面积扩大的要求，更有利于低含沙水流输移；宽浅河段冲刷幅度大于束窄河段，使得沿程深泓起伏降低，中枯水河槽形态沿程更趋均匀，与蓄水后洪水流量较小、流量过程趋于均匀化的特点更为适应。

5.3 基于二元结构的河岸崩退再造模式

崩岸过程不仅与近岸水流动力作用有关，而且还与河岸土体组成及力学特性密切相关。因此，以现场查勘、室内土工试验及概化水槽试验等结果为基础，分析了荆江河段河岸土体的垂向组成特点，定量揭示了荆江河段二元结构河岸土体的物理特性与抗剪、抗冲及抗拉强度三大力学特性，并研究了上、下荆江河段不同的河岸崩塌方式及其力学机制，提出了相应的河岸稳定性计算方法。

5.3.1 河岸土体特性

1. 河岸土体组成

上荆江河岸土体的垂向组成：上部为粉土和黏土等组成的黏性土体，下部为细沙等非黏性土体组成的层状结构，有的两黏性土层中间夹一薄层沙土（如荆 45 断面）。现场取样结果表明，土体垂向分层结构明显。图 5.3.1 分别给出了上荆江荆 34 断面和荆 45 断面河岸土体的分层结构图，其中荆 34 断面右岸为粉土和黏土交错分层，从上至下土质有粗有细，黏粒含量分别为 3.4%、33.3%、3.3% 和 9.7%，粉粒含量分别为 52.6%、65.7%、69.0% 和 85.3%，沙粒含量分别为 44.0%、1.0%、27.7% 和 5.0%；荆 45 断面右岸为中间夹沙的黏性土层，上下层黏性土黏粒含量分别为 30.1% 和 35.2%，而中间层黏粒含量只有 0.2%，沙粒含量高达 92%。

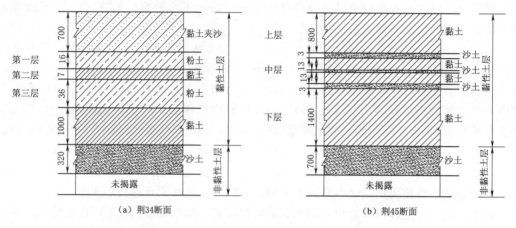

图 5.3.1　上荆江二元结构河岸土体的垂向组成（单位：cm）

下荆江河岸土体垂向组成基本也为上部黏性土和下部非黏性土组成的二元结构，但上部黏性土层薄、下部非黏性土层厚，土体垂向分层结构明显。图 5.3.2 给出了下荆江荆98 断面和石 8 断面土体的垂向组成。从图中可以看出，上部黏性土层厚度较薄，一般为 1～4m；下部非黏性沙土层较厚，在大部分河岸均超过上部黏性土层厚度。例如荆 98 断面右岸 [图 5.3.2（a）]，河岸上部黏性土层厚度约为 2.5m，下部沙土层厚度超过 10m，上、下部土层的黏粒含量分别为 15.4%、0.3%，干密度分别为 $1.40t/m^3$、$1.36t/m^3$。个别断面上部黏性土层中间夹有一薄层沙土，例如石 8 断面 [图 5.3.2（b）]。由于沙土夹层厚度很小，且上部土层中黏粒含量明显大于下部，因此整个河岸仍可看作上部黏性土

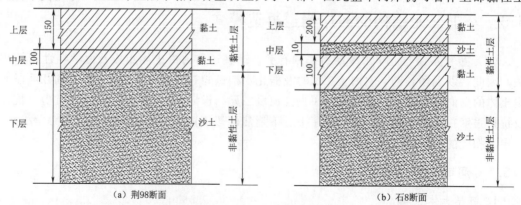

图 5.3.2　下荆江二元结构河岸土体的垂向组成（单位：cm）

层和下部沙土层组成的二元结构河岸，同样从图 5.3.2 岸边土体的钻孔结果也可以看出，下荆江上部黏性土层厚为 2～4m，下部主要为沙土或粉土。因此可以认为整个下荆江河岸土体由上部较薄的黏性土层和下部较厚的沙土层组成。

2．抗冲特性

（1）黏性土起动。河岸冲刷过程中，受到河道水位的连续变化影响，河岸土体的容重、液塑限（塑性指数、液性指数）、含水率等物理性质指标以及黏聚力等抗剪强度指标也会随之发生变化，从而进一步影响河岸土体冲刷的临界条件（起动流速或起动切应力）。所以对于河岸土体的起动条件，有必要关注土体起动条件随其物理性质指标及强度指标等的变化特点。

（2）起动流速与液限关系。图 5.3.3 点绘了起动流速 u_c 与液限/天然含水率（ω_L/ω）之间的关系。从图中可以看出，起动流速 u_c 总体上随着 ω_L/ω 的增大而增大；土体液限 ω_L 表示土体由塑性状态达到流塑状态的界限含水率，在天然含水率 ω 不变的情况下，ω_L/ω 的比值越大，表明土体达到流塑的界限含水率就会越大，即土体越不容易达到流塑状态，与文献 [15] 定性规律是一致的。此时土体也越不容易被水流冲刷，所以对应起动流速就会越大。

（3）起动切应力与干密度关系。图 5.3.4 给出了起动切应力 τ_c 与干密度 ρ_d 之间的关系。从图中可以看出，两者之间存在明显的关系，起动切应力 τ_c 随着干密度 ρ_d 的增大而增大；干密度越大，单位体积内土颗粒则越多，对应单位体积内土颗粒排列越紧密，颗粒之间黏聚力也就越大，所以土体的起动切应力也会越大。根据试验结果，对 τ_c 与 ρ_d 数据进行拟合得到如下关系：

$$\tau_c = 0.265 \times \rho_d^{3.51} \tag{5.3.1}$$

该式相关系数 $R^2 = 0.95$。

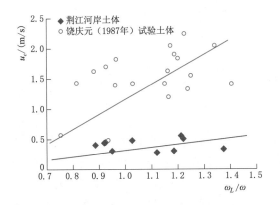

图 5.3.3　起动流速 u_c 与液限/天然含水率（ω_L/ω）关系[15]

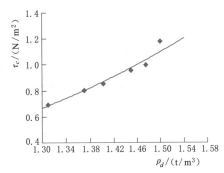

图 5.3.4　起动切应力 τ_c 与干密度 ρ_d 之间的关系

（4）非黏性土起动。图 5.3.5（a）点绘了起动流速 u_c 与沙土干密度 ρ_d 之间的关系（少量动）。从图中可以看出，两种粒径泥沙颗粒的起动流速 u_c 随着干密度 ρ_d 的增大而增大；并且粒径越大，对应相同干密度下起动流速也会越大。这主要由于干密度越大表示土体越密实，所以越不容易起动。同样从图 5.3.5（b）中起动切应力 τ_c 与干密度 ρ_d 之间的关系曲线，也可以得出相同结论。

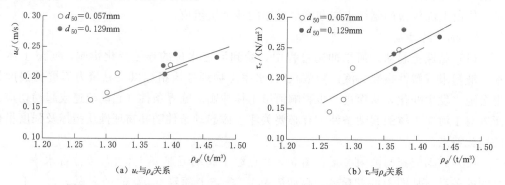

（a）u_c 与 ρ_d 关系　　　　　　（b）τ_c 与 ρ_d 关系

图 5.3.5　非黏性土起动流速 u_c 及起动切应力 τ_c 与干密度 ρ_d 的关系

3．抗拉特性

尽管黏性河岸土体的抗拉能力较弱，但对于绕轴崩塌为主的荆江二元结构河岸的稳定性计算具有重要意义[16]。因此采取现场挖空方法，首次开展了间接测定荆江段黏性河岸土体抗拉特性的原型崩塌试验。首先充分考虑绕轴崩塌时黏性土表面张拉裂隙的存在以及断裂面上的抗拉应力和抗压应力均为三角形分布等条件，得到了黏性土体抗拉强度的计算公式。然后通过现场测量得到荆江河岸绕轴崩塌时的临界悬空宽度大小，计算不同含水率及干密度下土体的抗拉强度；根据计算结果，分析得到黏性土体抗拉强度随含水率的增大而减小（见图 5.3.6），随干密度的增大而增大的变化规律（见图 5.3.7）。

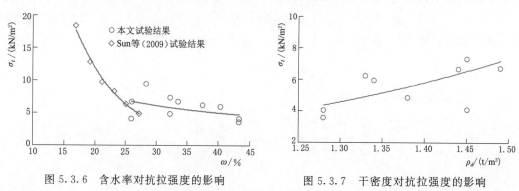

图 5.3.6　含水率对抗拉强度的影响　　　　图 5.3.7　干密度对抗拉强度的影响

在上述内容的基础上，采用公式（5.3.6）分别计算了荆江和 Fukuoka 试验河岸土体的临界悬空宽度[17]，并与实测结果进行了对比，得到两者计算值与实测值均符合较好（见图 5.3.8）。最后考虑不同河道水位下河岸土体的含水率、抗拉强度、容重等的变化过程，对下荆江荆 133 断面的河岸稳定性进行了计算，计算结果与崩岸发生时间的实际统计结果一致，充分表明获得的土体抗拉强度及其计算方法的可靠性，为后续河岸崩塌过程的模拟提供重要依据。

4．抗剪特性

根据荆江河岸土体组成分析，崩岸土体主要由上部黏性土和下部非黏性土组成的二元结构，其中上部黏性土层受河道水位变化的影响，一个水文年内其含水率会发生明显变

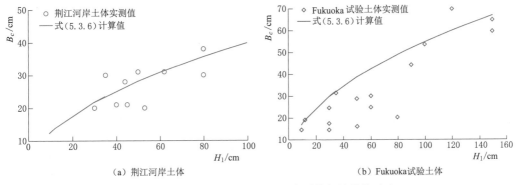

图 5.3.8　土体临界悬空宽度 B_c 实测值与计算值对比

化，进而影响抗剪强度发生较大变化，从而对河岸崩塌过程产生重要影响。故此处主要考虑不同含水率条件下，黏性河岸土体的黏聚力及内摩擦角等抗剪强度指标的变化特点。

（1）黏性土体黏聚力与含水率关系。根据室内土工试验结果，黏性河岸土体的含水率与其抗剪强度指标的关系非常明显。图 5.3.9 点绘了上、下荆江黏性河岸土体的黏聚力与含水率的关系。对比上、下荆江黏聚力与含水率之间的关系，两者变化规律基本一致，无论是上荆江还是下荆江，土体黏聚力均随着含水率的增加先变大后变小。所不同的是，由于上、下荆江黏性土体黏粒含量的不同，导致对应黏聚力峰值的临界含水率有所不同。一般是黏粒含量越大，对应黏聚力峰值的临界含水率也越大。

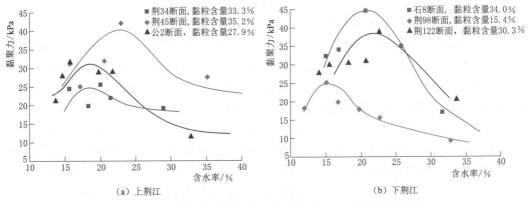

图 5.3.9　不同河段黏性河岸土体黏聚力与含水率之间的关系

（2）黏性土体内摩擦角与含水率关系。对比上、下荆江内摩擦角与含水率关系（见图 5.3.10），两者变化规律也基本一致，内摩擦角均随着含水率的增加明显减小。但上、下荆江内摩擦角的变化幅度不同，上、下荆江含水率变化幅度差别不大（上荆江含水率变化幅度为 24%，下荆江为 20%），内摩擦角变化幅度差别较大（上荆江内摩擦角变化幅度为 17°，下荆江为 9°），上荆江内摩擦角变化幅度明显大于下荆江。

5.3.2　河岸崩塌的力学机制

5.3.2.1　崩岸类型

根据试验结果对二元结构河岸的崩塌类型进行总结，上荆江崩岸概化试验中出现的崩

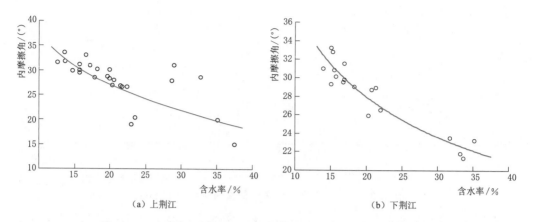

图 5.3.10　不同河段黏性河岸土体内摩擦角与含水率之间的关系

岸类型主要有两种：①平面滑动破坏。崩岸发生时，河岸顶部首先出现裂隙，然后崩塌土体沿着几乎为平面的滑动面向下滑动。②圆弧滑动破坏。河岸顶部同样会伴随裂隙出现，但破坏面呈圆弧形。下荆江崩岸概化试验中，由于上部黏性土层薄下部沙土层厚，下部沙土层会被水流冲刷、淘空，具体崩塌类型有三种：①剪切破坏。主要指上部黏性土体在剪切力作用下从河岸顶部沿竖向发生的破坏。②拉伸破坏。主要指上部黏性土体在拉应力作用下沿着水平方向发生的破坏，一般河岸顶部会首先出现裂隙。③悬臂破坏。指下部沙土层被淘空后上部黏性土层绕着某一中性轴旋转发生的破坏。

5.3.2.2　上荆江河岸崩塌的力学机制

上荆江崩岸野外查勘及室内概化水槽试验结果表明，崩岸发生时一般先在岸顶出现竖向裂隙，当裂隙发展到一定程度时，发生裂隙的整块土体（滑崩体）就会沿滑动面向下滑动，引起河岸崩塌。由于黏性土层较厚，所以整个滑动面都会在黏性土层，滑动面形状主要有平面和圆弧两种，该试验结果中平面滑动破坏发生频率最高。

滑崩体在滑动面上的力学平衡原理即为河岸崩塌发生的力学机理，滑崩体自身重力是促使崩体在滑动面上滑动的力，崩体破坏面上分布的土体抗剪应力以及河道水流对滑崩体产生的水压力等是抵抗崩体滑动的力。滑崩体的力学平衡条件可以用土力学边坡稳定理论中滑动面上的安全系数表达。若安全系数定义为抵抗崩体滑动的力与促使崩体滑动力的比值，则其值小于 1.0 表示河岸会发生崩塌。实际河岸是否发生崩塌可根据此力学机理，通过计算安全系数大小进行判断。

需要指出，由于河岸土体的含水率会随着河道内水位的升降而发生变化，而土体的物理力学特性（物理性质、抗冲、抗剪和抗拉）又会随着含水率的变化而改变，所以不同水位时期，河岸崩塌时滑动面上的力学平衡条件会有所差异。因此对上荆江河岸崩塌的力学平衡条件进行分析时，就必须考虑不同水位时期下河岸土体物理力学特性的变化。

5.3.2.3　下荆江河岸崩塌的力学机制

野外查勘及室内水槽试验结果表明，下荆江崩岸发生的形式与上荆江明显不同，主要为悬臂破坏，崩塌机理为当水流将下部沙土层淘空后，上部黏性土层失去支撑而发生的绕轴崩塌。发生的力学条件是悬空土块宽度超过其临界值，自身产生的重力矩大于黏性土层的抵抗力矩,从而绕中性轴旋转发生崩塌。

崩岸发生时上部黏性土层先是出现一定深度的张拉裂隙,随着下部沙土层的淘刷,上部黏性土层的悬空部分达到临界值而发生崩塌。此时上部悬空的黏性土层力学平衡原理即为河岸崩塌发生的力学机理。根据悬臂梁平衡力学理论,当上部黏性土层处于临界状态时,悬空土体自重引起的外力矩与断裂面上产生的抵抗力矩(抗拉与抗压力矩之和)相平衡。与上荆江概化水槽试验崩岸机理类似,可以用黏性土层的稳定安全系数作为河岸是否崩塌的判别依据,定义为滑动面上的抵抗力矩与悬空土体自重产生外力矩的比值,则安全系数小于 1.0 表示河岸会发生崩塌。此外,也可以根据实际悬空土块宽度及临界悬空宽度的大小,判断黏性土层是否发生崩塌:当实际悬空宽度大于临界悬空宽度时,河岸将发生崩塌;当实际悬空宽度小于临界悬空宽度时,河岸上部的黏性土层稳定,水流会继续冲刷下部非黏性沙土层(见图 5.3.11)。

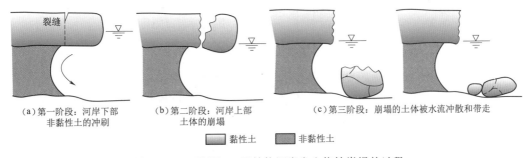

(a)第一阶段:河岸下部　　　(b)第二阶段:河岸上部　　　　(c)第三阶段:崩塌的土体被水流冲散和带走
　　非黏性土的冲刷　　　　　　 土体的崩塌

　　　　　　黏性土　　　　非黏性土

图 5.3.11　下荆江二元结构河岸发生绕轴崩塌的过程

5.3.3　河岸稳定性计算方法

5.3.3.1　上荆江

根据上荆江河岸崩塌实际情况,结合 Osman 和 Darby 提出的黏性土河岸崩塌模型,并考虑侧向水压力对崩岸的影响以及土体力学性质指标随含水率的变化,提出不同时期上荆江二元结构河岸稳定性的计算方法,见图 5.3.12。基于 Osman 和 Thorne 的平面滑动模型[18],考虑到水流冲刷坡脚计算的简便,同时主要是对河岸稳定性进行分析,所以上荆江河岸崩塌形式主要考虑平面滑动类型,并且认为河岸前期发生过初次崩塌,后续崩塌都属于二次崩塌,即边坡崩塌时的破坏角度恒为 β,同时滑动面通过坡脚 D。

令河岸初始高度为 H_{Z1},下部非黏性土冲刷深度为 ΔZ,冲刷后河岸高度为 H_0,水面至坡顶河岸高度为 H_b,水位至黏性土层底高度为 H_u,河岸拉伸裂缝(BC)深度为 H_t,冲刷转折点 E 至坡顶高度为 H_{Z2},坡脚横向冲刷宽度为 B_w,$B_w=(H_0-H_{Z2})/\tan\beta$,$P_u$ 为水压力,具体见图 5.3.12。根据土力学方法,河岸崩塌分析的基本原理为:滑崩体的重量 W 是促使崩体滑动的力,简称滑动力 F_D,崩体破坏面上分布的土体抗剪应力以及水流对滑动体产生的水压力是抵抗崩体滑动的力,简称抵抗力 F_R,则河岸稳定安全系数 F_S 可以定义为

$$F_S=F_R/F_D \tag{5.3.2}$$

由式(5.3.2)可知,当 $F_S>1.0$ 时河岸将处于稳定状态,当 $F_S<1.0$ 时河岸会发生

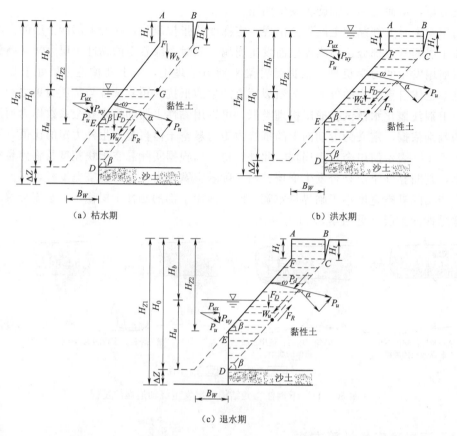

图 5.3.12　不同时期上荆江二元结构河岸稳定性的计算方法

崩塌，当 $F_S=1.0$ 时河岸将处于临界状态。由于枯水期和洪水期的水位不同以及退水期水位变化等导致滑动力 F_D 和抵抗力 F_R 计算结果不同，安全系数 F_S 也会不同，下面以退水期为例进行分析。

　　考虑退水时孔隙水压力作用，上荆江河岸崩塌力学模式见图 5.3.12（c）。与洪水期稳定性分析相比，此时滑动破坏面将因增加孔隙水压力 P_d 作用而增加了崩塌的危险性，P_d 方向沿着滑动面向下，P_d 的存在实际上加大了下滑力 F_D；同时由于水位退至枯水位，所以作用在滑崩土体上的水压力按照枯水期计算，具体如下

$$F_R=(W_u\cos\beta+P_u\cos\alpha)\tan\varphi_u+c_u\overline{CD} \tag{5.3.3}$$

$$F_D=W_u\sin\beta-P_u\sin\alpha+P_d \tag{5.3.4}$$

其中，$W_u=\gamma_{sat}$ $(H_0^2-H_{Z2}^2)$ $/2\tan\beta$；$P_{ux}=0.5\gamma_w H_u^2$；$P_{uy}=\gamma_w$ $(H_{Z2}-H_b)^2/2\tan\beta$；$\overline{CD}=$ (H_0-H_t) $/\sin\beta$；$P_d=\gamma_w J$ $[$ $(H_0-H_t)^2-$ $(H_{Z2}-H_t)^2$ $]$ $/2\tan\beta$；J 为沿滑动面方向的渗流梯度，$J=$ (H_0-H_t) $/\overline{CD}=\sin\beta$。

5.3.3.2　下荆江

　　根据下荆江河段二元结构河岸绕轴崩塌的特点，认为崩岸发生时上部黏性土层中存在张拉裂隙，同时假设在断裂面上的抗拉应力及抗压应力均呈三角形分布，绕轴崩塌的中性

轴位于裂缝以下土体的受力中心，见图 5.3.13。

根据悬臂梁平衡的力学原理，当二元结构河岸上部的黏性土层发生崩塌时，单位长度悬空土体的自重 W 引起的外力矩与断裂面上产生的抵抗力矩（抗拉与抗压力矩之和）相平衡，则存在：

$$W \cdot B_c / 2 = \frac{(H_1-H_t)^2}{3(1+a)^2}\sigma_t + \frac{a^2(H_1-H_t)^2}{3(1+a)^2}\sigma_c \tag{5.3.5}$$

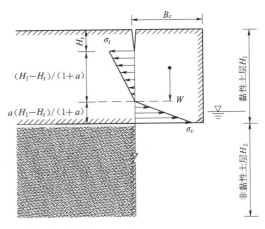

图 5.3.13 绕轴崩塌时悬空土块的受力分析

式中：B_c、H_1、γ_1 分别为黏性土层的临界悬空宽度、高度及容重；H_t 为河岸顶部张拉裂隙的深度；a 为黏性土层的抗拉应力与抗压应力之比，即：$a = \sigma_t / \sigma_c$，σ_t、σ_c 分别为土体的抗拉及抗压强度。将 $W = \gamma_1 B_c H_1$ 代入式（5.3.5），可得出 B_c 的计算式：

$$B_c = \sqrt{2\sigma_t H_1 (1-H_t/H_1)^2 / [3(1+a)\gamma_1]} \tag{5.3.6}$$

对于给定几何形态及土体力学特性的河岸，根据实际悬空土块宽度 B 及 B_c 的大小，可以判断黏性土层是否发生崩塌：当 $B \geqslant B_c$ 时，河岸上部的黏性土层将发生崩塌；当 $B < B_c$ 时，河岸上部的黏性土层稳定，水流可以继续冲刷非黏性土层。此处定义黏性土层稳定的安全系数 F_s 等于潜在断裂面上的抵抗力矩与悬空土体自重产生的外力矩之比，可由式（5.3.7）表示：

$$F_s = [2\sigma_t H_1 (1-H_t/H_1)^2] / [3(1+a)\gamma_1 B^2] \tag{5.3.7}$$

当 $F_s > 1$ 时表示悬空土体稳定，河岸不发生崩塌。引入 $Ajaz$[19] 的试验结果，则可取黏性土层的抗拉应力与抗压应力之比 $a = 0.1$，则式（5.3.7）可进一步表示为

$$F_s = (0.606\sigma_t H_1)(1-H_t/H_1)^2 / (\gamma_1 B^2) \tag{5.3.8}$$

式（5.3.8）表明：对于给定几何形态的二元结构河岸，黏性土层的稳定程度仅与其抗拉应力和容重有关。

参 考 文 献

[1] 卢金友，黄悦，王军. 三峡工程蓄水运用后水库泥沙淤积及坝下游河道冲刷分析 [J]. 中国工程科学，2011，13 (7)：129-136.

[2] 韩其为，李楚南. 从丹江口水库下游冲刷看三峡水库下游河床演变趋势 [C] // 长江三峡工程泥沙问题研究文集. 北京：中国科学技术出版社，1990：370-385.

[3] 长江水利委员会水文局. 宜都至大布街河段卵石运动规律及趋势分析 [C] // 长江三峡工程泥沙问题研究（第六卷）. 北京：知识产权出版社，2002：442-459.

[4] 周银军，陈立，闫涛，等. 宜昌至杨家垴河段河床形态冲刷调整特点分析 [J]. 水力发电学报，2012，31 (3)：77-82.

[5] 陈立，周银军，闫霞，等. 三峡下游不同类型分汊河段冲刷调整特点分析 [J]. 水力发电学报，

2011, 30 (3): 109 - 116.

[6]　孙昭华, 李义天, 葛华, 等. 三峡下游沙卵石河段纵剖面形态对枯水位影响 [J]. 泥沙研究, 2007 (3): 9 - 16.

[7]　周美蓉, 夏军强, 邓珊珊, 等. 三峡工程运用后宜枝河段平滩河槽形态调整对来水来沙的响应 [J]. 泥沙研究, 2016 (2): 14 - 19.

[8]　韩剑桥, 孙昭华, 曹绮欣, 等. 近期荆江沙卵石～沙质河床过渡带断面调整特性及影响 [J]. 水力发电学报, 2015, 34 (4): 91 - 97, 110.

[9]　李楚南. 葛洲坝下游河道冲淤分析 [J]. 人民长江, 1988 (2): 8 - 13.

[10]　长江航道规划设计研究院. 宜都至大布街河段河道演变现状及趋势分析 [C]//长江三峡工程泥沙问题研究 (第六卷). 北京: 知识产权出版社, 2002: 442 - 459.

[11]　罗方冰, 陈迪, 郭怡, 等. 三峡水库蓄水以来下游近坝河段冲淤分布特征及成因 [J]. 泥沙研究, 2019, 44 (3): 31 - 38.

[12]　许全喜. 三峡工程蓄水运用前后长江中下游干流河道冲淤规律研究 [J]. 水力发电学报, 2013, 32 (2) 146 - 154.

[13]　唐金武, 由星莹, 李义天, 等. 三峡水库蓄水对长江中下游航道影响分析 [J]. 水力发电学报, 2014, 33 (1): 102 - 107.

[14]　窦国仁. 平原冲积河流及潮汐河口的河床形态 [J]. 水利学报, 1964 (2): 1 - 13.

[15]　饶庆元. 粘性土抗冲特性研究 [J]. 长江科学院院报, 1987, 4 (4): 77 - 88, 25.

[16]　SUN P, PENG J B, CHEN L W, et al. Weak tensile characteristics of loess in China-An important reason for ground fissures [J]. Engineering Geology, 2009 (1): 33 - 45.

[17]　FUKUOKA S. Erosion processes of natural riverbank [C]//Proceedings of 1st International Symposium on Hydraulic Measurement, Beijing, China, 1994: 222 - 229.

[18]　OSMAN A M, THORNE C R. Riverbank stability analysis I: Theory [C]. Journal of Hydraulic Engineering, 1988, 114: 134 - 150.

[19]　AJAZ. The stress-strain behaviour of compacted clays in tension and compression [D]. London: University of Cambridge, 1973.

第 6 章

河床再造驱动模型研究

6.1 水库下游河道横断面形态变化

6.1.1 基于开放系统概念的河道形态调整过程的理解

通常冲积河流可以看作是与外界环境具有物质和能量交换的开放系统。一方面不断地接受来自流域面上的水和泥沙，另一方面又昼夜不息地将这些水和泥沙输送至大海，见图 6.1.1。根据开放系统的概念，来水来沙条件是施加于河流的外部控制变量，河道断面形态、比降等表征河流的几何形态的特征变量是河流的内部变量。地貌学中，开放的系统在受到外界干扰后会进行相应的调整，以适应变化后的外界条件。由于系统的调整需要一定的时间，因

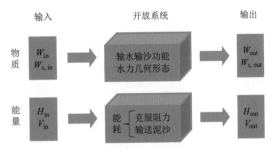

图 6.1.1　冲积河流开放系统示意图

此在受到干扰后的一个时段内，系统总是处于非平衡的调整变化状态。在这个时段内，系统不断地进行自动调整和恢复，当变化后的外界条件维持的时间长度超过这个时段后，系统调整达到新的平衡状态。水库下游河床再造过程中，河道断面形态的调整同样遵循这一自然规律[1]。

6.1.2 典型河道横断面形态变化分析

本书选择长江中下游主要水文站断面作为典型代表，分析三峡水库运用以来河道横断面形态变化过程。根据资料收集情况，最终选择水文断面包括干流枝城站、沙市站、监利站、汉口站、大通站，以及洞庭湖出口的城陵矶（七里山）站共计 6 个水文站作为典型代表，分析水文站实测大断面资料，分析河道横断面形态变化情况。

1. 枝城水文断面

枝城水文站设立于 1925 年 6 月，中华人民共和国成立前观测时断时续，仅有 1925—1926 年、1936—1938 年水位、流量资料，流量测次少，精度较差；1950 年 7 月恢复观测水位、流量，1960 年 7 月改为水位站，1991 年再次恢复测流至今。

本书收集了枝城水文站 2002—2014 年实测大断面成果，选择 2002 年、2004 年、2006 年、2008 年、2010 年、2014 年实测大断面成果套绘，结果见图 6.1.2。可以看出，

自 2002 年以来断面总体呈现持续冲刷趋势，冲刷下切部位集中在河床左侧，横断面方向冲刷宽度范围约 800m，中枯水河槽展宽，河道断面形态具有 V 形向 U 形变化的趋势，断面宽深比有所减小；2002—2014 年，最大冲刷深度为 12.7m；断面最深点位于河道右侧近岸河床，最深点高程基本没有变化。根据实测大断面成果，统计 2002—2014 年枯水河槽断面面积，结果见图 6.1.3。可以看出，除 2002—2005 年枯水河槽断面面积略有减小外，2005 年以后枝城站枯水河槽断面面积呈现持续增加趋势。

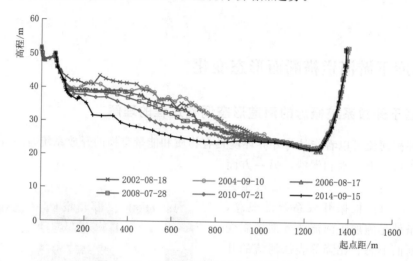

图 6.1.2 枝城水文站实测大断面变化对比

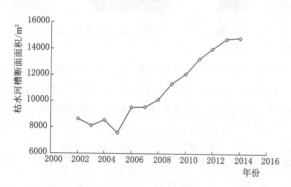

图 6.1.3 枝城水文站枯水河槽断面面积变化情况

2. 沙市水文断面

沙市水位站设立于 1933 年 1 月，1938 年 10 月至 1939 年 5 月、1940 年 6 月至 1946 年 3 月曾两度中断测验。1946 年 4 月恢复观测水位。1991 年 1 月改为水文站，观测流量至今。基本水尺位于测流断面上游 3.92km 的二郎矶。左岸上游 1km 系学堂洲（古时为江干洲），原沮漳河于此汇入长江。

测流断面上下游约有 4km 顺直段，断面呈 U 形，漫滩水位约 42.4m（冻结基面，下同），上游 3km 为三八滩尾，下游 3.5km 为金城洲头，当水位在 41m 以下时，江心洲露出水面，江水分为两股；当水位在 44.2m 以上时，右岸小堤淹没与埠河连成一片。上、下游洲滩变化及左右汊道的变动对该站主流摆动和断面冲淤影响较大。

本书收集了沙市水文站 1991—2014 年实测大断面成果，选择 1992 年、1998 年、2002 年、2006 年、2010 年、2014 年实测大断面成果套绘，结果见图 6.1.4。可以看出，沙市水文断面自 1992 年以来宽深比略有减小，河道断面形态基本维持 U 形，但经过 2014 年冲淤变化，断面略微呈 W 形；断面总体呈现冲刷趋势，冲刷下切部位以左侧河床为主，最大冲刷深度12.8m，中间部位略有淤积，右侧近岸河床冲淤相间变化，2014年右岸河床基本恢复至1992年高程；断面最深点由1992年的河床中间偏左部位偏移至河道左侧近岸河床，相比1992年，断面最深点高程下切约5m。根据实测大断面成果，统计1991—2014年枯水河槽断面面积，结果见图6.1.5。可以看出，枯水河槽断面面积波动幅度较大，但总体看来可以分为2个阶段，2000年以前总体呈现减小趋势，2000年以后总体呈现增加趋势，且增加趋势并未放缓。

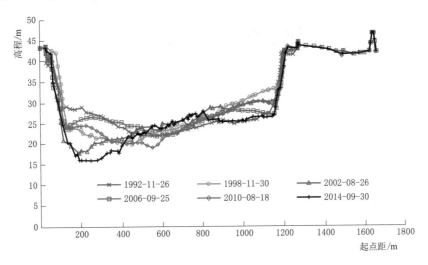

图 6.1.4　沙市水文站实测大断面变化对比

3. 监利水文断面

监利（姚圻垴）水文站位于监利县城上游6km处，于1958年8月设立，测验项目为水位、流量、含沙量等。1960年7月停测流量，保留水位、单位水样含沙量。1960年8月改为水位站，1966年又恢复为水文站。1970—1974年停测流量；1975年1月又从洪山头迁回恢复测验。1996年5月下迁6km至监利（城南），启用监利（城南）水尺为基本水尺，姚圻垴为水文测验断面，且测站更名为监利水文站。

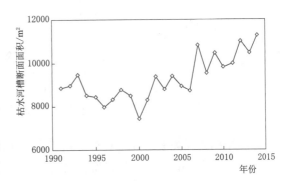

图 6.1.5　沙市水文站枯水河槽断面面积变化情况

本书收集了监利水文站1996—2014年以及1996年以前部分年份的实测大断面成果，选择1985年、1990年、1995年、2002年、2008年、2014年实测大断面成果套绘，结果见图6.1.6。可以看出，监利水文断面自1985年以来，宽深比有所减小，河道由宽浅向窄深方向发展，河道断面形态由U形向V形发展；断面总体呈现冲刷趋势，横断面方向上呈现中间及右侧河床持续冲刷，左侧河床持续淤积，中间及右侧河床最大冲深约8.1m，左侧河床最大淤积约12.5m；断面最深点位于右侧近岸河床，最深点高程基本不变。根据实测大断面成果，统计1996—2014年枯水河槽断面面积，结果见图6.1.7。可以看出，枯水河槽断面面积 2003 年以前呈现大幅度的"减-增-减"变化规律，2003 年以后仍有较大幅度波动，但总体呈现增加趋势。

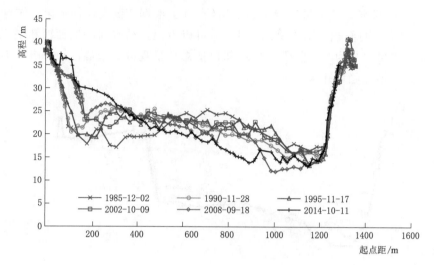

图 6.1.6　监利水文站实测大断面变化对比

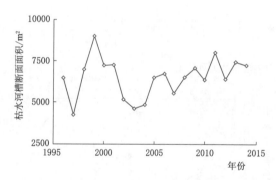

图 6.1.7　监利水文站枯水河槽断面面积变化情况

4. 汉口水文断面

汉口水文站基本水尺位于长江中游干流左岸武汉关处。上游约 1.4km 处是汉江出口，汉江出口上游 1.6km 处有武汉长江大桥。基本水尺下游约 5.4km 处设有测流断面。上游承接荆江、洞庭湖和汉江来水，集水面积为 148.8 万 km²。

武汉关海关水尺最早设于 1865 年，1922 年开始测流。1944 年 10 月至 1945 年 12 月曾一度中断。基本水尺历年固定于长江左岸的武汉关航道局工程处专用码头。测流断面在中华人民共和国成立前位于武汉关下游 400m 处，中华人民共和国成立后移至基本水尺下游 3.7km 处的下太古，1990 年 9 月因兴建武汉长江二桥，测流断面下迁 1.7km，距基本水尺断面约 5.4km。

本书收集了汉口水文站 1990—2011 年实测大断面成果，选择 1990 年、1995 年、2000 年、2003 年、2008 年、2011 年实测大断面成果套绘，结果见图 6.1.8。可以看出，汉口水文断面形态总体上呈 U 形；1990—2000 年，断面宽深比有所减小，河道缩窄约 180m，2000 年以后，河道横断面形态基本维持稳定，断面冲淤相间但是幅度均较小，冲淤厚度在 2～3m 范围内；断面最深点位于右侧近岸河床，最深点高程增加约 2.1m。根据实测大断面成果，统计汉口水文断面 1990—2011 年枯水河槽断面面积，结果见图 6.1.9。可以看出，汉口水文断面枯水河槽断面面积自 1990 年以来，除 1996—2000 年出现一次大幅度"减小-增加"的波动，其他年份均有一定幅度波动，但总体上维持基本稳定状态。

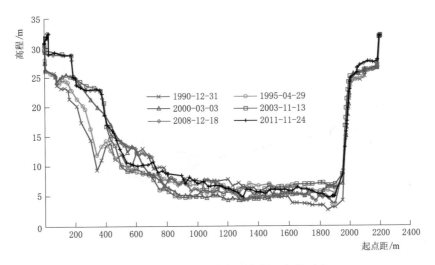

图 6.1.8　汉口水文站实测大断面变化对比

5. 大通水文断面

大通水文站位于安徽省贵池市，上距鄱阳湖湖口 219km，下距支流九华河汇口 1km 左右，集水面积为 170.5 万 km²，占长江流域总面积的 94.7%。

本书收集了大通水文站 1990—2014 年实测大断面成果，选择 1995 年、2000 年、2003 年、2008 年、2012 年、2014 年实测大断面成果套绘，结果见图 6.1.10。可以看出，河道横断面形态总

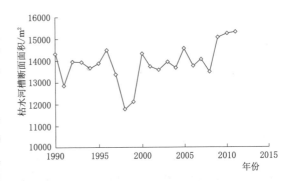

图 6.1.9　汉口水文站枯水河槽断面面积变化情况

体上呈 U 形，近年来略有向 V 形发展的趋势，断面宽深比略有减小；1995 年以来，断面总体呈现右冲左淤，右侧最大冲深约 7.4m，位于右侧近岸河床，左侧最大淤积约 7.7m，河床中间部位基本维持稳定；断面最深点一直位于右侧近岸河床，最深点高程增加约 6.7m。根据实测大断面成果，统计 1990—2014 年枯水河槽断面面积，结果见图 6.1.11。可以看出，大通水文断面枯水河槽断面面积 1990—2000 年呈现持续增加趋势，2000—2002 年呈现快速减小趋势，2002 年以后则再次呈现持续增加趋势，其中 2011 年突现异常增加，但 2012 年又出现较大幅度回落。

6. 城陵矶（七里山）水文断面

城陵矶（七里山）水文站始建于 1904 年，位于湖南省岳阳市七里山，是监测洞庭湖出湖水沙的基本水文站。城陵矶（七里山）水文测验断面左岸上游约 11km 为君山，右岸上游约 5km 为岳阳楼，上游约 1.5km 建有洞庭湖大桥，下游 0.5km、1.5km 分别建有杭瑞高速公路大桥和蒙华铁路大桥；洞庭湖在断面下游 3.5km 注入长江。测验河段为洞庭湖出口洪道，水道全长约 7.5km。

本书收集了城陵矶（七里山）水文站 1991—2010 年实测大断面成果，选择 1991 年、

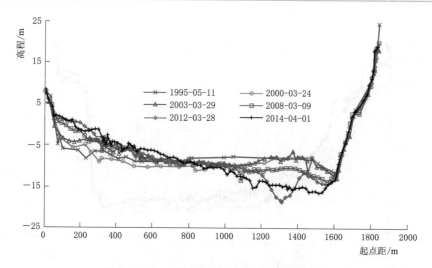

图 6.1.10　大通水文站实测大断面变化对比

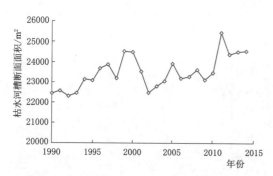

图 6.1.11　大通水文站枯水河槽断面面积变化情况

1995 年、1998 年、2003 年、2008 年、2010 年实测大断面成果套绘，结果见图 6.1.12。可以看出，城陵矶（七里山）水文站河道横断面形态呈 U 形且十分稳定；1991 年以来，断面均处于微冲微淤状态，冲淤幅度最大不超过 1.5m；断面最深点一直位于右侧河床，最深点高程增加约 1.0m。根据实测大断面成果，统计城陵矶（七里山）水文站 1991—2010 年枯水河槽断面面积，结果见图 6.1.13。可以看出，城陵矶（七里山）水文站枯水河槽断面面积自 1991 年以来基本维持稳定，1990—2005 年呈现略微增加趋势，但增幅很小，2005 年以后呈现略微减小趋势，减幅同样很小。

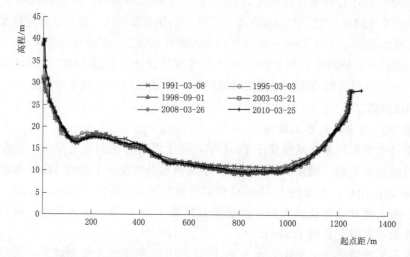

图 6.1.12　城陵矶（七里山）水文站实测大断面变化对比

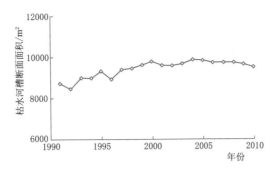

图 6.1.13　城陵矶（七里山）水文站枯水河槽断面面积情况

6.2　水库下游河床再造驱动机制

6.2.1　水库下游河床再造的驱动对象

1. 断面尺度

本书以水库下游冲积河段为主要研究对象，冲积河流河床再造过程中，在断面尺度上主要表现为河道横断面形态的调整变化，其中以横断面面积表征断面尺度上的变化情况最为直观，在河床演变学研究中也得到了广泛的应用。本书拟采用这一概念，以典型水文断面面积为对象，研究水库下游河床再造的驱动过程。断面面积是衡量河道横断面形态的一个重要物理量。河道断面面积增大，表明河床处于总体冲刷状态；断面面积减小，表明河床处于总体淤积状态。因此，断面面积的变化直接体现了河床的冲刷或淤积状态，可以直观地反映河床在受到水沙扰动情况下做出的调整响应。

图 6.2.1 给出了冲积河流典型横断面示意图，可以看出，横断面面积大小与水位取值密切相关。为了能够尽量凸显横断面冲淤变化情况，宜尽可能提高横断面面积冲淤变化的幅度，为此统计断面面积变化时，在较完整反映断面面积变化的前提下，应尽可能降低水位取值。从 6.1 节典型河段横断面形态变化来看，长江在两岸堤防及相关河道整治工程影响下，近年来河道冲淤变化主要集中在河道主槽。以沙市水文站、大通水文站和城陵矶（七里山）水文站为例，分别统计计算了各水文站多年平均最高水位、多年平均最低水位、多年平均水位、多年平均枯水水位，并图示了不同水位高程与横断面冲淤变化部位相对位置关系（图 6.2.2～图 6.2.4）。可以看出，各水文站横断面冲淤部位均远低于多年平均最高水位，也明显低于多年平均水位，部分水文站横断面冲淤部位甚至位于多年平均最低水位以下，但另有部分横断面冲淤部位略高于多年平

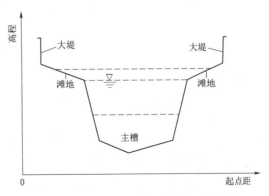

图 6.2.1　冲积河流典型横断面示意图

均最低水位，不过仍然低于多年平均枯水水位。综合分析表明，针对长江中下游主要水文站断面，取多年平均枯水水位统计枯水河槽断面面积变化较为合适。因此，本书选择典型水文站枯水河槽断面面积作为断面尺度河床再造的驱动对象。

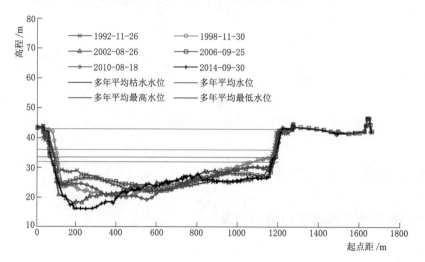

图 6.2.2　沙市水文站断面冲淤变化与特征水位关系

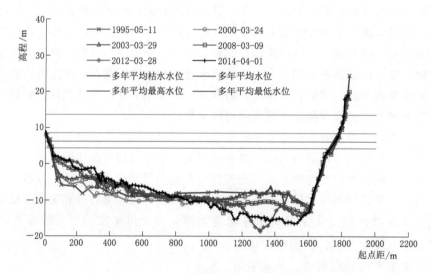

图 6.2.3　大通水文站断面冲淤变化与特征水位关系

2. 河段尺度

分析三峡水库下游宜昌至枝城河段和荆江河段近期河床演变过程可以发现，两河段沿程各断面的河槽形态等差别较大，有时仅用特定断面的河槽形态难以代表研究河段的河槽几何特征。为此，提出了基于对数转换的几何平均与断面间距加权平均相结合的方法来计算河段尺度的河槽形态参数。考虑到冲积河流河段尺度的平滩河槽形态调整与前期多年汛期水沙条件密切相关，在低含沙量河流上，可用冲刷强度参数来代表水沙条件。

（1）河段尺度河床再造驱动对象。首先应确定研究河段内各断面的平滩水位及主槽区

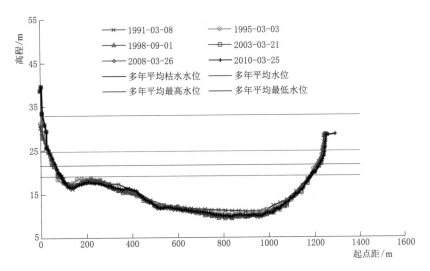

图 6.2.4 城陵矶（七里山）水文站断面冲淤变化与特征水位关系

域，并计算平滩河槽尺寸。然后用基于对数转换的几何平均与断面间距加权平均结合的方法计算河段尺度的平滩河槽形态参数。假定计算河段长度为 L，内设若干实测断面，第 i 个断面的平滩河槽几何参数包括平滩宽度（W_{bf}^i）、平滩水深（H_{bf}^i）及平滩面积（A_{bf}^i），可在第一步中得到。则相应河段尺度的平滩河槽形态参数可表示为

$$\overline{W}_{bf} = \exp\left[\frac{1}{2L}\sum_{i=1}^{N-1}(\ln W_{bf}^{i+1} + \ln W_{bf}^i) \times (x_{i+1} - x_i)\right] \tag{6.2.1}$$

$$\overline{H}_{bf} = \exp\left[\frac{1}{2L}\sum_{i=1}^{N-1}(\ln H_{bf}^{i+1} + \ln H_{bf}^i) \times (x_{i+1} - x_i)\right] \tag{6.2.2}$$

$$\overline{A}_{bf} = \exp\left[\frac{1}{2L}\sum_{i=1}^{N-1}(\ln A_{bf}^{i+1} + \ln A_{bf}^i) \times (x_{i+1} - x_i)\right] \tag{6.2.3}$$

式中：x_i 为第 i 个断面距大坝的距离；N 为计算河段的断面数量。

式（6.2.3）计算所得的河段尺度平滩河槽形态参数可保证河槽尺寸的连续性，即 $\overline{A}_{bf} = \overline{W}_{bf} \times \overline{H}_{bf}$ 在该方法中恒成立。另外该方法亦可反映断面间距不同对河段尺度平滩河槽形态参数的影响。

（2）河段尺度水流冲刷强度。在含沙量较大的黄河上水沙条件通常采用多年汛期平均流量及来沙系数表示汛期水沙条件。但是对于低含沙量河流，一般用冲刷强度参数来代表水沙条件。汛期平均冲刷强度（F_f）通常定义为

$$F_f = \frac{1}{N_f}\sum_{i=1}^{N-1}(Q_j^2 / S_j)/10^8 \tag{6.2.4}$$

式中：N_f 为汛期的总天数，荆江河段水文年中汛期一般指 5—10 月；Q_j 为汛期日均流量，m^3/s；S_j 为悬移质含沙量，kg/m^3。参数 F_f 包含了来水来沙及历时，可综合反映来水来沙条件对研究河段河床演变的影响。

该研究中前期 n 年平均的汛期冲刷强度（$\overline{F}_{nf}$）可以表示为

$$\overline{F}_{nf} = \frac{1}{n} \sum_{i=1}^{n} F_{fi} \tag{6.2.5}$$

式中：n 为滑动平均的年数；F_{fi} 为第 i 年汛期平均的冲刷强度。分析表明，宜枝和荆江河段河段平滩河槽形态参数可表示为 $\overline{F}_{nf}$ 的经验函数，且总体上相关系数在 $n=5$ 时达到最大。

6.2.2 断面尺度驱动对象对水沙条件的响应分析

6.2.2.1 滑动平均法

滑动平均法（moving average）又称移动平均法。在简单平均数法基础上，通过顺序逐期增减新旧数据求算移动平均值，借以消除偶然变动因素，找出事物发展趋势并据此进行预测的方法。滑动平均法的最主要特点是简捷性、算法简单、计算量小，可以采用递推形式来计算。表达式如下：

$$y_k = \frac{1}{2n+1} \sum_{k=-n}^{n} y_{k+1} \quad (k = n+1, n+2, \cdots, N-n) \tag{6.2.6}$$

6.2.2.2 枯水河槽断面面积对当年水沙条件的响应

考虑到长江中下游水沙均主要集中在汛期输送，河道形态调整同样以汛期变化为主，因此本书选择各水文站汛期平均流量和汛期平均含沙量，分析枯水河槽断面面积对其变化的响应关系。枝城水文站水沙及大断面资料选取时间为 2002—2014 年，水位取值 38.5m；沙市水文站水沙及大断面资料选取时间为 1991—2014 年，水位取值 33.5m；监利水文站水沙及大断面资料选取时间为 1996—2014 年，水位取值 26m；汉口水文站水沙及大断面资料选取时间为 1990—2011 年，水位取值 16m；大通水文站水沙及大断面资料选取时间为 2002—2014 年，水位取值 6.2m；城陵矶（七里山）水文站水沙及大断面资料选取时间为 1991—2010 年，水位取值 22m。

图 6.2.5～图 6.2.16 对比了各水文站枯水河槽断面面积、当年汛期平均流量、当年汛期平均含沙量随时间的变化。可以看出，各断面枯水河槽断面面积与当年汛期平均流量总体上关联性不强，不过监利水文断面、汉口水文断面、大通水文断面的增减变化与当年汛期平均流量有一定的同步关系。各断面枯水河槽断面面积与当年汛期平均含沙量总体上呈负相关关系，即枯水河槽断面面积增减变化趋势与当年汛期平均含沙量增减趋势相反。

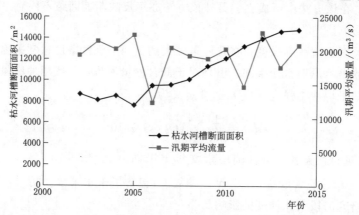

图 6.2.5 枝城水文站枯水河槽断面面积与当年汛期平均流量随时间变化

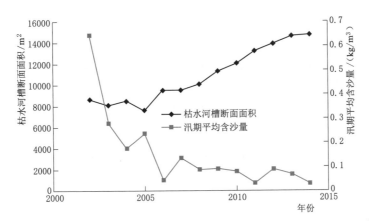

图 6.2.6 枝城水文站枯水河槽断面面积与当年汛期平均含沙量随时间变化

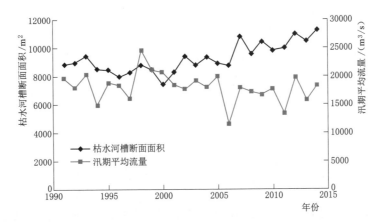

图 6.2.7 沙市水文站枯水河槽断面面积与当年汛期平均流量随时间变化

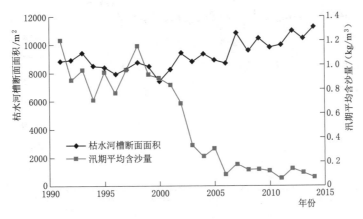

图 6.2.8 沙市水文站枯水河槽断面面积与当年汛期平均含沙量随时间变化

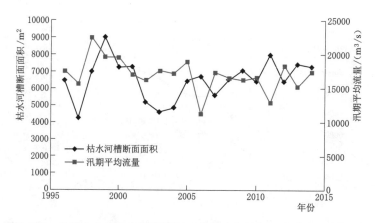

图 6.2.9　监利水文站枯水河槽断面面积与当年汛期平均流量随时间变化

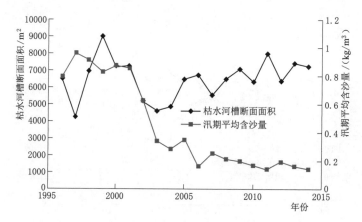

图 6.2.10　监利水文站枯水河槽断面面积与当年汛期平均含沙量随时间变化

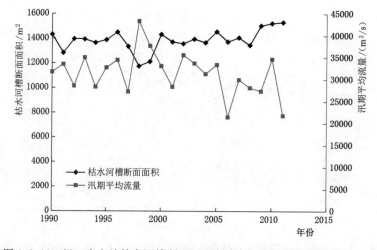

图 6.2.11　汉口水文站枯水河槽断面面积与当年汛期平均流量随时间变化

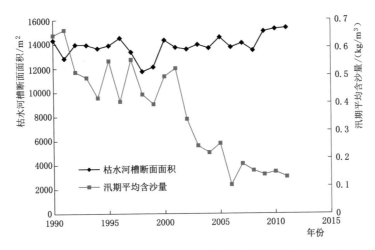

图 6.2.12 汉口水文站枯水河槽断面面积与当年汛期平均含沙量随时间变化

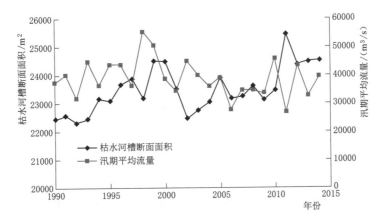

图 6.2.13 大通水文站枯水河槽断面面积与当年汛期平均流量随时间变化

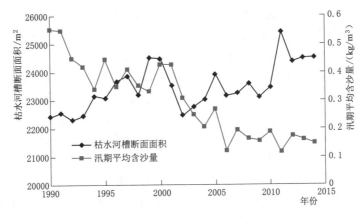

图 6.2.14 大通水文站枯水河槽断面面积与当年汛期平均含沙量随时间变化

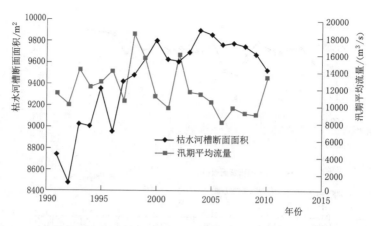

图 6.2.15　城陵矶水文站枯水河槽断面面积与当年汛期平均流量随时间变化

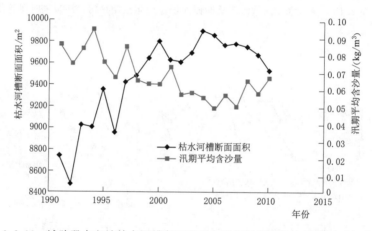

图 6.2.16　城陵矶水文站枯水河槽断面面积与当年汛期平均含沙量随时间变化

6.2.2.3　枯水河槽断面面积对前期水沙条件的响应

　　为分析前期水沙条件对当前河道形态的影响，在各水文站原有水沙资料的基础上，进一步补充收集了更早 10 年内的水沙资料。根据以往研究经验，利用滑动平均法，分析了所选各水文站枯水河槽断面面积与包括当年在内的前期 5 年内水沙条件的响应关系。图 6.2.17～图 6.2.28 对比了各水文站枯水河槽断面面积、前期 5 年内汛期平均流量滑动平均值、前期 5 年内汛期平均含沙量滑动平均值随时间的变化。可以看出，各水文断面枯水河槽断面面积与前期 5 年内汛期平均流量滑动平均值总体上关联性不强，不过监利水文断面、汉口水文断面、大通水文断面的增减变化与前期 5 年内汛期平均流量滑动平均值有一定的同步关系，且同步性较当年汛期平均流量略好。各水文断面枯水河槽断面面积与前期 5 年内汛期平均含沙量滑动平均值总体上呈负相关关系，即枯水河槽断面面积增减变化趋势与前期 5 年内汛期平均含沙量滑动平均值增减趋势相反。

　　进一步点绘各水文站枯水河槽断面面积与当年汛期平均流量、当年汛期平均含沙量的相关关系散点图，以及各水文站枯水河槽断面面积与前期 5 年汛期平均流量滑动平均值、前期 5 年汛期平均含沙量滑动平均值相关关系散点图（见图 6.2.29～图 6.2.40）。与仅考

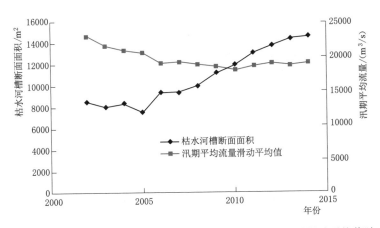

图 6.2.17　枝城水文站枯水河槽断面面积与前期 5 年汛期平均流量滑动平均值随时间变化

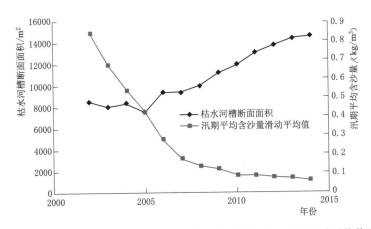

图 6.2.18　枝城水文站枯水河槽断面面积与前期 5 年汛期平均含沙量滑动平均值随时间变化

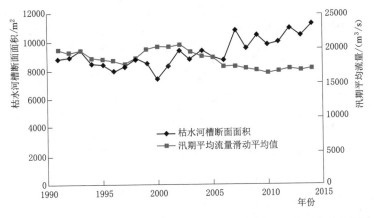

图 6.2.19　沙市水文站枯水河槽断面面积与前期 5 年汛期平均流量滑动平均值随时间变化

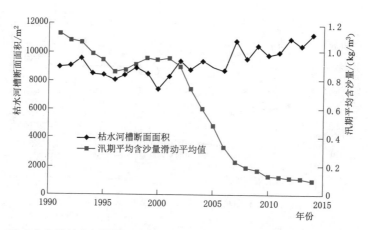

图 6.2.20　沙市水文站枯水河槽断面面积与前期 5 年汛期平均含沙量滑动平均值随时间变化

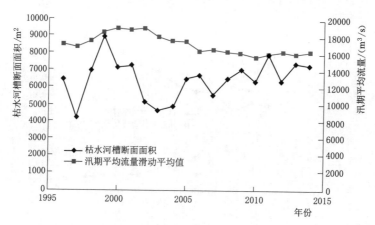

图 6.2.21　监利水文站枯水河槽断面面积与前期 5 年汛期平均流量滑动平均值随时间变化

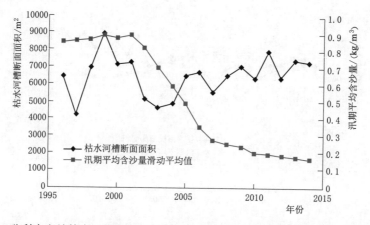

图 6.2.22　监利水文站枯水河槽断面面积与前期 5 年汛期平均含沙量滑动平均值随时间变化

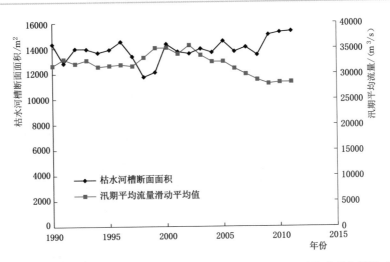

图 6.2.23　汉口水文站枯水河槽断面面积与前期 5 年汛期平均流量滑动平均值随时间变化

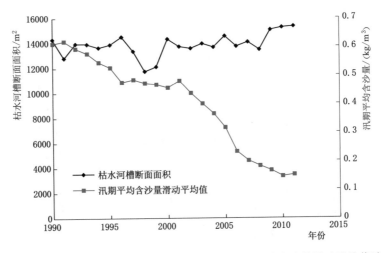

图 6.2.24　汉口水文站枯水河槽断面面积与前期 5 年汛期平均含沙量滑动平均值随时间变化

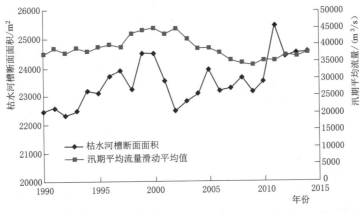

图 6.2.25　大通水文站枯水河槽断面面积与前期 5 年汛期平均流量滑动平均值随时间变化

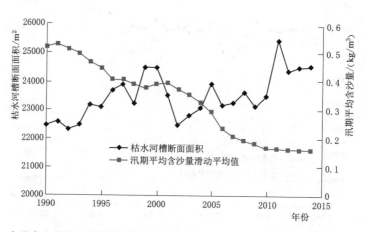

图 6.2.26 大通水文站枯水河槽断面面积与前期 5 年汛期平均含沙量滑动平均值随时间变化

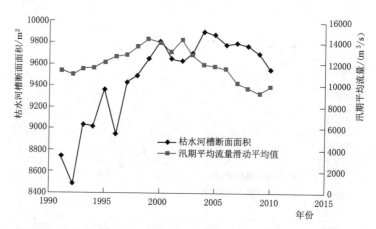

图 6.2.27 城陵矶水文站枯水河槽断面面积与前期 5 年汛期平均流量滑动平均值随时间变化

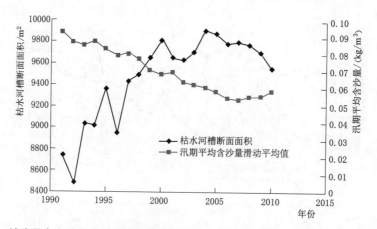

图 6.2.28 城陵矶水文站枯水河槽断面面积与前期 5 年汛期平均含沙量滑动平均值随时间变化

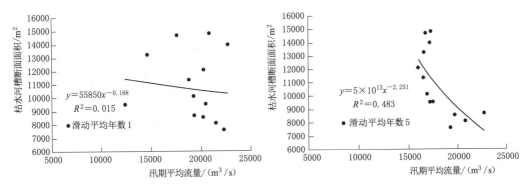

图 6.2.29　枝城水文站枯水河槽断面面积与汛期平均流量相关关系对比

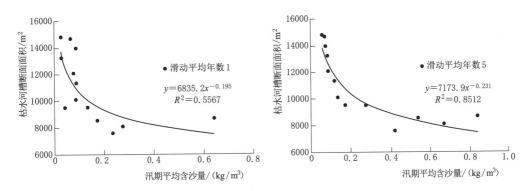

图 6.2.30　枝城水文站枯水河槽断面面积与汛期平均含沙量相关关系对比

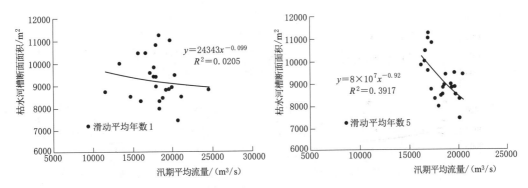

图 6.2.31　沙市水文站枯水河槽断面面积与汛期平均流量相关关系对比

虑当年水沙条件影响相比，考虑前期 5 年内水沙条件影响，各水文站枯水河槽断面面积与水沙条件之间的相关性均有一定程度的提高（除大通水文站外）。枝城水文站枯水河槽断面面积与汛期平均流量相关系数 R^2 由 0.015 提高到 0.483，与汛期平均含沙量相关系数 R^2 由 0.5567 提高到 0.8512；沙市水文站枯水河槽断面面积与汛期平均流量相关系数 R^2 由 0.0205 提高到 0.3917，与汛期平均含沙量相关系数 R^2 由 0.5396 提高到 0.665；监利水文站枯水河槽断面面积与汛期平均流量相关系数 R^2 由 0.0009 提高到 0.0078，与汛期平均含沙量相关系数 R^2 由 0.0175 提高到 0.0682；汉口水文站枯水河槽断面面积与汛期

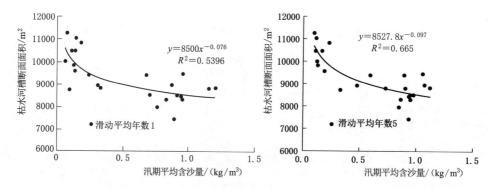

图 6.2.32　沙市水文站枯水河槽断面面积与汛期平均含沙量相关关系对比

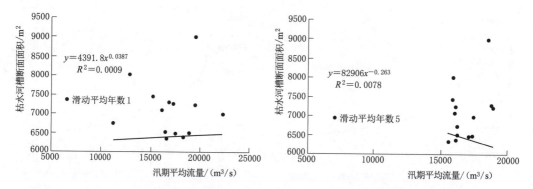

图 6.2.33　监利水文站枯水河槽断面面积与汛期平均流量相关关系对比

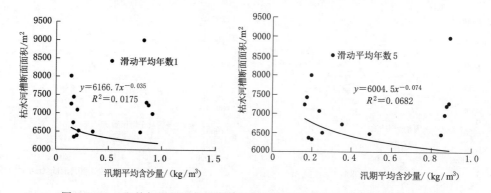

图 6.2.34　监利水文站枯水河槽断面面积与汛期平均含沙量相关关系对比

平均流量相关系数 R^2 由 0.2083 提高到 0.3023，与汛期平均含沙量相关系数 R^2 由 0.1694 提高到 0.2459；大通水文站枯水河槽断面面积与汛期平均流量相关系数 R^2 由 0.0023 降低到 0.0068，与汛期平均含沙量相关系数 R^2 由 0.2334 提高到 0.3507；城陵矶（七里山）水文站枯水河槽断面面积与汛期平均流量相关系数 R^2 由 0.0324 提高到 0.0351，与汛期平均含沙量相关系数 R^2 由 0.5152 提高到 0.6996。总体来看，不同测站的枯水河槽断面面积与汛期水沙条件相关程度并不一致，但总体趋势能够保持较好的一致性，即考虑前期水沙条件影响后，相关关系得到一定提高，说明当前河道断面形态对前期一定时期内水沙

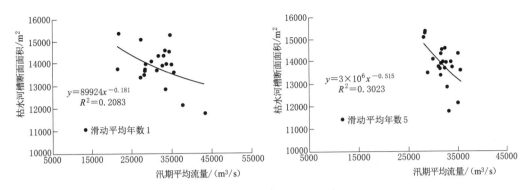

图 6.2.35　汉口水文站枯水河槽断面面积与汛期平均流量相关关系对比

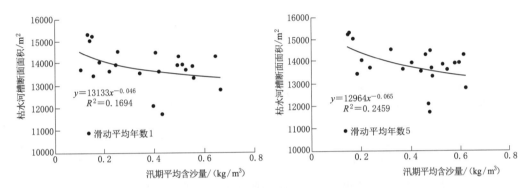

图 6.2.36　汉口水文站枯水河槽断面面积与汛期平均含沙量相关关系对比

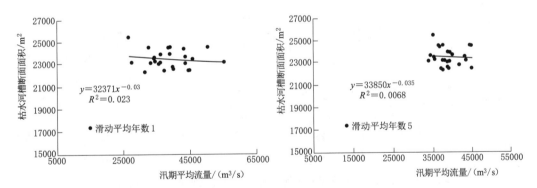

图 6.2.37　大通水文站枯水河槽断面面积与汛期平均流量相关关系对比

条件作出了响应。

6.2.3　河段尺度驱动对象对水沙条件的响应分析

本书选择长江中游宜枝河段和荆江河段，分别分析了河段尺度驱动对象与水沙条件的响应关系。

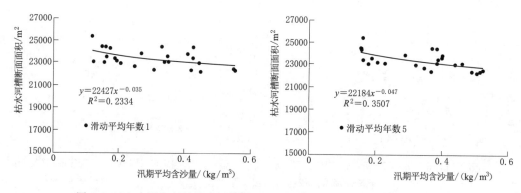

图 6.2.38　大通水文站枯水河槽断面面积与汛期平均含沙量相关关系对比

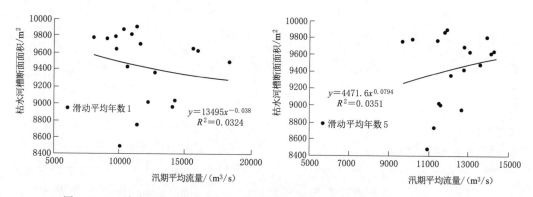

图 6.2.39　城陵矶七里山水文站枯水河槽断面面积与汛期平均流量相关关系对比

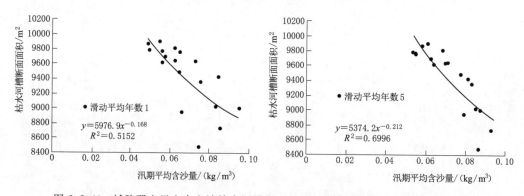

图 6.2.40　城陵矶七里山水文站枯水河槽断面面积与汛期平均含沙量相关关系对比

6.2.3.1　宜枝河段驱动对象对水沙条件的响应

1. 平滩流量变化

三峡水库蓄水运用后，清水下泄使得坝下游宜枝河段发生显著冲刷，河道过流能力也相应调整。宜枝河段（包括宜昌及宜都两河段）断面形态复杂，且过流能力沿程差异较大，河段平均的平滩流量更能反映其综合过流能力。因此采用河段平均计算方法，分别计算了宜昌及宜都河段 2002—2013 年各年汛后的平滩流量，分析了河床冲淤变化对河段平滩流量的影响。

需要说明的是，宜枝河段断面平滩流量计算结果偏大，主要原因是该河段两岸多由低山丘陵阶地控制，并无明显的河漫滩，导致确定的平滩高程偏高，平滩流量计算值偏大，因此本节所指特定水位下的流量并非都是严格意义上的平滩流量，仅借用这一概念研究宜枝河段各断面在某一高程以下的主槽形态和过流能力的调整规律。

图 6.2.41 给出了宜昌及宜都河段平滩流量与相应累积冲淤量的变化过程，发现两者的变化趋势基本相反：当河段淤积时，平滩流量相应减小；反之，平滩流量则增加。平滩流量与河段累积冲淤量的线性相关系数在宜都河段高达 0.95，而相关程度在宜昌河段却较低，相关系数仅为 0.65。由此可知，宜昌河段平滩流量大小除受河道的冲淤变化影响之外，必然还受到其他因素的控制，包括河床粗化及壅水作用等。

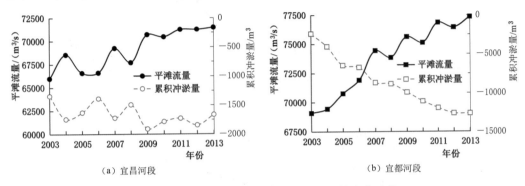

（a）宜昌河段　　　　　　　　　　（b）宜都河段

图 6.2.41　平滩流量与相应累积冲淤量的变化过程

用宜昌站汛期水流冲刷强度代表宜枝河段汛期水沙条件，分别建立了宜昌及宜都河段平滩流量与前 5 年汛期平均的水流冲刷强度 $\overline{F}_{5f}$ 的经验关系。结果表明（图 6.2.42）：宜昌河段平滩流量与水流冲刷强度的相关性较低，但在宜都河段相关程度高达 0.94，可较好地反映平滩流量随上游水沙条件的变化趋势。

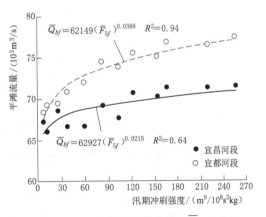

图 6.2.42　河段尺度平滩流量与 $\overline{F}_{5f}$ 的关系

2. 平滩河槽形态调整

宜枝河段河床发生显著冲刷，使得其平滩河槽形态也相应调整。由于宜昌及宜都河段在河型、河床组成上略有不同，且不同断面的河槽形态沿程变化较大，故采用基于河段平均的方法，分别计算了这两河段 2002—2013 年的平滩河槽形态参数。

计算结果表明：研究时段内两河段的平滩河宽总体变化很小；但宜昌段平滩水深约增加 1.3m，而宜都段平均冲深达 2.9m；两河段的平滩面积均呈持续增加趋势。

此外，还建立了河段尺度的平滩河槽形态参数与前 5 年平均的汛期水流冲刷强度 $\overline{F}_{5f}$ 之间的经验关系，用于预测该河段平滩河槽形态的调整趋势。结果表明：宜昌及宜都河段

平滩河宽 $\overline{W}_{bf}$ 与 $\overline{F}_{5f}$ 的相关程度均较低 [见图 6.2.43（a）]，原因在于宜枝河段岸坡抗冲性强，受水沙条件的影响较小，河宽基本不变。两河段的平滩水深 $\overline{H}_{bf}$、面积 $\overline{A}_{bf}$ 与 $\overline{F}_{5f}$ 的相关程度均较高 [图 6.2.43（b）和图 6.2.43（c）]。故河段尺度的平滩水深及面积可较好地对由于三峡工程运用引起的水沙条件改变作出快速响应。

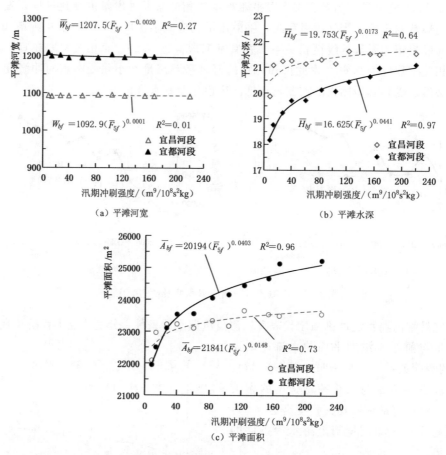

（a）平滩河宽　　　　　　　　　　（b）平滩水深

（c）平滩面积

图 6.2.43　河段尺度平滩河槽形态与 5 年汛期平均的水流冲刷强度的关系

6.2.3.2　荆江河段驱动对象对水沙条件的响应

1. 河床冲淤变化

三峡水库蓄水前，荆江河段河床经历了不同的冲淤过程。如 1966—1981 年受下荆江裁弯的影响，河床持续发生冲刷，平滩河槽累积冲刷量为 3.46 亿 m^3；葛洲坝水利枢纽修建后，河床仍继续冲刷，1980—1987 年间累积冲刷量达 1.29 亿 m^3；而在 1987—1998 年，河床由冲刷转为淤积，累积淤积量达 0.83 亿 m^3；之后又发展为冲刷，1998—2002 年累积冲刷量达 1.02 亿 m^3，其中 1998 年为特大洪水年，河床冲刷较为严重。

受三峡水库蓄水运用的影响，近期进入荆江段的沙量大幅度减少，河床发生持续冲刷，且以枯水河槽冲刷为主。以实测固定断面地形数据为基础，分别计算出上、下荆江 2002—2014 年的累积河床冲淤量 V_{ed}，如图 6.2.44 所示。从图中可以看出：该时期荆江平滩河槽累积冲刷达 7.9 亿 m^3，其中上荆江为 4.5 亿 m^3，下荆江为 3.4 亿 m^3；枯水河槽多年平均年冲刷量为 0.575 亿 m³/a，远大于水库运用前（1975—2002 年）的 0.137 亿 m³/a。此外，2011 年以前，下荆江的河床冲刷强度略大于上荆江。

2. 床沙组成

荆江河段河床的持续冲刷使得其床沙逐渐粗化［图 6.2.45（a）］，该河段床沙中值粒径由 2001 年的 0.188mm 增加到 2014 年的 0.232mm，增加了约 23%。图 6.2.45（b）～（d）给出了枝城、沙市和监利站的床沙级配的变化过程，可知沙市

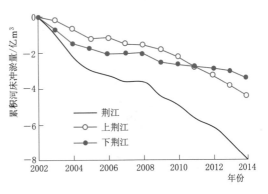

图 6.2.44　平滩河槽累积冲淤量的变化过程

站床沙中值粒径由 2002 年的 0.21mm 增加到了 2014 年的 0.23mm，监利站则由 0.16mm 增加到了 0.20mm。

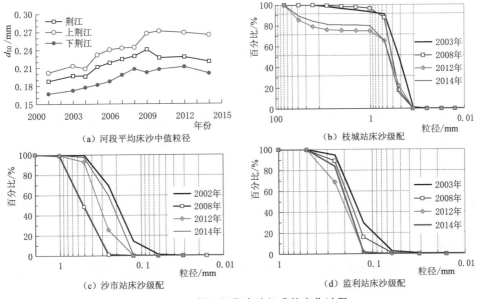

图 6.2.45　荆江河段床沙组成的变化过程

3. 流量-输沙率曲线

冲积河流水流流量 Q 与输沙率 Q_s 之间常存在幂函数关系，即可以表示为 $Q_s = aQ^b$，a 和 b 为待定参数。近期，受河床沿程冲刷的影响，荆江河段河槽过水面积增加，同流量下的水流流速减小，从而导致其输沙能力有所降低。图 6.2.46 给出了沙市和监利水文站在三峡水库蓄水前、后的流量-输沙率曲线及经验关系，可知，蓄水前、后的曲线相差较为明显。蓄水前在 20000m³/s 的流量下，沙市河段的输沙率约为 23.55 t/s，而蓄水后的输沙率仅为 3.08 t/s，减小了约 87%；同流量下监利水文站的输沙率减小了 80%。

4. 河床形态调整过程

三峡水库蓄水后，下泄沙量急剧减少，荆江河段发生普遍冲刷，近 11 年来该河段平

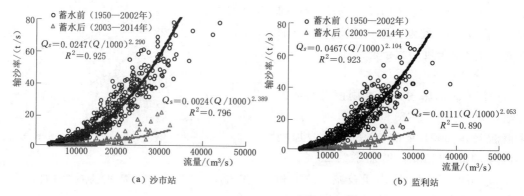

图 6.2.46　流量与输沙律关系曲线

滩水位下的累积冲刷量已达 7.9 亿 m³，加之河道和航道整治工程等影响，荆江河段的平滩河槽形态相应发生了调整。由于上、下荆江河段的河型略有差异，且断面形态沿程变化较大，因此需要采用基于河段尺度的特征变量来描述不同河段的平滩河槽形态变化过程，并建立这些参数与汛期水沙条件的经验关系。

　　首先提出了河段尺度的平滩河槽形态参数的计算方法，然后利用 2002—2013 年该河段实测河道固定断面成果，计算了汛后各断面及河段平均的平滩河槽形态参数。计算结果表明：三峡工程蓄水运用后，坝下游河床冲刷加剧，导致局部河段河势有所调整，个别河段河势变化剧烈，但总体河势仍基本稳定；尽管局部河段的崩岸现象较为突出，但上、下荆江河段的平滩河宽变化不大，平均河宽分别为 1388m 及 1305m，而平滩水深平均增加了 1.6m 及 1.0m，使得河相系数分别减小了 10.2% 和 6.6%，但平滩面积在持续增加。

　　最后通过分析得出汛期冲刷强度参数是影响荆江河段河槽形态调整的关键因子，并建立了河段尺度的平滩河槽形态参数与宜昌站 5 年平均的汛期冲刷强度 $\overline{F}_{5f}$ 的关系式（图 6.2.47），可预测该河段平滩河槽形态随水沙条件的变化趋势。受荆江河段护岸工程的限制作用，该河段平滩河宽 $\overline{W}_{bf}$ 变化较小，且与 $\overline{F}_{5f}$ 的相关性较弱，而平滩水深 $\overline{H}_{bf}$ 与 $\overline{F}_{5f}$ 的相关性较高。故该河段河床形态调整以水深增加为主，且其能较好地对水沙条件的改变作出响应。

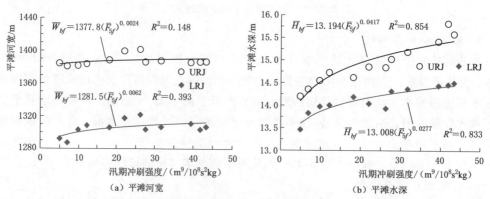

图 6.2.47　河段平滩河槽形态参数与汛期水流冲刷强度的关系

此外，依据工程运用前入库与宜昌站水沙条件的相关关系，利用神经网络方法，还原了无三峡工程时 2003—2013 年宜昌站汛期水沙数据，并计算了相应的平滩河槽形态（见图 6.2.48）。结果表明：无三峡工程时荆江段平滩河槽形态的总体调整趋势与有三峡工程时类似，但变化较缓且幅度较小；河段平滩水深的增幅 $\Delta \overline{H}$ 仅为有工程时的 16%，且河相系数 $\sqrt{B}/H$ 的减幅小于 2%。故近期荆江段河槽形态的调整主要是三峡工程运用后河床冲刷所致。

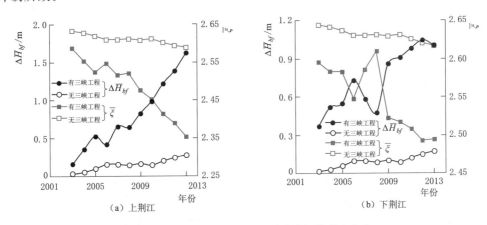

图 6.2.48　有、无三峡工程时平滩河槽形态变化

6.2.4　水库下游河床再造的滞后响应现象

6.2.4.1　滞后响应驱动现象内在机理分析

冲积河流的河床演变是一个连续的过程，因此河道形态的调整不可能一蹴而就，而是需要一定的时间按照一定的路径逐渐完成的，最终达到一个相对平衡状态。当上游水沙条件变化后，河道形态开始调整，由于其调整需要一个时间过程，因此在水沙条件变化后的一段时间内，河道形态将一直处于非平衡状态。实际河流系统的水沙条件总是不断变化的，在一个给定的有限时段内，河道形态不一定能够调整至平衡状态。此时如果水沙条件再次发生变化，河道形态将进行新一轮的调整，而上一时段河床调整的结果，无论是否已经达到平衡状态，都将作为初始边界条件对新一轮的调整过程和最终的调整结果产生影响，并由此使得前期的水沙条件对后期的河道形态产生累积作用。因此通常情况下，冲积河流的河道形态不仅与当年水沙条件有关，同时也对前期一定时期内的水沙条件作出响应[2]。

上述分析表明，当前河道形态对前期一定时期内的水沙条件作出响应的根本原因，是河道形态调整达到平衡需要经历一定时间和过程。对于冲积河流而言，在水沙条件变化后并维持不变的一定时段内，河道形态能否利用这段时间进行调整并达到新的平衡，直接决定了下一时段的河道形态调整是否受到当前时段内水沙条件的影响。图 6.2.49 为河道形态随水沙条件变化的调整响应示意图，其中图 6.2.49（a）为当前河道形态调整不受前期水沙条件影响的情况，图 6.2.49（b）为当前河道形态调整受前期水沙条件影响的情况。图中，$f(S, Q)$ 表示每个时段各自所对应的水沙条件；Δt 为各个时段的长度；Y_e 代表河道形态平衡值，是河道形态在水沙条件 $f(S, Q)$ 作用下，经过足够长的时间调整达到平衡时所对应的值，Y_e 的大小由 $f(S, Q)$ 唯一确定；Y_b 为实际河道形态的大小。

如图 6.2.49（a）所示，如果河道形态调整达到平衡所需的时间小于水沙条件维持不变的时段长度，则每个时段末，即每次水沙条件变化之前，河道形态都能够调整达到平衡状态，每个时段末的 Y_b 的大小均等于相应的 Y_e 的值。这种情况下，每个时段末实际的河道形态 Y_b 的大小均决定于该时段的水沙条件 $f(S, Q)$，而与上一时段的水沙条件无关。

图 6.2.49（b）中，水沙条件 $f(S_1, Q_1)$ 经过 Δt_1 时间后发生变化，变为 $f(S_2, Q_2)$，此时实际的河道形态 Y_b 调整至 Y_{b1}，但尚未达到 $f(S_1, Q_1)$ 所对应的平衡值 Y_{e1}。因此当水沙条件变为 $f(S_2, Q_2)$ 后，实际的河道形态将以 Y_{b1} 为初始值向 Y_{e2} 调整，并经过 Δt_2 时间后达到 Y_{b2}，同样未能达到 $f(S_2, Q_2)$ 所对应的平衡值 Y_{e2}。同时从图 6.2.49（b）中可以看到，如果水沙条件 $f(S_1, Q_1)$ 维持的时间较长，再经过 $\Delta t'_1$ 时间后，实际的河道形态就可以从 Y_b 调整至平衡值 Y_{e1}；而若以 Y_{e1} 为初始值，同样是在水沙条件 $f(S_2, Q_2)$ 下维持 Δt_2 时间，则实际的河道形态可以调整至平衡值 Y_{e2}，而不是此前的 Y_{b2}。

图 6.2.49（a）与图 6.2.49（b）的对比分析表明，当河道形态调整达到平衡所需的时间大于水沙条件维持不变的时段长度时，当前河道形态的调整将受到前期水沙条件的影响，即对前期水沙条件作出响应；当河道形态调整达到平衡所需的时间小于水沙条件维持不变的时段长度时，当前河道形态的调整将与前期水沙条件无关。

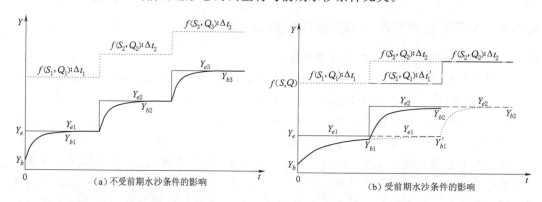

图 6.2.49　前期水沙条件对河道形态调整影响示意图

6.2.4.2　滞后响应时间尺度的差异性

1. 滞后响应时间尺度

6.2.4.1 节分析可以看出，累积作用和滞后响应是两个不同的概念，它们分别针对不同的时间过程，描述了同一个物理现象。这两个概念产生的前提是河道形态的调整需要一定的时间，且在水沙条件持续不变的作用时间段内未能调整达到平衡状态。前期水沙条件影响的时间和河道形态的响应调整时间分别与累积作用和滞后响应两个概念相对应，是在不同的时间点描述同一物理过程的时间长度。因此，在数值上二者相等。但由于不同的河流系统内部条件及受到的外界干扰不同，系统在受到干扰后的响应调整过程千差万别，系统调整达到平衡所需的时间难以确定，这也给判定系统是否达到平衡状态带来了很大的困难。

根据水文断面实测资料，利用滑动平均方法，分析水文断面当年枯水河槽断面面积与包括当年在内前期一定时期内水沙条件的相关关系，当相关系数达到峰值或趋于稳定时所包含水沙条件的年数，近似认为是该断面枯水河槽断面面积对水沙条件滞后响应的时间尺度。利用该方法，统计分析了长江中下游干流沙市水文站、监利水文站、汉口水文站、大通水文站，以及汉江下游皇庄水文站水文断面资料（枝城水文站断面并非严格意义上的冲积河段，故未做统计）。鉴于近年长江中下游水沙条件发生了较显著变化，为了保证各水文站水沙条件的相对一致性，各水文站水沙资料统计年份基本保持一致，为此各水文站资料统计均从 2002 年开始（皇庄水文站不在长江干流，统计年限尽可能延长，统计年份为 1974—2014 年），各断面滞后响应时间见表 6.2.1。

表 6.2.1 代表性测站水沙、断面资料及滞后响应时间统计表

站名	资料统计年份	滞后响应时间尺度/a	断面面积/m²	汛期平均流量 Q/(m³/s)	汛期平均含沙量 S/(kg/m³)	多年平均中值粒径 d_{50}/mm
沙市	2002—2014 年	6	8720~11250	17148	0.199	0.022
监利	2002—2014 年	5	4610~8010	16281	0.249	0.045
汉口	2002—2011 年	5	13470~15320	29610	0.223	0.014
大通	2002—2014 年	6	22470~25430	36865	0.189	0.010
皇庄	1974—2014 年	12	2100~3900	1904	0.111	0.050

2. 驱动因子分析

河道形态的响应调整时间的长短与河道冲淤调整的速度直接相关。河道冲淤调整越快，河道形态响应调整达到平衡所需的时间就越短；相反河道冲淤调整越缓慢，河道形态响应调整达到平衡所需的时间就越长。正是因为这种河道冲淤调整速度的差别，使得不同河段的河道形态响应调整的时间出现较大的差异。因此，可以从影响河道冲淤调整速度的因素着手，研究河道形态响应调整时间的变化规律，进而分析驱动河道形态调整的驱动因子。

河道向下游输送水流，而水流具有同时携带一定量的泥沙进入下游的能力，这种能力定义为水流挟沙力。理论上说，水流挟沙力的大小等于水流达到平衡输沙时的含沙量。当水流中的含沙量大于水流挟沙力时，部分泥沙就会在随水流向下游输送的过程中落淤；当水流中的含沙量小于水流挟沙力时，水流就会冲刷河床，以便补充部分泥沙进入水流中，使含沙量向等于挟沙力的趋势靠近。这就是河流通过水流和泥沙的作用完成河床演变的过程，河道冲淤调整是这一过程得以顺利实现的主要手段。上述分析可以看出，水流和泥沙在河道冲淤调整的过程中起主导作用，因此，描述水流强度和输沙强度的参数可作为衡量河道冲淤调整速度的重要指标，同样也是影响河道形态响应调整时间的重要因素。

比较常用的水流强度指标是 Shields 数 Θ，它反映了水流促使泥沙起动的力与床沙抗拒运动的力的比值。这个参数的值越大，说明水流强度越大，水流对河床形态产生影响的能力越大，河道冲淤调整速度越快。Θ 的具体表达式如下：

$$\Theta = \frac{\gamma h J}{(\gamma_s - \gamma)d} \tag{6.2.7}$$

式中：γ 为清水的容重，kg/m^3；γ_s 为泥沙颗粒的容重，kg/m^3；d 为泥沙颗粒的粒径，m；h 为水深，m；J 为河流的比降。

考虑到 γ 和 γ_s 均为常数，泥沙颗粒的粒径 d 以中值粒径 d_{50} 代替，将式（6.2.7）简化形式，以表达水流强度（记为 θ_Q）的大小：

$$\theta_Q = \frac{hJ}{d_{50}} \tag{6.2.8}$$

输沙强度指标反映河流输送泥沙的能力。黄才安[3]等总结了 5 种常用的输沙强度指标，本书选择其中的水流含沙量 C 作为输沙强度指标，衡量单位水体中携带泥沙的数量。显然，相同的水流条件下，C 越大，河流所能输送的泥沙越多；C 越小，河流所能输送的泥沙越少。河道冲淤调整的速度与河流单位水体所输送的泥沙的数量有直接的关系，输送的泥沙数量越少，对河床形态产生影响的能力就越小，因此多沙河流冲淤调整的速度往往要比少沙河流快。极端情况下，假设一条河流的含沙量 C 为 0，且河床组成物质耐冲性特别好，不会因为水流的短时间冲刷使河床组成物质进入水流中，则该河流在短时间内不会发生任何冲淤调整现象，河道冲淤调整的速度则可视为 0。基于以上分析，可用如下形式表达输沙强度（记为 θ_C）的大小：

$$\theta_C = C \tag{6.2.9}$$

式中：C 为含沙量，kg/m^3。

此外，河道边界条件作为河流输水输沙的直接载体，对河道冲淤调整的幅度和速度均存在一定的影响。但对于冲积河流，河道边界条件由上游来水来沙条件所决定，是来水来沙条件的函数，因此冲积河的河道边界条件不是影响河道冲淤调整的独立变量，因此本文不单独考虑河道边界条件的影响。但对于山区河流，由于河道边界条件往往是经过更长时间尺度的地质作用形成的，而与流域的来水来沙条件关系不大，因此山区河流的河道边界条件需要加以考虑。

综合以上分析，衡量河道冲淤调整速度的参数（记为 M）可表达为如下形式：

$$M = \theta_Q \theta_C = \frac{hJC}{d_{50}} \tag{6.2.10}$$

式（6.2.10）同时也可用来反映河道形态响应调整时间的长短。在河道边界条件差别不大时，M 值越大，河道冲淤调整的速度越快，河道形态响应调整达到平衡所需的时间就越短；相反 M 值越小，河道冲淤调整的速度越慢，河道形态响应调整达到平衡所需的时间就越长。

上述为理论分析结果，但实际中河流形态极不规则，针对某一断面水深 H 和比降 J 取值同样存在一定困难。为此，基于式（6.2.10）研究思路，根据以往经验，分别选取多年汛期平均流量 Q、多年汛期平均含沙量 S、多年平均中值粒径 d_{50} 等参数，代表河流系统的驱动因子作为自变量、河床调整速率即特征变量相应调整时间作为内部调整指标，对两者相关关系进行分析与讨论。参考式（6.2.10）函数形式，分别分析不同的驱动因子与河道调整速率的相关关系。

图 6.2.50～图 6.2.52 点绘了枯水河槽断面面积滞后响应调整时间尺度 t 与水沙因子参数的相关关系。滞后响应时间尺度 t 与所选的三个水沙因子参数均有较好的相关关系，其中 t 与 Q 相关系数 $R^2=0.87$，t 与 S 相关系数 $R^2=0.96$，t 与 d_{50} 相关系数 $R^2=0.24$。可见，相比之下，流量和含沙量对河道断面形态调整更显著，可作为主要驱动因子。

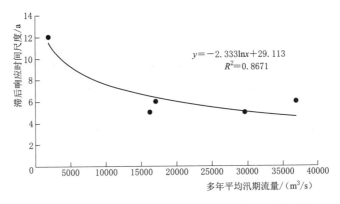

图 6.2.50　滞后响应时间尺度与多年平均汛期流量相关关系

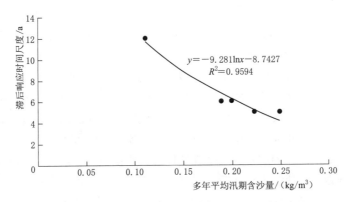

图 6.2.51　滞后响应时间尺度与多年平均汛期含沙量相关关系

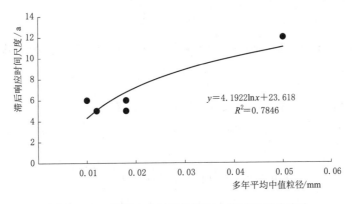

图 6.2.52　滞后响应时间尺度与中值粒径相关关系

6.3　基于小波分析的变步长滞后响应模型

6.3.1　小波分析原理

气候系统的变化具有多时间尺度性，而受气候系统影响下的水文系统也因此具有多时间尺度性。水文现象是一种自然现象，水文过程显示水文现象随时间而变化的特性，记录水文过程得到的就是水文时间序列。由于水文时间序列是一组观测到的样本，由于观测的序列较短，在这种情况下运用小波分析方法可以呈现水文时间序列的多时间尺度特征，从不同尺度上展现水文序列的波动特性。河道断面的流量过程、输沙过程受气候条件、流域下垫面条件和人类活动的影响变得复杂而又不失规律，小波分析可以将这种多时间尺度规律描述出来。

水文时间序列多时间尺度表明水文系统的变化并不具有真正意义上的周期性，而是时而以这种周期变化，时而又以另一种周期变化，同一时间段包含了不同时间尺度的变化周期，即系统在时域空间具有多层时间结构和局部化特征。水文序列的多时间尺度研究，可以揭示水文时间序列变化的周期性规律，反映水文过程的变化趋势、预测未来的发展趋势。

小波分析是在 Fourier 分析基础上发展起来的，有很多可选用的小波函数，如Mexican hat 小波、Morlet 小波、Haar 小波和 Meyer 小波等。Fourier 变换适合于平稳水文时间序列的分析，而在水文学中，水文时间序列几乎都是非平稳的，是随时间变化的，小波分析弥补了 Fourier 分析的不足，为水文学的发展和应用提供了新的研究途径。在实际应用中，选择合适的小波函数是前提。Morlet 小波变换是一种具有时-频多分辨功能的数学方法，它能提取某一时段的频域信息或者某一频段所对应的时间信息，清晰地揭示出隐藏在时间序列中的多种变化周期。Morlet 复小波中的实部与虚部的相位差为 $\pi/2$，用复小波变换系数的模来判断水文序列中不同尺度周期性的大小以及分布情况，能够消除实型小波变换系数产生的虚假振荡，使结果更加精确合理。鉴于此优点，本书采用 Morlet 小波函数。

（1）小波函数。小波函数是用来描述或者逼近某一信号的函数，具有震荡性，能够迅速衰减到 0。小波函数 $\psi(t) \in L^2(R)$ 且满足：

$$\int_{-\infty}^{+\infty} \psi(t)\mathrm{d}t = 0 \tag{6.3.1}$$

$\psi(t)$ 要构成一簇函数系，必须经过尺度的伸缩变化及时间轴上的平移：

$$\psi_{a,b}(t) = |a|^{-1/2} \psi\left(\frac{t-b}{a}\right)(a,b \in R, a \neq 0) \tag{6.3.2}$$

式中：$\psi_{a,b}(t)$ 为子小波函数；a 为尺度因子；b 为平移因子。

（2）小波变换。若 $\psi_{a,b}(t)$ 是由式（6.3.2）给出的子小波，给定的能量信号为 $f(t) \in L^2(R)$，其连续小波变换为

$$W_f(a,b) = |a|^{-1/2} \int_R f(t) \overline{\psi}\left(\frac{t-b}{a}\right) \mathrm{d}t \tag{6.3.3}$$

式中：$W_f(a, b)$ 为小波变换系数；$\overline{\psi}\left(\dfrac{t-b}{a}\right)$ 是 $\psi\left(\dfrac{t-b}{a}\right)$ 的复共轭函数。

实际生活中，记录到的时间序列数据多数是离散形式的，取函数 $f(k\Delta t)$，（$k=1$，2，$\cdots$，N；Δt 为取样间隔），则式（6.3.3）的离散小波变换形式为

$$W_f(a,b)=|a|^{-1/2}\Delta t\sum_{k=1}^{N}f(k\Delta t)\overline{\psi}\left(\frac{k\Delta t-b}{a}\right) \tag{6.3.4}$$

实际上，连续小波变换是以离散小波的形式来实现的，取样间隔允许确定到序列本身分辨率许可的大小，当尺度的间隔取得非常小时，尺度的变化可以看做是连续的。本书选用复 Morlet 小波函数对荆江河段的年平均流量和年平均含沙量进行连续小波变换，其子小波函数形式为

$$\psi_{a,b}(t)=e^{-0.5t^2}e^{iW_0t} \tag{6.3.5}$$

式中：W_0 为常数，i 为虚数。

Morlet 小波的周期 T、时间尺度 a 的关系为

$$T=4\Pi a/(W_0+\sqrt{2+W_0^2}) \tag{6.3.6}$$

当 $W_0=6.2$ 时，周期 T 可近似等同于时间尺度 a。故本书中 $W_0=6.2$。

（3）小波方差

在时间域 b 上将小波系数的平方值进行积分，可以得到小波方差 $\mathrm{Var}(a)$，即

$$\mathrm{Var}(a)=\int_{-\infty}^{\infty}|W_f(a,b)|2db \tag{6.3.7}$$

小波方差可以用来表示信号波动的能量随尺度 a 的分布，各类尺度扰动的相对强度可以清晰地呈现出来，峰值处对应的尺度为该序列的主要时间尺度，即是时间序列的主要周期。

6.3.2　水沙条件的小波特征分析

为了分析水沙条件的多时间尺度现象，进一步延长各水文站水沙资料，其中枝城水文站水沙资料范围为 1993—2017 年，沙市水文站为 1995—2017 年，监利水文站为 1967—2017 年，汉口水文站为 1955—2017 年，大通水文站为 1955—2017 年，城陵矶（七里山）水文站为 1955—2017 年。需要说明的是，部分测站部分年份未收集到日均水沙资料，以月均或年均替代，个别年份资料缺失时通过上下游测站的水沙相关关系推算得到。

为了便于分析，首先将各水文站水沙资料序列进行标准化处理，以枝城水文站为例：

$$f(n\Delta t)=\frac{x_n-\overline{x}}{\sigma}\quad(n=1,2,3,\cdots;\Delta t=1) \tag{6.3.8}$$

式中：x_n 为汛期平均流量（或汛期平均含沙量）序列；$\overline{x}$、σ 分别为该序列的均值和均方差。

以枝城水文站汛期平均流量和汛期平均含沙量序列为例，原序列和标准化过程见图 6.3.1 和图 6.3.2。

经过标准化处理之后，信号变化的规律与原信号相同，并且标准化后 $|W_f(a,b)|$ 较小，获得的小波系数的振幅也较小，能充分提取信号的信息，使小波系数的波动细节更加明显地体现出来。

将流量序列、含沙量序列标准化处理后，根据式（6.3.3），分别计算出 Morlet 小波

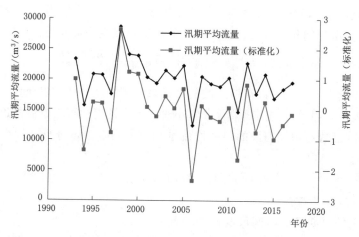

图 6.3.1 枝城水文站汛期平均流量原序列与标准化序列变化对比

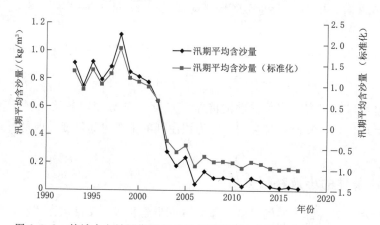

图 6.3.2 枝城水文站汛期平均含沙量原序列与标准化序列变化对比

变换系数的实部和模平方（简称模方）。其中流量小波系数实数为正时反映丰水期；为负时反映枯水期；为 0 时则对应丰枯变化的突变点。含沙量小波系数实数为正表明含沙量处于偏高期，为负表明含沙量处于偏低期；为 0 时则对应其高低变化的突变点。小波系数模方相当于小波能量谱，不同周期的震荡能量能够在图中清晰的识别。按照式（6.3.7）计算可得序列的小波方差，小波方差图以时间尺度 a 为横坐标，小波方差为纵坐标，根据峰值可以确定时间序列中存在的主要周期尺度[4]。

6.3.2.1 枝城水文站

对枝城水文站 1993—2017 年汛期平均流量和汛期平均含沙量进行多时间尺度小波分析。从图 6.3.3 显示，显示了流量序列时间尺度的变化，并给出了相位结构及突变点的分布，正负相位交替出现。流量存在 3～5a、7～10a 的时间尺度，其中 7～10a 时间尺度非常突出，其中心尺度在 8a 左右，在这个尺度上，流量经历了丰—枯—丰—枯—丰—枯—丰—枯—丰—枯共 10 次循环交替过程；不同时间尺度下周期信号的强弱分布存在差异，7～10a 的尺度具有全域性特征。图 6.3.4 显示，不同时段不同时间尺度下流量序列的能量强弱分布存在差异。7～10a 尺度的能量最强，周期最显著，主要发生在 1993—2000

年，振荡中心大约在 1994 年和 1995 年。

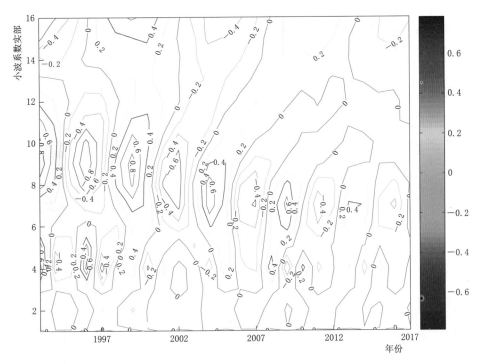

图 6.3.3　枝城水文站汛期平均流量序列 Morlet 小波变换系数实部等值线图

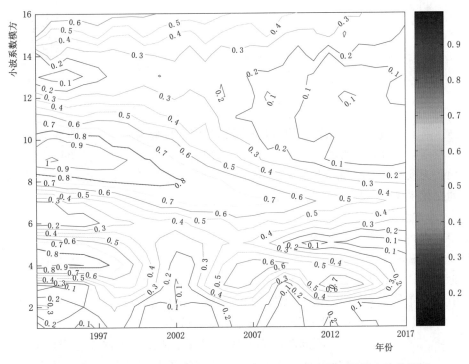

图 6.3.4　枝城水文站汛期平均流量序列 Morlet 小波变换系数模方等值线图

　　图 6.3.5 显示了含沙量序列时间尺度的变化，并给出了相位结构及突变点的分布，正负相位交替出现。含沙量存在 4～7a、14～16a 的时间尺度，其中 14～16a 时间尺度相对突出，其中心尺度在 16a 左右，在这个尺度上，含沙量经历了枯—丰—枯—丰—枯共 5 次循环交替过程；不同时间尺度下周期信号的强弱分布存在差异，14～16a 的尺度具有全域性特征。图 6.3.6 显示，不同时段不同时间尺度下含沙量序列的能量强弱分布存在差异。14～16a 尺度的能量最强，周期最显著，主要发生在 1993—2008 年，振荡中心大约在 2000 年。

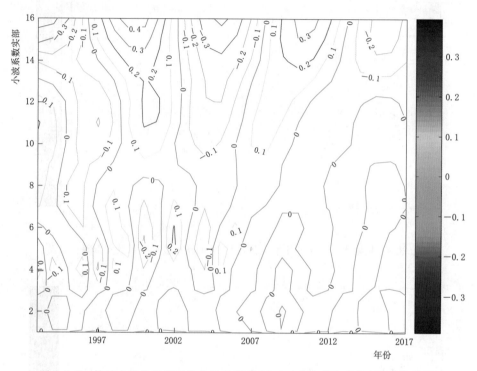

图 6.3.5　枝城水文站汛期平均含沙量序列 Morlet 小波变换系数实部等值线图

　　总体来看，枝城水文站汛期平均流量小波信号周期性较为明显，汛期平均含沙量小波信号相对较弱，且分布较为散乱。在资料统计范围内，枝城水文站以汛期平均流量的小波信号周期作为该站水沙序列周期变化规律，以汛期平均流量的主要周期时间尺度作为该站水沙序列变化主要周期时间尺度。

6.3.2.2　沙市水文站

　　对沙市水文站 1955—2017 年汛期平均流量和汛期平均含沙量进行多时间尺度小波分析。图 6.3.7 显示了流量序列时间尺度的变化，并给出了相位结构及突变点的分布，正负相位交替出现。流量存在 13～16a、25～30a 的时间尺度，其中 25～30a 时间尺度非常突出，其中心尺度在 27a 左右，在这个尺度上，流量经历了枯—丰—枯—丰—枯—丰—枯共 7 次循环交替过程；不同时间尺度下周期信号的强弱分布存在差异，25～30a 的尺度具有全域性特征。图 6.3.8 显示，不同时段不同时间尺度下流量序列的能量强弱分布存在差异。25～30a 尺度的能量最强，周期最显著，主要发生在 1965—1995 年，振荡中心大约

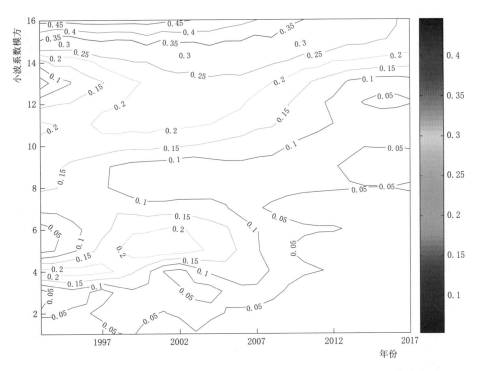

图 6.3.6 枝城水文站汛期平均含沙量序列 Morlet 小波变换系数模方等值线图

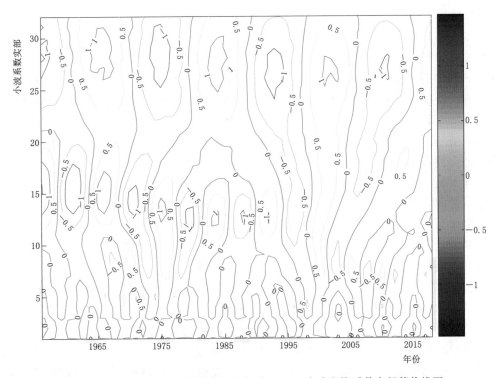

图 6.3.7 沙市水文站汛期平均流量序列 Morlet 小波变换系数实部等值线图

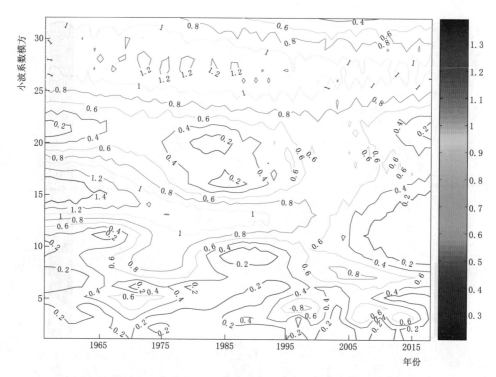

图 6.3.8　沙市水文站汛期平均流量序列 Morlet 小波变换系数模方等值线图

在 1975—1985 年范围内。

图 6.3.9 显示了含沙量序列时间尺度的变化，并给出了相位结构及突变点的分布，正负相位交替出现。含沙量存在 14～20a、25～30a 的时间尺度，其中 25～30a 时间尺度相对突出，其中心尺度在 29a 左右，在这个尺度上，含沙量经历了丰—枯—丰—枯—丰—枯—丰共 7 次循环交替过程；不同时间尺度下周期信号的强弱分布存在差异，但各时间尺度均不具有全域性特征。图 6.3.10 显示，不同时段不同时间尺度下含沙量序列的能量强弱分布存在差异。25～30a 尺度的能量最强，周期最显著，主要发生在 2002—2017 年，振荡中心大约在 2017 年。

总体来看，沙市水文站汛期平均流量小波信号周期性较为明显，汛期平均含沙量小波信号相对较弱，且分布较为散乱。在资料统计范围内，沙市水文站以汛期平均流量的小波信号周期作为该站水沙序列周期变化规律，以汛期平均流量的主要周期时间尺度作为该站水沙序列变化主要周期时间尺度。

6.3.2.3　监利水文站

对监利水文站 1967—2017 年汛期平均流量和汛期平均含沙量进行多时间尺度小波分析。图 6.3.11 显示了流量序列时间尺度的变化，并给出了相位结构及突变点的分布，正负相位交替出现。流量存在 10～15a、24～30a 的时间尺度，其中 10～15a 时间尺度非常突出，其中心尺度在 12a 左右，在这个尺度上，流量经历了丰—枯—丰—枯—丰—枯—丰—枯—丰—枯—丰—枯—丰—枯—丰—枯共 16 次循环交替过程；不同时间尺度下周期信号的强弱分布存在差异，10～15a、24～30a 的尺度均具有全域性特征。图 6.3.12 显示，

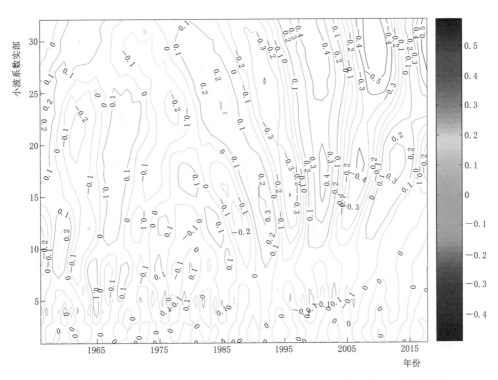

图 6.3.9　沙市水文站汛期平均含沙量序列 Morlet 小波变换系数实部等值线图

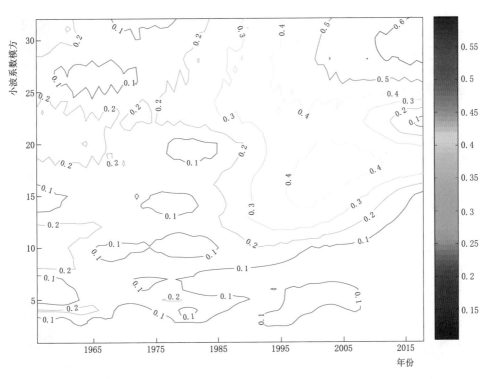

图 6.3.10　沙市水文站汛期平均含沙量序列 Morlet 小波变换系数模方等值线图

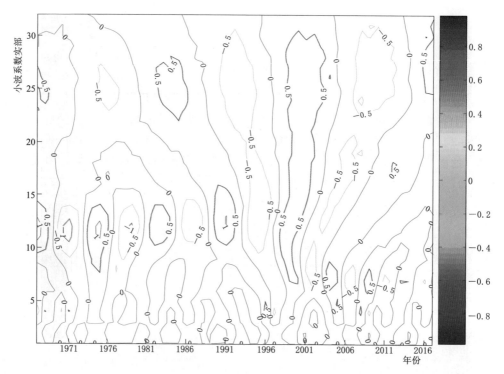

图 6.3.11　监利水文站汛期平均流量序列 Morlet 小波变换系数实部等值线图

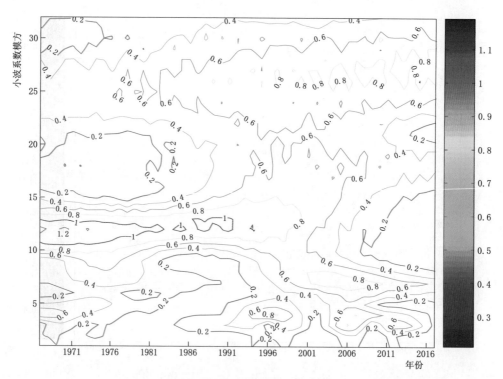

图 6.3.12　监利水文站汛期平均流量序列 Morlet 小波变换系数模方等值线图

不同时段不同时间尺度下流量序列的能量强弱分布存在差异。10～15a 尺度的能量最强，周期最显著，主要发生在 1967—1991 年，振荡中心大约在 1970 年和 1971 年。

图 6.3.13 显示了含沙量序列时间尺度的变化，并给出了相位结构及突变点的分布，正负相位交替出现。含沙量存在 14～20a、25～30a 的时间尺度，其中 14～20a 时间尺度相对突出，其中心尺度在 17a 左右，在这个尺度上，含沙量经历了枯—丰—枯—丰—枯—丰—枯—丰共 6 次循环交替过程；不同时间尺度下周期信号的强弱分布存在差异，14～20a、25～30a 时间尺度均具有全域性特征。图 6.3.14 显示，不同时段不同时间尺度下含沙量序列的能量强弱分布存在差异。25～30a 尺度的能量最强，周期最显著，主要发生在2002—2017 年，振荡中心大约在 2015 年。

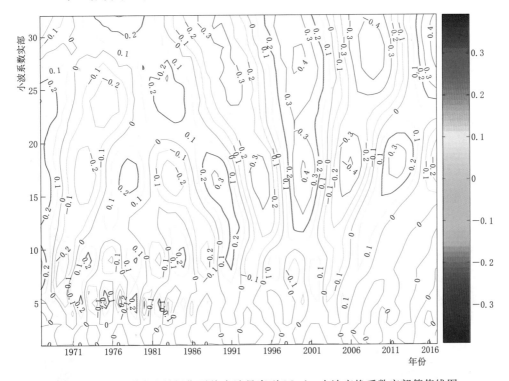

图 6.3.13　监利水文站汛期平均含沙量序列 Morlet 小波变换系数实部等值线图

总体来看，监利水文站汛期平均流量和汛期平均含沙量小波信号周期性均较为明显，且小波信号周期性变化规律基本一致。在资料统计范围内，为方便分析，监利水文站以汛期平均流量的小波信号周期作为该站水沙序列周期变化规律，以汛期平均流量的主要周期时间尺度作为该站水沙序列变化主要周期时间尺度。

6.3.2.4　汉口水文站

对汉口水文站 1955—2017 年汛期平均流量和汛期平均含沙量进行多时间尺度小波分析。图 6.3.15 显示了流量序列时间尺度的变化，并给出了相位结构及突变点的分布，正负相位交替出现。流量存在 5～15a、22～30a 的时间尺度，其中 22～30a 时间尺度非常突出，其中心尺度在 27a 左右，在这个尺度上，流量经历了丰—枯—丰—枯—丰—枯—丰共7 次循环交替过程；不同时间尺度下周期信号的强弱分布存在差异，22～30a 的尺度具有

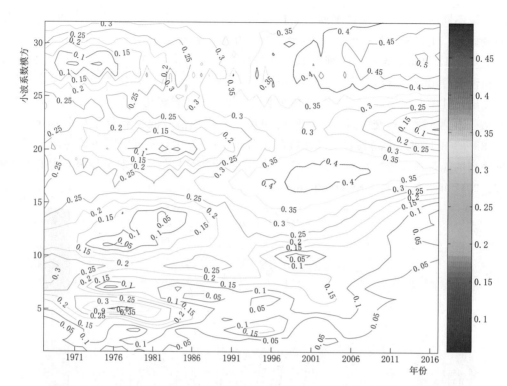

图 6.3.14　监利水文站汛期平均含沙量序列 Morlet 小波变换系数模方等值线图

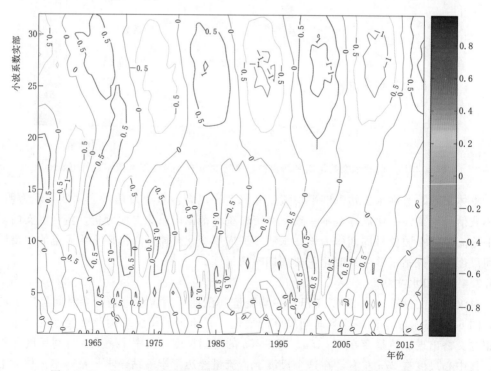

图 6.3.15　汉口水文站汛期平均流量序列 Morlet 小波变换系数实部等值线图

全域性特征。图 6.3.16 显示，不同时段不同时间尺度下流量序列的能量强弱分布存在差异。23～28a 尺度的能量最强，周期最显著，主要发生在 1990—2017 年，振荡中心大约在 2000—2015 年范围内。

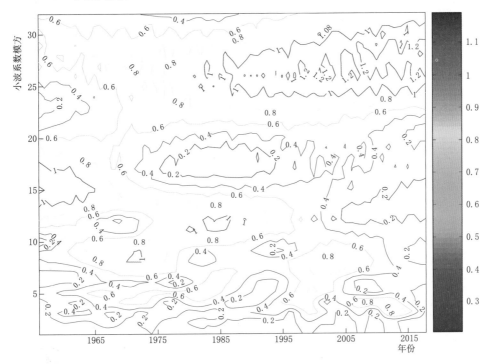

图 6.3.16　汉口水文站汛期平均流量序列 Morlet 小波变换系数模方等值线图

图 6.3.17 显示了含沙量序列时间尺度的变化，并给出了相位结构及突变点的分布，正负相位交替出现。含沙量存在 10～20a、25～30a 的时间尺度，其中 25～30a 时间尺度相对突出，其中心尺度在 29a 左右，在这个尺度上，含沙量经历了丰—枯—丰—枯—丰—枯—丰共 7 次循环交替过程；不同时间尺度下周期信号的强弱分布存在差异，25～30a 时间尺度具有全域性特征。图 6.3.18 显示，不同时段不同时间尺度下含沙量序列的能量强弱分布存在差异。10～12a 尺度的能量最强，周期最显著，主要发生在 1955—1965 年，振荡中心大约在 1955 年。

总体来看，汉口水文站汛期平均流量小波信号周期性较为明显，汛期平均含沙量小波信号相对较弱，且分布较为散乱。在资料统计范围内，汉口水文站以汛期平均流量的小波信号周期作为该站水沙序列周期变化规律，以汛期平均流量的主要周期时间尺度作为该站水沙序列变化主要周期时间尺度。

6.3.2.5　大通水文站

对大通水文站 1955—2017 年汛期平均流量和汛期平均含沙量进行多时间尺度小波分析。图 6.3.19 显示了流量序列时间尺度的变化，并给出了相位结构及突变点的分布，正负相位交替出现。流量存在 5～15a、25～30a 的时间尺度，其中 25～30a 时间尺度相对突出，其中心尺度在 29a 左右，在这个尺度上，流量经历了枯—丰—枯—丰—枯—丰共 6 次

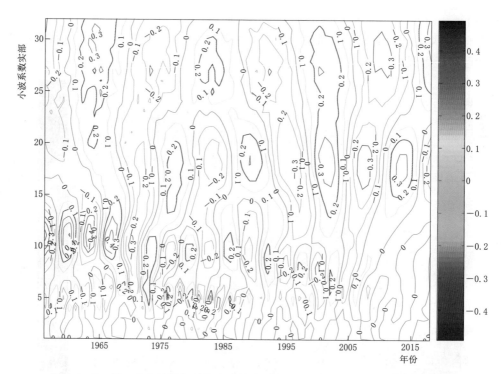

图 6.3.17　汉口水文站汛期平均含沙量序列 Morlet 小波变换系数实部等值线图

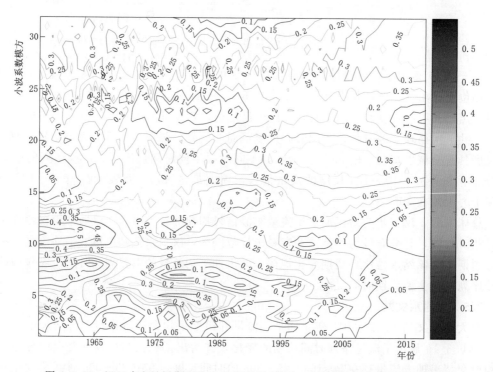

图 6.3.18　汉口水文站汛期平均含沙量序列 Morlet 小波变换系数模方等值线图

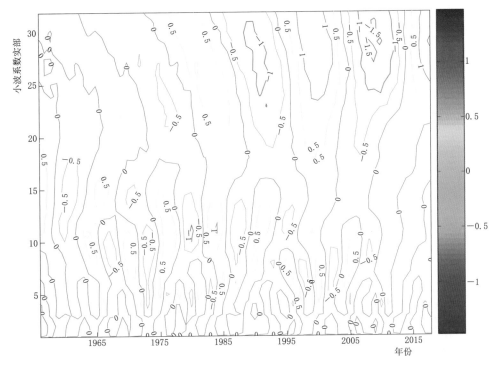

图 6.3.19　大通水文站汛期平均流量序列 Morlet 小波变换系数实部等值线图

循环交替过程；不同时间尺度下周期信号的强弱分布存在差异，但各尺度均不具有全域性特征。图 6.3.20 显示，不同时段不同时间尺度下流量序列的能量强弱分布存在差异。25～30a 尺度的能量最强，周期最显著，主要发生在 2000—2017 年，振荡中心大约在 2005—2015 年范围内。

图 6.3.21 显示了含沙量序列时间尺度的变化，并给出了相位结构及突变点的分布，正负相位交替出现。含沙量存在 10～20a、25～32a 的时间尺度，其中 25～32a 时间尺度相对突出，其中心尺度在 28a 左右，在这个尺度上，含沙量经历了枯—丰—枯—丰—枯—丰—枯共 7 次循环交替过程；不同时间尺度下周期信号的强弱分布存在差异，25～32a 时间尺度具有全域性特征。图 6.3.22 显示，不同时段不同时间尺度下含沙量序列的能量强弱分布存在差异。25～32a 尺度的能量最强，周期最显著，主要发生在 1955—1990 年，振荡中心大约在 1955—1980 年时间范围内。

总体来看，大通水文站汛期平均含沙量小波信号周期性较为明显，汛期平均流量小波信号相对较弱，分布相对较散乱，与其他各站规律略有差异，但主周期取值相差不大。为了本书分析计算方便及统计分析方法的一致性，在资料统计范围内，大通水文站仍然以汛期平均流量的小波信号周期作为该站水沙序列周期变化规律，以汛期平均流量的主要周期时间尺度作为该站水沙序列变化主要周期时间尺度。

6.3.2.6　城陵矶（七里山）水文站

对城陵矶（七里山）水文站 1955—2017 年汛期平均流量和汛期平均含沙量进行多时间尺度小波分析。图 6.3.23 显示了流量序列时间尺度的变化，并给出了相位结构及突变

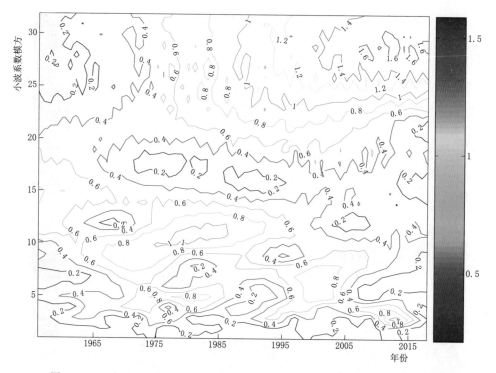

图 6.3.20　大通水文站汛期平均流量序列 Morlet 小波变换系数模方等值线图

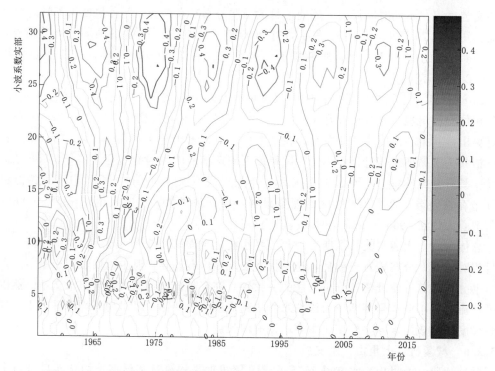

图 6.3.21　大通水文站汛期平均含沙量序列 Morlet 小波变换系数实部等值线图

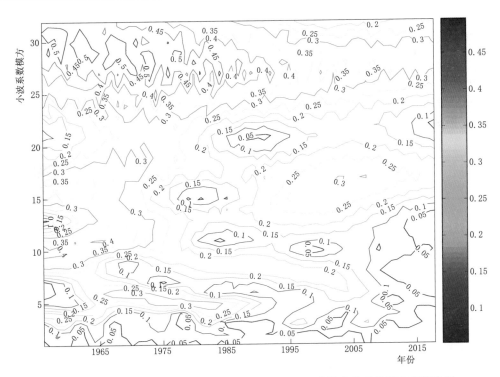

图 6.3.22 大通水文站汛期平均含沙量序列 Morlet 小波变换系数模方等值线图

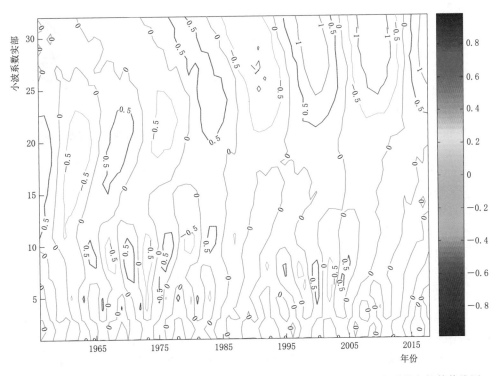

图 6.3.23 城陵矶（七里山）水文站汛期平均流量序列 Morlet 小波变换系数实部等值线图

点的分布，正负相位交替出现。流量存在 4～10a、15～30a 的时间尺度，其中 15～30a 时间尺度相对突出，其中心尺度在 29a 左右，在这个尺度上，流量经历了枯—丰—枯—丰—枯—丰—枯—丰共 8 次循环交替过程；不同时间尺度下周期信号的强弱分布存在差异，15～30a 时间尺度具有全域性特征。图 6.3.24 显示，不同时段不同时间尺度下流量序列的能量强弱分布存在差异。25～30a 尺度的能量最强，周期最显著，主要发生在 2005—2017 年，振荡中心大约在 2008—2015 年范围内。

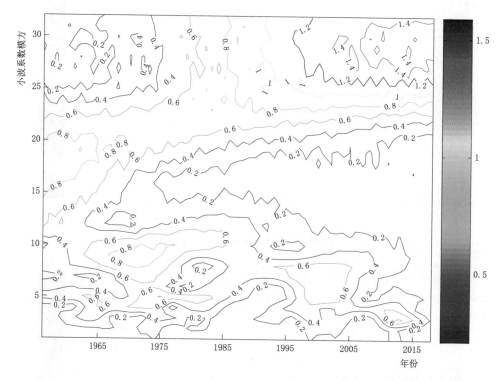

图 6.3.24　城陵矶（七里山）水文站汛期平均流量序列 Morlet 小波变换系数模方等值线图

　　图 6.3.25 显示了含沙量序列时间尺度的变化，并给出了相位结构及突变点的分布，正负相位交替出现。含沙量存在 4～9a、12～26a 的时间尺度，其中 12～26a 时间尺度相对突出，其中心尺度在 22a 左右，在这个尺度上，含沙量经历了丰—枯—丰—枯—丰—枯—丰—枯—丰共 9 次循环交替过程；不同时间尺度下周期信号的强弱分布存在差异，但各时间尺度均不具有全域性特征。图 6.3.26 显示，不同时段不同时间尺度下含沙量序列的能量强弱分布存在差异。22～26a 尺度的能量最强，周期最显著，主要发生在 1955—1965 年，振荡中心大约在 1955 年。

　　总体来看，城陵矶（七里山）水文站汛期平均流量小波信号周期性较为明显，汛期平均含沙量小波信号相对较弱，且分布较为散乱。在资料统计范围内，城陵矶（七里山）水文站以汛期平均流量的小波信号周期作为该站水沙序列周期变化规律，以汛期平均流量的主要周期时间尺度作为该站水沙序列变化主要周期时间尺度。

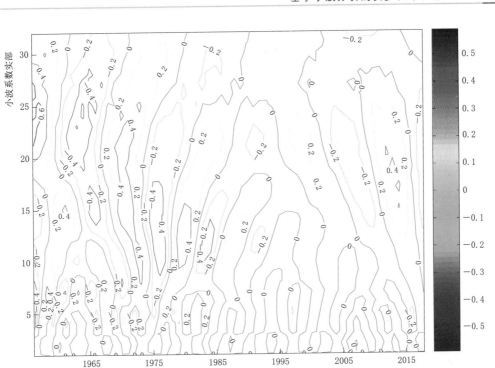

图 6.3.25 城陵矶（七里山）水文站汛期平均含沙量序列 Morlet 小波变换系数实部等值线图

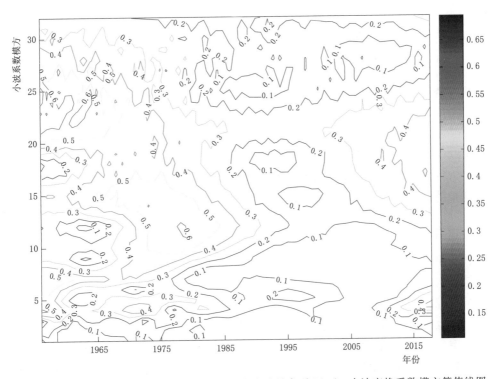

图 6.3.26 城陵矶（七里山）水文站汛期平均含沙量序列 Morlet 小波变换系数模方等值线图

6.3.3　变步长滞后响应模型建立

6.3.3.1　滞后响应模型的基本原理

在河床的自动调整过程中，河床的某一特征变量在受到外部变量扰动后，调整变化速率呈现非线性衰减的特点，往往先快后慢。假设河床受到扰动后，调整变化速率与当前状态和平衡状态的差值成正比。吴保生[5]基于冲积河流在外部变量发生变化后河床会自动调整趋于平衡的基本原理，建立了适用于我国黄河等多沙河流河床演变模式，阐明了前期水沙条件对河床再造滞后影响的本质及河床调整的内在机理，为研究提供了理论支持。图6.3.27 为特征变量随时间的变化过程，大致可以分为三个阶段：①反应阶段。系统受到外部扰动下作出反应的时间。②调整阶段。系统在扰动的情况下由不平衡状态调整至平衡状态。③平衡阶段。系统维持一定平衡状态的阶段。

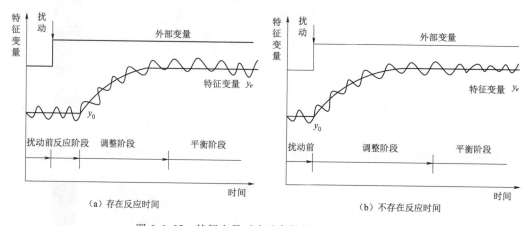

图 6.3.27　特征变量对水沙条件的响应过程示意图

可用一阶常微分方程描述河床形态的特征变量从一个原有状态演变到新平衡状态的过程：

$$\frac{\mathrm{d}y}{\mathrm{d}t}=\beta(y_e-y) \tag{6.3.9}$$

式中：y 为特征变量；y_e 为特征变量的相对平衡值，一般与外部变量相关；t 为时间；β 为特征变量的调整速率，参数 β 与径流的能量大小和河床边界可动性有关，可根据实际情况率定。

由于冲积河流河床演变的复杂性和多样性，河流系统的滞后响应规律将会呈现一系列不同形状的曲线，各流域针对扰动条件作出反应和调整的时间也大不相同，这里将反应时间与调整时间统称为响应时间，特征变量对水沙条件等外部变量的响应过程称为冲积河流的滞后响应现象。河床对扰动条件的响应是连续的、逐渐的，而河床的调整需要一段时间来完成，这也是河床形态的改变滞后于水沙条件变化的根本原因。

对于图 6.3.27 所示的响应过程，做以下四点假设：①假定外部变量——来水来沙是突然发生扰动的，之后维持较长时间不变。②河床通过冲淤立刻对扰动后的水沙变化作出响应，没有延迟时间。③在新的来水来沙条件下，河床将通过自动调整作用最终达到相对平衡，相应的 y_e 是一个常量。④扰动发生时，特征变量可以是原有的平衡状态值，也可以是处于不平衡状态的任何值。

基于以上假设，对式（6.3.9）进行积分求解后得到：

1. 模型 1

$$y=(1-e^{-\beta t})y_e+e^{-\beta t}y_{e0} \tag{6.3.10}$$

式中：y_{e0} 为 $t=0$ 时刻的平衡值。

再通过对模型 1 进行多步递推得到 n 个时段内河床调整结果的递推模式。

2. 模型 2

$$y_n=(1-e^{-\beta \Delta t})\sum_{i=1}^{n}\left[e^{-(n-i)\beta \Delta t}y_{ei}\right]+e^{-n\beta \Delta t}y_{e0} \tag{6.3.11}$$

式中：n 为滞后响应的年数；i 为自响应开始后第 i 年；Δt 为水沙作用的时间长度；y_n 为经过本时段在内的前期 $n+1$ 个时段累积作用后的特征变量值；y_{ei} 为第 i 年的特征变量平衡值。

模型 1 适用于只有一个时段且在外部变量扰动突然发生后，扰动情形维持不变的简单情况；模型 2 适用于外部扰动呈阶梯状变化且初始状态未知的复杂情况，外部扰动下来水来沙可能呈阶梯状增大、减少或者交替增减，河床形态的特征变量随即呈现这些相同的变化特点。

本书选定模型 1 来研究长江中下游典型河道横断面的变化情况，特征变量为枯水河槽断面面积，可表示为

$$A_b=(1-e^{-\beta t})A_e+e^{-\beta t}A_{e0} \tag{6.3.12}$$

式中：A_{e0} 为 $t=0$ 时刻 A_b 的值，暂时设定为初始时刻的汛中面积。

式（6.3.12）即为枯水河槽断面面积随水沙条件变化进行响应调整的基本模式，它描述了断面面积在水沙条件变化后的一定时段内的调整路径。当来水来沙过程再次变化后，断面面积沿着该路径的调整将立即终止。与再次变化后的水沙条件对应的 A_e 和水沙条件再次变化前的断面面积状态值 A_b 将重新给出新的调整路径，断面面积也将沿新的路径进行相应的调整。

冲积河流的水沙条件时刻在发生变化，在给定的时段内，河道横断面不一定能够由原始状态迅速调整至平衡状态，而式（6.3.12）对于这种情况是完全适用的。式（6.3.12）不仅可以用来反映河道横断面面积调整的路径，更加可以描述调整过程中的任何时刻。初始时刻的横断面形态对于下一时段而言无论是否处于平衡状态，均为下一个时段与前期边界条件发生联系的重要因素，当前的横断面形态由于前期的水沙条件的累积作用和滞后影响而发生调整，见图 6.3.28。

由图 6.3.28 可知，初始时刻河道的断面面积为 A_0，在初始水沙条件作用下，断面面积由 A_0 开始调整。经过 1 个时段后，河段横断面面积调整至 A_{b1}，由此

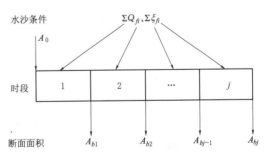

图 6.3.28　河道断面面积调整关系示意图

式（6.3.12）改写为如下形式：

$$A_{b1} = (1 - e^{-\beta t})A_{e1} + e^{-\beta t}A_{e0} \tag{6.3.13}$$

式中：A_{b1} 为第 1 时段内 n 年的水沙作用所确定的断面面积平衡值。

在下一个时段内，上一时段末的断面面积 A_{b1} 将作为这一时段的初始断面面积，则经过 1 个时段的调整后，时段末的断面面积 A_{b2} 可表达为

$$A_{b2} = (1 - e^{-\beta t})A_{e2} + e^{-\beta t}A_{b1} \tag{6.3.14}$$

式中：A_{b2} 为第 2 时段内 n 年的水沙作用所确定的断面面积。

因此，每一时段的断面面积均可以根据前期的水沙条件和当前的水沙条件进行计算：

$$A_{bj} = (1 - e^{-\beta t})A_{ej} + e^{-\beta t}A_{bj-1} \tag{6.3.15}$$

式中：A_{bj} 为第 j 时段内 n 年的水沙作用所确定的断面面积平衡值；A_{bj-1} 为第 $j-1$ 时段内 n 年的水沙作用所确定的断面面积。

具体计算过程中，如果 A_{bj-1} 为实测，则可直接引用实测值，但有时 A_{bj-1} 同样为未知，此时可引用上一时段内的计算值作为该时段计算的初始值，如此迭代即可计算得到每个时段末的断面面积。

式（6.3.15）即为利用吴保生的滞后响应模型建立的断面面积计算的基本公式，这是变步长滞后响应模型的基础，式中关于如何确定每一时段的变时间步长 t、断面面积平衡值 A_e、河道调整速率 β，将在后面逐一介绍。利用式（6.3.15）结合各参数计算方法，即可表达水库下游河床再造模式。

6.3.3.2　变时间步长 t 的选取

以往的研究中在黄河等多沙流域每个时段水沙作用时间 $t = 1a$，包括当前时期在内的前期 $n+1$ 个时段水沙作用。考虑到长江中下游的河床形态较黄河流域冲积河段相对稳定，河床横断面变化相对较小，逐年模拟存在一定的困难，故建立基于小波分析的变步长滞后响应模型来模拟河段横断面在某一时段内水沙变化条件作用下的调整过程。分时段的关键是确定水沙作用时间及将水沙序列分为 m 个时段，第 j 个时段中包含的水沙作用时长 n 可以是 1a、2a、3a、…。水沙条件是河道形态调整的主要驱动力，前述水沙的多时间尺度变化规律时提到小波分析方法，根据小波方差图中小波系数能量分布的大小可以确定水沙的主要周期，主要周期下水沙的小波系数的变化规律。

以枝城水文站为例，介绍变时间步长 t 的选取方法。枝城水文站汛期平均流量小波系数方差见图 6.3.29，可以看出，枝城水文站汛期平均流量小波系数存在 4a、8a 的时间尺度，第一主周期、第二主周期分别为 8a 和 4a，主要周期决定了汛期平均流量的变化特征，因此将第一、第二主周期叠加，见图 6.3.30。

根据汛期平均流量小波系数叠加图，将 1993—2017 年水沙条件序列依据叠加的小波系数过程线大致分为 10 段：1993—1995 年、1996—1997 年、1998—1999 年、2000—2002 年、2003—2005 年、2006—2007 年、2008—2010 年、2011—2013 年、2014—2015 年、2016—2017 年。可以看出，每个时段中包含的年份不是固定的，同一个时段内的水沙条件认为是具有相同的变化趋势，河道形态在这一时段内的调整变化规律具有类似性和

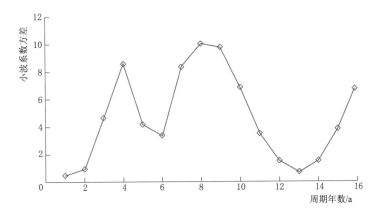

图 6.3.29　枝城水文站汛期平均流量小波系数方差

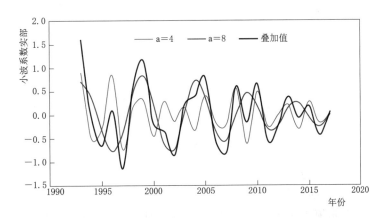

图 6.3.30　枝城水文站主要周期下汛期平均流量小波系数实部

延续性，因此选择计算每个时段末的枯水河槽断面面积，而非每个年份进行模拟计算。

　　每个时段末的枯水河槽断面面积对该时段内所有水沙条件作出响应，但时段内每年水沙条件的驱动作用强弱是不同的，越靠近时段末，水沙条件驱动作用越强。为方便计算，通过对每个时段内不同年份水沙条件权重赋值，然后相加得到该时段内加权求和的综合水沙条件，计算时直接分析枯水河槽断面面积对每个时段综合水沙条件的响应关系。假定时段为 n 年，则第 i 年权重为 $i/(1+2+\cdots+n)$，以 1993—1995 年时段为例，1993 年水沙条件权重为 $1/(1+2+3)$，1994 年水沙条件权重为 $2/(1+2+3)$，1995 年水沙条件权重为 $3/(1+2+3)$。该时段作用于河道形态的时间 t 则取值为 n 年。

6.3.3.3　断面面积平衡值的计算方法

　　断面面积平衡值 A_e 是指在某一水位或者流量下，上游的来水来沙条件作用于冲积河流且能够维持较长时间不发生变化，塑造出的达到河道冲淤平衡状态时所对应的断面面积值。对于冲积河流而言，河道形态由水沙条件决定，特定的水沙条件必然存在与之对应的断面面积平衡值。在实际中，某一水位下断面面积平衡值很难准确观测到，因此从物理意义上由描述水沙条件的函数关系来表达。根据吴保生[2]的研究，黄河下游的平滩变量平衡值 Q_e 可按如下方法计算：

$$Q_e = KQ_f^a \xi_f^b \tag{6.3.16}$$

式中：Q_f 为汛期平均流量，$\mathrm{m^3/s}$；ξ_f 为来沙系数，$\mathrm{(kg \cdot s)/m^6}$；$K$、$a$、$b$ 分别为系数和指数，根据实测资料率定。

参考上述计算方法，同样采用汛期平均水沙条件作为主要驱动因子，选用每个时段内汛期加权平均流量和汛期加权平均含沙量计算断面面积平衡值 A_e：

$$A_e = KQ_f^a S_f^b \tag{6.3.17}$$

式中：Q_f 为时段内汛期加权平均流量，$\mathrm{m^3/s}$；S_f 为时段内汛期加权平均含沙量，$\mathrm{kg/m^3}$；K、a、b 分别为系数和指数，根据实测资料率定。

6.3.3.4　河道调整速率 β

河道在受到水沙扰动时或冲或淤，其调整速度的大小与河道边界条件及来水来沙条件息息相关。水沙条件作为塑造河道形态的主要驱动力，直接影响着河道冲淤的快慢，模型中用参数 β 的大小来描述河道调整的速度。径流量作为影响河道调整的主要因素之一，径流量越大，其能量蓄积越大，水流对河床的冲刷越强，河道调整就越快；而当水体挟沙力达到饱和时，水流对河床的作用能力就越弱。

在研究黄河流域平滩流量的滞后响应模型中，李凌云等[6]针对不同汛期平滩流量的差异，选取汛期平均流量来反映径流量对河道调整速率的影响：

$$\beta = \beta_0 Q_f^d \tag{6.3.18}$$

式中：d 为指数。

河道冲淤调整的快慢同样与水沙过程有关。实际应用中，不同年份之间的水沙调整速率存在差异。而长江流域河道形态调整比较平缓，因此，可以考虑不同年份采用相同的 β 值，具体计算时根据实测资料率定。

6.3.4　变步长滞后响应模型应用

1. 枝城水文断面

6.3.2 节已经以枝城水文断面为例对水沙序列分时段方法进行了介绍，此处直接引用上述结果，但考虑实测大断面成果资料为 2002—2014 年，故仅需该范围内水沙条件分段情况，即分为 6 段：2000—2002 年、2003—2005 年、2006—2007 年、2008—2010 年、2011—2013 年、2014—2015 年。计算每个时段的综合水沙条件，即汛期加权平均流量和汛期加权平均含沙量。将枯水河槽断面面积及综合水沙条件代入所建立的变步长滞后响应模型，拟合得到模型参数为：$K=0.0838$，$a=1.13$，$b=-0.35$，$\beta=0.05$。适用于枝城水文断面的枯水河槽断面面积计算方法为

$$A_{bj} = 0.0838(1 - e^{-0.05n})Q_{fj}^{1.13} S_{fj}^{-0.35} + e^{-0.05n} A_{bj-1} \tag{6.3.19}$$

图 6.3.31 给出了式（6.3.19）每个时段末枯水河槽断面面积的计算值与实测值变化情况，分时段模拟能够较好地描述枝城水文断面枯水河槽断面面积的调整过程。图 6.3.32 点绘了计算值与实测值相关关系，二者相关系数 $R^2 = 0.8934$，表明模型计算值与实测值相关关系良好，计算精度较高。

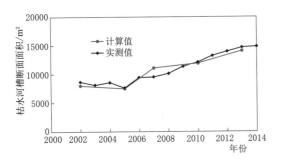

图 6.3.31　枝城水文断面分时段模拟计算值
与实测值对比

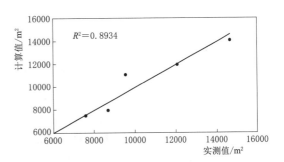

图 6.3.32　枝城水文断面分时段模拟计算值
与实测值相关关系

2. 沙市水文断面

沙市水文断面汛期平均流量小波系数方差见图 6.3.33。可以看出，沙市水文断面汛期平均流量小波系数存在 14a、27a 的时间尺度，第一主周期、第二主周期分别为 27a 和 14a，主要周期决定了汛期平均流量的变化特征，因此将第一、第二主周期叠加，见图 6.3.34。

考虑到近年来长江中下游水沙情势发生了较为显著的变化，河道形态调整规律也出现了较为明显的变化，因此将长时间

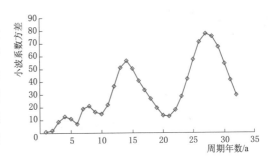

图 6.3.33　沙市水文断面汛期平均流量小波系数方差

跨度的河道形态调整变化情况归为一类，选用相同的参数取值进行模拟计算存在很大困难，也不合实际情况。因此，为充分反映近期长江中下游河道形态调整规律，选择针对近年来河道形态变化情况进行模拟计算，根据沙市水文断面的具体情况，选择模拟 2000—2014 年枯水河槽断面面积变化情况。根据图 6.3.34，该范围内水沙条件可分为 5 段：1995—2000 年、2001—2003 年、2004—2007 年、2008—2011 年、2012—2014 年。计算每个时段的综合水沙条件，即汛期加权评价流量和汛期加权平均含沙量。将枯水河槽断面

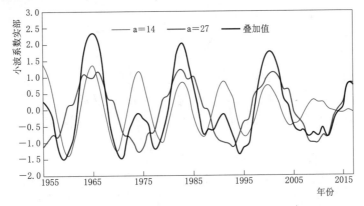

图 6.3.34　沙市水文断面主要周期下汛期平均流量小波系数实部

面积及综合水沙条件代入所建立的变步长滞后响应模型，拟合得到模型参数为：$K = 5158.35$，$a = 0.042$，$b = -0.145$，$\beta = 14.77$。适用于沙市水文断面的枯水河槽断面面积计算方法为

$$A_{bj} = 5158.35(1 - e^{-14.77n})Q_{fj}^{0.042}S_{fj}^{-0.145} + e^{-14.77n}A_{bj-1} \tag{6.3.20}$$

图 6.3.35 给出了式（6.3.20）每个时段末枯水河槽断面面积的计算值与实测值变化情况，分时段模拟能够较好地描述沙市水文断面枯水河槽断面面积的调整过程。图 6.3.36 点绘了计算值与实测值相关关系，二者相关系数 $R^2 = 0.7517$，表明模型计算值与实测值相关关系良好，计算精度较高。

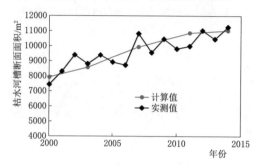

图 6.3.35　沙市水文断面分时段模拟计算值
与实测值对比

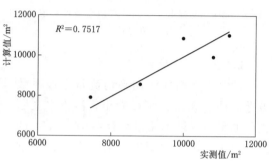

图 6.3.36　沙市水文断面分时段模拟计算值
与实测值相关关系

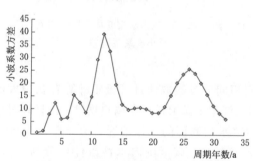

图 6.3.37　监利水文断面汛期平均流
量小波系数方差

3. 监利水文断面

监利水文断面汛期平均流量小波系数方差见图 6.3.37。可以看出，监利水文断面汛期平均流量小波系数存在 12a、26a 的时间尺度，第一主周期、第二主周期分别为 12a 和 26a，主要周期决定了汛期平均流量的变化特征，因此将第一、第二主周期叠加，见图 6.3.38。

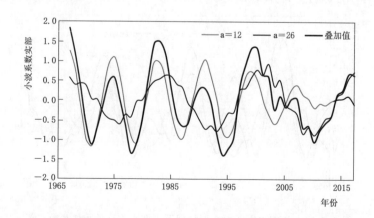

图 6.3.38　监利水文断面主要周期下汛期平均流量小波系数实部

根据监利水文断面的具体情况，选择模拟 2003—2014 年枯水河槽断面面积变化情况。根据图 6.3.38，该范围内水沙条件可分为 6 段：2000—2003 年、2004—2005 年、2006—2007 年、2008—2010 年、2011—2013 年、2014—2015 年。计算每个时段的综合水沙条件，即汛期加权评价流量和汛期加权平均含沙量。将枯水河槽断面面积及综合水沙条件代入所建立的变步长滞后响应模型，拟合得到模型参数为：$K=0.0022$，$a=1.47$，$b=-0.42$，$\beta=70.2$。适用于监利水文断面的枯水河槽断面面积计算方法为

$$A_{bj}=0.0022(1-e^{-70.2n})Q_{fj}^{1.47}S_{fj}^{-0.42}+e^{-70.2n}A_{bj-1} \tag{6.3.21}$$

图 6.3.39 给出了式（6.3.21）每个时段末枯水河槽断面面积的计算值与实测值变化情况，分时段模拟能够较好地描述监利水文断面枯水河槽断面面积的调整过程。图 6.3.40 点绘了计算值与实测值相关关系，二者相关系数 $R^2=0.7918$，表明模型计算值与实测值相关关系良好，计算精度较高。

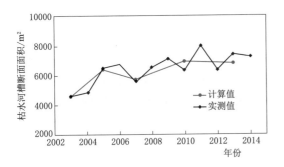

图 6.3.39　监利水文断面分时段模拟
计算值与实测值对比

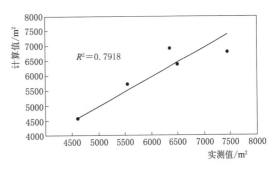

图 6.3.40　监利水文断面分时段模拟
计算值与实测值相关关系

4. 汉口水文断面

汉口水文断面汛期平均流量小波系数方差见图 6.3.41。可以看出，汉口水文断面汛期平均流量小波系数存在 14a、27a 的时间尺度，第一主周期、第二主周期分别为 27a 和 14a，主要周期决定了汛期平均流量的变化特征，因此将第一、第二主周期叠加，见图 6.3.42。

根据汉口水文断面的具体情况，选择模拟 2001—2011 年枯水河槽断面面积变化情况。根据图 6.3.42，该范围内水沙条件

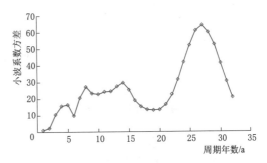

图 6.3.41　汉口水文断面汛期平均流
量小波系数方差

可分为 6 段：2000—2001 年、2002—2003 年、2004—2006 年、2007—2008 年、2009—2010 年、2011—2012 年。计算每个时段的综合水沙条件，即汛期加权评价流量和汛期加权平均含沙量。将枯水河槽断面面积及综合水沙条件代入所建立的变步长滞后响应模型，拟合得到模型参数为：$K=0.072$，$a=1.15$，$b=-0.18$，$\beta=0.41$。适用于汉口水文断面的枯水河槽断面面积计算方法为

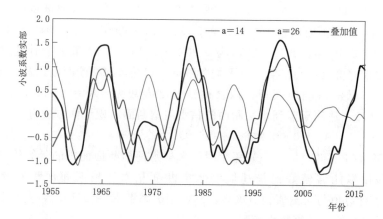

图 6.3.42　汉口水文断面主要周期下汛期平均流量小波系数实部

$$A_{bj} = 0.072(1 - e^{-0.41n})Q_{fj}^{1.15}S_{fj}^{-0.18} + e^{-0.41n}A_{bj-1} \qquad (6.3.22)$$

图 6.3.43 给出了式（6.3.22）每个时段末枯水河槽断面面积的计算值与实测值变化情况，分时段模拟能够较好地描述汉口水文断面枯水河槽断面面积的调整过程。图 6.3.44 点绘了计算值与实测值相关关系，二者相关系数 $R^2 = 0.9979$，表明模型计算值与实测值相关关系良好，计算精度高。

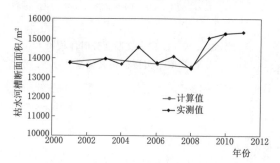

图 6.3.43　汉口水文断面分时段模拟计算值
与实测值对比

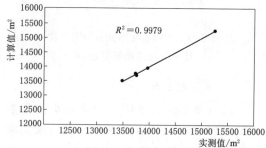

图 6.3.44　汉口水文断面分时段模拟计算值
与实测值相关关系

5. 大通水文断面

大通水文断面汛期平均流量小波系数方差见图 6.3.45。可以看出，大通水文断面汛期平均流量小波系数存在 11a、29a 的时间尺度，第一主周期、第二主周期分别为 29a 和 11a，主要周期决定了汛期平均流量的变化特征，因此将第一、第二主周期叠加，见图 6.3.46。

根据大通水文断面的具体情况，选择模拟 2003—2014 年枯水河槽断面面积变化情况。根据图 6.3.46，该范

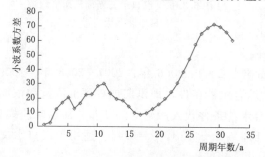

图 6.3.45　大通水文断面汛期平均流量小波系数方差

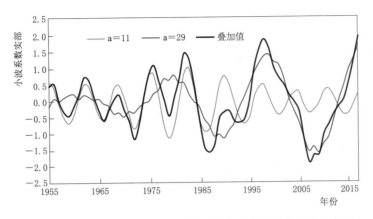

图 6.3.46　大通水文断面主要周期下汛期平均流量小波系数实部

围内水沙条件可分为 6 段：2001—2003 年、2004—2005 年、2006—2007 年、2008—2009 年、2010—2012 年、2013—2014 年。计算每个时段的综合水沙条件，即汛期加权评价流量和汛期加权平均含沙量。将枯水河槽断面面积及综合水沙条件代入所建立的变步长滞后响应模型，拟合得到模型参数为：$K=656.98$，$a=0.32$，$b=-0.12$，$\beta=0.35$。适用于大通水文断面的枯水河槽断面面积计算方法为

$$A_{bj}=656.98(1-e^{-0.35n})Q_{fj}^{0.32}S_{fj}^{-0.12}+e^{-0.35n}A_{bj-1} \qquad (6.3.23)$$

图 6.3.47 给出了式（6.3.23）每个时段末枯水河槽断面面积的计算值与实测值变化情况，分时段模拟能够较好地描述大通水文断面枯水河槽断面面积的调整过程。图 6.3.48 点绘了计算值与实测值相关关系，二者相关系数 $R^2=0.565$，表明模型计算值与实测值相关关系相对其他水文断面要低一些。

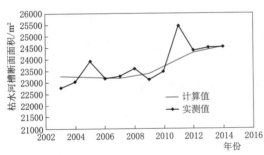

图 6.3.47　大通水文断面分时段模拟计算值
与实测值对比

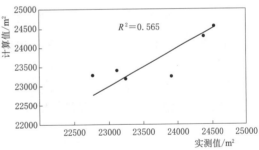

图 6.3.48　大通水文断面分时段模拟计算值
与实测值相关关系

6. 城陵矶（七里山）水文断面

城陵矶（七里山）水文断面汛期平均流量小波系数方差见图 6.3.49。可以看出，城陵矶（七里山）水文断面汛期平均流量小波系数存在 8a、29a 的时间尺度，第一主周期、第二主周期分别为 29a 和 8a，主要周期决定了汛期平均流量的变化特征，因此将第一主周期、第二主周期叠加，见图 6.3.50。

根据城陵矶（七里山）水文断面的具体情况，选择模拟 1991—2010 年枯水河槽断面

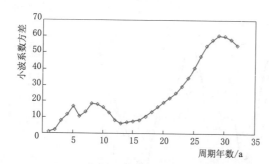

图 6.3.49　城陵矶（七里山）水文断面汛期
平均流量小波系数方差

面积变化情况。根据图 6.3.50，该范围内水沙条件可分为 7 段：1988—1991 年、1992—1994 年、1995—1996 年、1997—2000 年、2001—2003 年、2004—2007 年、2008—2011 年。计算每个时段的综合水沙条件，即汛期加权评价流量和汛期加权平均含沙量。将枯水河槽断面面积及综合水沙条件代入所建立的变步长滞后响应模型，拟合得到模型参数为：$K = 11.46$，$a = 0.63$，$b = -0.13$，$\beta = 0.13$。适用于城陵矶（七里山）水文断面的枯水河槽断面面积计算方法为

$$A_{bj} = 11.46(1 - e^{-0.13n})Q_{fj}^{0.63}S_{fj}^{-0.13} + e^{-0.13n}A_{bj-1} \qquad (6.3.24)$$

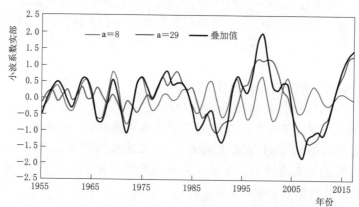

图 6.3.50　城陵矶（七里山）水文断面主要周期下汛期平均流量小波系数实部

图 6.3.51 给出了式（6.3.24）每个时段末枯水河槽断面面积的计算值与实测值变化情况，分时段模拟能够较好地描述城陵矶（七里山）水文断面枯水河槽断面面积的调整过程。图 6.3.52 点绘了计算值与实测值相关关系，二者相关系数 $R^2 = 0.939$，表明模型计算值与实测值相关关系良好，计算精度较高。

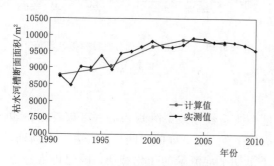

图 6.3.51　城陵矶（七里山）水文断面分时段
模拟计算值与实测值对比

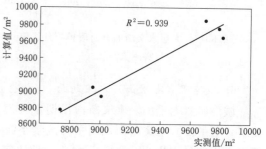

图 6.3.52　城陵矶（七里山）水文断面分时段
模拟计算值与实测值相关关系

综上所述，水库下游冲积河流河床再造过程，断面尺度上主要表现为河道横断面形态的调整变化。分析表明，对于长江中下游主要水文断面，枯水河槽断面面积的变化可以作为断面尺度河床再造的驱动对象。水沙条件变化后的冲积河流河床再造过程存在滞后响应现象，长江中下游河段滞后响应的时间尺度一般为 5～6a，不同河道的时间尺度有所差异，且与来流量和含沙量关系密切，二者可作为河床再造的主要驱动因子。建立了基于小波分析的变步长滞后响应模型，并提出了水库下游河床再造的驱动模式。实测资料验证分析表明，所提出的驱动模式能够较好地反映长江中下游主要水文断面再造调整过程。

参 考 文 献

[1] 李凌云. 黄河平滩流量的计算方法及应用研究 [D]. 北京：清华大学，2010.

[2] 吴保生. 冲积河流平滩流量的滞后响应模型 [J]. 水利学报，2008 (6)：680 -687.

[3] 黄才安，杨志达. 泥沙输移与水流强度指标 [J]. 水利学报，2003 (6)：1 - 7.

[4] 张艳艳. 黄河水沙及河床演变的多时间尺度研究 [D]. 北京：清华大学，2012.

[5] 吴保生. 冲积河流河床演变的滞后响应模型——Ⅰ模型建立 [J]. 泥沙研究，2008 (6)：1 - 7.

[6] 李凌云，吴保生. 平滩流量滞后响应模型的改进 [J]. 泥沙研究，2011 (2)：21 -26.

第7章

水沙数学模型关键技术

7.1 一维水沙数学模型关键技术

针对水库下游水沙数值模拟中的非均匀沙挟沙力计算方法、混合层厚度计算模式等关键技术进行了研究，并应用于三峡水库下游冲淤变化计算的数学模型中。

7.1.1 非均匀沙挟沙力

对于天然河流，无论是水流中的泥沙还是河床上的泥沙，其组成一般为非均匀沙，因此针对天然河流的非均匀泥沙数学模型，非均匀沙分组挟沙力的计算是其关键问题之一。目前，针对非均匀沙挟沙力已展开了相当多的研究，根据研究的出发点和研究思路的不同，大体上可以分为四类：直接分组计算法[1-2]、力学修正法[3-4]、床沙分组法[5-7]和输沙能力级配法[8-9]。由于研究思路的不同，上述研究所得到的结果差异也比较大。因此，对于非均匀沙挟沙力的再研究，应在充分理解其概念——河床冲淤平衡条件下的水流临界含沙量的基础上进行，计算时应充分考虑水流条件、泥沙自身特性和河床组成的影响。

本节基于泥沙运动统计理论的泥沙上扬与沉降通量[10]，建立了非均匀沙挟沙力的计算公式，并与其他公式进行了比较。

基于泥沙交换的非均匀沙挟沙力计算，首先需要确定不同水流条件及河床组成条件下的泥沙沉降与上扬通量，其后可推导出非均匀沙挟沙力表达式：

$$S_{b,i}^* = \frac{2}{3} m_0 \rho_s P_{b,i} \frac{\beta_i}{1-(1-\varepsilon_{1,i})(1-\beta_i)+(1-\varepsilon_{0,i})(1-\varepsilon_{4,i})}$$

$$\times \frac{\dfrac{1}{\sqrt{2\pi}\,\varepsilon_{4,i}} \dfrac{u_*}{\omega_i} e^{-\frac{1}{2}\left(\frac{\omega_i}{u_*}\right)^2} - 1}{\dfrac{1}{\sqrt{2\pi}\,(1-\varepsilon_{4,i})} \dfrac{u_*}{\omega_{0,i}} e^{-\frac{1}{2}\left(\frac{\omega_{0,i}}{u_*}\right)^2} + 1} \qquad (7.1.1)$$

式（7.1.1）即为冲淤平衡时河床底部附近挟沙力表达式。在平衡条件下，选取合适的含沙量沿垂线分布公式，并沿垂线进行积分，即可得到垂线平均含沙量与河床底部含沙量的关系，代入式（7.1.1）即可求得垂线平均挟沙力表达式。此处，选择形式比较简单的莱恩公式，经过积分后，垂线平均含沙量与底部含沙量的关系可表示为

$$s = s_b \frac{\kappa u_*}{6\omega}(1 - e^{-\frac{6\omega}{\kappa u_*}}) \qquad (7.1.2)$$

代入式（7.1.2）后可得到垂线平均挟沙力公式：

$$S_i^* = \frac{2}{3} m_0 \rho_s P_{b,i} \frac{\kappa u_*}{6\omega_i} (1 - e^{-\frac{6\omega_i}{\kappa u_*}}) \frac{\beta_i}{1 - (1-\varepsilon_{1,i})(1-\beta_i) + (1-\varepsilon_{0,i})(1-\varepsilon_{4,i})}$$

$$\times \frac{\dfrac{1}{\sqrt{2\pi}\varepsilon_{4,i}} \dfrac{u_*}{\omega_{0,i}} e^{-\frac{1}{2}(\frac{\omega_i}{u_*})^2} - 1}{\dfrac{1}{\sqrt{2\pi}(1-\varepsilon_{4,i})} \dfrac{u_*}{\omega_{0,i}} e^{-\frac{1}{2}(\frac{\omega_{0,i}}{u_*})^2} + 1} \qquad (7.1.3)$$

由式（7.1.3）可以看出，非均匀沙挟沙力与床沙组成、水流条件以及泥沙自身特性相关。与其他公式相比，该公式在定性上是比较合理的，能够反映出水流输沙强度随水流强度的增大而增大的基本规律。为反映不同河流泥沙特性及床沙组成特性的影响，在实际应用中可通过引入经验参数对公式进行修正。从定性规律及公式的结构形式来看，一方面可对起悬概率进行修正；另一方面可对垂线平均含沙量与近底河床附近含沙量的相互关系进行修正。因此此处引入系数 K、M 对上述挟沙力公式进行修正如下：

$$S_i^* = \frac{2}{3} m_0 \rho_s P_{b,i} \left[\frac{\kappa u_*}{6\omega_i} (1 - e^{-\frac{6\omega_i}{\kappa u_*}}) \right]^M \frac{K\varepsilon_{4,i}}{1 - (1-\varepsilon_{1,i})(1-K\varepsilon_{4,i}) + (1-\varepsilon_{0,i})(1-\varepsilon_{4,i})}$$

$$\times \frac{\dfrac{1}{\sqrt{2\pi}\varepsilon_{4,i}} \dfrac{u_*}{\omega_{0,i}} e^{-\frac{1}{2}(\frac{\omega_i}{u_*})^2} - 1}{\dfrac{1}{\sqrt{2\pi}(1-\varepsilon_{4,i})} \dfrac{u_*}{\omega_{0,i}} e^{-\frac{1}{2}(\frac{\omega_{0,i}}{u_*})^2} + 1} \qquad (7.1.4)$$

修正后，不同 K、M 对总挟沙力及挟沙力级配的影响见图 7.1.1 和图 7.1.2。其中，

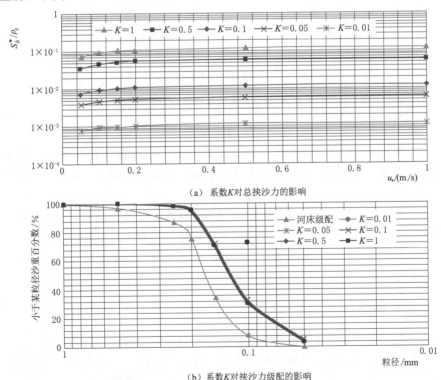

（a）系数 K 对总挟沙力的影响

（b）系数 K 对挟沙力级配的影响

图 7.1.1　系数 K 对总挟沙力及挟沙力级配的影响示意图

系数 K 主要用于调整计算总挟沙力的大小，对级配影响很小。系数 M 不仅影响挟沙力大小，还对挟沙力级配有一定的影响。因此，在实际应用中，可根据不同河道的实测资料，对系数 K、M 进行率定后使用。

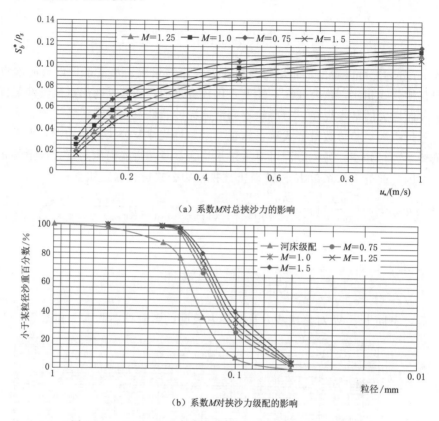

（a）系数M对总挟沙力的影响

（b）系数M对挟沙力级配的影响

图 7.1.2　系数 M 对总挟沙力及挟沙力级配的影响示意图

此外，由于河床组成为非均匀沙，就不同粒径组泥沙的相互作用而言，相关研究表明[11-15]，相对于同样粒径大小的均匀沙，非均匀沙河床中较粗颗粒泥沙往往受到暴露作用而更加易于起动，较细颗粒泥沙则常常受到隐蔽作用而难于起动。从不同学者对于非均匀沙的起动研究成果来看，在一定河床组成条件下，不同粒径级泥沙都存在着某等效粒径，其中大于某特征粒径的泥沙其等效粒径要小于其真实粒径，而小于某特征粒径的泥沙其等效粒径则大于其真实粒径，这也是河床粗化现象中卵石不需要覆盖完整的一层河床抗冲保护层即可形成现象的重要原因之一。因此，对于受到粗细颗粒间相互作用的非均匀沙河床，以等效粒径代替泥沙的真实粒径代入式（7.1.4）中可获得更高的精度。

7.1.2　混合层厚度

所谓混合层厚度是在非均匀沙数学模型中引入的一个物理量，其含义为：在河床的冲淤变化过程中，参与河床冲淤变形的那一层床沙的厚度。混合层厚度的确定在非均匀沙数学模型中具有极其重要的意义，直接决定了数学模型计算结果的可靠性和准确性。特别是在水库下游的冲刷计算中，混合层厚度的大小不仅决定着河道冲刷量的大小，还影响着河道的冲刷速度与冲刷趋势。

从理论上严格定义混合层厚度和公式化目前还存在很多困难，主要是因为不受水流扰动的原始河床与床面混合层难以给出一个明确的界限[16]。目前常用的经验确定法具有一定的任意性。

沙波作为河流的一种重要的河床形态，由于其在运动过程中伴随着不断的床沙交换现象，其运动形式可以作为混合层计算的一个物理背景。从沙波运动的物理背景出发，推导出平均混合层厚度的计算方法。

沙波一般可概化为图 7.1.3（a）所示形态。图中两个沙波波峰 A、D 之间的距离为波长 L，B 至 D 点的垂直距离为沙波波高 H_s。对于沙波而言，床沙交换既发生在迎水坡，又发生在背水坡，因此混合层厚度应指一个波长范围内的平均值。假定计算时段长度小于沙波运动周期，且在计算时段内，相邻两个沙波的形状不发生变化，则根据沙波的形态，可将沙波运动进行概化，见图 7.1.3（b）。

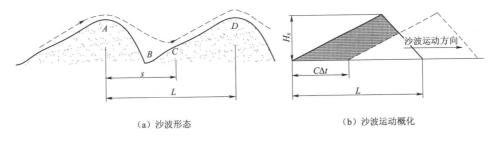

（a）沙波形态　　　　　　　　　　（b）沙波运动概化

图 7.1.3　沙波形态示意图

根据上述概化图形，在 Δt 时段内，一个沙波波长范围内参与泥沙交换的面积如图 7.1.3（b）所示的阴影部分，其面积可表示为

$$A = \frac{1}{2}LH_s - \frac{1}{2}\frac{(L-C\Delta t)^2}{L}H_s \tag{7.1.5}$$

式中：C 为沙波运动速度。因此，波长范围内的平均交换厚度，即平均混合层厚度可表示为

$$E_m = \frac{A}{L} = \frac{1}{2}H_s\left[1-\left(\frac{L-C\Delta t}{L}\right)^2\right] = \frac{1}{2}H_s\left[1-\left(1-\frac{\Delta t}{T}\right)^2\right] \tag{7.1.6}$$

式（7.1.6）中，T 为沙波运动周期，$T = L/C$。当计算时间步长 Δt 大于沙波运动周期时，从上述概化图形中可以看出，对于某一固定波长范围内的沙波运动来说，假定计算时段范围内沙波形态保持不变，则其参与交换的床沙厚度应为计算时段范围内厚度的累加值。此时，混合层厚度可表示为

$$E_m = \frac{1}{2}nH_s + \frac{1}{2}H_s\left\{1-\left[1-\frac{\Delta t-nT}{T}\right]^2\right\} \tag{7.1.7}$$

式中：n 为计算时段范围内包含的完整的沙波运动周期数。混合层厚度的大小与沙波波高 H_s、计算时间步长 Δt 和沙波运动周期 T 有关。

当沙波运动发展到沙垄阶段以后，根据以上分析，上述的混合层厚度计算方法已不适

用，此时应对计算方法进行补充定义。由于此时各种其他形式的床沙交换和沿横断面上流速和床面形态的变化以及逆行沙波的发育使得床沙交换非常复杂，单从沙波运动的角度出发已经无法得出混合层厚度的计算公式。假定推移质全部由床沙交换而产生，则单位时间内床沙的活动层厚度可表示为

$$E_m = \max\left(\frac{G_{b,i}\Delta t}{m_0\rho_s P_{b,i}}\right) \tag{7.1.8}$$

式中：$G_{b,i}$ 为推移质输沙强度，kg/(m·s)；$P_{b,i}$ 为推移质在床沙中的含量；i 为推移质粒径组编号；m_0 为床沙静密实系数；ρ_s 为泥沙密度。当沙波运动在沙垄阶段以后，在根据水流强度进行趋势性插值的同时，可根据式（7.1.8）对混合层厚度进行估算，综合比较取较合理的值。

7.1.3 河岸崩退模拟

由于上、下荆江河岸的崩塌机理有所差异，需采用不同的模型对这两河段的崩岸过程进行模拟。此处建立了断面尺度的崩岸过程概化模型，用于上、下荆江河段崩岸过程模拟，并分析了相关影响因素。

1. 上荆江崩岸过程模拟

崩岸是上荆江河段河床变形过程的一个重要方面，它与近岸水流冲刷及河岸土体特性等因素密切相关。因此，在前面二元结构河岸崩岸机理和模式研究的基础上，建立了断面尺度的崩岸过程概化模型，主要包括坡脚冲刷、潜水位变化以及河岸稳定性等计算模块，稳定性分析中考虑了侧向水压力、孔隙水压力及非饱和土体基质吸力的作用。

采用上述模型计算了 2005 年上荆江典型断面（固定断面荆 34 位于腊林洲附近，荆 55 位于下陈家湾附近）的崩岸过程，计算结果如图 7.1.4 所示，可知：这两个断面的河

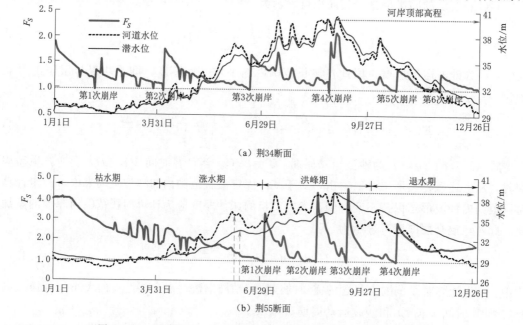

（a）荆34断面

（b）荆55断面

图 7.1.4　河道水位、潜水位及河岸稳定安全系数 F_S 的变化过程

岸分别发生 6 次和 4 次崩塌，且多发生于洪峰期和退水期。此外潜水位的变化滞后于河道水位，且渗透系数越低，这种滞后现象越明显。在涨水期内，荆 34 和荆 55 断面潜水位的平均上升速率分别约为河道水位的 91% 和 73%；而退水期内的平均下降速率分别约为河道水位的 90% 和 79%。

　　图 7.1.5 给出了荆 34 及荆 55 断面的河岸崩退过程，可知：两个断面计算得出岸顶总崩退宽度为 27m 和 24m，而计算与实测的岸坡形态也较为符合；单次崩塌宽度在涨水期和洪峰期内较大，枯水期次之，而退水期最小。如荆 34 断面单次崩塌宽度的平均值在涨水期和洪峰期内约为 6m，枯水期内约为 4m，退水期内仅 3m 左右。其原因主要与河岸崩塌时的坡脚冲刷程度有关：坡脚冲刷幅度越大，一般单次崩塌宽度也越大。

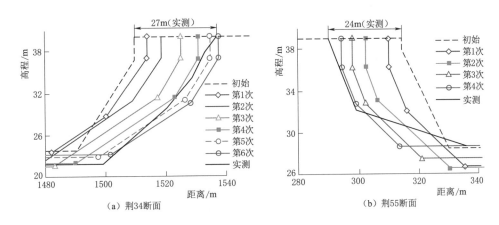

（a）荆34断面　　　　　　　　　　　　（b）荆55断面

图 7.1.5　岸坡形态变化过程

　　同时也开展了相关河岸土体参数的敏感性数值试验，分析了土体物理力学特性变化对崩岸过程的影响。研究表明，河岸崩退次数、宽度总体上随土体抗剪强度及渗透系数的增大而减小，前者基本呈单向变化，而后者变化较为复杂，还与崩塌时坡脚的横向冲刷宽度（或崩塌时刻的差异）有关（见图 7.1.6）。此外潜水位滞后于河道水位的变化特点，降低了退水期的河岸稳定性。

2. 下荆江崩岸过程模拟

　　三峡水库蓄水后下荆江河段河床持续冲刷，局部河段崩岸险情时有发生。因此研究下荆江二元结构河岸的崩退过程，有利于全面掌握该河段的演变规律。以下荆江荆 98 断面为研究对象（位于石首水位站下游 2km 处），结合实测水文资料及断面地形资料，应用 BSTEM 模型计算了该断面右侧河岸 2007 年及 2010 年的崩退过程。

　　计算结果表明：下荆江二元结构河岸的崩岸一般多发生在洪水期和退水期，其中洪水期为崩岸强烈阶段，退水期为崩岸较强阶段。荆 98 断面 2007 年共发生 9 次崩岸，且都发生在洪水期和退水期，计算的累积崩岸宽度达 72.6m，而该水文年实际崩岸宽度为 74.6m，相对误差为 2.7%；2010 年共发生 7 次崩岸，总宽度为 41.5m，略小于实际崩岸宽度（42.5m），相对误差为 2.4%，且模型计算的 2007 年及 2010 年最终的岸坡形态均与实测岸坡形态符合较好，见图 7.1.7。

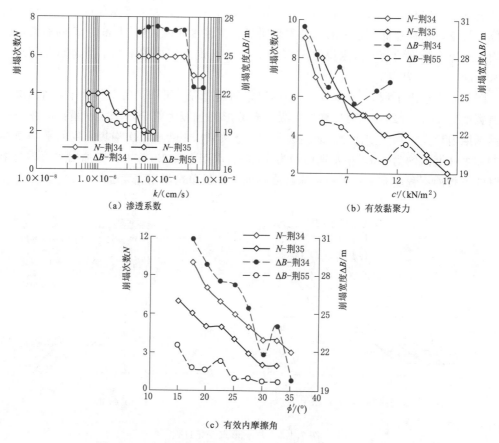

（a）渗透系数　　　　　　　　（b）有效黏聚力

（c）有效内摩擦角

图 7.1.6　河岸崩塌次数及宽度随土体物理力学特性的变化

此外，下荆江为典型的弯曲型河道，大部分崩岸发生在凹岸，主要表现为凹岸崩塌，凸岸淤积。弯道水流动力轴线的位置和横向环流的大小是影响弯道段河岸稳定的重要因素。故还利用上述模型研究了弯道二次流对下荆江崩岸的影响。如图 7.1.7 所示，考虑弯道二次流后模型计算的 2007 年、2010 年崩岸总次数均比不考虑的计算值有所增加，且累

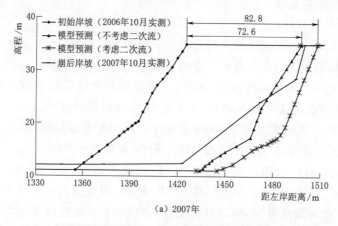

（a）2007年

图 7.1.7（一）　考虑与不考虑弯道二次流右岸岸坡模拟结果对比图（单位：m）

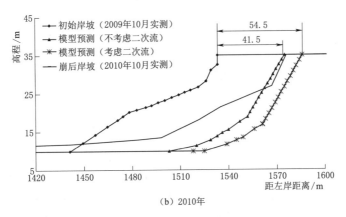

（b）2010年

图 7.1.7（二）　考虑与不考虑弯道二次流右岸岸坡模拟结果对比图（单位：m）

积崩岸宽度分别增大 14.1％和 31.3％。其原因在于：考虑弯道二次流后，由于模型计算的近岸水流切应力增大，从而使水流对坡脚冲刷作用增强，河岸稳定安全系数降低。

植被的根系有利于增强河岸土体的抗剪强度，从而维持河岸的稳定，图 7.1.8 给出了考虑与不考虑岸顶植被作用计算的岸坡形态对比结果。模型中考虑岸顶植被影响后，计算的荆 98 断面 2007 年共发生 8 次崩岸，其中洪水期 5 次，退水期 3 次，累积崩岸宽度为

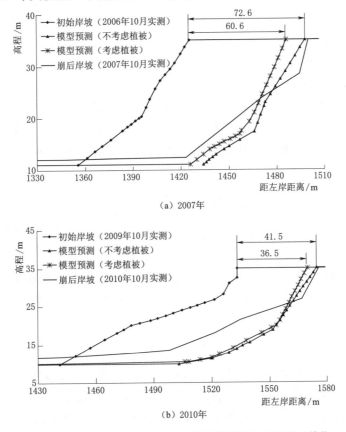

（a）2007年

（b）2010年

图 7.1.8　考虑与不考虑岸顶植被右岸岸坡模拟结果对比图（单位：m）

60.6m；2010 年共发生 5 次崩岸，洪水期 3 次，退水期 2 次，累积崩岸宽度为 36.5m。上述计算结果表明考虑岸顶植被作用后，模型计算的崩岸次数及累积崩岸宽度都有所减小。

7.2　二维水沙数学模型关键技术

7.2.1　河道平面内非均匀分布河床组成的插值方法

针对在三峡水库蓄水后长江中游沙卵石河段的冲刷调整，近 20 年来已开展过大量模拟研究，但模型预测成果在某些方面仍存在一定的误差[17-18]，主要表现在冲淤量空间分布、滩槽形态变化、沿程水位降幅等，究其原因是河流数学或物理模型的起始地形中，采用沿程和横向近似均匀分布的方式来铺设床沙，河床组成的不均匀分布特征未能在模型中得到较为准确的反映。

工程实践中，河床地质组成勘测难度较大，测点数量稀疏、布局分散，这些河床组成勘测信息虽能直接在定性的河床演变分析中发挥作用[19]，但要将其纳入定量化的数学或物理模型中，则必须将分散的测点数据进行空间插值展布。地统计法具有较为完善的理论基础[20]，能够基于有限的空间散点数据推断一定区域内的地质构造，在层状矿床估计等工程实践中应用广泛。近些年来，许多研究结合更多领域内的实际需求对地统计法进行改进，在降雨量、土壤属性等测点信息插值等方面也有值得借鉴的成功范例。因此将河流数值模拟中常用的贴体曲线坐标变换技术与地统计法中常用的 Kriging 插值方法相结合，在不规则天然河道内对不均匀分布河床组成进行插值。

7.2.1.1　方法原理

相对于常规统计插值方法，地统计学中的 Kriging 法是一种对空间分布数据求最优、线性无偏估计的方法，其理论上最严密、适应性也比较强[21]。Kriging 法在考虑区域变量的空间分布结构基础上，根据采样点位置和样品间相关程度不同，对每个临近采样点赋予不同权重，从而可依式（7.2.1）来推断待估点的变量值：

$$Z^*(x_0) = \sum_{k=1}^{n} \lambda_k Z(x_k) \tag{7.2.1}$$

式中：$Z^*(x_0)$ 为待估点变量的估计值；λ_k 为权重值；n 为规定范围内实测点个数；$Z(x_k)$ 为实测点数据值。

Kriging 插值权重 λ_k 的确定，主要依赖试验变异函数分析与理论变异函数模型的选择、率定，由此来描述区域变量在不同方向上的变化规律。试验变异函数计算式为

$$\gamma^*(h) = \frac{1}{2N(h)} \sum_{k=1}^{N(h)} \left[Z(x_k) - Z(x_k + h) \right]^2 \tag{7.2.2}$$

式中：h 为沿 x 方向的某个间距，称为滞后距；$N(h)$ 为沿 x 方向间距为 h 的采样点对数。给定不同滞后距 h 值，可求得一系列 $\gamma^*(h)$ 值，从而建立 $\gamma^*(h)$-h 关系，并用理论变异函数模型进行拟合。对工程实践中常见的空间变量，最常用的变异函数理论模型是球状模型：

$$\gamma(h)=\begin{cases} 0 & (h=0) \\ C_0+C\left(\dfrac{3}{2}\dfrac{h}{a}-\dfrac{1}{2}\dfrac{h^3}{a^3}\right) & (0<h\leqslant a) \\ C_0+C & (h>a) \end{cases} \qquad (7.2.3)$$

式中：a 为变程，反映区域化变量 $Z(x)$ 在某个方向的相关距离或变异速度；C 为拱高，反映 $Z(x)$ 的空间变异性大小；C_0 为块金值，由微观变异性或测量误差引起，反映变量的纯随机性部分；C_0+C 合称基台值，代表变量在空间上的总变异性大小。

若研究区域的空间变量具有各向异性，需要沿不同方向用式（7.2.2）开展空间变量的结构分析，并确定出主次变程方向与各方向的理论变异函数（7.2.3），通过主次方向的结构套合可实现对区域变量空间结构的描述。联立式（7.2.2）和式（7.2.3）确定出变异函数后，结合待插值点的位置信息，即可建立并求解各个待插值点的 Kriging 方程组，从而求得权重 λ_k。

Kriging 插值方程通过变异函数考虑了区域变量的空间变化规律，但变异函数建立在地理坐标系内的直线方向上，对于弯曲河道而言，直接应用式（7.2.2）和式（7.2.3），河道内区域化变量沿水流和垂直水流方向的变化难以被识别，最后只能被当作纯随机变化而反映进块金值 C_0 之中，由此易带来插值估计的失真。在贴体坐标系中，河道平面内的空间位置被沿水流方向的 ξ 坐标和沿河宽方向的 η 坐标所描述，不规则弯曲河道区域可转化规则矩形区域。若能用 (ξ,η) 坐标来分析河道内区域变量的变异函数，则变量沿水流和河宽方向的空间变化规律可能更容易被识别，从而克服地理坐标系下插值计算的缺陷。

要在计算平面内应用式（7.2.2）和式（7.2.3），并建立和求解 Kriging 插值方程组，首先需解决物理域内空间坐标 (x,y) 至计算域空间坐标 (ξ,η) 的转化问题，其次是解决变异函数的分析和参数率定问题[22]。

对于物理域内任一点 (x,y)，可通过以下方法得到其计算域坐标 (ξ,η)：首先根据 (x,y) 与物理域内各网格点的坐标位置，判断 (x,y) 位于物理域内哪个网格，网格 4 个顶点的物理域坐标、计算域坐标在网格系统建立之后均为已知值；其次，根据网格四个边上的比例关系可推导得到

$$\begin{cases} x=(x_{i+1,j+1}-x_{i,j+1}-x_{i+1,j}+x_{i,j})\alpha\beta+(x_{i+1,j}-x_{i,j})\alpha+(x_{i,j+1}-x_{i,j})\beta+x_{i,j} \\ y=(y_{i+1,j+1}-y_{i,j+1}-y_{i+1,j}+y_{i,j})\alpha\beta+(y_{i+1,j}-y_{i,j})\alpha+(y_{i,j+1}-y_{i,j})\beta+y_{i,j} \end{cases}$$

$$(7.2.4)$$

由此方程可解得 α、β 的值，$0\leqslant\alpha$，$\beta\leqslant1$，从而得到 (x,y) 在 $\xi-\eta$ 坐标系内相应坐标 $(i+\alpha,j+\beta)$。

通过式（7.2.2）、式（7.2.3）对变异函数分析和建模所涉及的变量，一是测点数据观测值，二是测点的空间方位。坐标系统转换之后，测点数据值不变，测点空间方位需用式（7.2.4）中求出的 (ξ,η) 坐标来描述。除此之外，河道中的空间变量一般与水流的搬运和沉积作用关系甚大，可近似认为沿水流的 ξ 方向和垂直水流的 η 方向分别为主次变程方向。在此基础上，即可在计算区域内由式（7.2.2）开展试验变异函数分析，并由式（7.2.3）建立基于计算区域内空间方位的变异函数模型。该过程中唯一需要注意的问

题是，由于河道长宽悬殊，因而 ξ、η 方向的变异函数可能存在明显各向异性。

7.2.1.2　方法适用性检验

Kriging 方法的适用范围为区域化变量存在空间相关性，即如果变异函数和结构分析的结果表明区域变量存在空间相关性，则可以利用 Kriging 方法进行内插或外推。

关洲、芦家河及枝江江口河段内均存在较多洲滩、汉道，2008 年以来也陆续开展了河床地质组成勘测。根据关洲和枝江江口河段内实测地质勘测数据，得到沿不同方向剖面或断面绘制沙层厚度的分布情况（见图 7.2.1）。由图可见，主泓附近剖面上，无论河床高程还是沙层厚度沿程变化均较为平缓，呈现出一定连续性；在河道横断面上，主泓与洲滩上沙层厚度差异明显，但这种横向变化也具有一定连续性。综合分析了多个地质剖面之后发现，河床组成的连续性和规律性主要体现在沿水流和垂直水流两个方向，而沿其他方向的地质剖面上，河床组成分布则表现出较强的随机性。由于贴体坐标系的两个坐标方向近似与水流方向、河宽方向平行，因而在贴体坐标系内对河床组成实施 Kriging 插值是合理可行的。

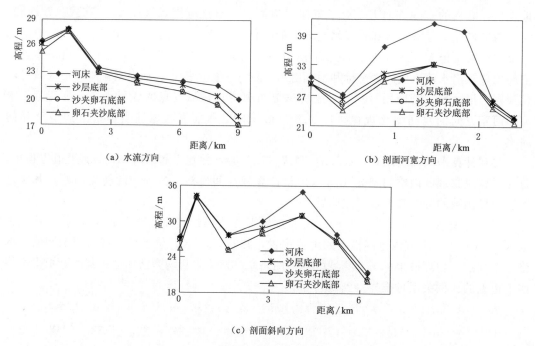

图 7.2.1　枝江江口河段内不同方向河床剖面沙层厚度

以关洲河段为例，分别对其实施 Kriging 法插值和常规的距离平方反比加权法插值，可得到河道平面内的沙层厚度分布（见图 7.2.2）。由图 7.2.2（a）可见，采用沿水流方向和沿河宽方向的坐标系及变异函数，洲滩和主槽内沙层厚度不均匀分布特点自然得到了体现；而图 7.2.2（b）则显示，直角坐标下距离反比法插值缺乏对沙层厚度空间结构的反映，容易将滩槽上测点混为一体，插值结果呈斑块状，滩槽界限不明显。实际情况下，关洲河段内弯道凹岸一侧河床组成总体粗于凸岸一侧，河道右侧主槽内已基本粗化为沙夹卵石，关洲洲体及左侧边滩主要为细沙，两种方法相比较，Kriging 法的结果更能反映以上事实。

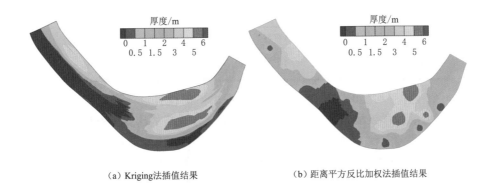

（a）Kriging法插值结果　　　　　　　（b）距离平方反比加权法插值结果

图 7.2.2　两种插值方法计算的关洲河段沙层厚度分布情况

7.2.1.3　枝城至陈家湾沙卵石河段的河床组成概化计算

河床组成确定的合理与否，是决定沙卵石河段冲刷趋势模拟准确性的关键问题。该研究中，对于枝城以下沙卵石河段内河床组成资料的主要来源如下：

（1）三峡水库蓄水前施测的河床组成资料。这些资料包括 1987 年、1989 年、1990 年、1993 年、1995 年、1996 年、1998 年、2002 年等多个测次，勘测方式包括钎探、钻探、河床打印多种类型。

（2）枝江江口河段内 2008 年 2 月的勘测资料，共计 92 个测点，其中 78 个为钎探，其余为少量洲滩表面的坑探。

（3）长江水文局 2010 年 4 月完成的宜昌至杨家垴（大布街）河段地质组成勘测，主要为水下河床组分在典型断面上横向分布的描述，以及各个洲滩表层河床组成的描述。

（4）2012 年 12 月至 2014 年 12 月在宜昌至陈家湾河段内 20 个典型水文观测断面上开展的河床表层床沙取样，主要为水下底沙粒径颗粒分析数据。

以上资料，其测量方式多样，时间跨度达 20 余年，非常难以整合。事实上，即使是 2008 年施测的枝江江口河段、2010 年 12 月实施的宜昌至陈二口河段河床组成勘测，也仅是依据一定的级配范围将河段内各个测点的沙样分为了粉细沙和卵石两大类，再据此给出了各测点上两种组分的垂向厚度，河床组成信息的定性成分相当大。有鉴于此，需要对原始的河床组成勘测资料进行处理和整合，从而使其能够用于数学模型的计算。该研究对这些资料的处理工作主要包括以下几个方面：

1）沙样级配的归类与划分。该河段内河床组成具有宽级配的特点，不同资料对沙样的分类具有不同标准，如早期资料按粒径范围分为表 7.2.1 中的 10 个类别；近期的中国建筑西南勘察设计研究院有限公司将沙样分为细沙和卵石 2 个类别；长江水文局则将河床组成归为细沙、沙夹卵石、卵石夹沙和卵石 4 个类别，其中的卵石夹沙河床主体粒径为 8～64mm，沙质河床主体粒径为 0.1～0.5mm。综合以上各家测量资料的归类方法，再结合河段内 2010 年后实测的河床组成级配特点，将床沙按照图 7.2.3 中的平均级配曲线归为 4 类，分别为细沙、沙夹卵石、下伏卵石夹沙、粗化后的出露卵石。其中，粗化后出露卵石，是指河床表层经历冲刷后形成的粗化层；下伏卵石夹沙是指埋藏于沙层或粗化卵石层以下，未将冲刷分选的细沙和卵石混合物，其组分以砾卵石为主；沙夹卵石是指未经粗化或粗化不彻底的细沙和卵石混合物，其组分以细沙、砾石和小卵石为主。

表 7.2.1   早期测量资料中河床上各种组分的粒径范围

类别	卵石	粗砾	中砾	细砾	极粗沙	粗沙	中沙	细沙	极细沙	泥土
粒径范围 /mm	60~200	20~60	6~20	2~6	1~2	0.5~1	0.25~0.5	0.1~0.25	0.05~0.1	0.005~0.05

2）各类型沙样平均级配的确定。根据对河段内不同位置沙样级配的综合分析，发现不同位置各类型的沙样级配具有一定近似性。例如，粗化后的出露卵石层主要分布于白洋弯道以上，以及关洲右汊、芦家河碛坝头部、枝江江口主槽等部位，其最小粒径一般在8mm以上。关洲左汊及洲体的细沙，与枝江江口河段支汊内细沙以及杨家垴以下河床上细沙粒径范围极为相似，其主体粒径均在 0.25~1mm 范围。宜昌至昌门溪多个钻孔数据显示，埋伏于河床表层以下的卵石与表层粗化层相比，其 10mm 以下砾石和细沙含量增加，其级配曲线变幅不大，可取其平均线作为下伏卵石夹沙级配。需要注意的是，在江口以上河段和江口以下河段，均存在细沙和卵石比重较大的沙夹卵石混合物，但江口以上的混合物具有一定的分选性，粗细颗粒之间缺乏过渡；而江口以下细沙卵石混合物粗化程度低，分选性差，级配曲线较为连续。综合分析之后，确定细沙、江口以下沙夹卵石、江口以上沙夹卵石、下伏卵石夹沙、出露卵石共 5 种沙样的平均级配曲线见图 7.2.3，其 d_{50} 分别为 0.29mm、0.61mm、0.35mm、20.00mm、49.60mm。

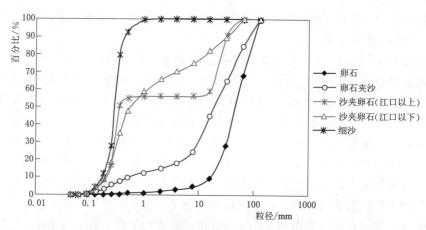

图 7.2.3 河段内各类床沙平均级配

3）早期测点数据的参考作用。该河段河床处于持续冲刷过程中，地形变化较大，早期资料中测量的探孔高程、沙层厚度等信息已不符合当前实际情况。因此，尽量以近期的河床组成勘测数据为主，但不应忽视的是，近期的很多位置仅仅观测了河床表层床沙组成，对于垂向的沙层厚度等信息，仍需参考早期数据。同时对历史资料进行系统整理，将探孔顶部、底部高程与当前地形高程进行比较，从而能够对沙层厚度进行估算。

4）定性信息的定量化。该河段内，陈二口以上和江口以下的测点分布较少，对河段的覆盖度不够完整。因此，在一些测点密度不够，或者早期测量资料与近期实际考察状况严重不相符合的位置，人工添加了必要的虚拟探孔。这些探孔是根据实地考察的照片、文字描述等定性信息，再结合图 7.2.3 中的粒径级配范围转化成定量数据。

　　经过以上处理过程，将各种信息资源进行了定量整合，在此基础上采用前文提出的曲线坐标系内 Kriging 插值方法对测点的各类沙层厚度进行插值。图 7.2.4 为河段内河床表层泥沙分布特征，图 7.2.5 为河段内细沙厚度分布特征。由图 7.2.4 可见，河段内大石坝以上全部为粗化卵石，关洲以上除了个别边滩部位之外其主泓也已粗化。芦家河和枝江江口分汊河道主槽粗化，仅余支汊和洲滩尾部少数部位仍有细沙或沙夹卵石。河段内细沙主要分布于两个区间：一是关洲河段内的洲体和左侧边滩；二是杨家垴以下。细沙层厚度在关洲河段表现为高滩部位较厚，在杨家垴以下河段表现为主泓部位较薄（图 7.2.5）。以上河床组成分布特征与近些年来本河段冲刷过程中所表现出的抗冲性分布特征，以及 2010—2014 年历次施测的河床表层床沙组成数据，是非常吻合的。

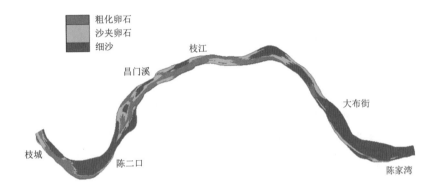

图 7.2.4　河段内河床表层泥沙分布特征

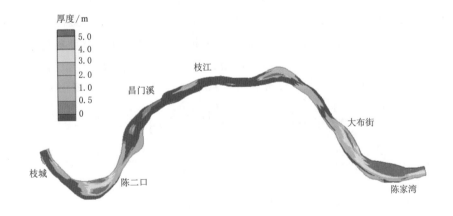

图 7.2.5　河段内细沙层厚度分布特征

7.2.2　清水冲刷条件下宽级配沙卵石河段水沙数值模拟计算模式

　　相比于一般的冲积平原河段，近坝沙卵石河段的泥沙输移具有特殊性，主要体现在悬沙处于严重次饱和状态，河床上存在 0.01mm 以下的细沙直至 100mm 以上的卵石。对于这种近似清水冲刷的宽级配沙卵石河段，需要在数学模型的一些关键环节作出特殊处理。该研究对已有各计算模型进行了筛选或改进。

1. 次饱和条件下的悬沙挟沙力级配计算

现有的悬移质泥沙数学模型中，通常采用美国 HEC6 模式或李义天等[23]提出的悬沙挟沙力级配计算模式，但这些计算模式中，挟沙力级配很大程度上与床沙级配具有类似性，比较适合于准平衡状态或微冲微淤状态。在水库下泄细颗粒但河床补给量较少的情况下，水流含沙量级配主要决定于上游来沙，在此情况下采用准平衡条件下的 HEC6 等常用模式，就会导致计算结果脱离水库下游的实际情况。经过比选，采用了窦国仁等[9]提出的计算模式：

$$P_n^* = \frac{\left(\dfrac{P_n}{\omega_n}\right)^\alpha}{\sum\limits_{n=1}^{N_0} \left(\dfrac{P_n}{\omega_n}\right)^\alpha} \tag{7.2.5}$$

式中：P_n 为某组粒径在悬沙总含沙量中所占的比值；P_n^* 为挟沙力级配；α 为小于 1 的待定正实数。

该种计算模式中，挟沙力级配主要决定于来沙级配，在河床补给量较少的情况下，能反映悬移质泥沙"多来多排"的特性。

2. 悬移质不平衡输沙方程的修正

悬移质挟沙力常采用张瑞瑾公式[24]

$$S_i^* = k\,\frac{(u^2+v^2)^{3/2}}{gh\omega_i} \tag{7.2.6}$$

在强烈冲刷情况下，按式（7.2.6）算出的挟沙力已远大于水体含沙量，此时水流能否冲起更多泥沙，将主要取决于河床组成条件。根据窦国仁提出的计算模式，当 $S_i^* > S_i$ 时，如果河床上没有此种粒径的泥沙，则河床不冲不淤；当河床中有此种粒径的泥沙时，水流冲起泥沙量的大小一方面与挟沙力的富裕程度（$S_i^* - S_i$）成正比，另一方面也与床沙中此种粒径泥沙含量多少有关。据此，可将悬移质不平衡输沙方程修正为

$$\frac{\partial hS_i}{\partial t} + \frac{1}{C_\xi C_\eta}\left[\frac{\partial}{\partial \xi}(C_\eta huS_i) + \frac{\partial}{\partial \eta}(C_\xi hvS_i)\right]$$
$$= \frac{1}{C_\xi C_\eta}\left[\frac{\partial}{\partial \xi}\left(\frac{\varepsilon_\xi}{\sigma_s}\frac{C_\eta}{C_\xi}\frac{\partial hS_i}{\partial \xi}\right) + \frac{\partial}{\partial \eta}\left(\frac{\varepsilon_\eta}{\sigma_s}\frac{C_\xi}{C_\eta}\frac{\partial hS_i}{\partial \eta}\right)\right] + \alpha_i\omega_i\beta_i(S_i^* - S_i) \tag{7.2.7}$$

其中

$$\beta_i = \begin{cases} 1 & (S_i \geqslant S_i^*) \\ P_{bi} & (S_i < S_i^*) \end{cases} \tag{7.2.8}$$

P_{bi} 为参加冲刷的床沙中第 i 组粒径泥沙占床沙总组成的比值。修正后，相应的河床变形方程转化为

$$\gamma_s\,\frac{\partial Z_i}{\partial t} = \alpha_i\omega_i\beta_i(S_i - S_i^*) \tag{7.2.9}$$

采用修正后的计算公式，当河床上缺少可冲沙量时，上游挟沙水流将穿行而过，当河

床上有细沙时，河床发生冲淤变化。

3. 推移质级配及推移质临界起动条件

推移质输沙率公式的计算结果一般为河床上可动粒径的总输沙率，在非均匀沙模型中，还要将其转化为分组沙，这需要补充推移质级配计算模式。对于推移质级配，由于河段内许多河段已经粗化非常严重，仅有部分卵石或粗沙可以起动，因而采用了将可动部分泥沙比例标准化作为推移质级配的方法。

对于泥沙起动条件判断，考虑了粗细沙之间的隐暴作用

$$U_{ci} = 8/7\sqrt{\frac{\gamma_s - \gamma}{\gamma} g d_i} \left(\frac{h}{d_m}\right)^{1/6} / \varepsilon_i^{1/2} \tag{7.2.10}$$

$$\varepsilon_i = (d_i/d_m)0.5\sigma_g^{0.25} \tag{7.2.11}$$

式中：U_{ci} 为第 i 组泥沙的起动流速，m/s；d_m 为床沙平均粒径，mm；ε_i 为第 i 组泥沙的隐暴系数；σ_g 为泥沙级配正态分布曲线的几何方差。

$$\sigma_g = (d_{74.1}/d_{15.9})^{1/2} \tag{7.2.12}$$

相应于式（7.2.10）的起动临界拖曳力表达形式为

$$\tau_{ci} = 0.032(\gamma_s - \gamma)d_i/\varepsilon_i \tag{7.2.13}$$

式（7.2.13）可用于推移质输沙率的计算。考虑了隐暴作用之后，当床面上剩余少量细沙时，细沙将因卵砾石等粗颗粒的隐蔽作用而难以起动，从而更符合河道内实际情况。

7.3　三维水沙数学模型关键技术

针对三峡水库下游河道的不平衡输沙特性，开展了三维泥沙计算模式研究。本章节基于传统的三维非恒定流非均匀沙输运的模型框架，构造了新的泥沙床面边界条件，并提出了新的泥沙分组计算、河床泥沙级配计算模式。在水沙数学模型参数取值方面充分利用了现有泥沙基本理论的成果和实践经验。得到的三维水沙数学模型结构简单，需率定的参数较少。率定验证表明，三维水沙数学模型的计算精度较高。

为说明三维模型的计算精度，开展了三维模型、平面二维模型的比较研究。三维模型、平面二维模型水位计算值的平均绝对误差（日均值绝对误差的年平均值）分别为 0.239m、0.243m，流量计算值的平均绝对误差分别为 2.63%、2.64%，十分接近。三维模型、平面二维模型输沙率计算值的平均绝对误差分别为 15.8%、22.1%，前者的计算精度较后者有较明显提升。

7.3.1　三维水沙数学模型的基本框架

三维非恒定流——非均匀沙模型的工程实用性瓶颈在于："算不动"（主要与数值方法、计算机运算能力有关）和"模型参数多、不易确定"（主要与泥沙基本理论、野外观测资料丰富程度有关）。以下首先介绍建立的新的三维水沙数学模型框架，然后提炼新模型所采用的解决上述瓶颈问题的关键技术。

7.3.1.1　控制方程与边界条件

对于天然浅水系统而言，水流的垂向运动尺度相对水平运动尺度并不显著，现有的大

多三维水动力模型都在雷诺时均 NS 方程中引入静压假定，以简化模型结构并减小计算量，例如 Delft3D[25]、Ecomsed[26]、UnTrim[27] 等。这类模型均可较好地模拟真实浅水系统的分层流动特征、平面和垂向的环流结构，一般情况下它们的模拟结果与考虑动水压力影响的水动力模型的计算结果差异并不大。

此外，水沙数学模型采用水平滩槽优化的非结构网格、垂向 σ 网格系统。水平网格能较好地贴合真实浅水系统的不规则边界并描绘复杂的河势条件，垂向 σ 网格可随自由水面变动与河床冲淤变形进行实时调整并完全贴合垂向水域边界。分别使用 (x^*, y^*, z^*, t^*)、(x, y, σ, t) 表示 z、σ 坐标系，水流连续性方程、基于静压假定的三维雷诺时均 NS 方程如下（水平扩散项展开形式见文献 [28]）

$$\frac{\partial \eta}{\partial t} + \frac{\partial uD}{\partial x} + \frac{\partial vD}{\partial y} + D\frac{\partial \omega}{\partial \sigma} = 0 \tag{7.3.1}$$

$$\frac{\partial u}{\partial t} + u\frac{\partial u}{\partial x} + v\frac{\partial u}{\partial y} + \omega\frac{\partial u}{\partial \sigma} = fv - g\frac{\partial \eta}{\partial x} - \frac{g}{\rho_0}\int_{z^*}^{H_R+\eta}\frac{\partial \rho}{\partial x^*}dz^*$$
$$+ \frac{1}{D}\frac{\partial}{\partial \sigma}\left(\frac{K_{mv}}{D}\frac{\partial u}{\partial \sigma}\right) + K_{mh}\left(\frac{\partial^2 u}{\partial x^{*2}} + \frac{\partial^2 u}{\partial y^{*2}}\right) \tag{7.3.2}$$

$$\frac{\partial v}{\partial t} + u\frac{\partial v}{\partial x} + v\frac{\partial v}{\partial y} + \omega\frac{\partial v}{\partial \sigma} = -fu - g\frac{\partial \eta}{\partial y} - \frac{g}{\rho_0}\int_{z^*}^{H_R+\eta}\frac{\partial \rho}{\partial y^*}dz^*$$
$$+ \frac{1}{D}\frac{\partial}{\partial \sigma}\left(\frac{K_{mv}}{D}\frac{\partial v}{\partial \sigma}\right) + K_{mh}\left(\frac{\partial^2 v}{\partial x^{*2}} + \frac{\partial^2 v}{\partial y^{*2}}\right) \tag{7.3.3}$$

$$\omega = \frac{d\sigma}{dt^*} = \frac{w}{D} - u\left(\frac{\sigma}{D}\frac{\partial D}{\partial x} + \frac{1}{D}\frac{\partial \eta}{\partial x}\right) - v\left(\frac{\sigma}{D}\frac{\partial D}{\partial y} + \frac{1}{D}\frac{\partial \eta}{\partial y}\right) - \left(\frac{\sigma}{D}\frac{\partial D}{\partial t} + \frac{1}{D}\frac{\partial \eta}{\partial t}\right) \tag{7.3.4}$$

式中：u、v、w 分别为水流在水平 x^*、y^* 方向和垂向 z^* 方向的流速分量，m/s；t 为时间，s；f 为科氏力系数，s^{-1}；g 为重力加速度，m/s^2；H_R 为参考面高度，m；η 为 H_R 以上水深（h 为 H_R 以下测深，$D = \eta + h$）；ρ_0、ρ 分别为参考密度和混合流体的平均密度，kg/m^3；K_{mh}、K_{mv} 分别为动量方程中的水平、垂向涡黏性系数，m^2/s；垂向 σ 变换可表示为 $\sigma = (z^* - \eta)/D$；ω 为 σ 坐标系下的垂向流速。

将水流连续性方程沿水深（从 $\sigma = -1$ 到 $\sigma = 0$）积分并应用自由水面运动边界条件，可得自由水面方程

$$\frac{\partial \eta}{\partial t} + \frac{\partial}{\partial x}\left[D\int_{-1}^{0}ud\sigma\right] + \frac{\partial}{\partial y}\left[D\int_{-1}^{0}vd\sigma\right] = 0 \tag{7.3.5}$$

式（7.3.1）～式（7.3.3）、式（7.3.5）构成三维水流模型的控制方程，模型控制变量为三向流速 u、v、w 和自由水面 η。这些控制方程在无结构网格局部坐标系下形式并不发生变化，仍可适用。方程中的流体密度默认为水的密度；当模拟的水流中存在物质输运时，可根据物质浓度-密度关系更新浑水密度 ρ 以封闭。

在河床与水流的接触表面，河床摩擦阻力和水流 Reynolds 应力的平衡[29]，边界条件可表示为

$$\rho_0\frac{K_{mv}}{D}\left(\frac{\partial u}{\partial \sigma}, \frac{\partial v}{\partial \sigma}\right)_b = \rho_0 C_D\sqrt{u_b^2 + v_b^2}\,(u_b, v_b) \tag{7.3.6}$$

式中：u_b、v_b 为近底层水流流速，m/s；C_D 为底部阻力系数，计算公式为

$$C_D = \left[\frac{1}{\kappa}\ln\left(\frac{\delta_b}{k_s}\right)\right]^{-2} \tag{7.3.7}$$

式中：κ 为卡门常数；δ_b 为底层计算控制体的高度的一半；k_s 为河床表面粗糙高度，使用实测资料率定。

采用分粒径组的方法来描述非均匀沙，泥沙被分为 N_s 组。对于每一分组泥沙颗粒，均采用考虑对流–扩散方程来描述它们在水流中的输移过程。第 k 组泥沙的输运方程为（水平扩散项展开形式见文献 [28]）

$$\frac{\partial S_k}{\partial t} + u\frac{\partial S_k}{\partial x} + v\frac{\partial S_k}{\partial y} + (\omega - \omega_{s,k})\frac{\partial S}{\partial \sigma}$$

$$= K_{Sh}\left(\frac{\partial^2 S_k}{\partial x^{*2}} + \frac{\partial^2 S_k}{\partial y^{*2}}\right) + \frac{1}{D}\frac{\partial}{\partial \sigma}\left(\frac{K_{Sv}}{D}\frac{\partial S_k}{\partial \sigma}\right) \tag{7.3.8}$$

式中：k 为泥沙分组编号，$k = 1, 2, \cdots, N_s$；S_k 为第 k 组泥沙浓度，$\mathrm{kg/m^3}$；$\omega_{s,k}$ 为 σ 坐标系下第 k 组泥沙的动水沉速；K_{Sv}、K_{Sh} 分别为垂向的、水平的泥沙扩散系数，$\mathrm{m^2/s}$。

在挟沙水流与河床的交界面，使用 D_b、E_b 分别表示从水流中沉降落淤的泥沙通量、从河床上侵蚀上扬的泥沙通量。进而，穿过交界面的净泥沙通量可表示为 $D_b - E_b$，泥沙床面边界条件可表示为

$$K_{Sv}\frac{1}{D}\frac{\partial S_k}{\partial \sigma} + \omega_{s,k}S_k = (D_b - E_b)_k \tag{7.3.9}$$

式中：ω_s 为 z 坐标系下泥沙的沉速。

泥沙床面边界条件直接决定着泥沙模型的计算精度，十分关键。较具有代表性的是 Wu 等[30] 提出的泥沙床面边界条件：①采用 van Rijn 的近底平衡泥沙浓度公式直接估算 E_b。②假定近底区域含沙量的垂线分布服从平衡输沙条件下泥沙浓度的垂线分布，将计算网格最底层控制体中心高度处的泥沙浓度换算到推移层表面，进而估算 D_b。③通过 D_b、E_b 直接计算泥沙床面边界条件。

Fang 等[31] 也使用了换算法得到近底泥沙浓度，其方法与 Wu 等[30] 的不同之处在于：①采用只能计算垂线平均挟沙力的张瑞瑾公式开展计算，进一步假定近底区域水流挟沙力（平衡浓度）的垂线分布服从平衡输沙条件下泥沙浓度的垂线分布，通过换算得到近底平衡浓度。②在 $D_b - E_b$ 中引入了恢复饱和系数，以反映不平衡输沙的影响。

由上述分析可知：目前三维水沙数学模型泥沙床面边界条件的构造一般都需要进行泥沙浓度（或输沙能力）的换算，即按照假定的泥沙浓度垂线分布，将垂向底层单元中心泥沙浓度或垂线平均的输沙能力进行换算得到它们的床面值；这个换算过程引入了新的假定，且假定的泥沙浓度垂线分布的参数的取值也常常带有经验性。相比之下，经典的基于沿水深积分控制方程的泥沙输运模型，在处理水流与河床进行泥沙交换时则较为简单，计算模式为：直接使用计算网格单元中心的泥沙浓度与垂线平均的输沙能力构造泥沙床面边界条件，将垂向泥沙浓度和输沙能力的换算（由垂线平均值换到床面值）以及不平衡输沙的影响，使用恢复饱和系数统一考虑，不需要任何其他假定和垂向换算。将上述需要换算的、不需要换算的泥沙床面边界条件的构造方式，分别称为经典微观构造模式和经典宏观构造模式。

将经典宏观构造模式应用于三维水沙数学模型最底层计算网格，并且使用了 van Rijn 公式代替张瑞瑾公式（可直接计算出近底平衡泥沙浓度，不需要进行垂向换算），构造了新的泥沙床面边界条件。对式（7.3.9）进行改造，新的三维水沙数学模型泥沙床面边界条件可写为

$$K_{Sv}\frac{1}{D}\frac{\partial S_k}{\partial \sigma}+\omega_{s,k}S_k=\alpha\omega_{s,k}(S_{1,k}-S_{a,k}) \tag{7.3.10}$$

式中：α 为恢复饱和系数；$S_{1,k}$ 为计算网格最底层控制体中心高度处的泥沙浓度（第 k 组）；$S_{a,k}$ 为近底泥沙平衡浓度（第 k 组），由 van Rijn 公式直接计算。

新边界条件的好处是：①不需任何换算，结构形式简单，消除了因换算导致的潜在的不稳定因素。②计算式中参数取值有成熟的经验可以借鉴。

与上述泥沙输移床面边界条件相对应，河床变形方程为

$$\left(\rho'\frac{\partial Z_b}{\partial t}\right)_k=\alpha\omega_{s,k}(S_{1,k}-S_{a,k}) \tag{7.3.11}$$

式中：Z_b 为床面高程；ρ' 为河床物质干密度；公式左侧为第 k 组泥沙引起的河床变形。

7.3.1.2　数值离散方法与模型框架

采用水平无结构网格、垂向 σ 坐标网格，平面上的多边形与垂向的 σ 层面将三维空间剖分为若干棱柱体单元。在垂向上，j、$j+1$、…表示单元中心，$j-1/2$、$j+1/2$、…表示单元层面，$k=1$，nv 分别为网格最底、顶层索引。由于这种空间剖分方式不会产生杂乱的四面体等结构，因此可以分开来考虑变量的水平和垂向布置。采用交错网格变量布置方式（见图 7.3.1）：在水平向上，将水平流速（u、v）和紊动变量（K、Ψ）定义在边中心，将垂向流速（w）、水位（η）、泥沙浓度（S）定义在单元中心；在垂向上，将垂向流速（w）和紊动变量（K、Ψ）定义在单元层面，将水平流速（u、v）、泥沙浓度（S）定义在单元中心。

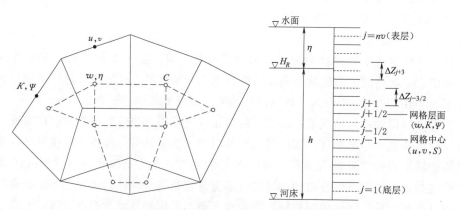

图 7.3.1　数学模型变量的空间布置方式

三维水流模型混合使用有限差分、有限体积法求解。动量方程的计算采用了有限差分法和算子分裂技术。采用 θ 半隐方法离散动量方程中的水位梯度项（此时自由水面梯度项被分为显式、隐式两个部分），以消除快速表面重力波对模型计算稳定性的限制。采用欧拉—拉格朗日方法（ELM）求解动量方程中的对流项，使模型计算的时间步长不受与网

格尺度有关的 *Courant* 数稳定条件的限制。水平、垂向扩散项分别采用全显、全隐格式离散。采用有限体积法离散连续性方程，以严格保证模型计算的水量守恒。

在每个时间步长（Δt），三维水流模型的求解步骤可归纳为：①读入开边界条件，利用紊流闭合模式计算紊动扩散系数 K_{mv}、K_{hv}。②针对动量方程，计算河床阻力项、自由水面梯度项的显式部分、对流项、水平扩散项，在此基础上沿水深垂线构造三对角线性方程组计算垂向扩散项，获得临时水平流速。③通过将临时水平流速带入自由水面方程求解流速-压力耦合问题，构建并求解关于水位的线性方程组获得新的水位。④将新的水位回代入水平动量方程，求出水平流速。⑤将水平流速带入连续性方程，求出垂向流速。上述 θ 半隐三维水流模型控制方程推导和离散的细节，可查阅文献 [32]。

三维泥沙输运模型混合使用有限差分、有限体积法求解。对流项采用通量式 ELM[33] 求解，水平、垂向扩散项分别采用全显、全隐格式离散。FFELM 工作流程为：①对控制体各表面中心进行多步点式 ELM 逆向追踪，获取各追踪点的泥沙浓度，与多步追踪相对应，计算的时间步长 Δt 被分割为许多小分步 $\Delta \tau$。②对于每个 $\Delta \tau$，由通过时间插值得到的界面流速和相应追踪点的泥沙浓度计算得到穿越单元界面的物质通量。③通过累加各 $\Delta \tau$ 的亚通量，得到 Δt 内穿越单元界面的总物质通量。④基于单元各界面物质通量，进行单元泥沙浓度更新。

7.3.1.3 紊流闭合模式

三维水动力模型控制方程中包含涡黏性系数 K_{mh}、K_{mv}，它们均为未知量，需要引入附加的方程或计算公式来确定。采用 GLS（Generic Length Scale）双方程紊流模型[29] 计算垂向紊动扩散系数 K_{mv}。通过定义通用紊动尺度变量 $\psi = (c_\mu^0)^p K^m l^n$（$l$ 为紊动长度），GLS 模型在形式上几乎统一了现有的大多数双方程紊流闭合模式。当 ψ 表达式中 m、n、p 取不同的 $K-\varepsilon$ 紊流闭合模式，即在 GLS 模型中令 $p=3$，$m=1.5$，$n=-1$，此时，通用紊动尺度变量 $\psi = \varepsilon$；床面对紊动动能 K_b 可由 $K_b = (u_*)^2 / (c_\mu^0)^2$，$c_\mu^0 = 0.5544$ 为常数，u_* 为摩阻流速；$\sigma_K = 1.0$，$\sigma_\psi = 1.3$，$c_{\psi 1} = 1.44$，$c_{\psi 2} = 1.92$，$c_{\psi 3} = 1.0$。$K_{mv} = \sqrt{2} s_m K^{1/2} l$，$K_v = \sqrt{2} s_h K^{1/2} l$，式中 s_m、s_h 即为稳定函数。通过泥沙输运 Schmit 数，可将 K_{mv} 换算为 K_{Sv}。

近年来，虽然已对自由水面水流运动紊流闭合模式开展了许多研究，并获得了不少认识，但该方向的研究仍是一个开放性的研究课题。现有的紊流闭合模式的假定的合理性有待检验，模式中参数系数的取值经验性也较强。例如，在某些水槽、河流条件下率定的紊流闭合模式参数，常常并不适用于其他地区及其他类型的河流。因此，该模型将壁函数 F_w 保留作为一个待率定参数。采用的 Samagorinsky 方法计算水平紊动扩散系数 K_{mh}[29]。

7.3.1.4 非均匀沙的分组计算模式

采用分组法开展非均匀沙输移计算时，将每个粒径组的泥沙（$k=1, 2, \cdots, N_s$）当作不同的物质对待。各分组泥沙的输运方程、河床变形方程均采用式（7.3.8）～式（7.3.11）。非均匀沙分组计算的关键是确定挟沙力级配、各粒径组泥沙的水流挟沙力、床沙级配调整模式。模型以 van Rijn 公式、韦直林混合层模式为基础，提出新的三维非均匀沙计算模式。

近底平衡浓度的确定。韦直林混合层模式认为水体中泥沙有两个来源：一部分是由上游随水流而来；另一部分是由于水流紊动作用从床面上升到水中。水流挟沙力（在三维水沙模型中表现为近底平衡浓度）作为输沙平衡时的含沙量，其对应的级配应与这两个泥沙来源的级配均有关。借鉴韦直林混合层模式的思想，计算分组近底平衡浓度，计算步骤如下：

（1）建立分组泥沙近底平衡浓度的估算公式，并进行试算。目前使用较广的水流挟沙力公式大多是针对均匀沙开展理论和试验研究得到的，并不能直接用于非均匀沙计算，该模型所采用的 van Rijn 公式也不例外。van Rijn 公式包含三个与粒径有关的参数，分别为床沙代表粒径（d_{50}）、床面水流剪切应力与沙粒临界起动剪切应力的比例参数（T）、无量纲粒径（D_*）。van Rijn 指出其公式使用两个无量纲数（T、D_*）来描述近底泥沙平衡浓度，公式中的 d_{50} 与系数的乘积的物理含义是河床表面泥沙输移层厚度。因而，将该公式用于分组近底平衡浓度计算时，关键在于确定各分组泥沙的比例参数和无量纲粒径。根据以上分析，重构 van Rijn 公式并建立了如下分组泥沙近底平衡浓度估算公式

$$\widetilde{S}_{a,k} = 0.015 \frac{D_a T_k^{1.5}}{a D_{*,k}^{0.3}} \tag{7.3.12}$$

式中：a 为参考高度；$D_{*,k} = [(s-1)g/v^2]^{1/3} D_k$ 为第 k 组泥沙的无量纲粒径，其中 s 为泥沙相对密度，v 为 20 ℃ 时水体运动黏度（m^2/s）；D_a 为表层床沙平均粒径；$T_k = (u'_*)^2/(u_{*c,k})^2 - 1$ 为第 k 组泥沙无量纲相对水流强度参数，其中 u'_* 为沙粒阻力对应的摩阻流速，$u_{*c,k}$ 为第 k 组泥沙的临界起动摩阻流速。一般可将 u'_* 表示为床面总摩阻流速 u_* 的比例，即 $u'_* = \mu u_*$，其中 $\mu = C/C'$ 为比例系数，C 和 C' 分别为沙粒阻力、河床总阻力对应的谢才系数，$C' = 18\lg(12h/3d_{90})$、$C = 18\lg(12h/k_s)$，式中 h 为水深。

（2）采用加权法计算近底挟沙力级配。一方面，先假定来流为清水，使用式（7.3.12）计算第 k 组泥沙的近底平衡浓度 $\widetilde{S}_{a,k}$，并乘上河床表层床沙中第 k 组沙的比例得到近底挟沙力级配的"贡献 1"；另一方面，将上游第 k 组来沙的含沙量，作为近底挟沙力级配的"贡献 2"。近底平衡浓度级配（P_k）如下

$$P_k = (P_{uk}\widetilde{S}_{a,k} + S_{1,k}) \Big/ \sum_{k=1}^{N_s} (P_{uk}\widetilde{S}_{a,k} + S_{1,k}) \tag{7.3.13}$$

式中：P_{uk} 为河床表层第 k 组泥沙的质量百分比；$S_{1,k}$ 为在最底层网格控制体中心第 k 组泥沙的浓度。

（3）使用近底平衡浓度级配计算泥沙输移的平均粒径（$\overline{D}$）及其无量纲粒径（$\overline{D_*}$）。

$$\overline{D} = \sum_{k=1}^{N_s} P_k D_k, \overline{D_*} = [(s-1)g/v^2]^{1/3} \overline{D} \tag{7.3.14}$$

（4）使用平均粒径及其衍生物计算非均匀沙的综合近底平衡浓度（S_a）。

$$S_a = 0.015 \frac{\overline{D} \, \overline{T}^{1.5}}{a \overline{D_*}^{0.3}} \tag{7.3.15}$$

（5）按照近底平衡浓度级配，将非均匀沙综合近底平衡浓度进行分配得分组近底平衡浓度（$S_{a,k}$）。

$$S_{a,k} = P_k S_a \tag{7.3.16}$$

7.3.1.5 床沙级配调整模式

在分组近底平衡浓度的计算中，需知道河床表层床沙级配和水体中的来沙级配，它们准确与否直接影响到模型的计算精度。此外，挟沙水流在通过冲淤变形塑造河床形态的同时也引发床沙级配调整。参照韦直林床沙级配调整模式，亦将河床淤积物分成表、中、底三层。表层为泥沙的交换层，中层为过渡层，底层为泥沙冲刷极限层，各层的厚度和平均级配分别记为 h_u、h_m、h_b 和 P_{uk}、P_{mk}、P_{bk}（k 表示第 k 分组）。在此基础上，通过分析三维非恒定水沙数学模型的特点，提出新的床沙级配调整模式。

在一个计算时段步长（Δt）的初始时刻，表层级配为 P_{uk}^0，该时段内的冲淤厚度和第 k 组泥沙的冲淤厚度分量分别为 ΔZ_b 和 ΔZ_{bk}。逐个开展每组泥沙的床沙级配调整计算。

（1）对于第 k 组泥沙，时段末表层底面以上部分的级配变为

$$\begin{cases} P'_{ul} = (h_u P_{ul}^0 + \Delta Z_{bl})/(h_u + \Delta Z_{bl}) & (l=k, l=1,2,\cdots,N_s) \\ P'_{ul} = h_u P_{ul}^0/(h_u + \Delta Z_{bl}) & (l \neq k, l=1,2,\cdots,N_s) \end{cases} \tag{7.3.17}$$

（2）规定在每一计算时间步长（Δt）内，各层间的界面都固定不变，泥沙交换限制在表层内进行，中层和底层暂时不受影响。在该时段末，根据床面的冲刷或淤积往下或往上移动表层和中层，保持这两层的厚度不变，而令底层厚度随冲淤厚度的大小而变化。在式（7.3.17）的基础上重新定义各层的位置和级配组成，各层的级配组成根据分组的淤积或冲刷两种情况分别按如下方法计算。

1）对于分组淤积情况（$\Delta Z_{bk} > 0$）。表、中层级配分别调整为 $P_{uk} = P'_{uk}$、$P_{mk} = [\Delta Z_{bk} P'_{uk} + (h_m - \Delta Z_{bk}) P_{mk}^0]/h_m$；新底层厚度调整为 $h_b = h_b^0 + \Delta Z_{bk}$，底层级配变为 $P_{bk} = (\Delta Z_{bk} P_{mk}^0 + h_b^0 P_{bk}^0)/h_b$，式中上标"0"表示变量修改前的值。

2）对于分组冲刷情况（$\Delta Z_{bk} < 0$）。表、中层级配分别调整为 $P_{uk} = [(h_u + \Delta Z_{bk}) P'_{uk} - \Delta Z_{bk} P_{mk}^0]/h_u$、$P_{mk} = [(h_m + \Delta Z_{bk}) P_{mk}^0 - \Delta Z_{bk} P_{bk}^0]/h_m$；新底层厚度调整为 $h_b = h_b^0 + \Delta Z_{bk}$，底层级配变为 $P_{bk} = P_{bk}^0$，式中上标"0"表示变量修改前的值。

（3）循环执行上述步骤（1）、（2），直到完成所有分组（$k=1, 2, \cdots, N_s$）的更新。韦直林床沙级配调整模式与本章新模式的比较。其一，前者是建立在规定时段内（时段一般较长）总冲淤厚度 ΔZ_b 基础之上的，可能存在整体冲淤状态、分组冲淤状态不一致的问题。例如，对于整体淤积情况（$\Delta Z_b > 0$），即使有分组 $\Delta Z_b < 0$，那么这些实际上处于冲刷状态的分组也需要按照淤积模式来调整河床级配，从物理机制上讲这并不合适。新模式建立在计算时间步长内分组冲淤厚度 ΔZ_{bk} 基础之上的，逐个开展每组泥沙冲淤的判断，判断一次，将床沙级配调整一次，不会出现韦直林模式中的"不一致"问题。其二，本章三维水沙数学模型的计算时间步长（Δt）一般为 $1\sim 2\min$，h_u、h_m 一般均大于等于 1m，所以一般不会冲淤幅度大于表、中层厚度的情形。在床沙级配调整计算中，相对于韦直林模式，新模式不再需要复杂烦琐的判断（例如无须判断 ΔZ_{bk} 与 h_m 的大小关系），计算大为简化。

7.3.1.6 滩槽优化的非结构网格

平原天然河流特征如下：河道常常具有典型的滩槽复式断面特征；河流多为弯曲河型，且常有支流分出或汇入水流，在弯道、交汇口附近水沙运动的三维特性十分显著；心滩、沙洲众多，且水域的固体边界极不规则。因此，采用滩槽优化的四边形非结构网格剖

分计算区域。

7.3.2　模型特性的讨论

7.3.2.1　数学模型的参数与易用性

许多三维水沙数学模型，常常由于需要确定的参数过多，而难以适用于实用工程研究。本章节基于传统的三维水动力学模型框架，构造了新的泥沙床面边界条件并提出了新的泥沙计算模式，在模型参数取值方面充分利用了现有的泥沙基本理论的经典成果和实践经验。得到的三维水沙数学模型结构较为简单，需率定的参数也较少。下面以泥沙模型为重点，剖析三维数学模型参数的构成和取值。

1. 各种床面剪切应力

计算床面剪切应力 $\tau = \rho u_*^2$（式中 ρ 为水体密度），关键是确定床面摩阻流速。对于三维水沙数学模型而言，需要同时确定床面总摩阻流速 u_*，沙粒摩阻流速 u'_* 和各组泥沙颗粒的临界起动摩阻流速 $u_{*c,k}$。第一种摩阻流速用于水流计算，后两种用于泥沙输移的计算。

关于 u_*，Wu 等[30]、VAN RIJN L C[34-35] 分别采用下面两式进行计算：

$$u_* = \kappa u_b / \ln(Ez^+) \tag{7.3.18}$$

$$u_* = \kappa u_b / \ln\left(\frac{0.05h}{z_0}\right) \tag{7.3.19}$$

式中：z_0 为 0 流速点的高度；h 为水深；u_b 为水深 $0.05h$ 处的流速；E 粗糙参数；z^+ 为到床面的距离参数。

在式（7.3.18）中，E 和 z^+ 的计算式都包含有待求的 u_* 且较复杂，需要迭代才能求解 u_*。在式（7.3.19）中，VAN RIJN L C 建议 $z_0 \approx 0.03k_s$。根据三维水动力学模型的结构，如果垂向计算网格最底层厚度设置为 $0.1h$，那么 u_b 可直接使用 u_1；k_s 由率定试验确定，所以 z_0 可以直接算出。因此，当使用 VAN RIJN L C 方法[34-35]计算 u_* 时，不需要引入其他任何额外的假设、经验参数或者迭代。

关于 u'_*，本章使用 $u'_* = \mu u_*$，其中 $\mu = C/C'$ 为摩阻流速比例系数，C 和 C' 分别为沙粒阻力、河床总阻力所对应的谢才系数。VAN RIJN L C 建议 $C' = 18\lg(12h/3d_{90})$、$C = 18\lg(12h/k_s)$。对于实例中的下荆江河段，经率定 $k_s = 0.002\text{m}$，据河床实地勘测 $d_{90} = 0.00025 \sim 0.0005\text{m}$，平滩流量水位条件下河槽平均水深约 15m。根据公式估算可得 $\mu = C/C' = 0.92 \sim 0.97$。根据泥沙模型率定计算，当计算区域出口含沙量过程的计算值与实测值符合较好时，$\mu = 0.93$，率定值与公式估算值十分接近。然而，天然河道床面形态常常具有多变、特征难以定量确定的特点。因而，将 μ 保留为一个待率定的参数，与此同时，将使用公式估算的 μ 值作为泥沙模型率定计算的初始值。

关于 $u_{*c,k}$，参照 Ecomsed 中基于 Shields 曲线的计算方法[26]，分别计算各组泥沙的 $u_{*c,k}$。

2. 近底平衡浓度

在各种床面摩阻流速确定后，计算近底平衡浓度 $\tilde{S}_{a,k}$ 还需要确定表层床沙平均粒径 D_a、参考高度 a。根据各分组泥沙的代表粒径及其在表层床沙中所占的比例进行加权平均，直接计算 D_a。

a 的物理含义是推移层的厚度，$\widetilde{S}_{a,k}$ 对应河床以上 a 高度处的泥沙平衡浓度。a 的取值是重要的同时也是复杂的，它与床沙级配组成、床面形态均有着密切的关系，目前还没有统一的确定方法。Wu 等[30]在三维水沙模型中使用了与 Celik and Rodi 类似的方法：对于平坦河床，$a = 2d_{90}$；当河床上存在沙波、沙垄等床面形态时，$a = 2/3\Delta$（Δ 为床面形态单元的高度）。van Rijn 认为 a 与 k_s 在一个量级，可取 $3d_{90}$。在测试数学模型时，发现 a 取值范围在 $(0.01 \sim 0.05)h$，并且在其数学模型中使用了 $a = 0.05h$。回顾张瑞瑾河流泥沙动力学可以发现：在国内外悬移质泥沙研究中，许多基本理论和公式的导出都选择了使用 $a = 0.05h$ 的这一常规性假定。因此，本三维水沙数学模型沿用 $a = 0.05h$。

3. 泥沙床面边界条件

新构造的泥沙床面边界条件需要计算 $\alpha w_{s,k} (S_{1,k} - S_{a,k})$。$S_{1,k}$ 为计算网格最底层控制体中心高度处第 k 组泥沙的浓度，可直接使用对流、水平扩散性计算完之后的浓度更新值（$\widetilde{S}_{1,k}$）；在计算出每组泥沙的 $\widetilde{S}_{a,k}$ 之后，可以依次使用式（7.3.12）～式（7.3.16）得到各组泥沙的分组近底平衡浓度 $S_{a,k}$。关于恢复饱和系数 α 的取值，由于泥沙床面边界条件是在经典的宏观构造模式基础之上构建的，所以 α 的取值也借鉴经典的经典宏观构造模式。按照韩其为的做法，在冲刷时，$\alpha = 1.0$；在淤积时，$\alpha = 0.25$。

由上述分析可知：当大部分的参系数根据泥沙经典理论进行取值之后，新的三维水沙数学模型只剩下表面粗糙高度 k_s、紊流模式壁函数 F_w、沙粒阻力比例系数 μ 三个待定的模型参数。k_s、F_w、μ 分别代表了计算区域河床阻力、紊流特性、输沙能力的特性。在天然河流实例的率定和验证计算中，新模型在模拟天然河流水沙输移时取得了较高的精度。研究结果表明：新的泥沙床面边界条件的构造和计算方法均是可行的，模型参数的取值也是合理的。由于新模型需要率定的参数较少，其模型框架是易于推广和使用的。

7.3.2.2 van Rijn 公式的移植

van Rijn 指出其悬移质泥沙公式适用于计算粒径范围为 $0.1 \sim 0.5 \text{mm}$ 的泥沙颗粒的输移能力（近底泥沙平衡浓度）。对于粒径过小的泥沙颗粒（主要为冲泻质）需要修正泥沙起动剪切应力的计算公式；对于粒径过大的泥沙颗粒（主要为推移质）需要采用推移质近底平衡浓度计算公式计算。

参 考 文 献

[1] EINSTEIN H A. The Bed—Load Function for Sediment Transportation in Open Channel Flows [J]. Technical Bulletin，U. S. Department of Agriculture，Soil Conservation Service，1950：70.

[2] LAURSEN E M. The Total Sediment Load of streams [J]. Journal of Hydraulic Division. ASCE，1958，84（HY1）：1-36.

[3] PATEL P L，RANGA RAIJU R G. Fraction wise Calculation of Bed Load Transport [J]. Journal of Hydraulic Research，IHAR，1996，34（3）：363-379.

[4] WILCOCK P R，MILLI H，CRABBE A D. Sediment Transport Theories：A Review，Proc. Instn. Civ. Engrs.，Part2，1975，59：265-292.

[5] U. S. Corps of Engineers. HEC-6 Scour and Deposition in Rivers and Reservoirs [M]. Use's Manu-

al. Hydrologic Engineering Center，Davis，CA，1977.

［6］　MOLINAS R L，YANG C T. Computer Program User's Manual for GATRAS (Generalized Stream Tube Model for Alluvial River Simulation) ［M］. U. S. Department of Interior，Bureau of Reclamation，Engineering and Research Center，Denver，Colorado，1986.

［7］　RAHUEL J L，HOLLY F M，CHOLLET J P，et al. Modeling of Riverbed Evolution for Bed load Sediment Mixtures ［J］. Journal of Hydraulic Engineering，ASCE，1989，115 (11)：1521 - 1542.

［8］　韩其为. 悬移质不平衡输沙的初步研究 ［C］. 河流泥沙国际学术讨论会会议论文集，北京：光华出版社，1980.

［9］　窦国仁，赵士清，黄亦芬. 河道二维泥沙模型研究 ［J］. 水利水运科学研究，1987 (2)：1 - 12.

［10］　韩其为，何明民. 论非均匀悬移质二维不平衡输沙方程及其边界条件 ［J］. 水利学报，1997 (1)：1 - 10.

［11］　刘兴年，曹叔尤，黄尔，等. 粗细化过程中的非均匀沙起动流速 ［J］. 泥沙研究，2000 (4)：10 - 13.

［12］　胡海明，李义天. 非均匀沙的运动机理及输沙率计算方法的研究 ［J］. 水动力学研究与进展，1996 (3)：284 - 292.

［13］　陈媛儿，谢鉴衡. 非均匀沙起动规律初探 ［J］. 武汉水利电力学院学报，1988 (3)：28 - 37.

［14］　李荣，李义天，王迎春. 非均匀沙起动规律研究 ［J］. 泥沙研究，1999 (1)：27 - 32.

［15］　冷奎，王明甫. 无粘性非均匀沙起动规律探讨 ［J］. 水力发电学报，1994 (2)：57 - 65.

［16］　杨国录. 河流数学模型 ［M］. 北京：海洋出版社，1992.

［17］　陆永军，徐成伟，左利钦，等. 长江中游卵石夹沙河段二维水沙数学模型 ［J］. 水力发电学报，2008，27 (4)：36 - 47.

［18］　ZHOU C，WANG H，SHAO X，et al. Numerical Model for Sediment Transport and Bed Degradation in the Yangtze River Channel Downstream of Three Gorges Reservoir ［J］. Journal of Hydraulic Engineering，2009，135 (9)：729 - 740.

［19］　陈立，周银军，闫霞，等. 三峡下游不同类分汊河段冲刷调整特点分析 ［J］. 水力发电学报，2011，30 (3)：109 - 116.

［20］　孙英君，王劲峰，柏延臣. 地统计学方法进展研究 ［J］. 地球科学进展，2004，19 (2)：268 - 274.

［21］　ALARY C，RENARD H D. Factorial Kriging analysis as a tool for explaining the complex spatial distribution of metals in sedi - ments ［J］. Environmental Science & Technology，2010，44 (2)：593 - 599.

［22］　孙昭华，曹绮欣，韩剑桥，等. 二维贴体坐标系下的非均质河床组成空间插值 ［J］. 泥沙研究，2015，10 (5)：69 - 74.

［23］　李义天，谢鉴衡. 冲积平原河道平面流动的数值模拟 ［J］. 水利学报，1986，11：9 - 15.

［24］　张瑞瑾. 论重力理论兼论悬移质运动过程 ［J］. 水利学报，1963，(3).

［25］　WL | Delft Hydraulics. Delft3D - FLOW User Manual (version 3. 13) ［M］. The Netherlands，2006.

［26］　BLUMBERG A F. A primer for ECOMSED，version 1. 3 Users Manual ［M］. New Jersey：HydroQual，Inc.，Mahwah，2002.

［27］　CASULLI V，WALTERS R A. An unstructured grid，three - dimensional model based on the shallow water equations ［J］. International Journal of Numerical Methods in Fluids，2000，32 (3)：331 - 348.

［28］　胡德超. 三维水沙运动及河床变形数学模型研究 ［D］. 北京：清华大学，2009.

［29］　ZHANG Y L，BAPTISTA A M，MYERS E P. A cross - scale model for 3D baroclinic circulation in estuary - plume - shelf systems ［J］. I. Formulation and skill assessment. Continental Shelf Research，2004，24 (18)：2187 - 2214.

［30］　WU W M，RODI W，WENKA T. 3D numerical model for suspended sediment transport in channels [J]. Journal of Hydraulic Engineering, ASCE, 2000, 126 (1): 4 -15.

[31] FANG H W, WANG G Q. Three - dimensional mathematical model of suspended sediment transport [J]. Journal of Hydraulic Engineering, ASCE, 2000, 126 (8): 578 -592.

[32] HU D C, WANG G Q, ZHANG H W, et al. A semi - implicit three - dimensional numerical model for non - hydrostatic pressure free - surface flows on an unstructured, sigma grid [J]. International Journal of Sediment Research, 2013, 28 (1): 77 - 89.

[33] HU D C, YAO S M, WANG G Q, et al. Three - Dimensional Simulation of Scalar Transport in Large Shallow Water Systems Using Flux - Form Eulerian - Lagrangian Method [J]. Journal of Hydraulic Engineering, 2021, 147 (2): 04020092.

[34] VAN RIJN L C. Sediment Transport, Part I: Bed Load Transport [J]. Journal of Hydraulic Engineering, 1984, 110 (10): 1431 - 1458.

[35] VAN RIJN L C. Sediment transport, Part II: Suspended load transport [J]. Journal of Hydraulic Engineering, 1984, 110 (11): 1613 - 1641.

第 8 章

基于不同类型模型的再造床过程预测研究

8.1 水库下游河床再造过程的综合预测方法

对比分析数学模型、驱动模型及实体模型的预测成果，研究它们的预测性能及适用条件，提出水库下游的河床再造过程的综合预测方法。

8.1.1 水沙数学模型预测方法特点及适用性分析

水沙数学模型是模拟河流水流和泥沙运动及河床演变过程的重要手段之一。水沙数学模型是将根据水流、泥沙运动规律建立的基本数学方程式，用数值方法进行求解，获得水流结构和河床冲淤变化的近似解的数学模型。数学模型是随着计算机技术和算法的发展而逐步发展的，从最初的一维模型发展到现在复杂的三维模型，许多商业软件也应运而生，在广大科研单位及生产部门得到应用。数学模型具有很多优势：可以模拟长河段、大范围、长时段的水沙运动和冲淤演变；边界条件和计算条件可以随时改变，计算速度快、成本低，软件的通用性强；不存在缩尺效应问题。但数学模型也存在不足，主要表现为建立模型时需要做一些假定和概化处理、模型计算结果的可靠性取决于对水沙运动规律的认识及其数学表达、多个水沙参数需要利用原型实测资料来率定等。

数学模型可分为一维模型、二维模型和三维模型。目前以一维模型使用较为广泛，二维模型比较成熟，三维模型则较少应用。不同的模型有一定的适用性。

一维水沙数学模型只能给出河流的平均冲淤情况，计算断面平均的水力、泥沙因素及平均冲淤厚度沿流程变化，侧重于研究河流的纵向变形。一维模型一般用来研究来水、来沙条件和侵蚀基面发生重大变化引起的河床变形及修建大型水利枢纽引起的上下游河床的冲淤变化。

平面二维水沙数学模型通过求解平面二维的水流、泥沙方程来获得河床冲淤变化在平面上的分布情况，可反映天然河道的平面形态，获得水沙因子及河床冲淤的平面分布，适用于较大尺度复杂水域的模拟。

三维水沙数学模型能直接模拟出水沙因子在三维空间中的运动细节和立体分布，在河势复杂的弯道段、水流三维性较强的局部区域，更易得到合理的计算结果，但目前还处于发展阶段，计算工作量很大。

考虑到不同模型自身的适应性，在实际研究过程中，可根据具体要求和条件，采用不同的数学模型来开展研究。

8.1.2　基于变步长滞后响应模型预测方法特点及适用性分析

从变步长滞后响应模型结构型式来看，模型基于水沙序列小波信号周期，将水沙序列进行分段，然后计算每个时段末的河道断面形态。因每个时段包含的年数可能不一致，模型计算时步长可能不等，因此模型并不确保给出某一确定年份的河道断面形态大小（除非这一年正好处于时段末）；同时模型仅给出每个时段末的河道断面形态，因此模型计算值与逐年实测值相比较时，仅能从总体趋势上进行符合性分析。

从模型选用的驱动因子来看，模型选择汛期平均流量和汛期平均含沙量作为主要驱动因子，因此模型计算结果对于流量和含沙量的变化十分敏感，尤其是做预测计算时所选用水沙条件含沙量有较大变化，导致部分测站（率定所得到的含沙量指数较大时）预测结果出现了较显著的波动，如枝城水文站、监利水文站、大通水文站等。实际上，从前面驱动因子分析结果来看，床沙中值粒径与滞后响应时间尺度同样有较好的相关性，而中值粒径正好体现了河道边界条件的影响，今后研究中若能将中值粒径纳入模型输入参数，可能对于改善上述欠合理预测结果有一定积极作用。

如果进行模型预测计算，因没有实测大断面成果，模型下一阶段计算的初始值只能采用上一时段阶段的结果，因此随着模型迭代次数增加，模型计算误差存在累积现象，在一定条件下会导致模型计算误差偏大。故利用该模型预测未来河道断面形态变化时，预测时间不宜过长，初步分析预测时段不宜超过 2 个时段，每个时段长度需根据水沙系列小波分析突变周期而定，一般 3～5 年。

总体来看，该方法根据实测资料及预测水沙条件即可直接计算，无须数学建模或开展实体模型试验，计算工作量小，时间周期短，可以快速判断河段断面形态的总体变化发展趋势。但无法给出具体每个时间点的断面大小，也无法给出具体断面几何形态。

8.1.3　实体模型预测方法特点及适用性分析

实体模型试验是人们基于相似的概念和理论，利用远小于原型尺寸的模型，对某些自然现象进行实体模拟，并据此定性或定量揭示自然现象的内在规律，借以满足工程设计和理论研究之需要的一种科学方法。实体模型试验从 1870 年弗劳德船舶模型试验开始至今有 150 多年的历史。河流泥沙实体模型是根据水流和泥沙运动的力学规律和相似原理，通过复制与原型相似的边界条件和动力学条件，建立起来的远小于原型尺寸的模型，进行试验以研究河流在自然情况或在建筑物作用下的水流结构及河床变形，为工程设计、施工和调度运行提供科学技术依据，是模拟河流水流和泥沙运动及河床演变过程的重要手段之一。

在对天然河流进行模拟时，若几何边界条件和起始条件等均能与原型相似而做成正态模型是最理想的，但在必须满足一些基本要求的条件下，就必须要建造很大的模型。大多数情况下，建造可以满足要求的正态模型是不经济、不现实的，甚至是不可能的。若模型垂直比尺过小，使模型的水深过小，就有可能导致模型水流的流速太小，模型水流的雷诺数太小，不能保证模型水流的充分紊动，不能保证模型流态、阻力等与原型相似，模型沙选择较为困难，模型测量进度也难以提高。因此在河工模型试验中，由于种种条件的限制，不得不在某种程度上降低几何相似的要求，将模型做成变态。

　　但从理论上讲，变态模型并不能完全满足相似理论的要求，特别在水流三度性强的河段，例如弯道、汊道、窄深河段和局部拓宽或缩窄的河段，不论在流场或泥沙运动方面均可能产生不同程度的误差，有些问题甚至被认为是难以调和的。首先，在重力和阻力相似条件下，模型水流可以在纵向和横向与原型相似，但边界条件复杂时，在模型中想同时满足重力和阻力相似条件有一定难度。特别是大变率模型，糙率比尺变化更大，要想使水流纵横运动的相似性不受影响就更困难了。其次，河道模型变态后，糙率加大，模型河床阻力增大，水流垂向流速分布相似性较差，因此使得变态模型不适宜研究流速分布问题，而只可做到水流平均特征的相似，在定床模型中，按照目前常用的加糙方法，糙率差异太大会使得加糙部位局部水流结构受到较大影响，并且在推移质动床模型中，加糙几乎是不可能的。第三，河道复杂的地形使得大变率模型水流垂向离心力与原型不相似，可能会增加紊动源，进而影响泥沙的悬浮相似。

　　因此，当主要研究三维性强的问题，如建筑物附近的水流泥沙问题时，应采用正态模型。其他情况可以采用变态模型，但几何变率尽可能小一些。

　　实体模型具有物理概念清晰、直观形象、能获得水沙参数三维的值和分布等优势，应用广泛，已积累了大量的经验。但实体模型也存在一些弱点，主要包括存在缩尺效应，模拟的河段长度不能太长，试验的周期较长、工作量较大，模型占地大、费用高等。

　　综上可见，各种方法各具优势，也存在弱点。因此，在开展水库下游河床再造床过程预测研究时，需针对研究的范围、研究的问题、研究的阶段等要求选择某一种预测方法，或几种方法联合进行研究。

8.2　基于变步长滞后响应模型的预测研究

8.2.1　水沙条件选取及预测方法

　　利用 8.1 节所建立的变步长滞后响应模型[1-2]以及各测站率定的参数取值，在已知或假设水沙条件的基础上，即可预测计算各水文断面枯水河槽断面面积。考虑三峡水库2008 年开始 175m 试验性蓄水，水库下游水沙条件调整变化进入新的阶段，因此采用2008—2017 年共 10 年的水沙资料，预测计算各水文断面未来 10 年（2018—2027 年）枯水河槽断面面积变化情况；同时因收集的测站实测大断面成果资料年限不一致，故截止年份至 2017 年枯水河槽断面面积采用实际发生的水沙条件，利用变步长滞后响应模型进行计算得到。需要说明的是，计算均根据 6.3 节水沙条件小波系数主要周期特性对水沙序列进行分段，计算每个时段末的枯水河槽断面面积，而非每年枯水河槽断面面积；用于预测的 10 年水沙条件分段方法直接引用 2008—2017 年分段结果。

8.2.2　基于变步长滞后响应模型的预测成果

　　枝城站实际发生水沙条件已更新至 2017 年，实测大断面成果更新至 2014 年，故利用2015—2017 年实测水沙资料计算枝城水文站 2015—2017 年枯水河槽断面面积，利用2008—2017 年实测水沙资料预测未来 10 年内（2018—2027 年）枝城水文站枯水河槽断面面积。利用变步长滞后响应模型计算得到枝城水文站 2015—2017 年以及未来 10 年（2018—2027 年）枯水河槽断面面积，见图 8.2.1。

同理，对其他各水文断面进行预测计算，结果见图 8.2.2～图 8.2.6。预测结果表明，在低含沙水流的持续作用下，未来长江中下游主要水文断面枯水河槽断面面积继续呈现总体增加趋势。部分水文断面预测结果波动幅度较大，如监利水文断面枯水断面面积在持续增加后突然减小，之后持续增加，大通水文站的变化规律也与此类似，分析其主要原因与两个水文断面特殊的地理位置有关。监利水文断面同时受荆江三口分流和江湖水位顶托影响，而大通水文断面以下为感潮河段，本书变步长滞后响应模型建立过程中尚未考虑这些复杂因素。上述两个水文断面总体增大的变化趋势与其他水文断面基本保持一致，也说明来流量和含沙量仍然是影响枯水河槽断面面积的主要驱动因子。

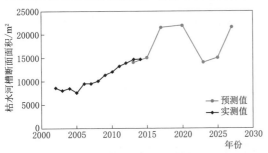

图 8.2.1　枝城水文站枯水河槽断面面积
预测结果

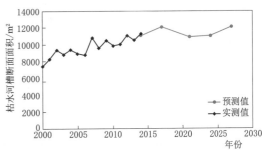

图 8.2.2　沙市水文站枯水河槽断面面积
预测结果

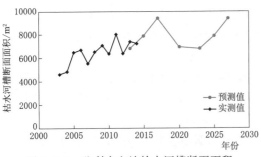

图 8.2.3　监利水文站枯水河槽断面面积
预测结果

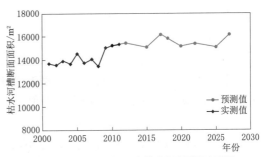

图 8.2.4　汉口水文站枯水河槽断面面积
预测结果

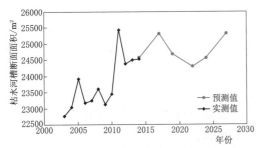

图 8.2.5　大通水文站枯水河槽断面
面积预测结果

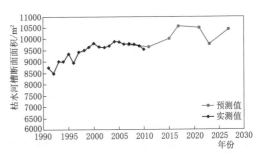

图 8.2.6　城陵矶（七里山）水文站枯水河槽断面
面积预测结果

8.3　基于长江防洪实体模型的再造床过程预测

8.3.1　实体模型验证及试验条件

1. 模型范围

再造床过程研究的实体模型范围为盐船套至螺山下游 4.5km 处，原型全长约 94km。根据《河工模型试验规程》（SL 99—2012）及试验内容要求，该河段的动床模拟范围为荆 171 断面至荆 186 断面，长约 57km。由于该河段有洞庭湖入汇，洞庭湖汇流将直接影响到该河段的水流条件及河床冲淤变化，因此模型对洞庭湖出口洪道进行了模拟，范围为南津港至莲花塘，原型长约 14km，动床模型范围为岳阳水位站至城陵矶。模型测量断面布置见图 8.3.1。

2. 动床模型设计

该模型为长江防洪实体模型的一部分，根据《长江防洪模型项目初步设计报告》，选定的模型的几何比尺：平面比尺为 $\alpha_L = 400$；垂直比尺为 $\alpha_H = 100$；模型变态率为 $e = 4$。

除此之外还需满足水流运动相似及泥沙运动相似，盐船套至螺山段悬移质泥沙包括长江干流和洞庭湖两部分。根据试验河段上游监利水文站实测资料，河段悬移质中床沙质与冲泻质的分界粒径取 0.05mm，得床沙质部分中值粒径平均为 0.18mm，模型床沙中值粒径为 0.2mm。根据洞庭湖出口洪道七里山水文站实测资料，河段悬移质中床沙质与冲泻质的分界粒径取 0.004mm，在模型选沙过程中，模型沙粒径越细越难选沙，因为极细的沙存在絮凝现象，且不易满足起动相似，控制也不方便。根据《长江防洪模型利用世界银行贷款项目实体模型选沙报告》，洞庭湖区模型模拟悬移质粒径下限取 0.01mm，得悬移质中床沙质部分中值粒径平均为 0.019mm，模型悬移质中值粒径为 0.021mm。根据试验河段床沙资料，盐船套至城陵矶段床沙中值粒径约为 0.18mm。洞庭湖出口洪道原型床沙沿河宽分布不均匀，河床中部中值粒径为 0.135~0.395mm，近岸及边滩中值粒径为 0.006~0.017mm。由于极细颗粒泥沙难以起动，因此该河段动床按河槽部分床沙模拟，其中值粒径约为 0.31mm。模型设计的各项比尺汇总结果见表 8.3.1。

3. 动床验证试验

验证试验初始河床地形采用 2013 年 10 月底实测 1：10000 水下地形图，26.00m 高程以上部分及临近深槽岸坡按实测河道地形制作，为定床部分；其余为动床部分。模型施放 2013 年 10 月至 2016 年 10 月的水沙过程，以复演 2016 年 10 月实测河床地形。

试验河段已实施护岸工程基本采用护坡和护底相结合形式，模型采用细石网袋模拟护岸工程坡脚护底，同时对已实施航道整治工程进行模拟。

通过动床验证试验，模型较好地复演了原型滩槽泥沙运动冲淤规律，模型深泓位置、断面形态横向分布与原型基本一致。试验表明模型设计、选沙及各项比尺的确定基本合

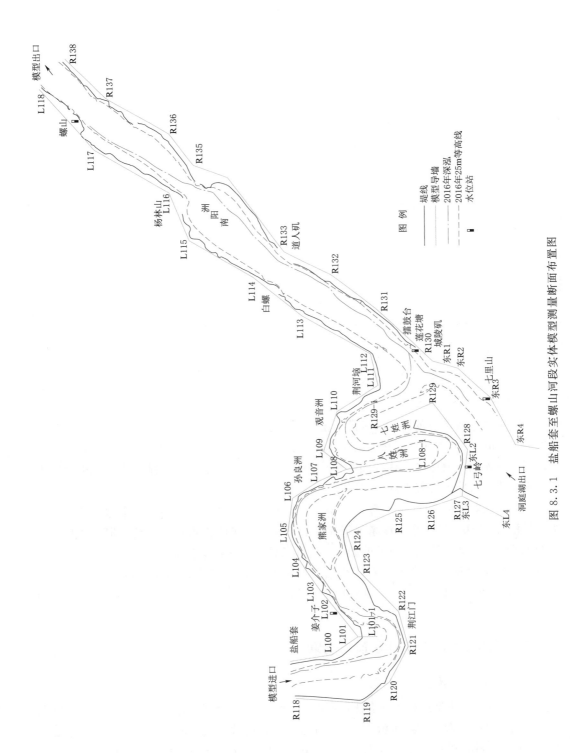

图 8.3.1 盐船套至螺山河段实体模型测量断面布置图

表 8.3.1   试验河段模型比尺汇总表

相似条件	比尺名称	比尺符号	比值	备注
几何相似	平面比尺	α_L	400	
	垂直比尺	α_H	100	
水流运动相似	流速比尺	α_V	10	
	糙率比尺	α_n	1.08	
	流量比尺	α_Q	400000	
	水流时间比尺	α_t	40	
泥沙运动相似	起动流速比尺	α_{V_0}	10	
	粒径比尺	α_d	0.9	
	沉速比尺	α_ω	2.5	
	含沙量比尺	α_s	0.442	待验证试验确定
	河床变形时间比尺	α_{t_2}	194	待验证试验确定

理。经验证试验确定，含沙量比尺为 0.75，河床冲淤变形时间比尺为 135。该模型具备开展工程方案系列年动床模型试验研究的条件。

4. 冲淤预测试验条件

冲淤预测试验模拟范围与动床模型验证试验范围一致。试验初始地形采用 2016 年 10 月实测 1∶10000 河道地形。根据试验河段已实施河道整治工程和航道整治工程，模型对荆江门、熊家洲、七弓岭、观音洲等部位护岸工程和已实施航道工程以及岳阳洞庭湖大桥、荆岳长江公路大桥等进行了模拟。

模型试验时段为 2017 年 1 月至 2032 年 12 月，共计 16 年。长江科学院采用考虑上游水库拦沙的 1991—2000 年水沙系列年开展了三峡水库泥沙淤积数学模型、坝下游长河段冲淤数学模型计算。该实体模型的进出口边界条件由数学模型提供。

根据数学模型计算成果，对试验河段沿程水位、进口流量与输沙量等水沙条件进行不同时段步长概化，其中模型模拟进口的输沙量取粒径大于 0.05mm 以上部分的泥沙。

8.3.2 实体模型再造床过程预测成果

8.3.2.1 河床冲淤量及冲淤分布

不同时期动床模型试验冲淤量见表 8.3.2～表 8.3.4。分别统计监利流量 5000m³/s（洞庭湖流量 3000m³/s）、监利流量 11400m³/s（洞庭湖流量 8900m³/s）和监利流量 22000m³/s（洞庭湖流量 13900m³/s）三种条件对应水位以下的模型河床冲淤量。为了便于叙述，将试验河段分为荆江门段、熊家洲段、七弓岭段以及观音洲段共 4 段。

表 8.3.2　　　系列年第 5 年末长江盐船套至城陵矶段冲淤量统计

河段		起止断面	距离/km	监利 5000m³/s +洞庭湖 3000m³/s		监利 11400m³/s +洞庭湖 8900m³/s		监利 22000m³/s +洞庭湖 13900m³/s	
				冲淤量/万 m³	平均冲深/m	冲淤量/万 m³	平均冲深/m	冲淤量/万 m³	平均冲深/m
下荆江出口段	荆江门河段	利 5－J175	12.3	−569	−0.50	−673	−0.48	−628	−0.39
	熊家洲河段	J175－J179	13.9	−491	−0.43	−597	−0.45	−523	−0.40
	七弓岭河段	J179－J181	17.0	−999	−0.54	−1126	−0.54	−1086	−0.48
	观音洲河段	J181－利 11	12.9	−962	−0.82	−1094	−0.72	−1033	−0.61
	合计	利 5－利 11	56.1	−3021	−0.57	−3490	−0.55	−3270	−0.47

表 8.3.3　　　系列年第 10 年末长江盐船套至城陵矶段冲淤量统计

河段		起止断面	距离/km	监利 5000m³/s +洞庭湖 3000m³/s		监利 11400m³/s +洞庭湖 8900m³/s		监利 22000m³/s +洞庭湖 13900m³/s	
				冲淤量/万 m³	平均冲深/m	冲淤量/万 m³	平均冲深/m	冲淤量/万 m³	平均冲深/m
下荆江出口段	荆江门河段	利 5－J175	12.3	−882	−0.76	−1043	−0.82	−998	−0.72
	熊家洲河段	J175－J179	13.9	−716	−0.62	−865	−0.66	−782	−0.54
	七弓岭河段	J179－J181	17.0	−1586	−0.86	−1744	−0.84	−1688	−0.74
	观音洲河段	J181－利 11	12.9	−1511	−1.28	−1644	−1.08	−1598	−0.95
	合计	利 5－利 11	56.1	−4695	−0.88	−5296	−0.85	−5066	−0.74

表 8.3.4　　　系列年第 15 年末长江盐船套至城陵矶段冲淤量统计

河段		起止断面	距离/km	监利 5000m³/s +洞庭湖 3000m³/s		监利 11400m³/s +洞庭湖 8900m³/s		监利 22000m³/s +洞庭湖 13900m³/s	
				冲淤量/万 m³	平均冲深/m	冲淤量/万 m³	平均冲深/m	冲淤量/万 m³	平均冲深/m
下荆江出口段	荆江门河段	利 5－J175	12.3	−1130	−0.97	−1387	−1.09	−1258	−0.91
	熊家洲河段	J175－J179	13.9	−1072	−0.93	−1283	−0.66	−1158	−0.80
	七弓岭河段	J179－J181	17.0	−1932	−1.05	−2173	−1.05	−2064	−0.90
	观音洲河段	J181－利 11	12.9	−2068	−1.75	−2192	−1.44	−2097	−1.25
	合计	利 5－利 11	56.1	−6202	−1.175	−7035	−1.06	−6577	−0.965

从试验成果可以看出：

下荆江出口段（盐船套至城陵矶）全河段以冲刷为主。系列年 5 年末枯水河槽累积冲刷 3021 万 m³，平均冲深 0.57m。5 年后冲刷强度有所减弱，至 10 年末枯水河槽累积冲刷 4695 万 m³，平均冲深 0.88m；至 15 年末枯水河槽累积冲刷 6202 万 m³，平均冲深 1.175m。

系列年动床模型试验 5 年末、10 年末及 15 年末不同时期，全河段在中、高水位以下河床冲刷量（监利流量 11400m³/s 和 22000m³/s）均与枯水河槽（监利流量 5000m³/s 低水位的河槽）冲刷量较为接近，说明全河段以枯水河槽冲刷为主，其中下荆江出口段的低滩冲刷幅度较大。

　　下荆江出口各段冲刷强度有所差别,其中荆江门河段、熊家洲河段及七弓岭河段冲刷强度较弱,尾段观音洲河段冲刷强度较强,在系列年动床模型试验 5 年末枯水河槽平均冲深分别为 0.5m、0.43m、0.54m 和 0.82m,10 年末平均冲深分别为 0.76m、0.62m、0.86m 和 1.28m,第 15 年末平均冲深分别为 0.97m、0.93m、1.05m 和 1.75m。

8.3.2.2　典型断面冲淤变化

　　系列年动床模型试验 5 年末、10 年末及 15 年末不同时期试验河段典型断面冲淤变化见图 8.3.2～图 8.3.4。各典型断面形态及冲淤变化分述如下。

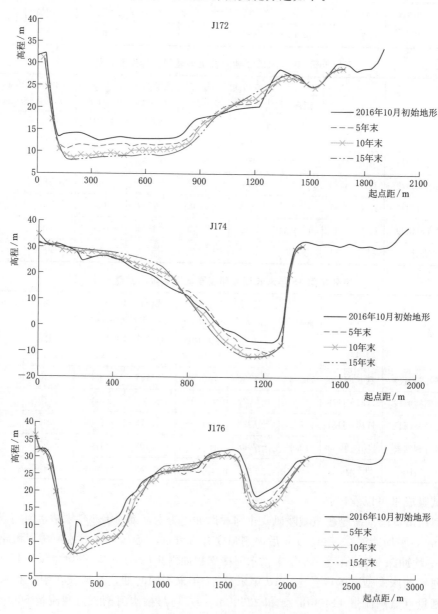

图 8.3.2　典型断面冲淤变化图

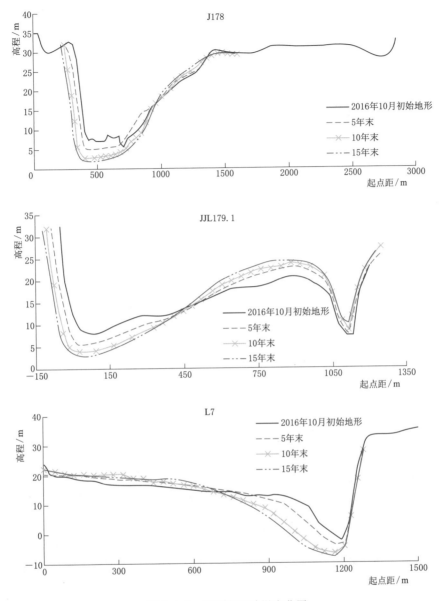

图 8.3.3 典型断面冲淤变化图

1. 荆江门河段

（1）荆 171 断面。位于盐船套顺直过渡段，断面形态为偏 V 形，2002 年以来，断面年际间冲淤变化不大，右侧边滩略有冲刷，断面形态基本稳定，深槽居于左侧，但有展宽居中发展的趋势。左侧深槽系列年 5 年有所淤积，10 年末及 15 年末又有所冲刷。5 年末、10 年末及 15 年末断面中部及右侧边滩有所冲刷，主流有所居中，但断面形态仍为偏 V 形，断面宽深比变化不大，为 3.15～3.5。

（2）荆 172 断面。位于盐船套向荆江门弯道的过渡段，断面形态为偏 V 形，深槽居于左侧。20 世纪 90 年代以来，由于上游团结闸段的岸线崩退，过渡段下移，导致荆 172

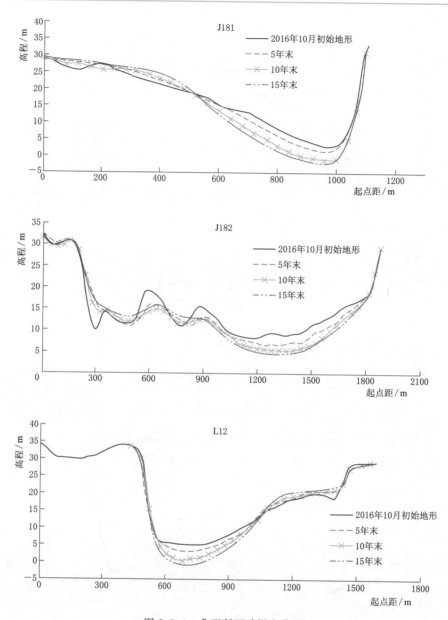

图 8.3.4 典型断面冲淤变化图

断面深槽左移。2008 年以来，荆江门弯道上段贴凸岸一侧岸线略有冲深，原凹岸深槽逐年淤高，即荆江门弯道有发生撇弯切滩的趋势。系列年动床模型试验 5 年末、10 年末及 15 年末不同时期，左侧仍为深槽，且冲深展宽，边滩有所淤积，断面宽深比有所增大。

（3）荆 173 断面。位于荆江门弯道的弯顶附近，断面形态为偏 V 形，深槽居于右侧，系列年动床模型试验 5 年末、10 年末及 15 年末不同时期，断面形态仍为偏 V 形，但深槽有所左移，深槽不断冲刷。同时左岸凸岸边滩累积有所淤积，滩槽高程差有所增大。断面宽深比有所减小。

（4）荆 174 断面。位于荆江门弯道的出口段，断面形态为偏 V 形，深槽居于右侧。

1967—1972 年荆江门 12 个护岸矶头的实施基本抑制了凹岸的崩退，近年来荆 174 断面基本稳定。系列年动床模型试验 5 年末、10 年末及 15 年末不同时期，该断面形态基本保持不变，右侧深槽有所冲深，断面宽深比为 2.09～2.17。

2. 熊家洲河段

（1）荆 176 断面。位于熊家洲弯道的上段洲头，左汊断面形态为偏 V 形，深槽紧靠左侧。由于凹岸护岸工程的实施，近年来弯道河势基本稳定。系列年动床模型试验 5 年末、10 年末及 15 年末不同时期，左汊边滩有所冲刷，右汊深槽有所展宽，熊家洲洲头有所冲刷，断面形态有所调整。

（2）L6 断面。位于熊家洲弯顶下段，左汊断面形态为偏 V 形，系列年动床模型试验 5 年末、10 年末及 15 年末不同时期，左侧深槽冲刷并有所右移，右侧边滩平均淤高 3～4m，断面宽深比有所增大。

（3）荆 178 断面。位于熊家洲弯道的出口段，断面形态为偏 V 形，深槽仍靠左侧。弯道作用使主流始终贴岸。2008 年以来，主流出熊家洲弯道后不再向右岸过渡，而直接贴八姓洲左侧岸线下行，致使主流贴岸冲刷八姓洲左岸深槽，八姓洲左岸岸线逐年崩退。系列年动床模型试验 5 年末、10 年末及 15 年末不同时期，左侧靠岸线持续崩退，断面形态变化不大，宽深比为 2.4～2.65。

3. 七弓岭河段

（1）JJL179.1 断面。位于七弓岭弯道的上游段，20 世纪 90 年代，深槽居于河槽右侧，断面形态为偏 V 形。三峡工程蓄水运用以来，主流逐渐向左岸摆动，左右槽均有所冲刷下切，且左槽发展大于右槽。2008 年以来，主流出熊家洲弯道后不再向右岸过渡，而直接在七弓岭弯顶处向右岸过渡，七弓岭弯道上段凸岸边滩发生冲刷下切，形成深槽，与原凹岸深槽形成双槽格局，而原凹岸深槽逐渐淤积萎缩，断面形态转变为 W 形。系列年动床模型试验 5 年末、10 年末及 15 年末不同时期，断面右槽逐渐淤积萎缩，左侧不断冲刷和向右展宽，并逐渐发展为主槽。断面中部有所淤高，仍然维持双槽分流的格局，断面宽深比变化不大。

（2）J180 断面。位于七弓岭弯道上段，断面形态为 W 形，其断面变化与 JJL179.1 断面变化类似。系列年动床模型试验 5 年末、10 年末及 15 年末不同时期，断面右槽逐渐淤积萎缩，左侧向右展宽、冲刷，并逐渐发展为主槽。断面宽深比变化不大，为 5.18～5.56。

（3）利 7 断面。位于七弓岭弯道的顶部，断面形态为偏 V 形，深槽紧靠右岸。主流长期贴岸及上游河势变化导致七弓岭弯道岸线崩退、弯顶下移，护岸工程的实施抑制了岸线的进一步崩退。三峡工程蓄水运用以来，利 7 断面右侧岸线稳定，断面深槽左侧淤积而使深槽变窄，断面左侧边滩则发生大幅度冲刷。系列年动床模型试验 5 年末、10 年末及 15 年末不同时期，断面右侧深槽扩大并有所左移，左侧边滩持续淤积，而断面面积无显著变化。

（4）荆 181 断面。位于七弓岭弯道下段，断面形态为偏 V 形，深槽紧靠右岸。三峡工程蓄水运用以来，由于上游河势变化，水流出七弓岭弯道后主流贴岸距离加长，该断面下游右岸发生崩塌，岸线后退，深槽右移约 50m。系列年动床模型试验 5 年末、10 年末及 15 年末不同时期，断面深槽左侧岸坡略有冲刷，断面过水面积略有增加，断面形态基本不变。

　　4. 观音洲河段

　　(1) JJL181.1 断面。位于观音洲弯道入口处，1980 年断面形态为 V 形，深槽居左侧，1998 年以来，随着观音洲弯道主流顶冲点大幅下移，主流过渡段延长，JJL181.1 断面的深槽逐渐向右侧摆动，而原居于左侧的深槽逐渐淤高萎缩，断面形态变为 W 形。系列年动床模型试验 5 年末、10 年末及 15 年末不同时期，左侧深槽持续淤积，断面形态又逐渐变为偏 V 形，右侧边滩冲刷，深槽右移展宽，而深槽最深点高程变化不大，断面宽深比 3.26～3.61。

　　(2) 荆 182 断面。位于观音洲弯道顶端，断面形态为 W 形，其断面变化与 JJL181.1 断面类似，系列年动床模型试验 5 年末、10 年末及 15 年末不同时期，凸岸边滩不断冲刷下切，断面深槽不断冲深，但深槽位置无明显变化，不再向右摆动，撇弯切滩趋势放缓，而原左岸深槽逐渐淤积萎缩，断面形态向 V 形变化。

　　(3) 利 12 断面。位于观音洲弯道下游出口段，断面形态为 V 形，深槽靠近左岸。三峡工程蓄水运用以来，左侧深槽不断冲刷且向右展宽，至 2013 年深槽展宽至 600m 左右，深槽平均冲深约 4m。系列年动床模型试验 5 年末、10 年末及 15 年末不同时期，断面深槽无明显变化，左侧岸线略有崩退，深槽右侧边坡则略有淤积。断面形态基本稳定。

　　(4) 荆 183 断面。位于荆江出口附近，断面形态为 W 形，右侧存在倒套，系列年动床模型试验 5 年末、10 年末及 15 年末不同时期，左侧深槽冲刷展宽，右侧倒套有所淤积，断面宽深比有所减小。

　　(5) 利 11 断面。位于城陵矶汇流口，断面形态为偏 U 形，深槽居中，系列年动床模型试验 5 年末、10 年末及 15 年末不同时期左侧边滩有所淤积，深槽明显冲深，断面宽深比有所减小。

　　(6) 荆 186 断面。位于江湖汇流口城陵矶下游，断面形态为偏 V 形，深槽靠近右岸，多年来河床冲淤变化较小。三峡工程蓄水运用后，左岸仙峰洲边滩有所冲刷，但深泓及右岸线均相对稳定。系列年动床模型试验 5 年末、10 年末及 15 年末不同时期，该断面均发生较大程度的冲刷，右侧深泓右移而更加靠近右岸，至 15 年末深泓冲刷下降约 10m。左侧边滩有所淤积，断面宽深比有所减小。

8.3.2.3　河势变化

　　三峡水库修建后采用"蓄清排浑"的运行方式，初期拦蓄了上游大量泥沙，改变了下游来水来沙条件，水库下游河道将在较长一段时期内发生冲淤变化，各河段河势随之发生相应的调整。图 8.3.5～图 8.3.7 分别为 5 年末（即 2023 年）、10 年末（即 2027 年）及 15 年末（即 2032 年）盐船套至城陵矶河段河势变化情况。

　　由图可以看出，5 年末、10 年末及 15 年末盐船套至城陵矶河段总体河势与近期（2016 年）相比变化不大，随着三峡工程的蓄水运用及其上游干支流水库向家坝、溪洛渡的陆续建设，河床未来呈沿程逐步整体冲刷下切的趋势，深槽有所刷深拓展，边滩有所淤积，弯道间过渡段主流贴岸距离变化，弯道顶冲点有所调整，部分弯道撇弯切滩现象有所放缓，局部河段主流平面摆动明显，局部河势变化较大，以弯道段和江湖汇流段河势变化较显著。

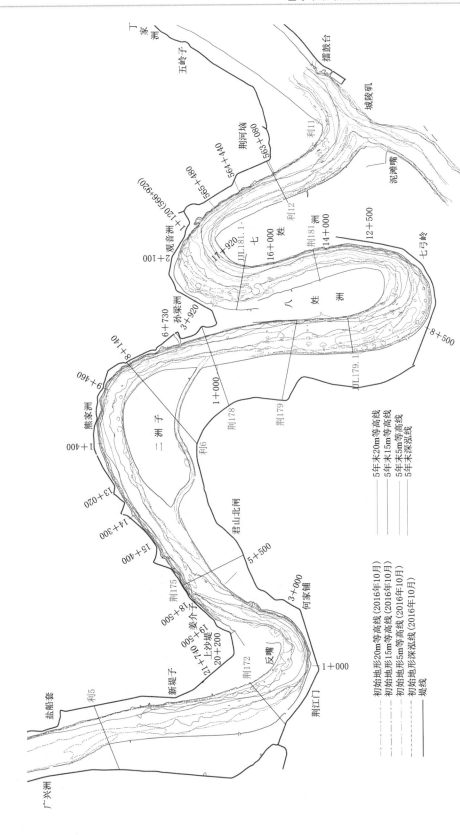

图 8.3.5　系列年试验 5 年末盐船套至城陵矶河段河势变化图

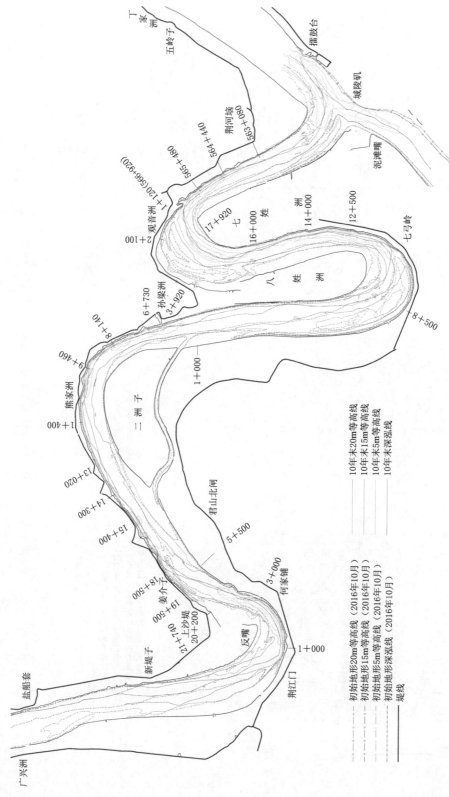

图 8.3.6　系列年试验 10 年末盐船套至城陵矶河段河势变化图

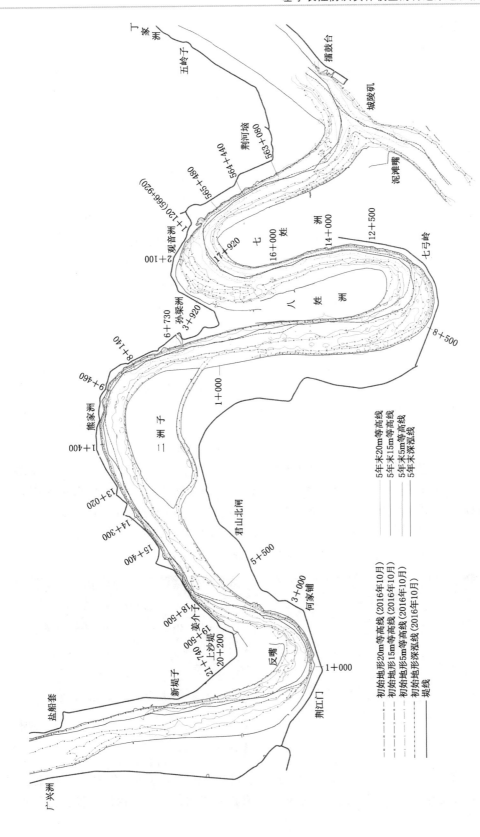

图 8.3.7 系列年试验 15 年末盐船套至城陵矶河段河势变化图

各河段河势变化主要特征分述如下:

(1) 荆江门河段 (利 5～荆 175 断面)。系列年动床模型试验 5 年末、10 年末和 15 年末,荆江门段总体处于持续冲刷阶段。该河段河势仍维持现有格局,即主流继续沿盐船套左岸下行,新堤子一带水流趋直,左岸主河槽刷深展宽,主流由左岸向右岸过渡的位置上提。荆江门河弯水流顶冲点下移,荆江门凹岸深槽展宽,凸岸中下部高滩有所淤积。弯道出口主流贴岸距离下延,深泓冲刷发展。

5 年末地形主要特点:左岸新堤子及上游主流趋直,深泓最大右移约 200m,下游向荆江门过渡段 (荆 172 断面附近) 深泓左移约 100m,过渡段左、右岸 15m 高程线均有右移展宽,平均展宽约 50m。荆江门弯道进口段左侧 15m 等高线有所缩窄,最大缩窄约 200m;荆江门弯道顶部 (荆 173 断面) 附近 2016 年的 2 个 −5m 冲刷坑变为 3 个,冲刷坑面积略有增大,主要表现为冲刷坑长度减小,宽度增大,冲坑有所左移居中;凸岸弯顶段 15m 洲滩后退 100～120m、弯顶下段洲滩略有淤积;荆江门至熊家洲过渡段 (荆 174～荆 175 断面) 深泓向左岸过渡位置上提,主流顶冲河岸,深泓左移约 80m。荆江门弯道出口段 15m 等高线冲刷发展,中间浅包消失并与熊家洲弯道 15m 高程线贯通,10m 等高线仍然断开。

10 年末地形主要特点:断面形态和深槽位置较 5 年末均有所发展。左岸团结闸及下游向荆江门过渡段 (荆 172 断面附近) 深泓左移约 80m,过渡段左、右岸 15m 高程线均有展宽,左侧最大展宽约 200m。荆江门弯道进口段右侧边滩冲刷后退,贴岸“倒套”萎缩;弯道凹岸冲刷坑上提下移并展宽、范围有所扩大,凸岸边坡淤积,边滩与深槽间边坡变陡;弯道下游过渡段下移,相比初始地形,深泓右移约 70m。左岸熊家洲主流顶冲点下移约 400m 至荆 175 断面附近。

15 年末地形主要特点:洲滩和深槽形态与 10 年末基本一致。盐船套一线近岸深槽继续冲刷,左岸团结闸 10m 高程冲刷坑上提下延、范围有所扩大,主流贴岸距离下延约 500m;荆江门弯道进口过渡段深泓略有左移,弯道顶冲点下移至荆 173 断面附近,过渡段左、右岸 15m 高程线均有展宽;弯道出口主流贴岸距离下延约 450m,出口过渡段下移,深泓右移约 50m。荆江门弯道现场试验照片见图 8.3.8。

图 8.3.8　荆江门弯道 15 年末地形

(2) 熊家洲河段 (荆 175～荆 179 断面)。系列年动床模型试验 5 年末、10 年末和 15 年末,与初始地形 (2016 年) 比较,熊家洲段累积处于冲刷阶段。深槽和洲体总体形态相对稳定，河段河势保持现有格局。全河段左汊横断面呈偏 V 形，深槽紧靠左岸。弯道左汊总体深槽刷深、展宽，弯道上段右岸边滩随左岸深槽一起冲刷下切，弯道下段右岸边滩局部有淤积，滩槽形态基本不变。与河势相适应，主流紧贴弯道左岸而行，出熊家洲弯道后，主流继续贴八姓洲左岸下行。弯道右汊河道整体刷深展宽。

1）5 年末地形主要特点。左汊左岸近岸 10m 高程冲刷坑基本贯穿全河段，由于上游过渡段下移，左汊弯道进口段（荆 175 断面附近）右岸 15m 高程线后退约 150m；弯道中下段利 6 断面附近深槽刷深，2016 年的 0m 高程冲刷坑冲深展宽并向下游延伸，右侧洲体 10m 高程线后移 100 余 m；右汊河道整体刷深展宽，但幅度较小。主流出熊家洲弯道后继续贴八姓洲左岸下行，深泓向左摆动。

2）10 年末地形主要特点。洲滩和深槽形态与 5 年末基本一致。左岸贴岸深槽下挫，主流顶冲点下移约 400m 至荆 175 断面附近，弯道上段（荆 175～荆 176 断面）5m 冲刷坑基本消失，中下段深槽进一步冲深，利 6 断面附近−5m 冲刷坑上提下延，沿水流方向长度增加到 2km；出口段深泓有所左移约 50m。主流出熊家洲弯道后继续贴八姓洲左岸下行，全河段深泓平面位置变化不大。

3）15 年末地形主要特点。洲滩和深槽形态与 10 年末基本一致。深槽和洲体总体相比 10 年末冲刷发展。弯道上段（荆 175～荆 177 断面）深槽有所展宽，但相比初始地形，最深点高程仍有淤积，利 6 断面附近−5m 冲刷坑向下游进一步发展，中下段深槽冲深展宽，出口段深泓贴岸距离增大。熊家洲弯道现场试验照片见图 8.3.9。

（3）七弓岭河段（荆 179～荆 181 断面）。系列年动床模型试验 5 年末、10 年末

图 8.3.9　熊家洲弯道 15 年末地形

及 15 年末，七弓岭河段总体处于持续冲刷阶段，滩槽总体形态相对稳定，河段河势保持现有格局。与初始地形（2016 年）比较，由于主流出熊家洲弯道后贴八姓洲左岸下行，左岸深槽冲刷下切，致使八姓洲左岸持续崩退。弯道上游继续维持左右双槽形态，但右槽逐渐淤积萎缩，河道中间淤积的潜洲逐渐向右岸移动，左槽进一步冲刷、上提、右移、展宽而成为主槽，即发生"撇弯切滩"现象。弯道主流顶冲点下移，弯顶冲刷坑有所淤积、展宽。

1）5 年末地形主要特点。主流出熊家洲弯道后继续贴八姓洲左岸下行，随着八姓洲左岸持续崩退，左岸深槽向下冲刷发育，原凹岸深槽逐渐淤积萎缩，荆 180 断面处心滩冲刷缩小并向右岸移动，与 2016 年相比，5 年末 20m 高程等高线面积由 51.5 万 m^2 缩小为 50.6 万 m^2。弯道水流顶冲点下移至利 7 断面附近，弯道凹岸冲刷坑向左展宽，但有所淤积，利 7.1 断面附近 2 个−5m 高程冲刷坑基本消失，0m 高程冲刷坑向左展宽并向下游延伸，把 2016 年初始地形几个零散的 0m 冲刷坑合并，合并后形成的 0m 冲刷坑面积为 29.8 万 m^2；弯道中下部左岸高滩略有淤积、右岸岸坡变陡，深泓右移约 50m。主流出七弓岭弯道后贴右岸下行。

2）10 年末地形主要特点。出熊家洲弯道后，深槽沿左岸向下游冲刷发展，在 JJL179.1 断面处过渡到七弓岭弯道凹岸，与 5 年末相比，深泓线向凹岸过渡位置上提约 800m，15m 等高线向右侧移动约 200m，主流撇弯切滩趋势放缓；过渡段近岸右槽逐渐淤积萎缩。弯道水流顶冲点较 5 年末地形上移，弯道凹岸心滩尾部冲刷，10 年末心滩尾部大约在荆 180 断面附近，心滩向右岸移动并且向上游发展。凸岸侧 20m 等高线向河道内延伸，较初始地形最大右移约 250m；深泓线过弯顶后，10m 深槽有所左移扩宽（利 7 断面附近），使七弓岭弯道出口段弯曲半径减小，弯道出口段左侧边滩有所冲刷，右岸近岸深槽有所淤积，左岸滩体冲蚀，左岸 20m 等高线左移约 90m，河道展宽，深泓略有左移。

3）15 年末地形主要特点。与 10 年末相比，七弓岭段洲滩和深槽形态没有显著的变化。主要区别在于：进口段深槽进一步右移居中，右槽进一步淤积萎缩，深泓线向凹岸过渡位置进一步上提，撇弯切滩现象进一步减弱；并且 10 年末连成一体的 20m 心滩，又从中间冲刷断开，但 20m 心滩的范围和宽度与 10 年末相比无明显变化。弯道附近深槽进一步冲深，出口段左岸边滩与 10 年末相比无明显冲刷。七弓岭弯道 15 年末地形见图 8.3.10。

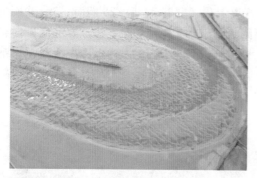

图 8.3.10　七弓岭弯道 15 年末地形

（4）观音洲河段（荆 181～利 11 断面）。系列年动床模型试验 5 年末、10 年末及 15 年末，观音洲河段基本处于持续冲刷阶段，滩槽总体形态相对稳定，河段河势保持现有格局。与初始地形（2016 年）比较，该河段河床冲淤变化特征总体表现为观音洲弯道过渡段主流下挫，凸岸七姓洲西侧岸线冲刷后退，主流顶冲点下移，主流贴岸段深槽沿程冲刷展宽。

1）5 年末地形主要特点。受上游水沙条件及河势变化的影响，主流出七弓岭弯道后继续沿右岸下行，贴岸距离下延，水流趋直，在荆 181.1 断面处逐渐过渡到观音洲弯道中部。弯道进口段荆 181.1 断面处河槽刷深、主泓右移约 100m。弯道中部荆 181.1～利 8 断面之间的 5m 高程深槽冲刷发展与上下游连通形成完整的 5m 高程深槽，0m 高程深槽也与下游贯通，荆 182 断面七姓洲洲头冲刷后退，深泓右移约 120m，而凹岸洲滩无明显冲淤变化。弯道下段（利 8～利 12 断面）深泓仍紧靠左岸，深槽有所淤积展宽。弯道出口段（利 12～利 11 断面）左岸河槽冲刷下切，荆河脑边滩冲刷后退，10m 高程深槽下延至荆 183 断面附近，深泓逐渐向河槽左侧偏移，荆 183 断面处深泓左移约 70m，靠右岸 20m 高程心滩向右岸移动约 50m，其面积也有所淤涨。

2）10 年末地形主要特点。洲滩及河槽形态与 5 年末基本一致。与初始地形（2016 年）比较，弯道主流顶冲点下移约 550m，弯道上段和中段的主要变化为河槽向右冲刷扩展，七姓洲凸岸边滩冲刷崩退，荆 182 断面位置深泓较 2016 年右移 200m 左右。弯道下段河槽向右有所扩展，主流平面位置基本保持不变；出口段河槽冲深，左侧荆河脑边滩有所冲刷后退，荆 183 断面处深泓左移约 120m。

3）15 年末地形主要特点。全河段滩槽形态及河势与 10 年末年基本一致。弯道进口深槽进一步冲深，凹岸侧进一步淤积，但冲淤幅度均不大。弯道下段河槽主流平面位置基本保持不变；出口段河槽冲深，深泓线略有左移，撇弯切滩继续发展但有所放缓。七姓洲弯道和江湖汇流段现场试验照片见图 8.3.11 和图 8.3.12。

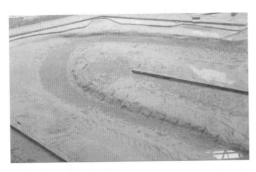

图 8.3.11　七姓洲弯道 15 年末地形　　　　图 8.3.12　江湖汇流段 15 年末地形

8.3.2.4　试验小结

（1）系列年动床模型试验全河段以冲刷为主。下荆江出口段（盐船套至城陵矶）系列年 5 年末枯水河槽累积冲刷 3020.8 万 m^3，平均冲深为 0.57m。5 年后冲刷强度有所减弱，至 10 年末枯水河槽累积冲刷 4695.7 万 m^3，平均冲深为 0.88m；至 15 年末枯水河槽累积冲刷 6202 万 m^3，平均冲深为 1.16m。

（2）系列年动床模型试验 5 年末、10 年末及 15 年末不同时期，全河段在监利流量 11400m^3/s 和 22000m^3/s 对应中、高水位以下河床冲刷量均与枯水河槽（监利流量 5000m^3/s 低水位的河槽）冲刷量较为接近，说明全河段以枯水河槽冲刷为主，其中下荆江出口段的低滩冲刷幅度较大。

（3）下荆江出口各段冲刷强度有所差别，其中荆江门河段、熊家洲河段及七弓岭河段冲刷强度较弱，尾段观音洲河段冲刷强度较强，在系列年动床模型试验 5 年末枯水河槽平均冲深分别为 0.5m、0.43m、0.54m 和 0.82m，10 年末平均冲深分别为 0.76m、0.62m、0.86m 和 1.28m，15 年末平均冲深分别为 0.97m、0.93m、1.05m 和 1.75m。

（4）系列年动床模型试验河段不同部位断面形态均发生不同的变化，而不同断面形态其变化亦不相同。主要表现为，过渡段深泓向左或向右偏移，弯道段凸岸崩退趋势放缓、撇弯切滩有所减弱。

（5）系列年动床模型试验不同时期盐船套至城陵矶河段总体河势与近期（2016 年）变化不大。随着三峡工程的蓄水运用及其上游干支流水库向家坝、溪洛渡的陆续建设，河床未来呈沿程逐步整体冲刷下切的趋势，深槽有所刷深拓展，边滩有所淤积，弯道间过渡段主流贴岸距离变化，弯道顶冲点有所调整，部分弯道撇弯切滩现象有所放缓，局部河段主流平面摆动明显，局部河势变化较大。

（6）荆江门弯道进口团结闸一带主河槽刷深展宽，荆江门弯道上段凸岸边滩冲刷崩退，过渡段主流下挫，水流顶冲点下移，弯道下段凹岸深槽展宽，凸岸中下部高滩有所淤积。弯道出口主流贴岸距离下延，深泓冲刷发展；熊家洲弯道段深槽刷深、展宽，右岸边滩局部有淤积，出口段深槽冲刷下延；七弓岭弯道上游继续维持左右双槽形态，但右槽逐渐淤积萎缩，左槽进一步冲刷，心滩尾部冲刷，头部淤积，心滩整体向上游延伸、展宽，弯道顶冲点有所上提，主流有所居中，"撇弯切滩"现象有所放缓；弯顶冲刷坑有所淤积展宽；水流出七弓岭弯道后逐渐向左岸过渡进入观音洲弯道，弯道中部深槽冲刷下切、弯道凹岸进一步淤积，过七姓洲弯道后，主流贴左岸下行在城陵矶附近与洞庭湖出流交汇后进入下游河段。

8.4　基于不平衡输沙数学模型的再造床过程预测

8.4.1　三峡水库下游水沙数学模型建立与验证

建立了宜昌至大通河段江湖河网一维水沙数学模型、枝城至螺山河段的平面二维水沙数学模型和盐船套至螺山河段三维水沙数学模型。采用最新实测资料对模型进行了验证。

8.4.1.1　宜昌至大通河段江湖河网一维水沙数学模型

1. 模型的研究范围和验证条件

宜昌至大通河段江湖河网水沙数学模型的模拟范围（见图8.4.1）为长江干流宜昌至大通河段、荆江三口洪道、洞庭湖四水尾闾控制站以下河段及洞庭湖湖区、鄱阳湖区及五河尾闾河段。

图8.4.1　宜昌至大通河段江湖河网一维水沙数学模型范围示意图

模型验证时，各河段起始地形分别为：长江中下游干流采用2011年10月实测河道地形图；洞庭湖区采用2011年实测河道地形图（四水尾闾大部分河段为1995年断面资料）；鄱阳湖区采用2011年实测河道地形图。宜昌至大通全长约1123km，剖分计算断面819个，其中干流714个，支汊109个，平均间距1.57km；荆江三口分流道累积河长1714km，计算断面922个，平均间距0.93km，东、南、西洞庭湖累积河长295km，计算断面 309 个，平均间距 0.96km；鄱阳湖累积河长 277km，计算断面 133 个，平均间距 2.08km。

采用 2011—2016 年实测资料对模型进行水流和河床冲淤的率定和验证。长江干流进口水沙采用宜昌站相应时段的逐日流量、含沙量；干流主要支流清江、汉江入汇水沙分别采用长阳、仙桃站相应时段的实测资料；洞庭湖四水入湖水沙分别采用澧水石门站、沅江桃源站、资水桃江站、湘江湘潭站相应时段的水沙资料；鄱阳湖五河入湖水沙分别采用赣江外洲站、抚河李家渡站、信江梅港站、饶河虎山站、潦河万家埠站相应时段的水沙资料。出口边界采用大通站同时期水位过程。

2. 模型验证成果

通过对 2011—2016 年实测资料的演算，验证得到干流河道糙率的变化范围为 0.015～0.04，三口洪道和湖区糙率的变化范围为 0.02～0.05。这与长江中下游洪水演进糙率分析结果是相符的。部分验证成果见图 8.4.2。

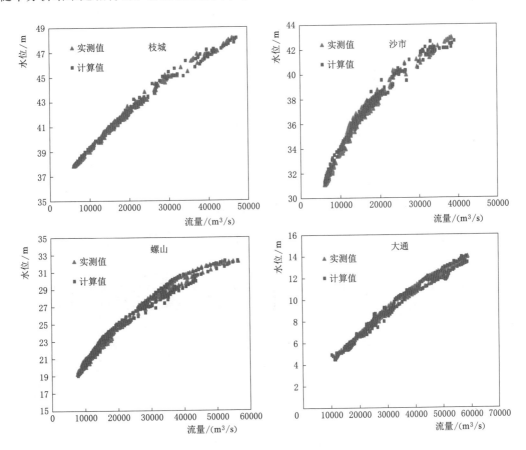

图 8.4.2 长江干流各站水位流量关系验证

由干流枝城、沙市、螺山、大通等站的流量过程及水位流量关系验证成果可知，计算结果与实测过程能较好地吻合，峰谷对应，涨落一致。模型算法能适应长江干流丰、平、枯不同时期的流动特征。由三口洪道的新江口、沙道观、弥陀寺、康家港、管家铺等控制站的流量水位验证成果可知，计算分流量与实测分流量基本一致，可以反映洪季过流枯季断流的现象，能准确模拟出三口河段的断流时间和过流流量，说明该模型能够较好地模拟出三口的分流情况。

由上述分析可知，所选糙率基本合理，计算结果与实测水流过程吻合较好，河网汊点流量分配准确，能够反映长江中下游干流河段、洞庭湖区复杂河网以及各湖泊的主要流动特征，具有较高的精度，可用于长江中下游河道和湖泊水流特性的模拟。

河床冲淤验证表明，2011年10月至2016年12月宜昌至湖口河段冲淤量实测值为10.1亿 m³，计算值为8.9亿 m³，较实测值略小，相对误差为−12%。其他各分段相对误差在20%以内。总体看来：该模型能较好地反映各河段的总体变化，各分段冲淤性质与实测一致，计算值与实测值的偏离尚在合理范围内。因此，利用该模型进行宜昌至大通河段的冲淤演变预测是可行的。

8.4.1.2　枝城至螺山河段平面二维水沙数学模型

选取枝城至螺山河段长约380km的河段，分段建立了平面二维水沙数学模型，模型范围见图8.4.3。

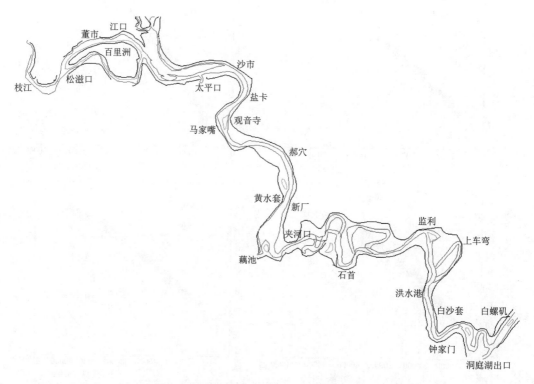

图8.4.3　枝城至陈家湾河段水文测验断面布置图

1. 枝城至陈家湾河段

（1）水位和流速分布验证。采用2014年2月（测时流量约6210m³/s）、2010年8月（测时流量约26500m³/s）枝城至陈家湾段实测的水文测验资料进行水位和流速分布的验证。验证结果表明：数学模型的水位计算值与实测值相比，误差较小，其相差值一般在5cm 以内，得到本河段河床初始糙率为 0.022～0.040；断面流速分布的计算值与实测值符合较好，主流位置基本一致，各测流垂线流速误差一般在 0.2m/s 以内。

（2）汊道分流比验证。验证河段内有芦家河、董市洲、柳条洲等分汊河段。在2014 年实测地形基础上，采用 2014 年 2 月实测分流比进行验证。从表 8.4.1 中可看出，验证结果较好，误差均在 5% 以内。分析误差产生的原因，是该河段卵石洲滩头部及支汊内因为乱采乱挖存在较多乱石堆，导致水流流路分散，这些在模型中难以完全体现。

表 8.4.1　　　　　　　　　枝城至陈家湾河段内各汊道分流比验证

位　置	实　测　值		计　算　值	
	流量/(m³/s)	左汊分流比/%	流量/(m³/s)	左汊分流比/%
关洲汊道	6245（2014-02-14）	38.27	5600	35.38
芦家河 4 号断面	6058（2014-02-15）	49.85	5600	52.06
枝江 7 号断面	6138（2014-02-16）	15.44	5600	12.42
柳条洲 11 号断面	6217（2014-02-16）	24.35	5600	19.8

（3）河床冲淤验证。表 8.4.2 为枝城至陈家湾河段冲淤量验证对比。从表中可见，枝城至陈家湾河段河床总体处于冲刷状态。根据两次实测地形统计，验证河段实测冲刷总量约 10715.47 万 m³，而验证计算冲刷总量约 9887.41 万 m³，相对误差约为 +7.7%，而其他各分段冲淤量相对误差均在 15% 以内。

表 8.4.2　　　　　　　　　枝城至陈家湾河段冲淤量验证对比表

河　段	冲　淤　量		
	实测值/万 m³	计算值/万 m³	相对误差/%
枝城—陈二口	−4228.36	−3746.29	+11.4
陈二口—昌门溪	−1418.10	−1220.89	+13.9
昌门溪—七星台	−755.24	−717.36	+5.0
七星台—杨家垴	−1244.51	−1368.56	−10.0
杨家垴—陈家湾	−3069.26	−2834.31	+7.7
全河段	−10715.47	−9887.41	+7.7

图 8.4.4 为枝城至陈家湾河段冲淤厚度分布验证对比图。由图可知，枝城至陈家湾河段冲淤幅度一般在 −5～+1m，主要表现为河槽、低滩冲刷，且幅度较大，高滩地略有淤积。从冲淤的沿程分布来看，在水流较集中的河段，河槽冲刷幅度较大。根据验证计算成果与实测成果对比，除了人为采砂强度较大的松滋口附近外，河床冲淤部位与幅度，计算结果与实测结果基本吻合，相似性较好。枝城对岸边滩冲刷，关洲滩面及左汊冲刷、芦家河碛坝串沟冲刷、枝江江口支汊冲刷、七星台以下主槽冲刷的特征

得到了反映；关洲和杨家垴以下河段冲刷强度较大、陈二口至杨家垴河段冲刷强度较小的特点得到了体现。

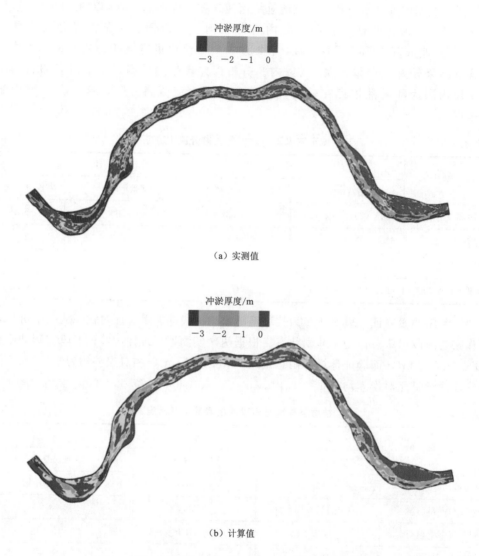

（a）实测值

（b）计算值

图 8.4.4　枝城至陈家湾河段冲淤厚度分布验证对比图

2. 陈家湾至公安河段

（1）水位和流速分布验证。采用 2014 年 2 月 19 日（测时流量约 6200m³/s）、2015 年 3 月 23 日（测时流量约 7600m³/s）陈家湾至公安河段的实测水文资料进行水流和流速分布的验证。验证结果表明：该河段数学模型的水位计算值与实测值相比，误差较小，其相差值一般在 5cm 以内，得到本河段河床初始糙率约 0.023～0.028；断面流速分布计算值与实测值符合较好，主流位置基本一致，误差一般在 0.2m/s 以内。

（2）汊道分流比验证。该河段内有金成洲和突起洲汊道。采用 2014 年 2 月、2015 年

3月实测汊道分流比进行验证。从表8.4.3中可看出，验证结果较好，计算值与实测值最大误差为1.6个百分点。

表8.4.3 陈家湾至公安河段汊道分流比验证表

汊 道	2014年2月测次（6200m³/s）			2015年3月测次（7600m³/s）		
	实测值/%	计算值/%	误差	实测值/%	计算值/%	误差
三八滩左汊	36.1	36.3	0.2			
金成洲左汊	87.2	87.3	0.1			
突起洲右汊	98.8	98.6	−0.2	100	98.4	−1.6

（3）河床冲淤验证。采用2008年10月实测1/10000河道地形资料作为起始地形，并采用2013年10月实测1/10000河道地形资料作为终止地形，进行该河段河床冲淤验证计算分析。表8.4.4为陈家湾至公安河段各分段冲淤量验证对比表；图8.4.5为陈家湾至公安河段冲淤厚度分布验证对比图。

表8.4.4 陈家湾至公安河段各分段冲淤量验证对比表

河 段	冲 淤 量		
	实测值/万 m³	计算值/万 m³	相对误差/%
进口—浣25	−608.8	−628.9	3.3
浣25—马羊洲下	−1252.1	−1294.5	3.4
马羊洲下—荆29	−466.5	−431.1	−7.6
荆29—荆30	−162.3	−166.5	2.6
荆30—荆31	−126.9	−137.6	8.4
荆31—荆32	−413.0	−463.9	12.3
荆32—荆37	−605.9	−676.3	11.6
荆37—荆43	−558.1	−578.4	3.6
荆43—荆48	−571.9	−561.5	−1.8
荆48—荆50	−1064.4	−1130.7	6.2
荆50—观音寺	−219.5	−233.4	6.3
观音寺—荆53	75.8	78.7	3.8
荆53—荆55	−394.6	−423.8	7.4
荆55—出口	−948.0	−797	−15.9
全河段	−7316.2	−7444.9	1.8

从图 8.4.5 和表 8.4.4 中可见，陈家湾至公安河段河床总体处于冲刷状态，冲淤幅度一般在 $-15\sim+10\mathrm{m}$，主要表现为河槽、低滩冲刷，且幅度较大，高滩地略有淤积，陡湖堤对岸上游附近出现滩地冲刷和切滩现象。从冲淤的沿程分布来看，在水流较集中的河段，河槽冲刷幅度较大，在有护滩工程处滩地一般出现淤积。

根据两次实测地形统计，该河段实测冲刷总量约 7316.2 万 m^3，而验证计算冲刷总量约 7444.9 万 m^3，相对误差约 $+1.8\%$，而其他各分段冲淤量相对误差均在 16% 以内。

从河床冲淤分布对比也可看出，河床冲淤部位与幅度计算结果与实测结果基本吻合，相似性较好，模型基本能够反映验证河段的天然冲淤变化状况。

3. 公安至碾子湾河段

（1）水位和流速分布验证。利用该河段 2014 年 2 月（测时流量约 $6300\mathrm{m}^3/\mathrm{s}$）实测资料对水位和流速分布进行了验证。验证表明：数学模型计算的水位与实测值相比，误差较小，其误差值一般在 $\pm5\mathrm{cm}$ 以内；各测流断面流速分布计算值与实测值分布符合较好，主流位置基本一致。误差一般在 $0.2\mathrm{m/s}$ 以内。

（2）河床冲淤验证。采用 2008 年 10 月和 2013 年 10 月的两次地形资料对模型进行了冲淤量及冲淤分布的验证。计算河段长度约 67km，从 2008 年 10 月至 2013 年 10 月 5 年

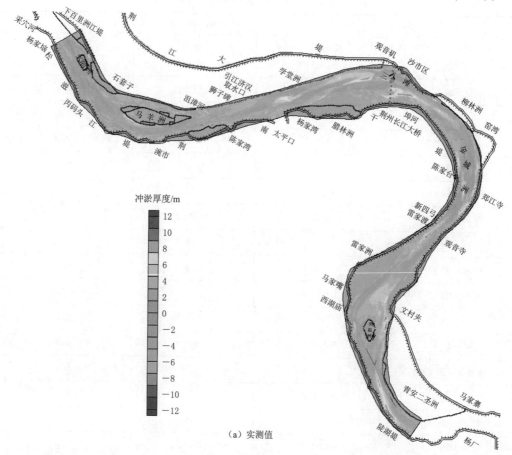

（a）实测值

图 8.4.5（一）　陈家湾至公安河段冲淤厚度分布验证对比图

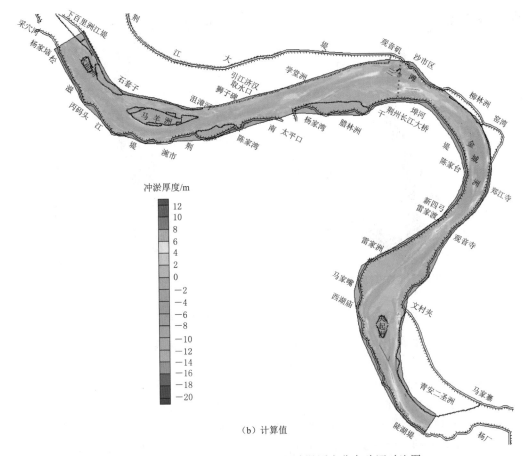

（b）计算值

图 8.4.5（二） 陈家湾至公安河段冲淤厚度分布验证对比图

间，受三峡水库蓄水拦沙的影响，荆江河段总体呈现冲刷状态。

该时段内公安至碾子湾河段计算冲刷量与实测冲淤量比较见表 8.4.5。根据统计，全河段实测冲刷总量约 7150.6 万 m³，验证计算冲刷总量约 7512.4 万 m³，相对误差约 +5.1%，各分段冲淤量相对误差均在 15% 以内。

表 8.4.5 公安至碾子湾河段冲淤量验证对比表

河 段	冲 淤 量		
	实测值/万 m³	计算值/万 m³	相对误差/%
公安—郝穴	2423.0	2704.5	11.62
郝穴—新厂	1688.4	1803.0	6.79
新厂—藕池	914.7	1051.7	14.98
藕池—碾子湾	2124.5	1953.2	−8.06
全河段	7150.6	7512.4	5.06

图 8.4.6 为 2008 年 10 月至 2013 年 10 月公安至碾子湾河段冲淤分布对比图。公安至碾子湾河段河床总体处于冲刷状态，冲淤幅度一般在 −20～+10m，主要表现为河槽、低滩冲刷，且幅度较大，高滩地略有淤积，部分急弯段出现滩地冲刷和撤弯现象。从冲淤的

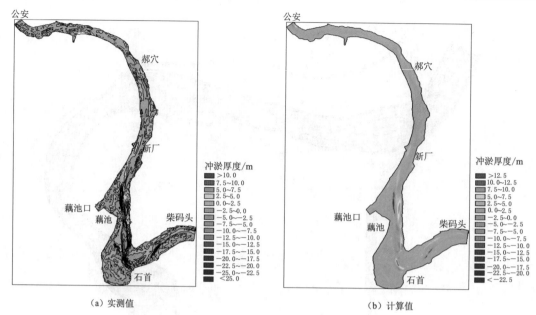

图 8.4.6　公安至碾子湾河段河床冲淤厚度分布验证对比图

沿程分布来看，在水流较集中的河段，河槽冲刷幅度较大，在有护滩工程处滩地一般出现淤积。总的冲淤格局与实测地形分析成果基本一致。

4. 碾子湾至盐船套河段

（1）水位和流速分布验证。采用 2014 年 2 月 12 日（测时流量约 6300m³/s）、2014 年 2 月 22 日（测时流量约 6500m³/s）实测资料进行水位和流速分布的验证。验证结果表明：数学模型计算的水位与实测值相比，误差较小，其相差值一般在 5cm 以内，得到该河段河床初始糙率为 0.022～0.028；计算与实测的断面流速分布符合较好，主流位置基本一致。经统计，各测流垂线流速计算值与实测值误差一般在 0.2m/s 以内。

（2）河床冲淤验证。采用 2008 年 10 月实测 1/10000 河道地形资料作为起始地形，并采用 2013 年 10 月实测 1/10000 河道地形资料作为终止地形，进行河床冲淤验证计算分析。表 8.4.6 为碾子湾至盐船套河段冲淤量验证对比表，图 8.4.7 为碾子湾至盐船套河段冲淤厚度分布验证对比图。

表 8.4.6　　　　　　　　碾子湾至盐船套河段各分段冲淤量验证对比表

河段	冲　淤　量		
	实测值/万 m³	计算值/万 m³	相对误差/%
碾子湾—半头岭	−536.8	−516.0	−3.9
半头岭—南河口	−1122.6	−1236.5	+10.1
南河口—塔市驿	+236.6	+202.7	−14.3
塔市驿—烟铺子	−540.7	−505.5	−6.5
烟铺子—盐船套	−568.8	−596.4	+4.9
全河段	−2532.3	−2651.7	+4.7

　　从图、表可见，碾子湾至盐船套河段河床总体处于冲刷状态，冲淤幅度一般在－15～＋10m，主要表现为河槽、低滩冲刷，且幅度较大，高滩地略有淤积，部分急弯段出现滩地冲刷和撇弯现象。从冲淤的沿程分布来看，在水流较集中的河段，河槽冲刷幅度较大，在有护滩工程处滩地一般出现淤积。

　　根据两次实测地形统计，该河段实测冲刷总量约 2532.3 万 m³，而验证计算冲刷总量约 2651.7 万 m³，相对误差约＋4.7%，而其他各分段冲淤量相对误差均在 15% 以内。

　　另根据实测和计算得出的河床冲淤分布对比也可看出，河床冲淤部位与幅度、计算结果与实测结果基本吻合，相似性较好，模型基本能够反映验证河段的天然冲淤变化状况。

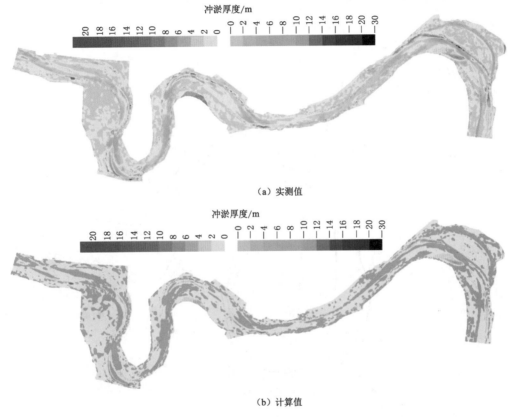

图 8.4.7　柴码头至陈家马口河段冲淤厚度分布验证对比图

5. 盐船套至螺山河段

（1）水位和流速分布验证。采用 2016 年 11 月 24 日（实测监利流量约 8360m³/s、七里山流量 6060m³/s）实测水文资料对盐船套至螺山河段进行水位和流速分布的验证。该河段平面二维水流数学模型包括 3 个开边界，在长江干流上游开边界（盐船套）给定入流流量为 8360m³/s，在洞庭湖入汇开边界（七里山）给定入流流量为 6060m³/s，在下游出流开边界（螺山）给定水位边界为 20.23m。验证结果表明，数学模型计算的水位误差较小，一般在 5cm 以内，满足数学模型率定试验允许的误差要求，得到该河段河床糙率为 0.021～0.024；计算与实测的断面流速分布符合较好，主流位置基本一致，经统计，各测流垂线流速计算值与实测值误差一般在 0.1m/s 以内。

使用前述河床糙率，进行 2016 年 11 月 24 日（监利 $Q=8360\mathrm{m}^3/\mathrm{s}$、七里山 $Q=6060\mathrm{m}^3/\mathrm{s}$）实测水流工况的模拟，图 8.4.8 为该水流条件下计算河段的流场图。由图可见，大水漫滩，小水归槽；河宽缩窄处，水流集中，流速较大，河道放宽处，水流分散，流速减小。在枯水条件下，河槽内的沙洲纷纷出露。例如，在七弓岭附近的急弯段，在 2009 之前水流走弯道外侧（凹岸）；随着三峡水库运用、上游来沙急剧减少，在 2010 年秋汛期间，七弓岭急弯发生较显著的撇滩切弯演变，河槽内部左边被切开形成一条深槽，与河槽内部右边的原有深槽并列，在低水位条件下形成分汊型水流流路。在七弓岭附近，上游来流被河底沙洲分为两汊，两股水流在沙洲尾汇合并流入下游河道。在大水条件下，七弓岭附近沙洲均被淹没过流。因此，上述分析在定性上表明该模型能较好地模拟该河段各种洪水条件下的水流运动情况。

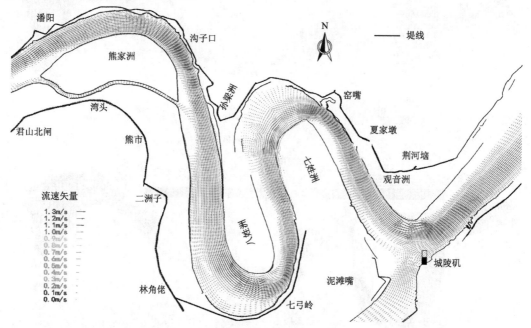

图 8.4.8　盐船套至螺山河段验证计算流场图

（2）河床冲淤验证。采用 2013 年 10 月实测地形图为初始地形、2016 年 10 月实测地形为终止地形，对河床冲淤进行验证。

从 2013 年 10 月、2016 年 10 月实测地形对比可知，计算区域内河床变形主要集中在主河槽中，河床总体以冲刷为主，河槽内河床的冲淤变化规律与河槽位置特征关系密切。例如，在熊家洲弯道主要表现在凹岸（沟子口至孙梁洲）冲刷、凸岸熊家洲边滩微淤；在八姓洲、七姓洲、观音洲弯道处，由于弯道段在 2013 年之前均已完成了切滩撇弯的河床演变过程，在 2013—2016 年时段内河床冲淤调整主要表现为撇弯后的新槽继续发展，新槽靠近凹岸的浅滩持续淤积抬高。

从数模验证计算结果来看，在计算时段内，计算区域内河床变形主要集中在主河槽中，河床总体以冲刷为主，各段河床的冲淤变化规律与实测资料基本一致。分段河道冲淤量与冲淤厚度统计见表 8.4.7。由表可知，在 2013—2016 年时段内，CS4～CS21 河段实测的冲刷量为 1398.9 万 m³，计算得到的冲刷量为 1160.2 万 m³，计算值比实测值小238.6 万 m³，偏小 17.1%。

表 8.4.7　　　　　　　　　盐船套至螺山河段冲淤量验证对比表

河　段	冲　淤　量			
	实测值/万 m³	计算值/万 m³	差值/万 m³	相对误差/%
CS4～CS6	−218.4	−177.4	41.0	18.8
CS6～CS10	−296.9	−284.0	12.9	4.3
CS10～CS12	40.5	29.8	−10.7	26.4
CS12～CS15	−287.2	−206.1	81.1	28.2
CS15～CS18	−285.3	−270.6	14.7	5.2
CS18～CS21	−351.5	−251.9	99.6	28.3
全河段	−1398.9	−1160.2	238.6	17.1

图 8.4.9 为熊家洲至城陵矶连续弯道河段的河道冲淤分布对比图。熊家洲至城陵矶河段共计有 4 个弯道，分别为熊家洲、八姓洲、七姓洲、观音洲弯道，其中，八姓洲、七姓洲弯道为急弯弯道；此外，除熊家洲弯道之外，八姓洲、七姓洲、观音洲弯道近期（2013年之前）均发生了“切滩撇弯”。

验证结果表明：熊家洲弯道河床变形主要表现在主河槽凹岸（沟子口至孙梁洲）冲刷、凸岸熊家洲边滩微淤，与实测的主河槽河床演变趋势一致；计算得到的主河槽河床冲淤厚度一般为 −5.5～+2.5m，实测值为 −4.6～+1.8m，二者较为接近。在八姓洲、七姓洲、观音洲弯道处，计算的河床变形主要表现在撇弯后的新槽继续发展，新槽靠近凹岸的浅滩持续淤积抬高，与实测的主河槽河床演变趋势一致；3 个弯道处计算得到的主河槽河床冲淤厚度一般分别为 −5.5～+7.5m、−4.0～+6.0m、−5.5～+4.0m，实测值分别为 −5.5～+6.5m、−3.0～+6.0m、−5.3～+3.0m，二者较为接近。由此可见，从研究区域河床变形趋势、河床冲淤调整幅度来看，计算结果与实测资料均是一致的。

由此可见，由数学模型计算得到的盐船套至螺山河段沿程水位、断面流速分布、河床冲淤均与实测资料均符合较好，因此采用的河道平面二维水流数学模型的计算方法是可行的，在合理的模型参系数取值条件下，平面二维水流模型能较好地模拟计算河段的水流和泥沙的运动特征，可用于很多河段河床冲淤的模拟计算。

8.4.1.3　盐船套至螺山河段三维水沙数学模型

为对比不同数学模型的计算精度，建立了盐船套至螺山河段三维水沙数学模型。计算区域为盐船套至螺山长约 78km 的荆江干流河段、七里山至城陵矶洞庭湖入汇长约 4.5km 的河段。

1. 水流参数的率定验证

三维水流数学模型率定验证计算的主要目的是检验数学模型计算方法的可行性，率定模型中的相关参数并检验模型的计算精度，主要率定验证内容包括沿程水面线、断面测点垂线流速分布、横断面环流结构等。

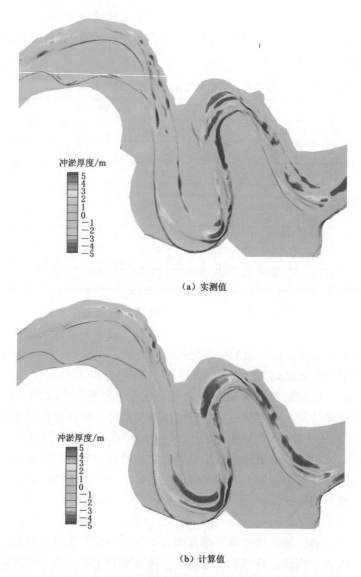

（a）实测值

（b）计算值

图 8.4.9　盐船套至螺山河段连续弯道河段冲淤厚度
分布验证对比图

（1）水位率定验证。选取 2014 年 2 个测次的实测资料进行河床阻力系数和水位的验证。其中：2014 年 8 月 16—17 日对应监利实测流量约为 20000m³/s，盐船套入流流量为 20000m³/s，七里山入流流量为 10900m³/s，螺山水位边界为 25.90m；2014 年 12 月 24—25 日对应监利实测流量约为 7120m³/s，盐船套入流流量为 7120m³/s，七里山入流流量为 1805m³/s，螺山水位边界为 17.91m。

经过水位验证计算，监利河段河床粗糙高度取值在 0.001m 左右。在使用上述床面粗糙高度取值进行水流模拟时，计算得到的各水位测站处的水位计算值与实测值符合良好，水位绝对误差一般在 0.05m 以内，满足数学模型率定试验允许的误差要求。

（2）垂线流速分布率定验证。在给定的河床地形边界、上下游开边界条件下，计算区域内流速空间分布主要决定于紊动黏性系数与河床阻力系数。采用标准的 K-ε 模型计算垂向紊动涡黏性系数，采用 Samagorinsky 方法计算水平紊动黏性系数。这两种方法的计算式中分别包含壁函数（Fw）、常数（C）两个对应用条件较敏感的参系数。根据经验，Samagorinsky 模型中的 C 取值为 0.1，K-ε 模型中的壁函数 Fw 根据垂线流速分布实测资料率定。

选取 2014 年 8 月 16—17 日（监利实测流量约 20000m³/s）实测水文资料率定 K-ε 模型中壁函数 Fw。调整紊流模型中的壁函数 Fw 以改变紊动黏性系数，直到计算得到的垂线流速分布与实测值符合较好。选取 2014 年 12 月 24—25 日（监利实测流量约 7120m³/s）实测水文资料对数学模型计算精度进行了验证。

采用垂线上表层流速与底层流速的比值（例如：$V_{1.0H}/V_{0.0H}$、$V_{0.8H}/V_{0.2H}$）作为描述测点垂线流速分布的定量指标。经过试算发现：在监利实测流量约 20000m³/s 的水流条件下，当 $Fw=0.78$ 时，$V_{1.0H}/V_{0.0H}$、$V_{0.8H}/V_{0.2H}$ 的实测值与计算值符合较好；在监利实测流量约 7120m³/s 的水流条件下，当 $Fw=0.80$ 时，$V_{1.0H}/V_{0.0H}$、$V_{0.8H}/V_{0.2H}$ 的实测值与计算值符合较好（见表 8.4.8）。综合考虑全年可能出现的最多的水流条件，K-ε 模型中的壁函数 Fw 取值为 0.78。2014 年 8 月 16—17 日各测流断面测点垂线流速分布实测值与计算值的比较见图 8.4.10。由图可知，计算结果与实测测点垂线流速分布符合较好，数学模型较好地模拟了八姓洲至七姓洲连续弯道段水流的三维流速分布情况。经统计，各测流垂线计算值与实测值误差一般在 0.05m/s 以内，最大误差为 0.12m/s。

表 8.4.8　　　　　盐船套至螺山段三维模型流速比值与实测值的比较

水文站点	2014 年 8 月 16—17 日（监利流量 20000m³/s）			2014 年 12 月 24—25 日（监利流量 7120m³/s）		
	实测值	计算值	误差	实测值	计算值	误差
$V_{1.0H}/V_{0.0H}$	1.71	1.69	−0.02	1.65	1.63	−0.02
$V_{0.8H}/V_{0.2H}$	1.24	1.27	+0.03	1.27	1.29	+0.02

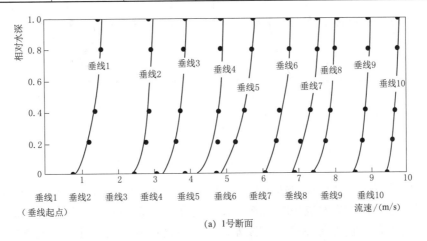

（a）1号断面

图 8.4.10（一）　盐船套至螺山河段断面垂线流速分布验证对比

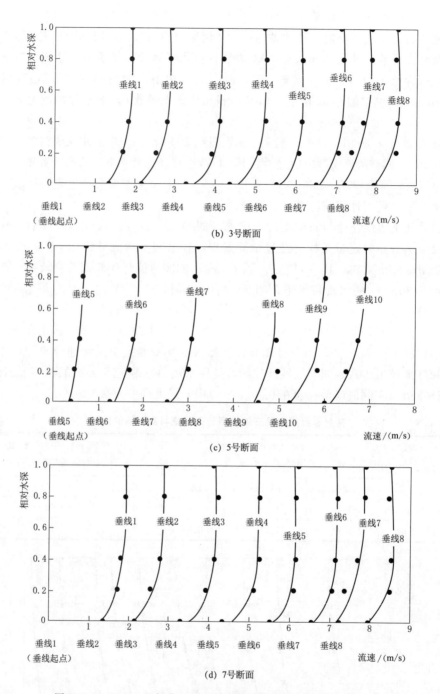

图 8.4.10（二）　盐船套至螺山河段断面垂线流速分布验证对比

（3）三维流场与横断面环流结构分析。图 8.4.11 分别为流量 20000m³/s、7120m³/s 条件下计算河段底层和表层流场图。图 8.4.12 分别为流量 20000m³/s、7120m³/s 条件下流速等值面分布图。由图可见，大水漫滩，小水归槽；河宽缩窄处，水流集中，流速较大，河道放宽处，水流分散，流速减小。在枯水条件下，河槽内的沙洲纷纷出露。例如，

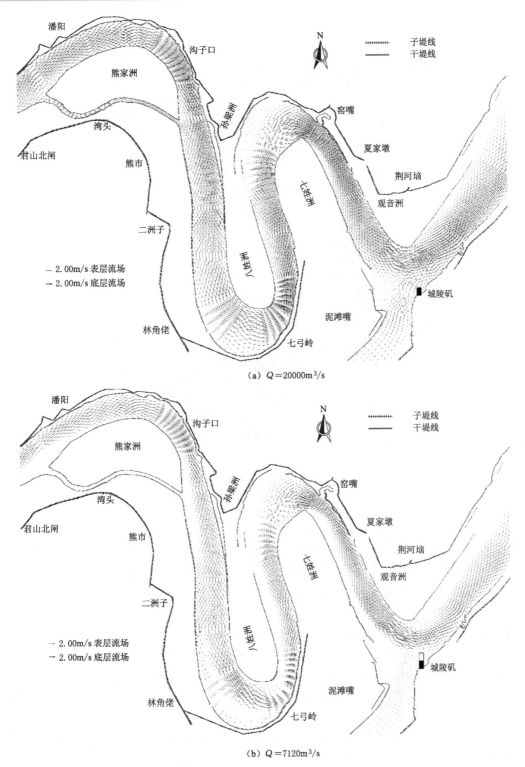

(a) $Q=20000\text{m}^3/\text{s}$

(b) $Q=7120\text{m}^3/\text{s}$

图 8.4.11 盐船套至螺山河段底层、表层流场套绘图

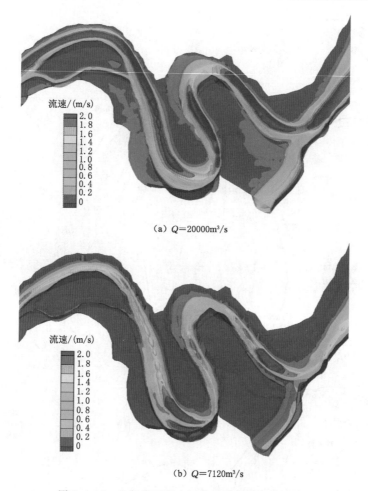

(a) $Q=20000\text{m}^3/\text{s}$

(b) $Q=7120\text{m}^3/\text{s}$

图 8.4.12　盐船套至螺山河段流速等值面分布图

在七弓岭附近的急弯段，在 2009 年之前水流走弯道外侧（凹岸）；随着三峡水库运用、上游来沙急剧减少，在 2010 年秋汛期间，七弓岭急弯发生较显著的撇滩切弯演变，河槽内部左边被切开形成一条深槽，与河槽内部右边的原有深槽并列，在低水位条件下形成分汊型水流流路。在七弓岭附近，上游来流被河底沙洲分为两汊，两股水流在沙洲尾汇合并流入下游河道。在大水条件下，七弓岭附近沙洲均被淹没过流。从表层、底层水流流场比较来看：弯道附近表层水流流速显著大于底层水流流速，表层水流流速偏向凹岸，底层水流偏向凸岸，预示着弯道附近横向的环流结构。因此，上述分析在定性上表明该模型能较好地模拟该河段各种洪水条件下的水流运动情况和三维流速分布情况。

　　由于盐船套至螺山河段为连续弯曲河道，故对河道横断面中的弯道环流也进行定性分析。图 8.4.13 给出了两组水流条件下计算河段横断面环流结构与地形套绘图。

　　（4）连续弯道环流过渡分析。自然界中，河流为保持从上游到下游的延续性，不能只朝同一方向弯曲，相邻两弯道弯曲方向一般相反，并形成以过渡段（上下游弯道之间的近似顺直段）相衔接的连续弯道。连续弯道成为构成弯曲河流的基本单元。下荆江熊家洲至城陵矶河段即为典型的连续弯道。在这类河流连续弯道的河槽中，水沙运动常引起频繁的河床冲淤、深泓摆动，对区域的河势控制、航运、岸线利用等产生重大影响。

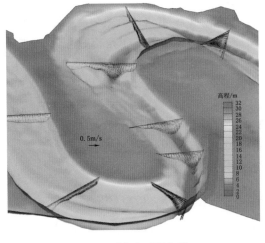

(a) $Q=20000\text{m}^3/\text{s}$

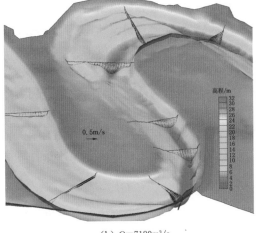

(b) $Q=7120\text{m}^3/\text{s}$

图 8.4.13　盐船套至螺山河段横断面环流结构与地形套绘图

连续弯道由上下游两个反向弯道和中间过渡段构成，由于上下游两个弯道中水流流线弯曲方向相反，因此二次流的旋转方向相反。通过三维数学模型模拟八姓洲至七姓洲连续弯道的平滩水流运动，并提取反向二次流流场沿程变化（见图8.4.14）。

熊家洲至城陵矶连续弯道河槽近年来深泓摆动频繁，河槽呈现出多深槽的地形形态。通过对熊家洲至城陵矶连续弯道过渡段环流的提取和分析，可以发现受到复杂地形的影响，过渡段二次流结构也十分复杂，呈现出多涡形态。因此，定性上讲，该三维模型能较好地反映河道平面形

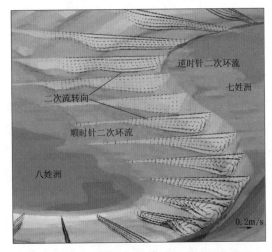

图 8.4.14　熊家洲至城陵矶连续弯道横断面
环流沿程变化

态和局部地形的影响，模拟出弯道各断面内的环流结构，与弯道水力学基本理论是一致的；同时，所采用的二次流提取算法可较好地展示和分析连续弯道的环流特征。

目前，由于缺乏环流流速实测资料，定量地比较计算的和实测的环流结构还存在困难。但从定性上讲，该三维模型能较好地反映河道平面形态和局部地形的影响，模拟出弯道各断面内的环流结构，与弯道水力学基本认识是一致的。上述定性分析表明模型能较好地模拟该河段各种条件下的水流运动和三维流速分布。总体来看：所建立的三维水流模型的计算方法是可行的，在合理的参系数取值条件下，能较好地模拟天然河流的三维水流特征。

2. 河床冲淤验证

（1）泥沙模型参数的率定。在完成水流模型参系数率定的基础上，进行泥沙模型输沙能力参数（沙粒阻力比例系数 μ_1 曲线）的率定。采用 2011 年实测地形图塑制三维数学模型的初始地形。通过模拟 2011 年 11 月 1 日至 2013 年 10 月 31 日非恒定流过程并且进行试算，寻找适合于计算河段的 μ_1 曲线。2012 年为三峡运用后长江中游径流量最大的年份，监利水文站实测流量峰值达 35000m³/s（平滩流量为 28000m³/s）以上，长江干流监利、洞庭湖七里山水文站断面输入沙量分别为 7440.98 万 t、2486.53 万 t，计算河段出口螺山水文站输出沙量为 9812.19 万 t。因而，2012 年水文过程包含大、中、小水流强度条件下的输沙情形，且年输沙量较大，在三峡工程运用后的水文系列中具有较强的代表性。

定义计算区域出口断面年输沙量计算的相对误差（E_S）如下

$$E_S = \Big[\sum_{day=1}^{N_y} (TQ_{CS}^{计算} S_{CS}^{计算})_{day} - \sum_{day=1}^{N_y} (TQ_{CS}^{实测} S_{CS}^{实测})_{day} \Big] \Big/ \sum_{day=1}^{N_y} (TQ_{CS}^{实测} S_{CS}^{实测})_{day}$$

为描述水沙数学模型的计算精度，定义日均值平均绝对相对误差（E_{QS}）如下

$$E_{QS} = \frac{1}{N_y} \sum_{day=1}^{N_y} \Big[\frac{Q_{CS}^{计算} S_{CS}^{计算} - Q_{CS}^{实测} S_{CS}^{实测}}{Q_{CS}^{实测} S_{CS}^{实测}} \Big]_{day}$$

式中：Q_{CS} 为断面流量；S_{CS} 为断面平均含沙量；N_y 为样本数量，对于一个 366 天的非恒定泥沙输移和冲淤过程的模拟来说，$N_y = 366$；T 为样本采集时间间隔，$T = 86400s$（每天采集一个样本）。

泥沙模型参数的率定方法为：反复调试 μ_1 曲线，使计算的和实测的研究区域出口水文站断面实测年输沙量达到一致（即 E_S 接近 0），并通过计算 E_{QS} 值评价模型的计算精度。经过反复试算发现：当 μ_1 曲线中起调水深 $h_1 = 6$、$\beta_2 = 0.023$、μ_1 的最小值为 0.667 时，E_S 可达到 0.1% 以下。此时，在计算区域出流开边界（螺山）断面处，比较计算的和实测的输沙率过程可知：数学模型可较好地模拟断面的输沙率的最低、最高值及其逐日变化过程，计算的输沙率过程相对于实测过程未出现相位偏移，计算结果与实测值均符合较好（见图 8.4.15）。计算日均值平均绝对相对误差，可得当计算的和实测的泥沙输沙量一致时 $E_{QS} = 17.9\%$。

一般而言，受泥沙基本理论发展水平、河床沙级配资料短缺等诸多因素限制，准确模拟具有复杂边界、滩槽复式结构断面形态的天然河道泥沙输移过程是较困难的。由图中计算值与实测值比较来看，计算的和实测的螺山水文站水沙过程未出现相位偏移，含沙量相对误差一般在 15% 以内。由此可见，在合理的水沙数学模型参系数取值条件下，三维水沙模型能较好地模拟河道水文测站断面的水沙输移过程。

根据计算区域水文站 2012 年实测数据统计，长江干流监利水文站总输入沙量为 7440.98 万 t，洞庭湖七里山水文站总输入沙量为 2486.53 万 t，长江干流螺山水文站总输出沙量为 9812.19 万 t。根据数学模型计算得到的断面逐日输沙率数据统计，2012 年螺山水文站断面年输沙量为 9915.46 万 t，较实测值大 103.27 万 t，相对误差为 1.05%。由此可见，在合理的模型参数取值条件下，该三维水沙数学模型可较好地模拟河道泥沙输移量。

（2）冲淤量及冲淤分布的验证。采用 2013 年 10 月至 2016 年 10 月实测水文资料及相应地形，对三维水沙数学模型模拟河床冲淤变形的计算精度进行检验。

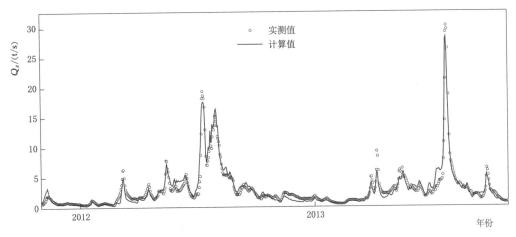

图 8.4.15　螺山断面计算输沙率过程与实测过程对比图

从 2013 年 10 月、2016 年 10 月实测地形对比可知，计算区域内河床变形主要集中在主河槽中，河床总体以冲刷为主，河槽内冲淤变化规律与河槽位置特征关系密切。例如，在熊家洲弯道主要表现在凹岸（沟子口至孙梁洲）冲刷、凸岸熊家洲边滩微淤；在八姓洲、七姓洲、观音洲弯道处，由于弯道段在 2013 年之前均已完成了切滩撇弯的河床演变过程，在 2013—2016 年时段内河床冲淤调整主要表现为撇弯后的新槽继续发展，新槽靠近凹岸的浅滩持续淤积抬高。

从数模计算结果来看，在计算时段内，计算区域内河床变形主要集中在主河槽中，河床总体以冲刷为主，各段河床的冲淤变化规律与实测基本一致。分段河道冲淤量与冲淤厚度统计见表 8.4.9。由表可知，在 2013—2016 年时段内，河段实测的冲刷量为 1398.9 万 m³，计算得到的冲刷量为 1222.8 万 m³，计算值比实测值少 176.1 万 m³，偏少 12.6%，总体来看，数学模型的计算精度满足泥沙数学模型验证的计算精度要求。

表 8.4.9　　　　　　　　　　盐船套至螺山河段三维模型冲淤量验证对比表

河　段	冲　淤　量		
	实测值/万 m³	计算值/万 m³	相对误差/%
CS4～CS6	−218.4	−167.2	23.4
CS6～CS10	−296.9	−189.3	36.2
CS10～CS12	40.5	30.4	24.9
CS12～CS15	−287.2	−216.8	24.5
CS15～CS18	−285.3	−238.6	16.4
CS18～CS21	−351.5	−441.3	25.5
全河段	−1398.9	−1222.8	12.6

图 8.4.15 为熊家洲至城陵矶连续弯道河段的河道冲淤分布验证对比图。验证计算结果表明：熊家洲弯道河床变形主要表现在主河槽凹岸（沟子口至孙梁洲）冲刷、凸岸熊家洲边滩微淤，与实测的主河槽河床演变趋势一致；计算得到的主河槽河床冲淤厚度一般为 −4.7～+2.0m，实测值为 −4.6～+1.8m，二者较为接近。八姓洲、七姓洲、观音洲弯道，计算结果表明河床变形主要表现在撇弯后的新槽继续发展，新槽靠近凹岸的浅滩持续

淤积抬高，与实测的主河槽河床演变趋势一致；3 个弯道计算得到的主河槽河床冲淤厚度一般分别为 $-5.5 \sim +7.5m$、$-4.0 \sim +6.0m$、$-8.8 \sim +5.0m$，实测值分别为 $-5.5 \sim +6.5m$、$-3.0 \sim +6.0m$、$-5.3 \sim +3.0m$，二者较为接近。由此可见，从研究区域河床变形趋势、河床冲淤调整幅度来看，计算结果与实测均是一致的。

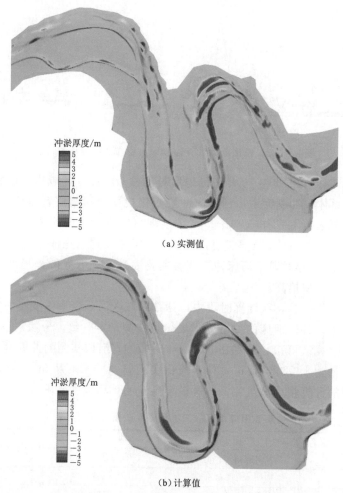

（a）实测值

（b）计算值

图 8.4.16　盐船套至螺山河段三维水沙模型冲淤厚度分布验证对比图

由验证计算结果可知，本章三维水沙数学模型模拟的水流过程、泥沙输移过程及河床变形与实测资料均符合较好，能反映盐船套至螺山河段水沙运动、河床冲淤的基本规律，可用于进行该河段河床冲淤趋势预测研究。

8.4.2　河床再造过程的数值模拟预测

8.4.2.1　三峡水库坝下游河道总体再造过程预测

1. 预测计算条件

（1）上游水库联合运用拦沙计算条件。据实测资料，宜昌站 2002 年前多年平均输沙量为 4.92 亿 t，其中 1991—2000 年实测年均输沙量为 4.17 亿 t。2003 年之后，受长江上游来沙大幅减少及三峡水库运用的影响,长江中下游来沙量显著减少。三峡水库蓄水运用后的 2003—2012 年,宜昌站年均输沙量为 4880 万 t,相对 2002 年前均值减少了 90%。

本次预测计算以 1991—2000 年水沙系列为基础,考虑已建、在建、拟建的上游干支流控制性水库的拦沙作用,主要包括干流的乌东德、白鹤滩、溪洛渡、向家坝、三峡,支流雅砻江的二滩、锦屏一级,岷江的紫坪铺、瀑布沟,乌江的洪家渡、乌江渡、构皮滩、彭水,嘉陵江的亭子口、宝珠寺等 15 座水库,通过水库联合运用泥沙冲淤计算,分析得到长江中下游的来水来沙过程。随着上游控制性水库的联合运用,坝下游来沙量大幅减少,含沙量也明显减小,出库泥沙级配变细。

在 1991—2000 年水沙系列基础上,考虑上述 15 座水库建成拦沙后(乌东德和白鹤滩水库将于 2022 年建成运行),预测得到 2013—2032 年三峡水库年均出库沙量分别为 4300 万~4900 万 t。

实际计算时,2013—2016 年采用实测水沙系列,2017—2032 年采用考虑上游水库拦沙后的 1991—2000 年水沙系列。

(2)坝下游江湖冲淤计算条件。

1)水沙边界条件。坝下游江湖冲淤计算采用考虑上游水库拦沙后的 1991—2000 年水沙系列年。干流宜昌站采用上述梯级水库联合运用后三峡水库下泄水沙过程,河段内洞庭湖四水、鄱阳湖五河及其他支流等入汇水沙均采用该系列年的相应值。

2)计算范围和地形。计算范围包括长江干流宜昌至大通河段、荆江三口洪道、洞庭湖区及四水尾闾、鄱阳湖区及五河尾闾,以及区间汇入的主要支流清江和汉江。

初始地形分别为:长江干流宜昌至大通河段采用 2011 年 10 月实测地形图,切剖断面819 个;荆江三口洪道及洞庭湖区采用 2011 年实测地形图,切剖 1566 个断面;鄱阳湖区采用 2011 年地形图,切剖断面 133 个。

3)下游水位控制条件。计算河段下边界位于大通站水文断面。根据三峡工程蓄水前后大通水文站流量、水位资料分析可知,20 世纪 90 年代以来大通站水位流量关系比较稳定。因此,大通水位可由大通站 1993 年、1998 年、2002 年、2006 年、2012 年的多年平均水位流量关系控制。

4)河床组成。干流河床组成以已有的河床钻孔资料、江心洲或边滩的坑测资料及固定断面床沙取样资料等综合分析确定。1993 年以后至三峡工程 2003 年围堰蓄水运用前,宜昌至沙市河段已出现明显冲刷,河床组成发生变化,本次计算更新补充了 2009 年干流、2015 年三口洪道的实测床沙级配。

2. 河道冲淤趋势预测

根据实测资料,三峡工程蓄水运用后的前 10 年,即 2002 年 10 月至 2012 年 10 月,宜昌至湖口河段(城陵矶至湖口河段为 2001 年 10 月至 2012 年 10 月)总体表现为"滩槽均冲",平滩河槽总冲刷量为 11.71 亿 m³,年均冲刷量为 1.17 亿 m³,年均冲刷强度为11.8 万 m³/(km·a),其中枯水河槽冲刷量为 10.35 亿 m³,占总冲刷量的 88%。

三峡水库建成后拦蓄大量上游来沙,坝下游河道冲刷将会持续数十年。随着三峡水库的建设和运行进程,对于三峡水库运用后长江中下游河道的冲淤预测工作也在持续开展;三峡水库初步设计阶段对坝下游宜昌至九江河段的冲淤趋势进行了预测。由初步设计阶段预测成果可知，三峡水库蓄水运用前 10 年，坝下游河段整体呈冲刷趋势，宜昌至城陵矶河段的冲刷量占宜昌至九江河段总冲刷量的 70% 左右，且冲刷强度大于城陵矶以下河段，总体来看，冲淤分布趋势与实测值分布相近。但由于来水来沙条件、初始地形、水库调度方式与实际情况有一定的差异，加上人类活动（如采砂、航道整治工程等）的影响，预测值和实测值在定量上有一定的误差，但预测成果基本可信。

近几年来，长江上游来沙减少，加上溪洛渡、向家坝等已建水库的陆续运行，坝下游来沙量进一步减少，尤其是 2014—2016 年宜昌站输沙量仅为 720 万 t。2012 年 10 月至 2016 年 11 月，宜昌至湖口河段基本河槽总冲刷量为 9.07 亿 m^3，年均冲刷量为 2.27 亿 m^3，其中枯水河槽冲刷量为 8.80 亿 m^3，占总冲刷量的 97%。2015 年 11 月至 2016 年 11 月，宜昌至湖口河段冲刷强度达到最大，基本河槽总冲刷量为 4.43 亿 m^3。分析其原因，一是 2016 年三峡坝下游径流量偏丰（相对 2003—2015 年增加 12%），而含沙量却大幅偏小（相对减小 43%）；二是 2016 年坝下游汛期洪峰较大，洪水过程持续时间偏长，加剧了河道的冲刷。

长江上游干支流控制性水库运用后，三峡水库出库泥沙大幅度减少，含沙量也相应减小，出库泥沙级配变细，导致河床发生剧烈冲刷。对于卵石或卵石夹沙河床，冲刷使河床发生粗化，并形成抗冲保护层，促使强烈冲刷向下游转移；对于沙质河床，因强烈冲刷改变了断面水力特性，水深增加，流速减小，水位下降，比降变缓等各种因素都将抑制该河段的冲刷作用，使强烈冲刷向下游发展。

采用最新实测资料验证后的数学模型，预测了宜昌至大通河段 2017—2032 年的冲淤变化过程。数学模型计算结果表明（表 8.4.10），水库联合运用的 2017—2032 年年末，长江干流宜昌至大通河段悬移质累积总冲刷量为 20.91 亿 m^3，其中宜昌至城陵矶河段冲刷量为 7.67 亿 m^3，城陵矶至武汉河段为 6.58 亿 m^3，武汉至大通河段为 6.66 亿 m^3。

表 8.4.10　　　　　　　　　宜昌至大通分段悬移质累积冲淤量　　　　　　单位：亿 m^3

河段	河段长度/km	2003—2012 年实测值	2013—2016 年实测值	2017—2022 年预测值	2023—2032 年预测值
宜昌—枝城	60.8	−1.46	−0.18	−0.25	−0.12
枝城—藕池口	171.7	−3.31	−2.24	−1.77	−1.26
藕池口—城陵矶	170.2	−2.90	−0.81	−2.16	−2.11
城陵矶—武汉	230.2	−1.26	−3.50	−3.21	−3.37
武汉—湖口	295.4	−2.79	−2.31	−2.84	−2.55
湖口—大通	204.1			−0.55	−0.72
大通—宜昌	1132.4			−10.78	−10.13
宜昌—湖口		−11.71	−9.07	−10.23	−9.41

由于宜昌至大通河段跨越不同地貌单元，河床组成各异，各分河段在三峡水库运用后出现不同程度的冲淤变化。

宜昌至枝城河段，河床由卵石夹沙组成，表层粒径较粗。三峡水库运用初期该段悬移质强烈冲刷基本完成。2017—2032 年年末最大冲刷量为 0.37 亿 m^3，如按河宽 1000m 计，宜昌至枝城河段平均冲深为 0.61m。

枝城至藕池口河段为弯曲型河道，弯道凹岸已实施护岸工程，险工段冲刷坑最低高程已低于卵石层顶板高程，河床为中细沙组成，卵石埋藏较浅。该河段在水库运用后的2017—2022年年末，冲刷量为1.77亿 m^3，河床平均冲深为0.79m；2017—2032年年末，冲刷量为3.03亿 m^3，河床平均冲深为1.36m。

藕池口至城陵矶段（下荆江）为蜿蜒型河道，河床沙层厚达数十米。三峡水库初期运行时，该河段冲刷相强度相对较小；三峡及上游水库运用后该河段河床发生剧烈冲刷，2017—2022年年末该段冲刷量为2.16亿 m^3，即河床平均冲深为0.79m；2017—2032年年末该段冲刷量为4.27亿 m^3，即河床平均冲深为1.57m；由于该河段河床多为细沙，之后该河段仍将保持冲刷趋势。

三峡水库运行初期，由于下荆江的强烈冲刷，进入城陵矶至汉口段水流的含沙量较近坝段大。待荆江河段的强烈冲刷基本完成后，强冲刷下移。加上上游干支流水库拦沙效应，三峡及上游水库运用20～50年，城陵矶至汉口河段冲刷强度也较大，水库运用后的2017—2022年年末，该段冲刷量为3.21亿 m^3，河床平均冲深为0.70m；2017—2032年年末，该段冲刷量为6.58亿 m^3，河床平均冲深为1.43m。

武汉至大通河段为分汊型河道，当上游河段冲刷基本完成，武汉至湖口河段开始冲刷，2017—2022年、2032年年末冲刷量分别为2.84亿 m^3、5.39亿 m^3，按河宽2000m计，河床平均冲深分别为0.48m、0.91mm；湖口至大通河段，2017—2022年、2032年年末冲刷量分别为0.55亿 m^3、1.27亿 m^3，按河宽2000m计，河床平均冲深分别为0.13m、0.31m。

8.4.2.2 典型河段冲淤变化趋势

利用建立的二维水沙数学模型研究预测典型河段的冲淤变化趋势。各河段进出口边界条件由三峡坝下游宜昌至大通河段一维水沙数学模型计算提供。

1. 枝城至陈家湾河段

（1）河道冲淤量。表8.4.11为枝城至陈家湾河段冲淤量变化表。枝城至陈家湾河段总体处于冲刷状态。10年末、20年末全河段冲刷总量分别约4982.1万 m^3、5636.01万 m^3，其中前10年年均冲刷量为498.21万 m^3，后10年年均冲刷量为65.39万 m^3；前10年冲刷强度大于后10年冲刷强度。

表8.4.11 枝城至陈家湾河段冲淤量变化表

河 段	10年末冲淤量/万 m^3	20年末冲淤量/万 m^3
枝城—陈二口	−1034.91	−1107.86
陈二口—昌门溪	−424.43	−463.76
昌门溪—七星台	−685.85	−834.23
七星台—杨家垴	−838.97	−895.82
杨家垴—陈家湾	−1997.94	−2334.34
全河段	−4982.1	−5636.01

从各分段冲淤变化来看，未来20年末，枝城至陈二口冲刷量约为1107.86万 m^3，冲刷强度为4.04万 $m^3/(km \cdot a)$；陈二口至昌门溪冲刷量约为463.76万 m^3，冲刷强度为2.17 $m^3/(km \cdot a)$；昌门溪至七星台冲刷量约834.23万 m^3，冲刷强度为2.12万 $m^3/(km \cdot a)$；

七星台至杨家垴冲刷量约为 895.82 万 m³，冲刷强度为 5.15 万 m³/(km·a)；杨家垴至陈家湾冲刷量约为 2334.34 万 m³，冲刷强度为 6.79 万 m³/(km·a)。

（2）河床冲淤厚度分布。由图 8.4.17 可以看出，该河段河床冲淤交替，平滩以下河槽以冲刷为主，局部近岸河床冲刷较为明显；边滩部位有冲有淤；已实施的整治工程部位有所淤积。

（a）10年末 　　　　　　　　　　　　　　（b）20年末

图 8.4.17　枝城至陈家湾河段河床冲淤厚度分布图

从 20 年末冲淤厚度变化幅度来看，枝城至陈二口河段河槽冲淤厚度为 −2.5~+0.3m，高边滩部位冲淤厚度为 −2.2~+0.4m；陈二口至昌门溪河段河槽冲淤厚度为 −1.7~+0.3m，高边滩部位冲淤厚度为 −1.3~+0.4m；昌门溪至七星台河段河槽冲淤厚度为 −2.6~+0.2m，高边滩部位冲淤厚度为 −1.8~+0.4m；七星台至杨家垴河段河槽冲淤厚度为 −7.2~+0.4m，高边滩部位冲淤厚度为 −3.3~+0.5m；杨家垴至陈家湾河段河槽冲淤厚度为 −7.4~0.4m，高边滩部位冲淤厚度为 −3.2~+0.5m。

2. 陈家湾至公安河段

（1）河道冲淤量。表 8.4.12 为陈家湾至公安河段冲淤量变化表。由表可见，陈家湾至公安河段总体处于冲刷状态。10 年末、20 年末全河段冲刷总量分别约为 22864.6 万 m³、33098.1 万 m³，其中前 10 年年均冲刷 2286.5 万 m³，后 10 年年均冲刷 1023.4 万 m³；后 10 年冲刷量小于前 10 年冲刷量。

表 8.4.12　　　　　　　　　　陈家湾至公安河段冲淤量变化表

分　段	10 年末冲淤量/万 m³	20 年末冲淤量/万 m³
进口—马羊洲尾	−5098.8	−7191.0
马羊洲尾—陈家湾	−1301.7	−1812.2
陈家湾—观音寺以上	−8517.5	−12163.4
观音寺附近	−1692.3	−2617.7
观音寺以下	−6254.2	−9313.1
全河段	−22864.5	−33097.4

从各分河段来看，20 年末陈家湾以上河段冲刷量约 7190.9 万 m³，冲刷强度 26.8 万 m³/(km·a)；马羊洲尾至陈家湾区段冲刷量约 1812.2 万 m³，冲刷强度 20.6m³/(km·a)；陈家湾下至观音寺上所在的区段冲刷量约 12163.3 万 m³，冲刷强度 24.3 万 m³/(km·a)；观音寺附近区段冲刷量约 2617.7 万 m³，冲刷强度 26.7 万 m³/(km·a)；观音寺以下河段冲刷量约 9313.1 万 m³，冲刷强度 27.4 万 m³/(km·a)。

（2）河床冲淤厚度分布。由图 8.4.18 中可以看出，该河段河床冲淤交替，平滩以下

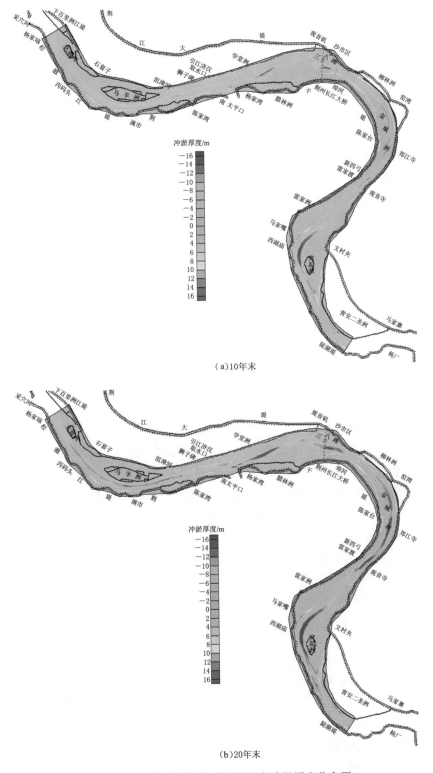

（a）10年末

（b）20年末

图 8.4.18　陈家湾至公安河段河床冲淤厚度分布图

河槽以冲刷为主,局部近岸河床冲刷较为明显;边滩部位有冲有淤,低滩部位冲刷明显,高滩部位略有淤积;已实施的整治工程部位泥沙有所淤积。

从 20 年末冲淤厚度变化幅度来看,陈家湾以上河段河槽冲淤厚度为 $-12.9\sim$ $+11.5\text{m}$,高边滩部位冲淤厚度为 $-4.2\sim+1.9\text{m}$;陈家湾附近区段河槽冲淤厚度为 $-14.8\sim+8.7\text{m}$,高边滩部位冲淤厚度为 $-6.4\sim+2.5\text{m}$;陈家湾下端至观音寺上端所在的区段河槽冲淤厚度为 $-19.5\sim+15.9\text{m}$,高边滩部位冲淤厚度为 $-8.3\sim+2.6\text{m}$;观音寺附近区段河槽冲淤厚度为 $-18.1\sim+8.3\text{m}$,高边滩部位冲淤厚度为 $-11.1\sim+1.5\text{m}$;观音寺以下河段河槽冲淤厚度为 $-19.4\sim+17.8\text{m}$,高边滩部位冲淤厚度为 $-19.4\sim+2.7\text{m}$。

(3)滩、槽变化。图 8.4.19(a)～图 8.4.19(c)分别为陈家湾至公安河段 35m、25m、15m 地形高程线的平面位置变化图。

由图中可见:陈家湾至公安河段在冲淤 20 年后,总体河势格局变化不大,但局部滩、槽冲淤变化较为明显,河槽有冲刷扩展趋势;一般深泓在弯道凹岸向近岸偏移,过渡段左右摆动;局部岸段和边滩(滩缘或低滩部位)冲刷后退;已实施整治工程的部位冲刷受到抑制,局部有所淤积。具体如下:

从 20 年末 35m 高程线(滩缘线)变化来看:陈家湾以上河段,35m 等高线与 2013 年相比变化较小,左右摆动幅度在 100m 内,火箭洲洲头滩缘线淤积上延约 100m;陈家湾附近区段,滩缘线变化较小,左右摆动幅度在 30m 以内;陈家湾至观音寺之间,整体变化不大,变化主要体现在河段内的洲滩的变化,太平口心滩冲刷后退约 750m,右岸荆 40～荆 43 范围内边滩有所淤积,金成洲 35m 等高线有所后退萎缩,右岸高滩有所淤长;观音寺附近区段,右岸略有淤长;观音寺以下河段,突起洲洲头略有后退,荆 60～荆 62 处左岸高滩冲刷后退约 200m。

从 20 年末 25m 高程线(滩缘线)变化来看:陈家湾以上河段,与初始地形相比,25m 等高线左侧展宽 0～260m;陈家湾附近河段 25m 等高线左侧摆动在 100m 内;陈家湾至观音寺之间河段,太平口心滩、三八滩上游河槽线展宽,三八滩左槽略有缩小,右槽有所展宽,金成洲附近右侧河槽线展宽在 300m 范围内,金成洲左缘有所冲刷后退;观音寺附近区域,右侧河槽展宽 30～200m;观音寺下游段,突起洲右缘冲刷后退,突起洲左槽略有发展,荆 60～荆 62 处左侧 25m 等高线冲刷后退约 120m。

从 20 年末 15m 高程线(滩缘线)变化来看:陈家湾以上河段,深槽线变化明显,15m 等高线几乎贯通至陈家湾,冲刷形成宽为 380～550m 的 15m 深槽;陈家湾附近区段,15m 深槽线由初始的靠右侧向左侧展宽贯通整个陈家湾附近区段;太平口至三八滩段,右侧深槽冲刷,形成宽为 200～320m 的 15m 深槽,三八滩至观音寺上游河段右侧深槽冲刷,形成宽为 280～590m 的 15m 深槽;观音寺附近区段,右侧 15m 深槽展宽贯通;观音寺下至突起洲段,右侧深槽展宽,突起洲以下河段左侧明显冲刷展宽。

(4)典型断面冲淤变化。表 8.4.13 为 20 年末典型断面 40m 高程下水力要素变化情况。

20 年末陈家湾以上河段断面深槽明显冲深展宽,最大冲深约为 11.9m,高滩变化较小,一般冲淤变化在 4m 以内;从 CS1 和 CS2 断面形态来看,40m 高程以下河槽初始面积为 21141m^2、17151m^2,20 年末,面积分别扩大了 23.6% 和 24.8%,宽深比由初始的 2.66 和 3.52 分别减小了 0.51 和 0.70。

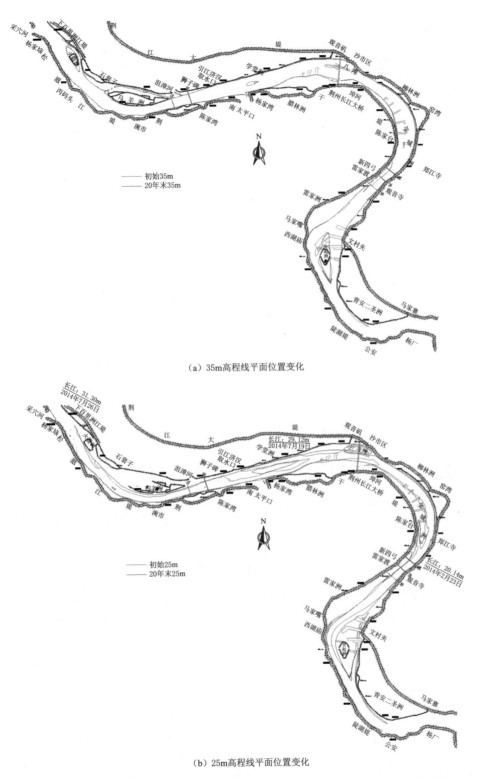

（a）35m高程线平面位置变化

（b）25m高程线平面位置变化

图 8.4.19（一） 20 年末陈家湾至公安河段 35m、25m、15m 高程线平面位置变化图

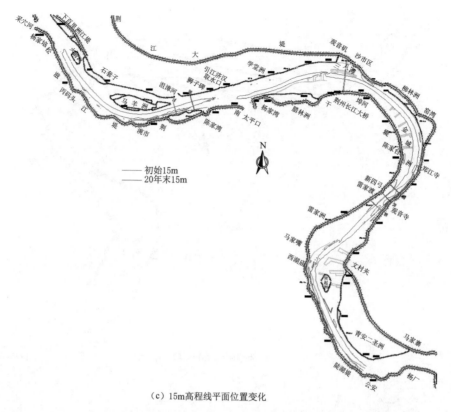

（c）15m 高程线平面位置变化

图 8.4.19（二）　20 年末陈家湾至公安河段 35m、25m、15m 高程线平面位置变化图

表 8.4.13　　　　　　　陈家湾至公安河段 40m 高程下河槽断面要素变化表

河　段	断面位置	面　积		宽　深　比	
		初始面积/ m²	20 年末面积变化率/%	初始宽深比	20 年末宽深比变化值
杨家垴—马羊洲尾	CS1	21141	23.6	2.66	−0.51
	CS2	17151	24.8	3.52	−0.70
马羊洲尾—陈家湾	CS3	19715	15.6	1.91	−0.26
	CS4	21434	25.0	2.59	−0.52
陈家湾—观音寺上游段	CS5	21600	23.5	2.65	−0.50
	CS6	22434	19.9	2.77	−0.46
	CS7	22970	22.7	2.98	−0.56
	CS8	17793	5.4	1.75	−0.10
	CS9	26357	25.9	3.13	−0.64
	CS10	22665	27.0	2.20	−0.47
观音寺附近区段	CS11	16414	33.3	1.91	−0.48
	CS12	22296	19.1	2.10	−0.34

河 段	断面位置	面 积		宽 深 比	
		初始面积/ m²	20年末面积 变化率/%	初始宽深比	20年末宽深比 变化值
观音寺下游—出口	CS13	24085	25.0	3.35	−0.67
	CS14	20956	28.7	2.25	−0.49

杨家湾附近区段CS3和CS4断面左侧河槽明显冲刷下切,最大冲深约为10.3m,高滩变化较小,一般冲淤变化在2m以内;从CS3和CS4断面水力要素变化来看,40m高程以下河槽初始面积为19715m²、21434m²,20年末,面积分别扩大了15.6%和25.0%,宽深比由初始的1.91和2.59分别减小了0.25和0.52。

杨家湾至观音寺河段内典型断面最大冲深约为14.4m,高滩冲淤交替。CS5断面和CS7断面深槽向左侧展宽发展;CS6断面左右两槽均有所冲深,但右槽冲深明显;CS8~CS10断面深槽向右侧发展。从断面水力要素变化来看,40m高程以下河槽初始面积在17793~26357m²范围内,20年末,面积扩大了5.4%~27.0%,宽深比由初始的1.75~3.13,减少了0.1~0.64。

观音寺附近河段内典型断面最大冲深约15.8m,高滩冲淤交替。CS11断面和CS12断面深槽向右侧展宽发展。从断面水力要素变化来看,40m高程以下河槽初始面积为16414m²、22296m²,20年末,面积扩大了33.1%和19.1%,宽深比由初始的1.91和2.1,分别减少了0.48和0.34。

观音寺以下段典型断面最大冲深约15.1m,高滩冲淤交替。CS13断面和CS14断面深槽向右侧展宽发展。从断面水力要素变化来看,40m高程以下河槽初始面积为24085m²、20956m²,20年末,面积扩大了25.0%和28.7%,宽深比由初始的3.35和2.25,分别减少了0.67和0.49。

3. 公安至碾子湾河段

(1) 河道冲淤量。表8.4.14为公安至碾子湾河段冲淤量变化表。由表可知,10年末、20年末该河段累积冲淤量分别为−3458万m³、25778万m³。

表8.4.14　　　　　　　　**公安至碾子湾河段冲淤量变化表**

河 段	10年末冲淤量/ 万 m³	20年末冲淤量/ 万 m³
公安—郝穴	−2814	−15027
郝穴—新厂	−259	−5330
新厂—藕池口	−40	−2767
藕池口—碾子湾	−345	−2654
全河段	−3458	−25778

前10年冲刷强度相对较小,10年后全河段持续较大幅度的冲刷,至20年末公安至郝穴、郝穴至新厂、新厂至藕池口、藕池口至碾子湾的累积冲淤量分别为−15027万m³、−5330万m³、−2767万m³和−2654万m³,全河段冲刷量为25778万m³;单位河长冲

刷强度分别为 689 万 m³/km、375 万 m³/km、234 万 m³/km 和 138 万 m³/km，全河段冲刷强度平均为 385 万 m³/km。可见，上游河段冲刷强度大、下游河段冲刷强度小，说明新一轮冲刷为自上而下的沿程冲刷。

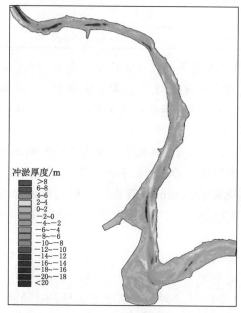

冲淤厚度/m
>8
6~8
4~6
2~4
0~2
−2~0
−4~−2
−6~−4
−8~−6
−10~−8
−12~−10
−14~−12
−16~−14
−18~−16
−20~−18
<−20

图 8.4.20　20 年末公安至碾子湾河段河床冲淤厚度分布图

（2）河床冲淤分布。图 8.4.20 为该河段计算 20 年末的冲淤分布。由图可见，受上游来沙少、来沙细的影响，进口段公安至郝穴主槽冲刷极为剧烈，其他顺直河段主槽及低滩均有所冲刷，弯道河段向凹岸发展，主槽刷深。20 年末，黄林垱以上区段，河床冲淤厚度为 −23.9～+8.7m，黄林垱河段冲淤厚度为 −17.1～6.7m，黄林垱至蛟子渊冲淤厚度为 −14.4～5.3m，蛟子渊段冲淤厚度为 −4.9～4.4m，蛟子渊至鱼尾洲段冲淤厚度为 −21.1～9.8m，鱼尾洲及以下河段冲淤厚度为 −16.6～6.7m。

（3）典型断面冲淤变化。由典型断面形态分析可知（见表 8.4.15）：在平滩河槽下，公安至碾子湾河段典型断面初始断面面积为 17629～31754m²、宽深比为 1.68～9.44；冲淤 20 年末，沿程各断面冲深扩大，局部滩缘线后退，断面面积增大，宽深比减小。

冲淤 20 年末，黄林垱护底工程以上河段（CS01～CS03）面积增大 27.8%～52.52%、宽深比减小 0.46～1.03；黄林垱护底工程段（CS04、CS05）面积增大 29.2%～35.7%、宽深比减小 0.44～0.67；黄林垱护底工程下游至蛟子渊护底工程段上游（CS06～CS09），面积增大 8.6%～25.1%、宽深比减小 0.29～0.34；蛟子渊护底工程区段（CS10、CS11）面积增大 16.7%～29.1%、宽深比减小 0.46～0.76；蛟子渊护底工程下游至鱼尾洲护底工程上游河段（CS12～CS15），面积增大 5.8%～17.2%、宽深比减小 0.22～1.05；鱼尾洲护底工程区段（CS16、CS17）面积增大 12.5%～15.0%、宽深比减小 0.69～0.90；鱼尾洲下游河段（CS18）面积增大 9.8%、宽深比减小 0.48。

表 8.4.15　　　　　　　公安至柴码头河段平滩河槽断面要素变化对比表

河段	断面位置	面　积		宽　深　比	
		初始面积/m²	20 年末面积变化率/%	初始宽深比	20 年末宽深比变化值
黄林垱上游段	CS01	23857	27.8	2.12	−0.46
	CS02	23693	39.0	3.50	−0.98
	CS03	17785	52.5	2.98	−1.03
黄林垱护底段	CS04	18378	35.7	2.56	−0.67
	CS05	20383	29.2	1.95	−0.44

河段	断面位置	面　积		宽　深　比	
		初始面积/m²	20年末面积变化率/%	初始宽深比	20年末宽深比变化值
黄林垱—蛟子渊	CS06	21522	23.2	1.81	−0.34
	CS07	17629	25.1	1.68	−0.34
	CS08	25050	14.6	2.50	−0.32
	CS09	30297	8.6	3.69	−0.29
蛟子渊护底段	CS10	22157	29.1	3.39	−0.76
	CS11	27327	16.7	3.20	−0.46
蛟子渊—鱼尾洲	CS12	22255	17.2	2.93	−0.43
	CS13	23482	16.5	4.53	−0.64
	CS14	24685	5.8	3.96	−0.22
	CS15	31754	12.5	9.44	−1.05
鱼尾洲护底段	CS16	24506	15.0	6.90	−0.90
	CS17	22187	12.5	6.19	−0.69
鱼尾洲下游段	CS18	24267	9.8	5.44	−0.48

4. 碾子湾至盐船套河段

(1) 河道冲淤量。表 8.4.16 为碾子湾至盐船套河段冲淤量变化表。由表可知，碾子湾至盐船套河段总体处于冲刷状态。10 年末、20 年末全河段冲刷总量分别约为 15753.4 万 m³、33993.1 万 m³，其中，前 10 年平均冲刷强度约为 22.5 万 m³/(km·a)，后 10 年平均冲刷强度约为 26.1 万 m³/(km·a)。

表 8.4.16　　　　　　　　碾子湾至盐船套河段冲淤量变化表

河　段	10 年末冲淤量/万 m³	20 年末冲淤量/万 m³
碾子湾—黄石坦	−1719.2	−4342.9
黄石坦—半头岭	−719.9	−1536.0
半头岭—鹅公凸	−5805.8	−12937.0
鹅公凸—塔市驿	−2194.4	−4574.5
塔市驿—盐船套	−5314.1	−10602.5
全河段	−15753.4	−33992.9

从 20 年末各分段冲淤量变化来看：碾子湾至黄石坦区段，冲刷量约为 4342.9 万 m³，冲刷强度为 19.6 万 m³/(km·a)；黄石坦至半头岭区段，冲刷量约为 1536.0 万 m³，冲刷强度为 25.6 万 m³/(km·a)；半头岭至鹅公凸区段，冲刷量约为 12937.0 万 m³，冲刷强度为 25.4 万 m³/(km·a)；鹅公凸至塔市驿区段，冲刷量约为 4574.5 万 m³，冲刷强度为 27.2 万 m³/(km·a)；塔市驿以下区段（塔市驿至盐船套），冲刷量约为 10602.5 万 m³，冲刷强度为 24.1 万 m³/(km·a)。

(2) 河床冲淤分布。由图 8.4.21 中可以看出，碾子湾至盐船套河段河床冲淤交替，平滩以下河槽以冲刷为主，局部近岸河床冲刷较为明显；边滩部位有冲有淤，低滩部位冲刷明显，高滩部位略有淤积；已实施的整治工程部位泥沙有所淤积。

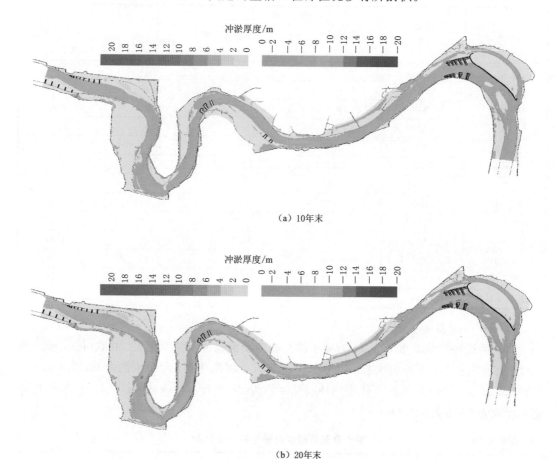

（a）10年末

（b）20年末

图 8.4.21　碾子湾至盐船套河段河床冲淤厚度分布图

从 20 年末该段冲淤厚度分布来看：碾子湾至黄石坦区段，河槽冲淤厚度为 $-14.4 \sim$ $+4.6\text{m}$，高边滩部位冲淤厚度为 $-2.0 \sim +2.0\text{m}$；黄石坦至半头岭区段，河槽冲淤厚度为 $-14.1 \sim +2.5\text{m}$，高边滩部位冲淤厚度为 $-1.5 \sim +1.8\text{m}$；半头岭至鹅公凸区段，河槽冲淤厚度为 $-16.1 \sim +5.9\text{m}$，高边滩部位冲淤厚度为 $-1.8 \sim +1.9\text{m}$；鹅公凸至塔市驿区段，河槽冲淤厚度为 $-15.6 \sim +2.3\text{m}$，高边滩部位冲淤厚度为 $-2.0 \sim +1.6\text{m}$；塔市驿以下区段（塔市驿至盐船套），河槽冲淤厚度为 $-16.2 \sim +6.3\text{m}$，高边滩部位冲淤厚度为 $-1.9 \sim +1.4\text{m}$。

（3）滩槽变化。图 8.4.22（a）～图 8.4.22（c）为碾子湾至盐船套河段 30m、20m、10m 地形高程线在初始、冲淤 20 年末时平面位置对比图。

由图可见：碾子湾至盐船套河段在冲淤 20 年后，总体河势格局变化不大，但局部滩、槽冲淤变化较为明显，河槽有冲刷扩展趋势；一般深槽在弯道凹岸向近岸偏移，过渡段左右摆动；局部岸段和边滩（滩缘或低滩部位）冲刷后退；已实施整治工程的部位冲刷受到抑制，局部有所淤积。具体如下：

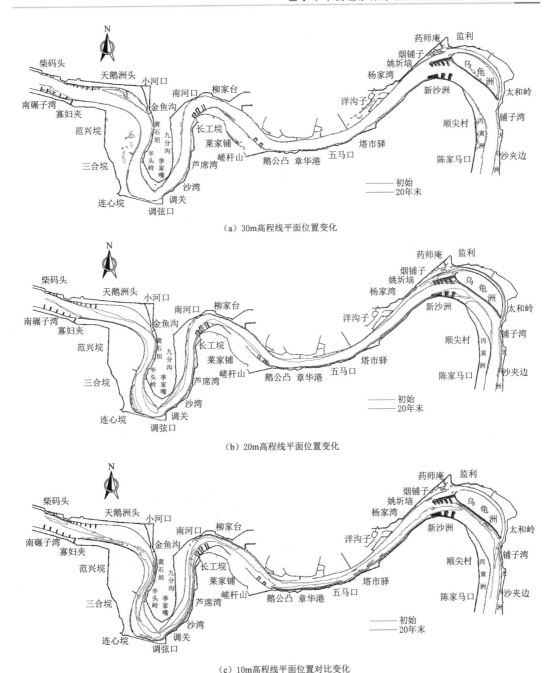

（a）30m高程线平面位置变化

（b）20m高程线平面位置变化

（c）10m高程线平面位置对比变化

图 8.4.22　碾子湾至盐船套河段 30m、20m、10m 高程线平面位置对比图

30m 高程线（滩缘线）：左岸，碾子湾至小河口边滩沿线中、上段向外淤 10～240m，下段后退 10～80m；黄石坦沿线后退较小；黄石坦下游至半头岭沿线后退 10～80m；半头岭至季家嘴沿线凸岸边滩中、上段后退 10～150m，下段略有淤长；季家嘴至南河口上游沿线后退 10～50m；南河口至柳家台沿线后退较小；柳家台至铺子湾沿线一般后退 10～80m；铺子湾以下后退较小。右岸，南碾子湾边滩向外淤 50～350m；寡妇夹至连心

垸沿线凸岸边滩上段后退较小，中段后退 10～100m，下段略有冲淤；连心垸至长工垸沿线后退较小；长工垸凸岸边滩沿线上、下段略有淤长，中间凸顶一带后退 10～80m；莱家铺至鹅公凸沿线后退 10～100m；鹅公凸至新沙洲沿线后退较小；新沙洲以下丙寅洲边滩沿线后退 10～100m。乌龟洲周缘沿线变化较小。

20m 高程线（河槽线）：20m 河槽线总体呈冲刷展宽趋势，一般展宽为 50～300m；其中天鹅洲、三合垸、季家嘴、长工垸、新沙洲凸岸边滩凸顶附近 20m 线后退较大，最大可达 500m。

10m 高程线（深槽线）：10m 深槽线冲刷后全程贯通展宽，展宽后的深槽线宽度最窄处约 80m，最宽处约 660m，且深槽在弯道凹岸向近岸偏移。

（4）典型断面冲淤变化。以冲淤 20 年末和初始时的典型断面要素（面积、宽深比）对比进行分析。沿程共选取 26 个典型断面，具体见表 8.4.17。由表可见，在平滩河槽下，碾子湾至盐船套河段典型断面初始断面面积为 10840～20137m²、宽深比为 1.37～3.91；在冲淤 20 年末，沿程各断面冲深扩大，局部滩缘线后退，断面面积增大，宽深比减小。

表 8.4.17　　　碾子湾至盐船套河段平滩河槽断面要素变化表

河　段	断面位置	面　积		宽　深　比	
		初始面积/ m²	20 年末面积 变化率/%	初始 宽深比	20 年末宽深 比变化值
天鹅洲头—黄石坦	黄石坦 1	16082	+36.8	3.67	−0.99
	黄石坦 2	13949	+36.2	3.91	−1.04
	黄石坦 3	17761	+33.4	1.99	−0.50
	黄石坦 4	18012	+38.2	2.11	−0.58
黄石坦—半头岭	黄石坦 5	15682	+43.0	1.97	−0.59
	黄石坦 6	13564	+52.2	1.93	−0.66
	半头岭 1	11404	+62.1	1.88	−0.72
	半头岭 2	10840	+63.2	1.95	−0.76
半头岭—鹅公凸	半头岭 3	13248	+46.6	1.88	−0.60
	半头岭 4	17427	+22.1	1.54	−0.28
	半头岭 5	20137	+37.6	2.85	−0.78
	半头岭 6	15947	+29.7	1.37	−0.31
	鹅公凸 1	16197	+37.1	3.15	−0.85
	鹅公凸 2	16120	+31.8	2.06	−0.50
	鹅公凸 3	13454	+45.8	1.65	−0.52
	鹅公凸 4	13938	+46.6	1.74	−0.55
鹅公凸—塔市驿	鹅公凸 5	13252	+52.5	1.80	−0.62
	鹅公凸 6	13923	+47.1	1.94	−0.62
	鹅公凸 7	14963	+36.4	1.89	−0.51
	塔市驿 1	14030	+40.7	1.63	−0.47
	塔市驿 2	14030	+40.7	1.63	−0.47
	塔市驿 3	12518	+46.5	1.65	−0.52

河 段	断面位置	面 积		宽 深 比	
		初始面积/m²	20年末面积变化率/%	初始宽深比	20年末宽深比变化值
塔市驿—新沙洲	塔市驿4	13965	+45.3	1.84	−0.57
	塔市驿5	14675	+42.8	1.92	−0.58
	塔市驿6	15669	+39.2	2.28	−0.64
	塔市驿7	17247	+29.9	2.63	−0.60

冲淤20年末典型断面变化：天鹅洲头至黄石坦区段，面积增大33.4%～38.2%、宽深比减小0.50～1.04；黄石坦至半头岭区段，面积增大43.0%～63.2%、宽深比减小0.60～0.76；半头岭至调关区段，面积增大22.1%～46.6%、宽深比减小0.28～0.78；鹅公凸至塔市驿区段，面积增大36.4%～52.5%、宽深比减小0.47～0.62；塔市驿至新沙洲区段，面积增大29.9%～45.3%、宽深比减小0.57～0.64。

5. 盐船套至螺山河段

（1）河段冲淤量。表8.4.18为盐船套至城陵矶河段冲淤量变化表。由表可知，该河段总体处于冲刷状态。10年末、15年末全河段冲刷总量分别为3583.33万 m³、4996.92万 m³。

表8.4.18　　　　　　　　　盐船套至城陵矶河段冲淤量变化表

河 段	10年末冲淤量/万 m³	15年末冲淤量/万 m³
荆江门河段	−486.03	−1248.16
熊家洲河段	−745.42	−1098.34
七弓岭河段	−1444.01	−1385.34
观音洲河段	−909.87	−1265.08
合计（盐船套—城陵矶）	−3585.33	−4996.92

（2）河段冲淤分布。图8.4.23给出了河段河床冲淤分布及地形形态，经过系列年水沙过程之后，计算区域内河床有冲有淤，冲淤幅度一般在−10～+10m，河床变形主要集中在主河槽中，河槽内河床的冲淤变化规律与河槽位置特征关系密切。在熊家洲弯道出口段主要表现在凹岸（沟子口—孙梁洲）冲刷、凸岸熊家洲边滩微淤；在八姓洲、七姓洲、观音洲等已基本完成切滩撇弯过程的弯道区域，经过系列年水沙过程之后，河床冲淤调整主要表现为：撇弯之后的新槽继续发展，新槽靠近凹岸的浅滩持续淤

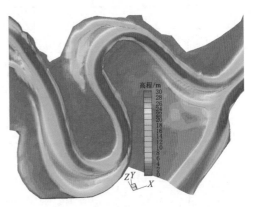

图8.4.23　系列年水沙过程之后急弯段河床冲淤分布与地形形态

积抬高。

由历史地形图分析可知，八姓洲弯道（七弓岭河段）在 2008—2011 年发生切滩撇弯，2011 年时靠近凸岸出现高程为 7～8m 的深槽，槽宽为 200～300m；2013 年，撇弯后的新槽呈现出展宽发展的态势，槽宽增加到 800～1000m，河槽高程抬高到 12～13m；2016 年，撇弯后的新槽宽度和深度相对 2013 年变化不大，在八姓洲洲头迎流侧出现一定的河床冲刷。在无工程条件下，经过系列年水沙过程之后，八姓洲弯道（七弓岭河段）主槽处于冲刷下切的发展形态，靠近凸岸的主槽冲刷深度一般在 −8～−10m；与此同时，主槽靠近凹岸的浅滩持续淤积长高，浅滩淤长幅度为 +2～+10m；七弓岭原来位于凹岸的主汊（右汊）处于持续淤积的发展形势之中。

由以往实测地形图分析可知，七姓洲弯道入口段附近在 2011—2013 年期间发生了大幅的河床下切，凸岸约 400m 河槽整体下切约 12m，与上游来沙减少、人为活动均有关系，与此同时，七姓洲弯道入口段完成了弯道的切滩撇弯。在 2013—2016 年期间，七姓洲弯道入口段河槽以回淤为主。在无工程条件下，经过系列年水沙过程后，七姓洲弯道主槽处于冲刷下切的发展形态，靠近凸岸的主槽冲刷深度一般为 −8～−10m；主槽靠近凹岸的浅滩持续淤积长高，浅滩淤长幅度为 +2～+10m。

由结算结果可知，在今后一段时间内，下荆江八姓洲、七姓洲急弯弯道的河床演变将具有如下特点：急弯弯道段切滩撇弯之后的新主槽（现已形成）将以下切发展为主；新主槽靠近凹岸的浅滩持续淤积长高；弯道凸岸洲头迎流侧河岸将长期处于冲刷后退的威胁之中。

（3）横断面形态变化。经过系列年水沙过程之后，各监测断面要素（断面面积、平均水深）的变化见表 8.4.19。由图表可知，经过系列年水沙过程之后，计算区域内的监测断面有冲有淤，断面面积变化率一般在 −15%～+15% 范围内；从断面平均水深变化来看，变化幅度一般在 −1.5～+1.5m 范围内。

表 8.4.19　　　　　　　　系列年水沙过程后典型断面面积统计

断面	河宽/m	初始面积/m²	15 年末		15 年末	
			断面面积/m²	变化率/%	断面平均水深/m	变化值/m
CS4	1757.9	13521.6	15546.5	15.0	8.84	1.15
CS5	1848.6	19184.9	19031.6	−0.8	10.30	−0.08
CS6	1624.9	19154.1	19021.5	−0.7	11.71	−0.08
CS7	2120.4	22963.1	21973.0	−4.3	10.36	−0.47
CS8	2991.3	15919.7	19025.3	19.5	6.36	1.04
CS9	1574.1	15711.4	16385.0	4.3	10.41	0.43
CS10	1673.0	22262.1	19080.6	−14.3	11.41	−1.90
CS11	2351.0	28120.0	25003.0	−11.1	10.63	−1.33
CS12	1309.2	13606.5	15929.6	17.1	12.17	1.77
CS13	2094.9	20251.8	18179.9	−10.2	8.68	−0.99

注　在进行表中面积计算时，参考水位为 30.0m。

8.4.2.3 局部河段三维数值模拟

选取盐船套至螺山河段建立三维水沙数学模型，为了预测近期来水来沙条件下的冲淤特性，故选用三峡水库运用后真实发生的水文过程作为系列年动床水沙计算的边界条件，即 2008—2016 年。由河床演变基本理论可知，大水年洪水造床作用较强，一般会对河道河床演变产生较重要的影响。由于 2008—2016 年水文系列缺少特大洪水年，因此在 2008—2016 年水文系列中插入 1998 年水文过程，并对 1998 年的水沙过程进行修正。因此，代表性水文系列年定为"2008—2012＋1998＋2013—2016"年。采用该系列年，预测计算了盐船套至螺山河段的冲淤变化趋势。

1. 河床冲淤量分析

系列年 5 年末、10 年末长江盐船套至螺山段冲淤量统计见表 8.4.20。经过 10 年水沙过程，盐船套至螺山河段河床最终处于冲刷状态，累积冲刷量为 1405 万 t。

需指出的是：所采用的代表性水文系列为"2008—2012＋1998＋2013—2016"年实测水沙系列，并假定了来沙级配与历史实测资料相同。然而，在三峡水库运用后，大坝几乎拦蓄了所有的细、较细、较粗、粗颗粒泥沙，与此同时，荆江河床从上向下均处于冲刷和粗化过程之中，因而盐船套至螺山河段 0.125～0.5mm 较粗泥沙主要来源于其上游河道的河床冲刷。随着上游河道河床粗化的逐步完成，盐船套至螺山河段较粗颗粒来沙将不断减少，这从近 10 年监利水文站实测数据中即可看出。因此，与盐船套至螺山河段未来将发生的真实水沙过程相比，所使用的系列年水沙过程的来沙级配可能偏粗。

表 8.4.20　　　　　　　　　　盐船套至螺山河段冲淤量统计

河　段	5 年末冲淤量/万 m³	10 年末冲淤量/万 m³
荆江门河段	−174.66	−255.23
熊家洲河段	−236.32	107.61
七弓岭河段	−198.57	−284.61
观音洲河段	44.15	−289.49
城陵矶—道人矶	149.37	−197.77
道人矶—螺山	−99.99	−485.34
合计	−516.02	−1404.83

从盐船套至螺山河段河床冲刷量幅度来看，三峡水库运用以来的实测水文数据、本章系列年动床预测计算结果均远低于以往的预测结果，甚至在某些年份河床发生河床泥沙淤积。盐船套至螺山河段的"易淤难冲"实际现象与以往的常规认识（水库下游河床一般应该大幅冲刷）是相矛盾的。这种异常现象可能与盐船套至螺山河道条件有关，简析如下。

由河床冲淤分布预测结果可知：伴随着河槽内切滩撇弯、二级深槽形成发展、河槽窄深化等一系列河势调整，盐船套至螺山河段沿程形成了许多低滩缓流区，上游来流挟带的泥沙在这些局部缓流区大量淤积，缓流区淤积的泥沙数量在某些年份大幅抵消甚至超过了河槽冲刷的泥沙数量，使得区域出口输出沙量常常仅略大于或甚至小于入流总输沙量，于是导致了"易淤难冲"的现象。盐船套至螺山河段的低滩缓流区主要包括：宽弯道的凹岸回流区（如八姓洲、七姓洲弯道）、普通弯道凸岸背侧的回流区（如荆江门弯道）和两侧低滩区（例如熊家洲弯道）等。

"易淤难冲"的辨析。"易淤难冲"现象具体表现在区域出口输出沙量常常仅略大于或甚至小于入流总输沙量，但这并不代表区域内河床冲淤幅度不大。由系列年动床预测结果可知，盐船套至螺山河段河槽河床冲刷幅度可达 8～10m 且发展出二级深槽，同时，在低滩缓流区的淤积厚度也达到 5～10m（如七姓洲宽弯道的凹岸回流区），低滩缓流区的淤积在很大程度上抵消了河槽的冲刷。河槽冲刷、低滩缓流区淤积两个方面同时发生，在不同水文年份彼此消长，宏观上表现为"易淤难冲"表象。

2. 河床冲淤分布

图 8.4.24 为系列年动床预测计算不同阶段的河床冲淤分布。经过系列年水沙过程后，计算区域内河床有冲有淤，主要表现在河槽冲刷、高滩微淤。从冲淤幅度看，在预测计算的 5 年末，冲淤幅度一般为 −5～+5m，最大冲刷深度可达 −8m；在预测计算的 10 年末，冲淤幅度一般在 −8～+8m，最大冲刷深度可达 −10m。盐船套至螺山河段共有 4 个典型弯道（荆江门、熊家洲、八姓洲、七姓洲弯道）和城陵矶汇流段。

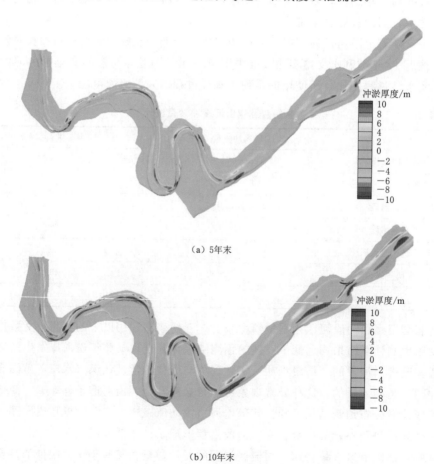

（a）5年末

（b）10年末

图 8.4.24　河床冲淤分布

经过系列年水沙过程之后，各弯道及城陵矶汇流段的河床冲淤发展情势简要分析如下：荆江门弯道有切滩撇弯的发展趋势，靠近凸岸发展出新槽，新槽右侧凹岸出现回流淤积，凸岸背侧的回流区也出现大幅泥沙淤积，荆江门弯道冲淤幅度可达−8～+10m。熊家洲左汊为普通微弯河段，河宽不大，宽度一般为750～850m且沿程较为均匀，暂时不具备发生"切滩撇弯"的条件。经过系列年水沙过程之后，熊家洲左汊弯道主要表现在主槽冲刷、两侧低滩淤积，冲淤幅度可达−10～+10m。城陵矶汇流段地处洞庭湖汇流口，流态与水沙输移规律都较为复杂。经过系列年水沙过程之后，城陵矶汇流段主要表现在主槽冲刷、两侧低滩淤积，冲淤幅度可达−8～+8m。

基于系列年动床预测结果，三峡工程运用后盐船套至螺山河段河床演变趋势为：

（1）盐船套至螺山河段河床有冲有淤，表现为河槽大幅冲刷、高滩小幅淤积，部分宽河槽两侧低滩大幅淤长，部分弯道凸岸背侧（下游侧）回流区内低滩大幅淤长。

（2）对于已经或基本完成切滩撇弯过程的急弯型宽弯道段，河床冲淤主要表现为：切滩撇弯后形成的新主槽将继续下切和发展；新主槽右侧的浅滩将持续淤积长高；弯道凸岸迎流侧河床处于冲刷后退的威胁之中；位于凹岸的原主汊（右汊）缓慢淤积。

（3）在中小洪水作用时间加长、漫滩洪水发生频率大幅降低的背景下，冲刷作用在平滩河槽内形成二级深槽，贯穿上下（图8.4.25）。据统计，二级深槽（平滩流量条件下15m等水深线所夹区域）平均宽度在盐船套至城陵矶、城陵矶至螺山河段分别为530m、

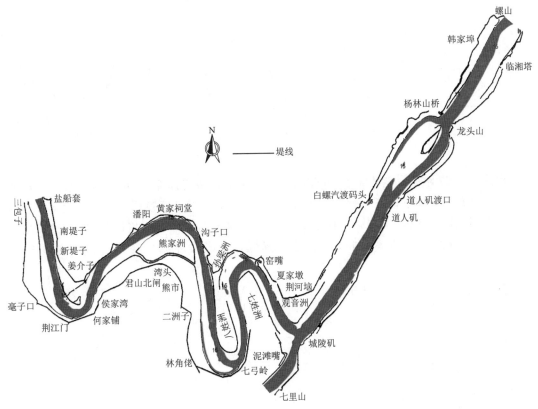

图8.4.25　系列年冲淤后河槽内形成的二级深槽（平滩流量15m水深线范围）

840m。二级深槽形成后，中小流量条件下，大多数水流被约束在深槽中，河道过流宽度减小，驱动着河槽将向窄深的方向发展。

　　3.　环流特性变化的模拟与分析

　　为较清晰地反映计算河段三维环流特性对河床冲淤变形的响应规律，研究了平滩流量水流条件下盐船套至螺山河段的三维水流模拟、环流结构提取与分析。

　　三维水流计算的边界条件为：计算河段进口（盐船套）流量为 28300m³/s，出口（七里山）流量为 12800m³/s，出口（螺山）水位为 27.1m。定床水流计算分别在 2 组地形条件下开展，即初始地形（2016 年地形）、系列年动床预测第 10 年末地形。待模拟的水流稳定后，将第 1、第 2 两种工况下盐船套至道仁矶河段环流强度沿程分布曲线进行套绘和比较，见图 8.4.26。另外，对 2016 年地形、预测计算 10 年末地形条件下荆江部分大断面内的环流结构进行了比较，见图 8.4.27。

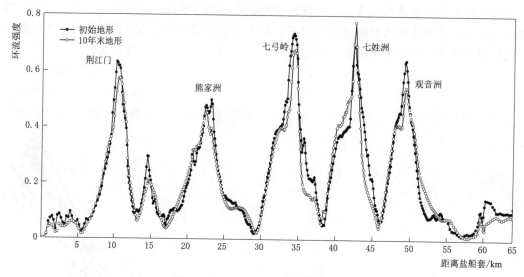

图 8.4.26　环流强度沿程分布变化

　　由图 8.4.27 可知，相当于 2016 年初始地形条件，预测计算 10 年末地形条件下环流强度沿程分布具有如下特点：对于荆江门、熊家洲弯道，环流强度沿程分布变化不大，荆江门弯道环流强度峰值（0.630）减小 16.6%，熊家洲弯道环流强度峰值（0.497）减小 20.0%；对于八姓洲弯道，上半段环流强度降低，下半段环流强度升高，环流强度峰

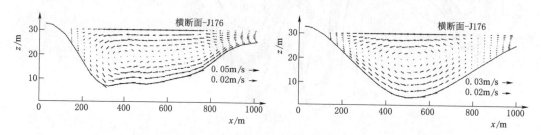

图 8.4.27（一）　预测计算前、后地形条件下环流结构的比较（平滩流量）

注：左侧图采用 2016 年地形；右侧图采用预测 10 年末地形。

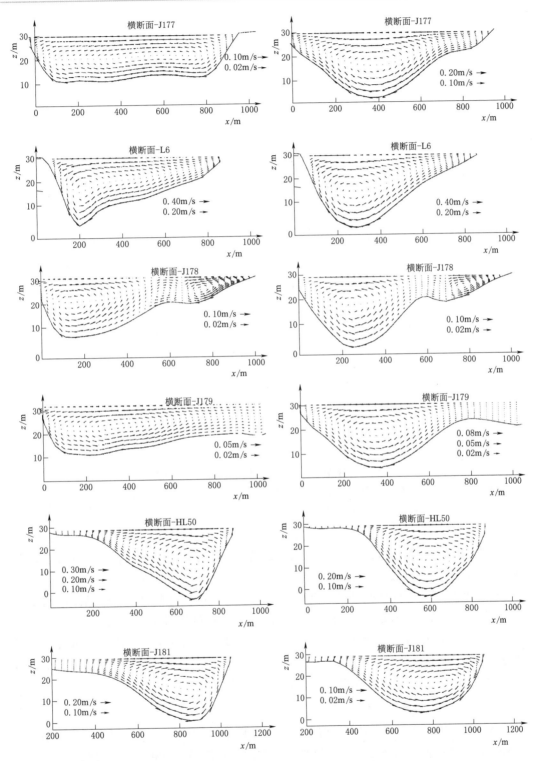

图 8.4.27（二）　预测计算前、后地形条件下环流结构的比较（平滩流量）

注：左侧图采用 2016 年地形；右侧图采用预测 10 年末地形。

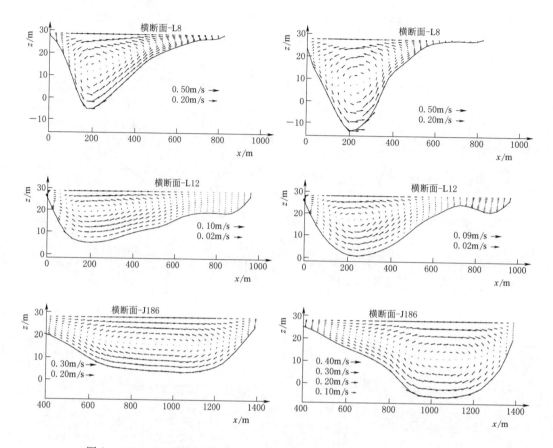

图 8.4.27（三）　预测计算前、后地形条件下环流结构的比较（平滩流量）

注：左侧图采用 2016 年地形；右侧图采用预测 10 年末地形。

值（0.735）减小 8.4%；对于七姓洲弯道，上半段环流强度升高，下半段环流强度降低，环流强度峰值（0.699）变化不大；对于观音洲弯道，上半段环流强度降低，下半段环流强度升高，环流强度峰值（0.639）减小 15.1%。

　　环流强度沿程分布变化的模拟结果表明：①伴随着河槽冲刷、切滩撇弯后新主槽的发展以及河槽的窄深化，河道弯曲曲率减小，环流强度峰值的减小幅度可达 15%～20%。②弯道下半段的环流强度的调整幅度一般大于上半段。③总体来看，2016 年地形、预测计算第 10 年末地形条件下的环流强度沿程分布变化不大，表明今后相当长时间内，盐船套至螺山范围内的急弯河道的河型将处于较稳定的状态。

8.4.2.4　不同预测结果的比较

　　表 8.4.21 为不同模型预测成果的对比表。总体来看，不同模型得到的河段冲淤性质是一致的，但受到模型的适应性、模型精度、水沙边界条件的影响，相同河段的冲淤定量有一定的差别。水库下游河道的再造过程非常复杂，单一的研究手段不能解决所有的问题，因此需要综合不同的方法和模型来开展再造床过程的预测研究。

表 8.4.21   不同模型预测成果对比表

方　法	范　围	计算条件	预　测　成　果
滞后响应模型	少数断面（沙市水文站、监利水文站）	采用 2008—2017 年实测水沙系列	未来 10 年，沙市水文站枯水河槽面积呈缓慢增加趋势，说明河床处于缓慢冲刷状态。 未来 10 年，监利水文站枯水河槽面积先减小后增加，说明河床呈先淤积后冲刷趋势
数学模型（一维）	长河段（宜昌至大通）		荆江河段冲淤量： 前 10 年，－6.98 亿 m³； 前 20 年，10.35 亿 m³
数学模型（二维）	局部河段（盐船套至城陵矶）	采用 1991—2000 年系列，并考虑上游梯级水库拦沙	盐船套至城陵矶冲淤量： 10 年末，－3585 万 m³； 15 年末，－4996 万 m³； 平均冲深为 0.56m/0.78m； 冲淤幅度一般为－10～+10m
实体模型	局部河段（盐船套至城陵矶）		盐船套至城陵矶河段冲淤量： 10 年末，－5066 万 m³； 15 年末，－6577 万 m³； 平均冲深为 0.85m/1.13m
数学模型（三维）	局部河段（盐船套至城陵矶）	采用实测水沙系列 2008—2012 年＋1998 年（减沙）＋2013—2016 年	盐船套至城陵矶河段冲淤量： 冲刷量：10 年末，－720 万 m³； 冲淤幅度一般为－8～+8m。 环流结构：环流强度峰值的减小幅度可达 15%～20%；弯道下半段的环流强度的调整幅度一般大于上半段；盐船套至螺山范围内的急弯河道的河型将处于较稳定的状态

参　考　文　献

[1] 余蕾，李凌云，卢金友，等. 洞庭湖入江水道断面调整模式研究 [J]. 长江科学院院报，2016，33（12）：1－5.

[2] LI Y L，YU L，SONG W，et al. Response of typical river channel cross－section geometry to changes of water and sediment conditions in the middle and lower reaches of the Yangtze River [C]. The 14th International Symposium on River Sedimentation（ISRS 2019）. Chengdu，China. 2019：16－19.